Erfolgreiches Forderungsmanagement

Rudolf H. Müller

Erfolgreiches Forderungsmanagement

Effektive Lösungen unter Berücksichtigung der SEPA-Umstellung

Springer Gabler

Rudolf H. Müller
Gamlen
Deutschland

ISBN 978-3-658-02670-7 ISBN 978-3-658-02671-4 (eBook)
DOI 10.1007/978-3-658-02671-4

Die Deutsche Nationalbibliothek verzeichnet diese Publikation in der Deutschen Nationalbibliografie; detaillierte bibliografische Daten sind im Internet über http://dnb.d-nb.de abrufbar.

Springer Gabler

Lektorat: Anna Pietras

Springer Gabler ist eine Marke von Springer DE. Springer DE ist Teil der Fachverlagsgruppe Springer Science+Business Media
www.springer-gabler.de

Inhaltsverzeichnis

Abbildungsverzeichnis

1 Einleitung

Forderungsmanagement ist in aller Munde. Je nach Ausprägung der wirtschaftlichen Rahmenbedingungen, sei es im Inland oder auch im Ausland, erfährt die Thematik ein mehr oder weniger großes Interesse. Gerade in Zeiten der Finanz- beziehungsweise Euro-Krise, verstärken sich die Bemühungen vieler Unternehmen, ein erfolgreiches Forderungsmanagement zu installieren und zu praktizieren. Häufig werden diese Bemühungen mit steigenden Insolvenzzahlen oder auch mit Informationen zu einem, sich verschlechternden Zahlungsverhalten „befeuert". Dabei hat sich gezeigt, dass der Stellenwert und die Qualität des Forderungsmanagements in den letzten Jahren in vielen Betrieben spürbar gestiegen ist.

Nach insgesamt mehr als zwölf Jahren intensiver Auseinandersetzung mit der Thematik, sowohl in der Theorie als auch in der Beratungspraxis, ist aber zu diagnostizieren, dass in der betrieblichen Praxis, insbesondere in kleinen und mittleren Unternehmen (KMU), nach wie vor eine Vielzahl von Optimierungsmöglichkeiten existiert. Diese weiterhin bestehenden Möglichkeiten zur Verbesserung resultieren, basierend auf den Erfahrungen des Verfassers, auch aus einer Reihe systematischer Fehleinschätzungen.

Es ist das Anliegen dieses Buches, diese Fehleinschätzungen zu identifizieren und daraus möglichst konkrete und in der betrieblichen Praxis nutzbare Handlungsempfehlungen abzuleiten.

Um von vornherein Fehleinschätzungen der Leser vorzubeugen, sei an dieser Stelle mit Nachdruck verdeutlicht, dass der Verfasser das Forderungsmanagement als eine zentrale kaufmännische Aufgabenstellung versteht. Leider wird Forderungsmanagement, nach Wahrnehmung des Verfassers, viel zu häufig und viel zu schnell, als juristische Fragestellung beziehungsweise Problematik behandelt.

Darüber hinaus ist das betriebliche Forderungsmanagement keine Aufgabe, die – soll sie erfolgreich bearbeitet werden – auf der dritten oder vierten Ebene der Unternehmenshierarchie angesiedelt werden darf. Erfolgreiches Forderungsmanagement ist nach Überzeugung des Verfassers Aufgabe des Managements. Es ist eine betriebliche Funktion, die nicht im Rahmen einer qualifizierten Bearbeitung in einer isolierten Abteilung des Unter-

R. H. Müller, *Erfolgreiches Forderungsmanagement*,
DOI 10.1007/978-3-658-02671-4_1, © Springer Fachmedien Wiesbaden 2013

nehmens erfolgreich wahrgenommen werden kann. Vielmehr handelt es sich beim Forderungsmanagement um eine zentrale Funktion, die eine Vielzahl von Stellen beziehungsweise Abteilungen im Unternehmen berührt.

Weiterhin hat sich gezeigt, dass das betriebliche Forderungsmanagement als strategische Fragestellung zu begreifen ist. Es genügt und funktioniert nicht, den Schalter Forderungsmanagement bei festgestelltem operativen Bedarf (zum Beispiel bei festgestelltem kurzfristigen Liquiditätsbedarf) wahlweise ein- oder auszuschalten.

Nicht zuletzt sind die zweifelsohne vorhandenen Optimierungspotenziale auch darauf zurückzuführen, dass nach wie vor eine Reihe von Fehlannahmen, Mythen und Vorurteilen in den Unternehmen anzutreffen ist. Dazu gehören zum Beispiel:

- Forderungsmanagement verhindert Umsatz,
- Forderungsmanagement vergrault Kunden,
- die Zahlungsmoral der Kunden ist schlecht und kann nicht beeinflusst werden,
- Kunden müssen dreimal gemahnt werden,
- der einzig wirksame Schutz gegen Forderungsausfall ist eine Warenkreditversicherung,
- Factoring machen nur Unternehmen, die sich in wirtschaftlichen Schwierigkeiten befinden, oder
- Insolvenzen können nicht vorhergesehen werden.

Es ist das Ziel dieses Buches, einen möglichst hohen praktischen Nutzwert zu bieten. Aus diesem Grunde werden die Leser hier kein Lehrbuch vorfinden, das die komplexe Thematik des betrieblichen Forderungsmanagements vollständig und mit hoher Detailgenauigkeit behandelt. Stattdessen werden ausgewählte Themenstellungen aufgegriffen, die auf der Grundlage der praktischen Erfahrungen des Verfassers den Unternehmen eine möglichst gute Hilfestellung bei der Bewältigung zentraler Fragestellungen geben sollen. Dieses Buch ist daher in erster Linie für die vielen KMU, die nicht über eine spezialisierte Forderungsmanagementabteilung mit mehreren Experten unterschiedlicher Fachrichtungen verfügen, geschrieben. Den Lesern soll ermöglicht werden, zu ausgewählten, häufig anzutreffenden, komplexen Entscheidungssituationen schnell und konkret Informationen und Entscheidungshilfen zu finden.

Im zweiten Kapitel dieses Buches wird der Verfasser verdeutlichen, dass das Forderungsmanagement eine strategische Fragestellung ist. Das gesamte Unternehmen, mit wenigen Ausnahmen, muss die Funktion kennen und unterstützen. Das setzt voraus, dass sich das Management des Unternehmens in dieser Fragestellung klar und eindeutig positioniert und diese Position sowohl im Innenverhältnis als auch gegenüber Kunden und Lieferanten kommuniziert. Ein probates Mittel für diese Kommunikation ist die sogenannte Credit Policy.

Im dritten Kapitel wird gezeigt, dass die Struktur des Forderungsmanagements dieser Strategie in adäquater Weise folgen muss. Dabei wird insbesondere auch der Frage nachgegangen, welche Aufgabenstellungen im Forderungsmanagement das Unternehmen selbst wahrnehmen soll beziehungsweise welche Aufgaben auf externe Dienstleister übertragen werden können. Dieses Kapitel wird weiterhin intensiv die Frage der Zusammenarbeit zwischen den betrieblichen Funktionen Vertrieb und Forderungsmanagement behandeln. Die komplexen, operativen Anforderungen im Forderungsmanagement bedürfen einer adäquaten technischen Unterstützung. Aus diesem Grunde wird sich das Kapitel ebenfalls mit der Frage der Software-Unterstützung im Forderungsmanagement befassen.

Die daran anschließenden Kapitel beschäftigen sich mit der zentralen Aufgabenstellung des Forderungsmanagements, der Vermeidung von Forderungsausfällen. Zunächst werden die Themen Bonitätseinschätzung und Kreditvergabe kritisch betrachtet. Anschließend werden die bestehenden Möglichkeiten zur Sicherung gegen Forderungsausfälle thematisiert. Einen besonderen Schwerpunkt stellen dabei auch die Anforderungen beim Export dar.

Das sechste Kapitel des Buches widmet sich dann intensiv der Liquiditätssteuerung im Rahmen des Forderungsmanagements. Hier werden alle Aspekte behandelt, beginnend bei den Zahlungsbedingungen bis hin zu Inkassomaßnahmen, die die Liquidität des Unternehmens beeinflussen. Auch hier stellen Inkassomaßnahmen im Export einen besonderen Schwerpunkt dar. Außerdem wird das – in der Praxis immer mehr an Bedeutung gewinnende Finanzierungsinstrument – Factoring intensiver erörtert.

Da sich auch das Forderungsmanagement im Jahr 2013 einer besonderen, nicht alltäglichen Herausforderung gegenübersieht, wird im letzten Kapitel darüber gesprochen, welche Auswirkungen SEPA und die erforderliche Umsetzung von SEPA auf das Forderungsmanagement haben wird.

Um den praktischen Nutzwert des Buches möglichst hoch zu gestalten wird der Verfasser, wo immer es geraten und hilfreich erscheint, Checklisten oder Muster zur Verfügung stellen. Damit der Leser sich außerdem möglichst schnell noch einmal einen Überblick über die jeweiligen Kapitelinhalte verschaffen kann, wird am Ende jedes Kapitels die Quintessenz der Aussagen zusammengefasst. Weitere Zusatzmaterialien zum Herunterladen stehen auf www.springer.com zur Verfügung.

2 Forderungsmanagement als strategische Fragestellung

Der Stellenwert der Credit Policy: Denn ohne Ziel stimmt jede Richtung!

2.1 Ausgangssituation

In der Regel wird in den Unternehmen, in denen der Verfasser bereits Projekte im Forderungsmanagement durchgeführt hat, ein „implizites Forderungsmanagement" praktiziert. Was wird unter diesem (wahrscheinlich nicht existierenden) Begriff verstanden? Das Forderungsmanagement in diesen Unternehmen ist gekennzeichnet durch Aufgaben und Aufgabenverteilungen, die nirgendwo im Unternehmen explizit dokumentiert und festgeschrieben sind. Forderungsmanagement wird in diesen Unternehmen in der Art und Weise praktiziert, wie es sich so ergeben hat beziehungsweise wie es zum gegenwärtigen Zeitpunkt als operativ opportun angesehen wird.

In der täglichen Arbeit bedingt diese „Implizität" eine Reihe von Schwierigkeiten und Problemen. Diese manifestieren sich unter anderem in einer latent bestehenden Unsicherheit, was, wie und von wem im konkreten Einzelfall getan beziehungsweise entschieden werden soll. Nicht selten resultieren daraus Konflikte, sowohl im Innen- als auch im Außenverhältnis.

Nach Einschätzung des Verfassers ist dies darauf zurückzuführen, dass das Forderungsmanagement in diesen Unternehmen noch nie Gegenstand grundsätzlicher beziehungsweise strategischer Überlegungen gewesen ist. Häufig entsteht der Eindruck, dass in diesen Unternehmen das Forderungsmanagement als notwendiges Übel angesehen wird.

R. H. Müller, *Erfolgreiches Forderungsmanagement*,
DOI 10.1007/978-3-658-02671-4_2, © Springer Fachmedien Wiesbaden 2013

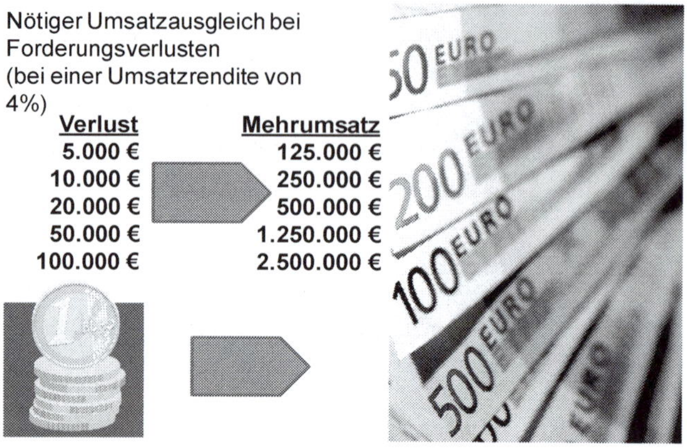

Abb. 2.1 Kompensation von Forderungsausfällen zur Existenzsicherung

2.2 Strategische Relevanz des Forderungsmanagements

Die betriebswirtschaftliche Bedeutung eines leistungsfähigen Forderungsmanagements muss eigentlich nicht noch einmal gesondert betont werden. Nahezu jede Veröffentlichung zu diesem Themenkomplex widmet sich mehr oder weniger ausführlich dieser Fragestellung. Dennoch wird nach Erfahrung des Autors der Stellenwert eines leistungsfähigen Forderungsmanagements in vielen Unternehmen entweder unterschätzt oder zu einseitig betrachtet.

Für den Leser ist es unmittelbar nachvollziehbar und nachrechenbar, dass Forderungsausfälle in Höhe von 50.000 € bei einer Umsatzrendite von 4 % zu deren Kompensation einen Mehrumsatz von 1.250.000 € erfordern. Ebenso kann nachvollzogen werden, dass bei durchschnittlichen Außenständen von 5.000.000 € und Sollzinsen in Höhe von 11 %, jährliche Finanzierungskosten in Höhe von 550.000 € entstehen.

Um die wirtschaftlichen Auswirkungen des Forderungsmanagements sowohl bezogen auf die eher offensichtlichen, als auch auf die mehr oder weniger versteckten Effekte nachhaltig transparent zu machen, werden in den nächsten Abschnitten die Wirkungszusammenhänge etwas ausführlicher erläutert.

2.2.1 Ertragswirkung des Forderungsmanagements

Um die Auswirkung von Forderungsausfällen auf den Ertrag zu verdeutlichen, sind die Informationen der Abb. 2.1 recht wirkungsvoll.

Aus der abgebildeten Darstellung ergeben sich unmittelbar zwei Fragestellungen:

1. Warum erfordern vergleichsweise geringe Ausfälle (zu ihrer Kompensation) einen so enorm hohen Mehrumsatz?
2. Wie wahrscheinlich ist es, den dann erforderlichen Mehrumsatz tatsächlich auch am Markt zu realisieren?

Die Antwort auf die erste Frage erschließt sich betriebswirtschaftlich, wenn die üblicherweise einer Rechnung zugrunde liegende Kalkulation betrachtet wird. Der Rechnungsbetrag wird in der Regel ermittelt, in dem die Kosten, die ein Kundenauftrag im Unternehmen verursacht, ermittelt, addiert und mit einem (in der Regel geringen) prozentualen Gewinnaufschlag ergänzt werden. Das wiederum bedeutet, dass jede Rechnung, die das Unternehmen stellt, im weit überwiegenden Maß quasi eine Kostenerstattung und nur in sehr geringem Umfang einen Gewinnzuschlag verkörpert.

Bei einer Umsatzrendite von 4 % heißt das, dass jede Kundenrechnung zunächst einmal zu 96 % aus der Erstattung von direkt oder indirekt (aus dem Auftrag) entstandenen Kosten und lediglich zu 4 % aus „Gewinn" besteht. Wenn der Kunde nun eine Rechnung nicht begleicht, muss der Lieferant den gesamten Rechnungsbetrag (Kosten in Höhe von 96 % des Rechnungsbetrags sind entstanden und wurden vom Unternehmen in der Regel bereits bezahlt) aus dem geringen Gewinnanteil weiterer Aufträge erwirtschaften. Um die Ertragslage, die vor dem Forderungsausfall bestanden hat, wieder herzustellen, muss das Unternehmen 25 gleichartige Aufträge akquirieren, fertigen und abrechnen.

Vereinfacht ausgedrückt heißt das, dass ein schlechter Auftrag 25 gute Aufträge braucht, um vollständig kompensiert zu werden.

Diese Ausführungen leiten über zur Beantwortung der zweiten Frage. In der Regel sind die Unternehmen nicht in der Lage Forderungsausfälle adäquat zu kompensieren. Allein das gewählte Beispiel mit einer Umsatzrendite von 4 % verdeutlicht bereits, dass die Marktbedingungen für das anbietende Unternehmen nicht günstig sind. In vielen Branchen finden sich häufig stagnierende oder schrumpfende Märkte mit hoher Preissensibilität der Abnehmer. Diese Käufermärkte sind gekennzeichnet durch hohen Preisdruck, eine Vielzahl von Anbietern und geringe Margen. In solchen Märkten sind die Unternehmen selten in der Lage, Wettbewerbern über das geplante Maß hinaus Aufträge abzujagen. Wäre dies der Fall, wären sicherlich entweder andere Umsatzplanungen erstellt worden oder bessere Margen zu realisieren. Dies bedeutet, dass jeder Forderungsverlust sich in der Regel in etwa gleicher Höhe im Ergebnis niederschlägt.

Analog zu dem gewählten Beispiel, bedeuten 4 % Umsatzrendite, dass das Unternehmen bei einem Umsatz von 20.000.000 € ein Ergebnis von 800.000 € plant oder erzielt. Dieses Ergebnis reduziert sich auf nahezu „null", wenn ein Forderungsausfall in gleicher Höhe entsteht. Werden risikobehaftete Aufträge in Höhe von 800.000 € dagegen nicht ausgeführt, hat das lediglich eine negative Ergebniswirkung von 32.000 €, weil lediglich 4 % der Auftragssumme sich im Ergebnis niederschlagen. Scherzhaft könnte man sagen: „Forderungsausfälle sind die schnellste und wirksamste Methode das Unternehmensergebnis zu reduzieren". Es ist daher offensichtlich, „dass ein Unternehmen auch von den schlechten Geschäften lebt, die es nicht tätigt".

2.2.2 Liquiditätswirkung des Forderungsmanagements

Die Frage der Finanzierung des Unternehmens und seiner Geschäfte ist spätestens seit Basel II in aller Munde. Gegenwärtig werden die Finanzierungsbedingungen mit den Regelungen zu Basel III erneut überarbeitet. Insbesondere im deutschen Mittelstand werden immer wieder die mangelnde Eigenkapitalausstattung und der hohe Anteil des Fremdkapitals bemängelt. Dabei muss allerdings berücksichtig werden, dass sich die Eigenkapitalausstattung der kleinen und mittleren Unternehmen (KMU, in der Regel werden Unternehmen mit einem Jahresumsatz bis zu 50 Mio. € darunter subsummiert) in den letzten Jahren signifikant verbessert hat. „Im deutschen Mittelstand hat sich zwischen 1997 und 2010 ein grundlegender Wandel in der Finanzierungsstruktur vollzogen. Besonders deutlich wird dies an der Eigenkapitalausstattung. Lag diese 1997 bei lediglich 6 %, stieg sie bis 2010 auf 22 % an."[4] Parallel dazu veröffentlicht die Deutsche Bundesbank im Dezember 2012 hochgerechnete Angaben aus Jahresabschlüssen deutscher Unternehmen. Für KMU wird dort für das Jahr 2010 eine Forderungsquote (hier lediglich die Forderungen aus Lieferungen und Leistungen) in Höhe von 14,7 %.[3]

Bereits diese Werte lassen erahnen, dass die kurzfristigen Forderungen in aller Regel fremdfinanziert sind. Aus dieser Fremdfinanzierung heraus entstehen zunächst Fremdfinanzierungskosten (mit entsprechender Ertragswirkung). Darüber hinaus schränkt der Finanzierungsbetrag, der für die Finanzierung des Forderungsbestands verwendet wird, jedoch auch die Liquidität und den Kreditrahmen für andere unternehmerische Aktivitäten ein. Dringend erforderliche Investitionen in das Sachanlagevermögen oder die Marktentwicklung können unter Umständen nicht getätigt werden, weil die Mittel stattdessen benötigt werden, um die Forderungen zu finanzieren.

Wenn wir an dieser Stelle auf das Beispiel im vorangegangenen Abschnitt zurückkommen, in dem das Unternehmen einen Forderungsbestand von 5.000.000 € und eine Umsatzrendite von 4 % hatte, dann sind 96 % dieses Forderungsbestands „vorfinanziert". Wäre das betreffende Unternehmen in der Lage den Forderungsbestand durch entsprechende Maßnahmen um 50 % zu reduzieren, würde das einen Mittelzustrom (einen Liquiditätseffekt) in Höhe von 2.500.000 € bedeuten, der für andere Aktivitäten eingesetzt werden könnte. Der vorhandene Kreditrahmen bei den Kreditinstituten würde um den entsprechenden Betrag entlastet.

Neben dem Zustrom an flüssigen Mitteln hat der Abbau des Forderungsbestands zusätzlich auch eine Wirkung auf den Ertrag. Einerseits reduzieren sich die Finanzierungskosten entsprechend der Bestandreduktion und andererseits können diese Mittel unter anderem eingesetzt werden, um bestehende Verbindlichkeiten innerhalb der Skontofrist zu zahlen.

Nachdem nun die Wirkung der Aktivitäten im Forderungsmanagement auf den Ertrag und die Liquidität des Unternehmens verdeutlicht wurden, entsteht die Frage, ob die daraus resultierenden Zielsetzungen, nämlich Forderungsausfälle zu vermeiden und den Zustrom an liquiden Mitteln zu verbessern (Verbesserung des Zahlungsverhaltens der Kunden), komplementär oder aber in Konkurrenz zueinander stehen.

2.2.3 Ertragswirkung versus Liquiditätswirkung

„Sowohl als auch" versus „entweder oder" Die Ausführungen in Abschn. 2.2.1 und 2.2.2 suggerieren, dass es aus wirtschaftlichen Überlegungen heraus immer sinnvoll ist, im Forderungsmanagement danach zu streben, die Forderungsbestände zu reduzieren und gleichzeitig einen schnellen Mittelzustrom zu realisieren. Genau betrachtet wird sogar unterstellt, dass beide Zielsetzungen beziehungsweise Effekte Hand in Hand gehen. In den nun folgenden Ausführungen werden Sie erfahren, dass es Situationen in Ihrem Unternehmen und/oder in der Kundenbeziehung geben kann, die die beiden Zielsetzungen in Konkurrenz treten lassen und in denen es opportun und ratsam ist, sich für das eine und damit gleichzeitig gegen das andere zu entscheiden.

Ihr Unternehmen hat akute Liquiditätsprobleme Wenn Ihr Unternehmen in Liquiditätsengpässe gerät und die Linien bei den Kreditinstituten ausgeschöpft sind, bietet das Forderungsmanagement die Möglichkeit, für einen schnellen Zustrom an liquiden Mitteln zu sorgen. Sie können in dieser Situation Ihren Kunden zum Beispiel Forderungsvergleiche anbieten, die den Kunden einen „außerordentlichen" Ertrag und Ihrem Unternehmen einen schnelleren Mittelzufluss bescheren. Sie werden dadurch jedoch den Ertrag Ihres Unternehmens in Höhe des Forderungsverzichts schmälern.

Ihr Kunde/Ihre Kunden sind „notleidend" Wenn Sie gesicherte Informationen besitzen, dass einer oder mehrere Ihrer Kunden in eine bedrohliche Schieflage geraten sind, kann es sinnvoll sein, diesen Kunden ebenfalls einen Forderungsvergleich anzubieten, um dadurch zumindest einen Teil Ihrer Forderungen realisieren zu können. Neben der positiven Liquiditätswirkung resultiert daraus auf jeden Fall zunächst auch eine negative Ertragswirkung. Der realisierte Forderungsausfall ist jedoch mit hoher Wahrscheinlichkeit geringer als im Falle der Kundeninsolvenz. Unter Umständen kann eine solche Maßnahme jedoch sogar dazu beitragen, die Insolvenz Ihres Kunden zu vermeiden und sein „Überleben" zu sichern. In diesem Fall sichern Sie durch kurzfristige Ertragseinbußen Ihre mittel- und langfristigen Ertragschancen.

Ihr Unternehmen hat eine ausreichende (komfortable) Liquidität Wenn Ihr Unternehmen eine solide und stabile Liquidität vorweisen kann, ist es unter Umständen für den Lieferanten wirtschaftlich sinnvoll, weder auf einen kurzfristigen (schnellen) Zahlungseingang noch auf eine Reduktion der Forderungsbestände Wert zu legen. Häufig ist festzustellen, dass die Liquiditätslage seiner Kunden sehr angespannt ist. In dieser Situation kann es signifikante Vorteile am Markt bringen, wenn der Lieferant längere Zahlungsziele und höhere Lieferantenkredite einräumen kann. Diese Unternehmen können dadurch „echte" Wettbewerbsvorteile generieren.

So verlockend dies auch erscheint: Vorsicht! Der skizzierte Weg ist ein durchaus riskanter Weg. Die Lieferanten müssen stets darauf achten, dass die Bonität der Kunden, mit denen sie diesen Weg beschreiten wollen, so gut ist, dass das Ausfallrisiko für sie kalkulierbar bleibt.

Die oben geschilderten Beispiele verdeutlichen, dass es wirtschaftlich sinnvoll sein kann, temporär nicht „sklavisch" die Realisierung beider Zielsetzungen (Ertrag *und* Liquidität) zu verfolgen. Welche Schwerpunkte verfolgt und welche Akzente im Forderungsmanagement gesetzt werden sollten, hängt stets ab, von:

- der wirtschaftlichen Situation des Lieferanten,
- der wirtschaftlichen Lage des Kunden,
- den jeweiligen Bedingungen der Märkte und
- der zeitlichen Perspektive (strategische oder operative)

In jedem Fall müssen die Lieferanten darauf achten, dass die Entscheidungsträger im Unternehmen diesen Weg mitgehen und dass das Risiko stets kalkulier- und steuerbar bleibt. Wenn die bestehenden Handlungsspielräume mit der gebotenen Vorsicht genutzt werden, kann das Forderungsmanagement auf vielfältige Weise die wirtschaftliche Situation und Entwicklung des Unternehmens beeinflussen und fördern.

Ertrags- und Liquiditätssteuerung durch das Forderungsmanagement müssen eng mit der Situation des Unternehmens und seiner Geschäftspolitik abgestimmt werden.

2.2.4 Versteckte Effekte des Forderungsmanagements

In den bisherigen Ausführungen des Kapitels wurde erläutert, welche Auswirkungen das Forderungsmanagement und seine Ausgestaltung auf den Ertrag und die Liquidität des Unternehmens besitzen. Die bisher geschilderten Wirkungen können leicht nachvollziehbar und bewertbar in der Bilanz, der Gewinn- und Verlustrechnung sowie in der Liquiditätsplanung abgelesen werden.

Darüber hinaus haben das Forderungsmanagement und seine jeweilige Ausprägung jedoch auch Auswirkungen auf die wirtschaftliche Situation des Unternehmens, die nicht zwingend augenfällig sind und die nicht (oder nur mit sehr hohem Aufwand) monetär bewertet werden können.

In den nachfolgenden Ausführungen werden zwei ausgewählte Bereiche vorgestellt, in denen „versteckte" Wirkungen zu finden sind. Dabei handelt es sich nicht um eine abschließende Darstellung.

2.2.4.1 Prozessstörungen kosten Zeit und Geld

Fast jeder hat es schon vielfältig erlebt: Prozesse sind nicht optimal definiert, die einzelnen Prozessschritte nicht hinreichend aufeinander abgestimmt und Reibungsverluste vorhanden. Dies bedeutet häufig, dass erforderliche Informationen gesucht werden müssen, Arbeiten mehrfach gemacht und zusätzliche Abstimmungen vorgenommen werden müssen.

Im Forderungsmanagement können derartige Störungen in vielfältiger Form auftreten:

- Vollständige Informationen für die Bonitätsprüfung, -bewertung und die Kreditlimitvergabe liegen nicht vor;
- Absprachen mit dem Kunden (zum Beispiel über abweichende Zahlungsbedingungen) sind dem Forderungsmanagement nicht bekannt;
- Reklamationen sind nicht nachvollziehbar dokumentiert;
- Sonderregelungen werden getroffen und nicht kommuniziert;
- Liefersperren werden nicht eingehalten;
- Kreditlimite werden nicht beachtet;
- Allgemeine Geschäftsbedingungen werden nicht wirksam vereinbart;
- und so weiter.

Die Liste der möglichen Störungen in den Prozessen (insbesondere an den Schnittstellen zwischen Abteilungen) lässt sich nahezu unbegrenzt fortsetzen. Es ist kein Geheimnis, dass jede Prozessstörung (vermeidbaren) Aufwand bedeutet und damit Geld kostet.

Darüber hinaus können Prozessstörungen jedoch auch dazu führen, dass massive Beeinträchtigungen in der Kundenbeziehung entstehen, die wiederum entsprechende Ertragswirkung haben. Wenn zum Beispiel ein Kunde, der mit seinem Vertriebsbeauftragten abweichende (längere) Zahlungsziele vereinbart hat, nach Ablauf der „normalen" Zahlungsfrist gemahnt wird, kann das die Geschäftsbeziehung so nachhaltig stören, dass der Kunde den Warenbezug bei Ihrem Unternehmen einschränkt oder gar einstellt.[1]

Andererseits kann aber auch eine fehlende Weitergabe der Information, dass der Kunde sich in wirtschaftlichen Schwierigkeiten befindet, dazu führen, dass das Forderungsmanagement von einer Insolvenz überrascht wird und Sicherungsmaßnahmen nicht ergriffen werden konnten.

Bereits diese kurzen Ausführungen verdeutlichen, dass Prozessstörungen zu vielfältigem Mehraufwand führen und in extremen Konstellationen darüber hinausgehende deutliche Ertragswirkung besitzen. Nicht vergessen werden darf an dieser Stelle noch der Hinweis, dass jede Prozessstörung auch immer zu negativen Wirkungen auf das „Klima" führt: auf das Klima zwischen Abteilungen und unter Umständen auch auf das Klima zwischen Lieferant und Kunde.

2.2.4.2 Quersubventionierung von Kundenbeziehungen

Es ist nichts Neues, dass Kunden, deren Bonität und Zahlungsverhalten nicht gut sind, ein Vielfaches an Arbeit für das Forderungsmanagement bedeuten. Mit diesen Kunden

[1] In vielen Unternehmen haben Mitarbeiter aus den Vertriebsabteilungen die Erfahrung gemacht, dass ihre Absprachen mit Kunden im Verantwortungsbereich des Debitorenmanagements nicht beachtet wurden und dadurch die Kundenbeziehung – zumindest – belastet wurde. Diese Erfahrungen führen dann häufig dazu, dass vertriebsseitig das Forderungsmanagement kritisch gesehen wird. Dabei wird in der Regel allerdings keine Analyse der Ursachen durchgeführt und dadurch schlichtweg übersehen, dass nicht selten der Vertrieb selbst Auslöser der entstandenen Probleme ist.

setzt sich das Forderungsmanagement intensiv auseinander, während die Kunden, die ihre Rechnungen immer pünktlich zahlen, allenfalls bei der regelmäßigen Bonitätsüberprüfung in den (vorübergehenden) Fokus des Forderungsmanagements geraten.

Die Kunden, die schlecht zahlen, erhalten dagegen jedoch ein Vielfaches an „Zuwendung und Aufmerksamkeit". Nicht selten werden Zahlungsziele verlängert, Ratenzahlungsvereinbarungen getroffen, Kreditlimite erhöht und Sicherungsmaßnahmen ergriffen. Teilweise wird auf die Berechnung von Verzugszinsen oder Mahngebühren sogar ganz verzichtet beziehungsweise zum Teil sogar auf die Begleichung der offenen Posten (OP).

Neben den nun schon bekannten wirtschaftlichen Auswirkungen (Mehraufwand und unmittelbare Ertragseinbußen) haben solche, durchaus übliche Verhaltensweisen aber noch weitergehende Effekte.

Dadurch, dass die „Schlechtzahler" in der oben skizzierten Weise unterstützt werden, gewinnen diese Kunden einen Wettbewerbsvorteil gegenüber den Kunden, die diese „Vergünstigungen" nicht erhalten. Damit wird unter Umständen indirekt dazu beigetragen, dass die gut zahlenden Kunden den einen oder anderen Auftrag gegen einen der schlecht zahlenden Kunden verlieren. Das führt beim Lieferunternehmen dazu, dass statt neuer offener Posten (OP) bei gut und pünktlich zahlenden Kunden mit einem geringen Ausfallrisiko, nun weitere OP bei schlecht zahlenden Kunden mit hohem Ausfallrisiko generiert werden. Genau genommen verwendet das Unternehmen einen Teil der Geldeingänge des gut zahlenden, solventen Kunden, um dessen Wettbewerber zu stärken: Das Unternehmen betreibt eine Quersubventionierung!

Bedauerlicherweise ist damit das Ende des versteckten, negativen Effekts noch nicht erreicht. Es ist immer wieder festzustellen, dass die Märkte durchaus ein hohes Maß an Transparenz aufweisen. Auch konkurrierende Unternehmen haben bei den verschiedensten Anlässen einen regen Informationsaustausch. Sei es bei Verbandsveranstaltungen, offiziellen Anlässen, auf Messen oder anderweitigen Gelegenheiten. Bei diesen Begebenheiten kommunizieren die „Schlechtzahler" (teils bewusst, teils unbewusst), welche „Vorteile" sie aus der Geschäftsbeziehung mit den jeweiligen Unternehmen gewinnen. Das hat nun gegebenenfalls zwei Effekte: Erstens sind die guten Kunden (zu Recht) verärgert, weil sie relativ gesehen schlechter gestellt werden. Zweitens spricht sich diese Verfahrensweise bei potenziellen (in der Regel schlecht zahlenden) Kunden herum, die sich aus nachvollziehbaren Gründen um eine Belieferung bemühen. Wenn diese Gedanken konsequent fortgeführt werden, dann resultiert daraus das Ergebnis, dass durch allzu nachsichtiges Verhalten gegenüber Schlechtzahlern systematisch die Kunden mit guter Bonität und gutem Zahlungsverhalten gegen Kunden mit zweifelhafter Bonität und schlechter Zahlungsmoral ausgetauscht werden. Solche Lieferanten wirken wie ein Magnet: Die Kunden, die eigentlich kein Lieferant gerne im Portfolio hat, werden magisch angezogen, wichtige, solvente Kunden dagegen eher „abgestoßen".

Bei diesen Ausführungen könnte man gegebenenfalls Schwarzmalerei unterstellen. In einigen Fällen wurde jedoch bereits beobachtet, dass Unternehmen (mit hervorragender Bonität und Kapitalausstattung) über Jahre hinweg lediglich ein rudimentäres Forderungsmanagement betrieben haben. Diese Unternehmen hatten daraufhin in der Branche den sehr zweifelhaften Ruf erworben, dass sie „jeden" beliefern. Dies hatte die nachweisliche Konsequenz, dass ein hoher Anteil Kunden mit unzureichender Bonität im Kundenstamm zu finden war. Die Konsequenz daraus waren wiederum sehr hohe Forderungsbestände, Liquiditätsengpässe und ein unkalkulierbar hohes Ausfall- und Insolvenzrisiko beim Lieferanten.

Leider kann auch hier die Liste der versteckten, negativen Effekte noch fortgeführt werden. Um entsprechende Denkanstöße zu geben, dazu noch einige Stichworte für Unternehmen im Sektor Fertigprodukte:

- unzureichender Kunden- und Lieferservice der schlecht zahlenden Kunden,
- die daraus entstehende Unzufriedenheit des Endkunden wird auf das Produkt übertragen oder,
- die Schlechtzahler können aufgrund diverser (anderer) Probleme die Produkte nicht verkaufen (eventuell ist der Ruf des „Schlechtzahlers" am Markt nicht gut) und das Produkt wird, auch gegenüber anderen Marktteilnehmern für den Misserfolg verantwortlich gemacht,
- der „Schlechtzahler" kommuniziert in den Markt, dass die Produkte Ladenhüter sind,
- und so weiter.

Die bisherigen Ausführungen haben verdeutlicht, dass das Forderungsmanagement und dessen jeweilige betriebliche Ausgestaltung immense Auswirkungen auf die wirtschaftliche Situation des Unternehmens besitzen. Dabei wurde geschildert, dass die betriebswirtschaftliche Bedeutung weit über das operative Tagesgeschäft hinausgeht. Mit der Ausgestaltung der verschiedenen Elemente und Instrumente des Forderungsmanagements werden Kundenbeziehungen in ähnlicher Tragweite definiert, wie es durch Entscheidungen im Vertrieb getan wird.

Neben den offensichtlichen wirtschaftlichen Implikationen des Forderungsmanagements verdienen auch die „versteckten Effekte" ein besonderes Augenmerk. Wie kaum ein anderer Bereich sonst, eignet sich das Forderungsmanagement zum Beispiel bestens zur Gestaltung des Working Capital.

Die jeweiligen Festlegungen zur konkreten Ausgestaltung des Forderungsmanagements definieren:

- die Höhe der Forderungsbestände,
- das Verhältnis von Selbst- beziehungsweise Fremdfinanzierung,
- die Bilanzstruktur,
- die Liquiditätslage des Unternehmens,
- die Rolle des Unternehmens als Kreditgeber für die Kunden,
- die Art und Weise, wie Kunden (after sales) behandelt werden,

- das Image des Unternehmens am Markt und
- die Risikolage des Unternehmens.

Alle oben genannten Gestaltungselemente sind einerseits strategische Entscheidungen und andererseits kaufmännische Themenstellungen.

Die wirtschaftliche Bedeutung des Forderungsmanagements, sowohl aus operativer als auch aus strategischer Sicht lassen bereits vermuten, dass Forderungsmanagement, soll es seinem Stellenwert entsprechend ausgeprägt sein, kein Tätigkeitsfeld ist, das von einem Debitorensachbearbeiter „nebenbei" gemacht werden kann. Die Organisation des Forderungsmanagements erfordert aufgrund seiner wirtschaftlichen Wirkung in all seinen Gestaltungsfeldern sowohl konzeptionelle als auch instrumentelle Optimierung.

Quintessenz Die Art und Weise, wie das Forderungsmanagement im Unternehmen betrieben wird, besitzt weitreichende Folgen für:

1. die Ertragskraft,
2. die Zahlungsfähigkeit,
3. die Kundenstruktur,
4. das Image des Unternehmens sowie,
5. die Handlungsfähigkeit des Unternehmens am Markt.

Es ist offensichtlich, dass daher die Gestaltung des Forderungsmanagements eng an die Unternehmensstrategie und die Unternehmensphilosophie angepasst werden muss. Das kann nachvollziehbarer Weise nicht durch Entscheidungen (von Fall zu Fall) im Alltagsgeschäft geschehen. Stattdessen muss das Forderungsmanagement genauso, wie andere Bereiche und Funktionen des Unternehmens, auf die Erreichung der kurz-, mittel- und langfristigen Unternehmensziele ausgelegt werden.

Das impliziert, dass das Forderungsmanagement Gegenstand grundsätzlicher und systematischer Überlegungen im Management des Unternehmens sein muss.

In den folgenden Abschnitten wird verdeutlicht, welche Festlegungen erforderlich sind, um das betriebliche Forderungsmanagement möglichst erfolgreich zu gestalten.

2.3 Ziele des Forderungsmanagements

Wenn überhaupt, sind in vielen Unternehmen die Ziele des Forderungsmanagements sehr passiv beziehungsweise reaktiv formuliert. Dabei darf es nicht wörtlich genommen werden, wenn der Verfasser an dieser Stelle den Begriff „formuliert" verwendet. Häufig sind gerade diese Zielvorstellungen selten explizit benannt worden. In der Regel resultieren sie aus der grundsätzlichen Zwecksetzung des betrieblichen Forderungsmanagements. In diesen Unternehmen hat das Forderungsmanagement die Aufgabe, Schlimmeres zu verhindern, das heißt Forderungsausfälle zu vermeiden. Nicht selten werden daher die Akti-

Tab. 2.1 Alternativen zu Zielformulierungen im Forderungsmanagement

Reaktive/negative Zielformulierung	Aktive/positive Zielformulierung
Reduktion der Forderungsausfälle unter 3 % vom Umsatz	Erhöhung der Realisationsquote auf über 97 % vom Umsatz
Begrenzung der Kunden im Mahnverfahren auf maximal 10 % der Debitoren	Steigerung der fristgerechten Zahler auf mindestens 90 % der Debitoren
Senkung des Forderungsbestands auf 10 % vom Umsatz	Erhöhung der Liquidität aus Forderungsbeständen um 5 % vom Umsatz
Senkung der Absicherungskosten um 10 %	Kostenneutrale Erhöhung der Absicherungsquote um 5 %
Reduktion der DSO-Tage auf unter 40	Beschleunigung des durchschnittlichen Zahlungseingangs um 5 DSO-Tage
Reduktion des Bestands alter Forderungen auf 10 % des Forderungsbestands	Erhöhung des Anteils nicht fälliger Forderungen am Forderungsbestand auf 90 %
Absicherung des Umsatzwachstums auf den osteuropäischen Märkten	Unterstützung der Markterschließung in Osteuropa durch geeignete Sicherungs- und Finanzierungsinstrumente

vitäten im Forderungsmanagement in Abhängigkeit von der jeweiligen Problemlage hoch- oder heruntergefahren. Dieses Auf und Ab führt bei allen Beteiligten zu einer gewissen Unsicherheit, was den Stellenwert des Forderungsmanagements und seinen Beitrag zum Unternehmenserfolg betrifft. Nicht selten wird in einzelnen Unternehmensteilen die Frage nach der Existenzberechtigung (meist hinter vorgehaltener Hand) gestellt.

Damit das Forderungsmanagement erfolgreich ist, muss es systematisch und an der Unternehmensstrategie ausgerichtet gestaltet werden. Auch für das Forderungsmanagement muss definiert werden, welchen Beitrag diese betriebliche Funktion zum Erreichen der Unternehmensziele leisten muss. Das bedeutet, dass die Unternehmenszielsetzung auch für das Forderungsmanagement operationalisiert werden muss. Wie bereits erwähnt, sind die Ziele – wenn sie denn explizit im Unternehmen formuliert wurden – in aller Regel sehr reaktiv beziehungsweise passiv ausgeprägt. Nach Ansicht des Verfassers führt das unter anderem dazu, dass das Image des Forderungsmanagements in vielen Unternehmen nicht sonderlich positiv wahrgenommen wird. Schlagworte wie „Umsatzverhinderer", „Kundenschreck" oder „Erbsenzähler" sind nur einige Beispiele für das in der Praxis häufig anzutreffende, negative Image.

Aus diesem Grunde sollten die Ziele beziehungsweise der Zielbeitrag des Forderungsmanagements möglichst positiv und aktiv formuliert werden. Die Tab. 2.1 enthält einige Beispiele, wie unterschiedlich die Ziele im Forderungsmanagement formuliert werden können.

Es versteht sich nahezu von selbst, dass die Formulierung und die Abstimmung der Ziele des Forderungsmanagements unter Beteiligung der relevanten Unternehmensbereiche erfolgen und anschließend in geeigneter Weise das Ergebnis kommuniziert werden muss. Dazu hat es sich als äußerst hilfreich erwiesen, eine sogenannte Credit Policy, das heißt eine Kreditrichtlinie des Unternehmens, zu erstellen.

Quintessenz

1. Erfolgreiches Forderungsmanagement erfordert zwingend die Formulierung konkreter und messbarer Ziele.
2. Die Ziele des Forderungsmanagements müssen in das Zielsystem des Unternehmens integriert sein und sich an der Unternehmensstrategie orientieren.
3. Ziele im Forderungsmanagement müssen kommuniziert werden, damit sie ihre Koordinierungsfunktion erfüllen können.
4. Auch die Ziele im Forderungsmanagement sollten aktiv/positiv formuliert werden, um den wertvollen Erfolgsbeitrag zu verdeutlichen und das Image zu verbessern.
5. Weniger ist mehr: Nicht das Kind mit dem Bade ausschütten!

2.4 Die Kreditrichtlinie/Credit Policy

Unternehmen müssen sich zunehmend bewusst werden, dass sie regelmäßig – mit jeder Entscheidung, Lieferungen auf Zahlungsziel zu leisten – Kredite vergeben. Es ist naheliegend, dass sie die Bedingungen, denen diese Kreditvergaben unterliegen, ausdrücklich und formal regeln. Aus praktischer Erfahrung lässt sich sagen, dass die grundsätzliche Regelung der Vergabebedingungen im geschäftlichen Alltag eine ganze Reihe der häufig anzutreffenden Problem- und Konfliktsituationen von vornherein verhindert.

> Für die Sicherstellung eines wirksamen Forderungsmanagements bietet die Formulierung einer für das gesamte Unternehmen verbindlichen Richtlinie eine wichtige Basis. Sie stellt die Arbeitsgrundlage für das Kredit- beziehungsweise Forderungs- oder Debitorenmanagement dar. Die Credit Policy sollte mit der Geschäftsleitung und allen mit dem Lieferantenkredit in Verbindung stehenden Bereichen erarbeitet werden und Teil eines Organisations-Handbuches für das gesamte Unternehmen sein. Enthalten sein muss eine genaue Beschreibung der Aufgaben, Ziele, Verantwortlichkeiten und Kompetenzen der Abteilungsleitung und ihrer Mitarbeiter. Die erarbeiteten Richtlinien müssen auch die Zielvorstellungen der Geschäftsleitung über den Einsatz von Mitteln zur Absatzfinanzierung festlegen.[5][2]

Der Bundesverband Credit Management e. V. setzt in den von ihm erstellten „Mindestanforderungen an das Credit Management (MaC)" die Existenz einer Kreditrichtlinie schlechterdings voraus. Unter der Rubrik „Organisation" wird gefordert, dass die Kreditrichtlinie regelmäßig auf ihre Aktualität hin überprüft und bei Bedarf (mindestens jährlich) angepasst wird. Außerdem sollte die Kreditrichtlinie den involvierten Personen (auch dem Vertrieb) zugänglich und bekannt sein[2][3].

[2] (Pütz 2004, S. 34).

[3] (Bundesverband Creditmanagement e. V. 2011, S. 6).

Die Einordnung der genannten Mindestanforderungen in die Rubrik „Organisation" verdeutlicht dabei bereits den Steuerungscharakter, den die Kreditrichtlinie erfüllen soll.

Die Kreditrichtlinie hat den Zweck, das diesbezügliche Handeln im Unternehmen einheitlich, transparent und nachvollziehbar zu steuern. Um diese beabsichtigte Steuerungswirkung tatsächlich erreichen zu können, muss die Kreditrichtlinie einige spezifische Inhalte aufweisen und in geeigneter Weise im Unternehmen (und darüber hinaus) kommuniziert werden.

Das Zitat von Heinz C. Pütz verdeutlicht, dass die Kreditrichtlinie eines Unternehmens die Grundlage jeden Handelns im Forderungsmanagement darstellt. Die Kreditrichtlinie veranschaulicht allen Mitarbeitern, welchen Stellenwert das Kreditmanagement im Unternehmen besitzt. Eingebunden in das Zielsystem des Unternehmens wird dadurch transparent, dass Kredit- beziehungsweise Forderungsmanagement keinen Widerspruch zu den Unternehmenszielen wie zum Beispiel Umsatzwachstum oder Marktanteilssteigerung darstellt, sondern essenzielle Rahmenbedingungen für die Existenz, den Erhalt und das Wachstum des Unternehmens schafft. Das Ziel, hohe Umsätze mit dem geringsten erforderlichen (und kalkulierbaren) Risiko zu realisieren, kann auf diese Weise im gesamten Unternehmen kommuniziert werden.

Die nachfolgende Textpassage dokumentiert, wie der Einstieg in eine Kreditrichtlinie, hier insbesondere in die Kreditmanagement-Philosophie formuliert werden könnte:

Beispiel

„Ein leistungsfähiges Forderungsmanagement ist für unser Unternehmen, wie für jedes andere Unternehmen auch, sowohl unter Ertrags- als auch unter Liquiditätsgesichtspunkten von herausragender Bedeutung. In unseren Aktivitäten im Forderungsmanagement muss sichergestellt werden, dass der Erfolg, den wir am Markt durch den Absatz unserer Produkte zunächst erzielt haben, durch Sicherstellung der Bezahlung auch tatsächlich realisiert wird.

Insbesondere unter schwierigen Marktbedingungen kommt dem Forderungsmanagement unseres Unternehmens existenzsichernde Bedeutung zu. Gerade in solchen Situationen ist es einerseits erforderlich, ein Höchstmaß an rechtzeitiger und vollständiger Bezahlung unserer erbrachten Leistungen durch unsere Kunden sicherzustellen. Andererseits ist unter mittel- und langfristigen Gesichtspunkten die Stabilisierung (Erhalt, Festigung und Weiterentwicklung) der Geschäftsbeziehung zu unseren Kunden durch unser Forderungsmanagement zu unterstützen.

Wir begreifen das Forderungsmanagement daher als betriebliche Funktion, die sowohl von der Unternehmensführung als auch vom Vertrieb und dem Finanzwesen in hohem Maße abgestimmte und integrierte Handlungsweisen erfordert. Durch ein Höchstmaß an Transparenz und Koordination müssen außerdem Ablaufstörungen und Ineffizienzen weitestgehend vermieden werden.

Diese Kreditrichtlinie verfolgt daher das Ziel, das Forderungsmanagement, entsprechend seines Stellenwerts, auf qualitativ hohem Niveau zu standardisieren und die Ak-

tivitäten und Zuständigkeiten aller in die Funktion involvierten Stellen zu koordinieren. Dadurch soll sichergestellt werden, dass das Ertrags- und das Liquiditätsrisiko aufgrund von Forderungsaußenständen und -ausfällen so weit als möglich begrenzt wird.

Es ist das Ziel unseres Unternehmens, das Alter unserer Forderungen dauerhaft unter 40 Tage und die Höhe der OP unter 12 % vom Umsatz zu reduzieren. Außerdem sollen die Forderungsausfälle unter 1 % vom Umsatz reduziert werden.

Wir bekennen uns gegenüber unseren bestehenden und künftigen Kunden dabei klar und eindeutig auch zu unserer Rolle als „Kreditgeber". Der Stellenwert des Lieferantenkredits für unsere Kunden ist uns bewusst. Wir werden weiterhin Lieferantenkredite vergeben und transparente und nachvollziehbare Entscheidungen über die Höhe und die Rückzahlungsmodalitäten gemeinsam mit den Kunden treffen. Unter Beachtung von Bonitäts-, Zahlungserfahrungs- und Absicherungskriterien sind wir bereit, unsere Kunden durch angemessene Lieferantenkredite in ihrem Handeln zu unterstützen.

Dem Stellenwert des Forderungsmanagements entsprechend, ist im Finanz- und Rechnungswesen das Zentrale Forderungsmanagement (ZFM) als führende und treibende Kraft des Forderungsmanagements installiert. Das ZFM ist einerseits „Wächter" darüber, dass alle Stellen des Unternehmens ihren Anteil an der Funktion des Forderungsmanagements angemessen erbringen und andererseits „Katalysator" für die aktive und ehrgeizige Steuerung unserer Maßnahmen zur Reduktion der Außenstände. Das ZFM ist daher nicht als „einsamer Wolf", sondern eher als „Teamkapitän" beim Abbau der Außenstände konzipiert.

Aufgrund des Ziels der Standardisierung und Koordination der Funktion Forderungsmanagement, richtet sich diese Kreditrichtlinie nicht nur an die Mitarbeiter im Finanz- und Rechnungswesen, sondern in gleicher Weise an alle involvierten Stellen, insbesondere auch an den Vertriebsinnen- und -außendienst."

2.4.1 Inhalte einer Kreditrichtlinie

Eine Kreditrichtlinie muss den Stellenwert, den das Kreditmanagement[4] im Unternehmen besitzt, beschreiben. Es muss darin deutlich werden, dass das Forderungsmanagement eine elementare Funktion zur Sicherung der Unternehmensexistenz und damit auch bestehender und künftiger Kundenbeziehungen ist. Darüber hinaus ist aber auch zu klären, welche Rolle das Forderungsmanagement sowie alle Akteure im Forderungsmanagement, in der Generierung und der Pflege von Kundenbeziehungen haben.

---

[4] In der Literatur werden die Begriffe „Kreditmanagement" und „Forderungsmanagement" in der Regel mit unterschiedlichem Begriffsinhalt verwendet. Während der Begriff „Kreditmanagement" dabei alle Aufgaben und Aktivitäten im Zusammenhang Entscheidungen zum Lieferantenkredit bezeichnet, umfasst der Begriff „Forderungsmanagement" in erster Linie alle Aufgaben und Aktivitäten, die sich mit der Betreibung und dem Inkasso der Forderungen befassen. In diesem Buch werden beide Begriffe synonym verwendet und damit alle Aktivitäten rund um den Lieferantenkredit und das Inkasso bezeichnet.

Folgende inhaltliche Schwerpunkte sollten in der Kreditrichtlinie mindestens enthalten sein[5]:

- Philosophie des Unternehmens im/zum Forderungsmanagement,
- Ziele des Forderungsmanagements und
- Regelwerk mit
  - Aufgaben,
  - Prozessen sowie
  - Verantwortlichkeiten und Kompetenzen.

Die Vision/Philosophie des Unternehmens ist mit wenig Aufwand zu dokumentieren, sie zu entwickeln kann – muss aber nicht – dagegen recht viel Zeit in Anspruch nehmen.

Wenn die Vision entwickelt und die Philosophie abgestimmt sind, ist die Ableitung konkreter Ziele im Forderungsmanagement meist eine recht einfache „Übung". Schwieriger ist es, wenn sich das Unternehmen den ersten Schritt, die Vision zu erarbeiten, ersparen möchte. Dann mutete das Suchen nach geeigneten Zielen schon einmal an, wie „das Stochern im Nebel". In der Praxis kann in diesem Zielfindungsprozess teilweise festgestellt werden, dass die Protagonisten schnell einmal über das Ziel hinausschießen. Unternehmen, die Jahre – teilweise Jahrzehnte – ohne formulierte Ziele im Forderungsmanagement ausgekommen sind, tendieren oft dazu, für alles und jeden ein konkretes Ziel festzulegen. Doch weniger ist mehr! Lieber nur drei Ziele formulieren, die dann eine operative Steuerungswirkung erzielen, als 20 Ziele zu sammeln, die alle Akteure eher irritieren, verunsichern und daher schnell ignoriert werden.

Insbesondere die Beschreibung der verschiedenen Aufgaben, Prozesse und Kompetenzen stellt sich in der betrieblichen Praxis in aller Regel als recht komplex und aufwendig dar. Häufig führt dieser Arbeitsberg, oder besser, der vermutete Arbeitsberg, bereits dazu, dass Überlegungen oder Initiativen zur Erstellung einer Kreditrichtlinie schon im Anfangsstadium scheitern. Für den Verfasser ist es mehr als nachvollziehbar, dass es für einzelne Personen, die neben ihrem operativen Geschäft, „mal eben" eine Kreditrichtlinie verfassen sollen, schlechterdings unmöglich ist, das zu bewerkstelligen. Zumal in den Unternehmen häufig wesentliche Inhalte einer künftigen Kreditrichtlinie bekanntermaßen noch strittig gesehen werden.

Wenn in der Beratungspraxis die Empfehlung ausgesprochen wird, eine Kreditrichtlinie zu erstellen, wird häufig die Frage nach dem „Kosten-Nutzen-Verhältnis" gestellt, zumal schnell erkennbar wird, dass diese Richtlinie nicht auf ein oder zwei Seiten abgehandelt werden kann, sondern schnell einen Ordner füllt.

Über den Wert von Handbüchern kann man natürlich streiten. Den positiven Effekten wie zusammenhängende Dokumentation einer Thematik oder eindeutige Regelung aller relevanten Sachverhalte stehen negative Argumente (oder Erfahrungen) wie Erstellungs-

[5] (Bianco und Kaut 2012, S. 21).

und Pflegeaufwand oder Bürokratie entgegen. Dazu hat sicherlich jeder seine eigenen Erfahrungen und seine eigene Meinung.

Die Erfahrungen des Verfassers sprechen allerdings eindeutig für die Erstellung und die Pflege eines Handbuches „Kreditrichtlinie/Forderungsmanagement". Gerade im Themenkomplex Forderungsmanagement besitzen die Richtlinienerstellung und die Existenz eines Handbuches wesentliche Vorteile:

- Eindeutige Festlegungen und Entscheidungen (zu offenen/strittigen Fragen) werden „erzwungen";
- Komplexe Sachverhalte werden nachvollziehbar und handlungsleitend koordiniert (insbesondere in Prozessen, die nicht täglich durchlaufen werden);
- Handbücher stellen Wissen, unabhängig von der Anwesenheit bestimmter Personen, zur Verfügung;
- Dokumentationen eignen sich hervorragend zur Einarbeitung neuer Mitarbeiter;
- Richtlinien bieten Rechtfertigung und Handlungssicherheit zugleich.

Eine Kreditrichtlinie hat vor allem die Funktion der Koordination des Handelns verschiedener Akteure, sie schafft Transparenz und Handlungssicherheit. Diese Funktionen kann eine Kreditrichtlinie jedoch nur dann erfüllen, wenn sie weitestgehend vollständig ist, die berechtigten Belange aller beteiligten Stellen berücksichtigt werden und sie auf einem aktuellen Stand gehalten wird.

Mancher Leser hätte sich wahrscheinlich gewünscht, dass „dieser Kelch an ihm vorübergeht" und der Verfasser die Notwendigkeit der Richtlinienerstellung und -dokumentation anders gewertet hätte. Das ist aber leider nicht so. In der Praxis hat sich jedoch gezeigt, dass – wenn die anfänglichen Widerstände erst einmal überwunden sind – der Arbeitsberg bei genauerer Betrachtung doch nicht ganz so groß ist wie vermutet. Häufig kann auf bestehenden Dokumentationen aufgesetzt werden. Seien es Prozessbeschreibungen und Kompetenzregelungen im Rahmen eines bestehenden Qualitätsmanagementsystems oder seien es Dokumentationen von Rechnungswesenprozessen, die im Rahmen der Abschlussprüfung erstellt wurden. Oft sind auch noch einzelne Dokumente vorhanden, wie Arbeitsanweisungen der Geschäftsführung oder der kaufmännischen Leitung, die zu Einzelfragen mehr oder weniger klare Regelungen treffen[6]. Es hat sich als nützlich erwiesen, zunächst einmal das Vorhandene zu sammeln und strukturiert (gegliedert) in einem Ordner abzulegen. Nach Sichtung dieser Dokumente werden bestehende Lücken oder existierende Widersprüchlichkeiten schnell erkennbar. Auf dieser Basis lässt sich dann die noch zu leistende Arbeit relativ einfach priorisieren, strukturieren und auch verteilen.

[6] Eine mögliche Quelle zum Auffinden solcher Regelungen sind die E-Mailfächer der Mitarbeiter, die, entgegen der Vorgaben, ihre Mail-Fächer „nie" aufräumen. Früher fand man diese Informationen oft als Kopie oder als Post-it-Notiz auf den Schreibtischen beziehungsweise an den PCs in der Buchhaltung.

Folgende Struktur könnte für die Erstellung einer Kreditrichtlinie beziehungsweise für die Sammlung und Strukturierung vorhandener Dokumente zunächst einmal als Arbeitsgrundlage genutzt werden:

Beispiel

1. Kreditmanagement-Philosophie
2. Ziele des Forderungsmanagements
3. Stammdaten
    1. Neuanlage
    2. Pflege
4. Bonitätsprüfung und Bonitätsbewertung
    1. Externe Informationen
    2. Interne Informationen
    3. Export
5. Kreditentscheidungen
    1. Standardverfahren
    2. Sonderfälle
    3. Export
6. Sicherheiten
    1. Warenkreditversicherung
    2. Sonstige Sicherheiten
    3. Export
7. Zahlungsverhalten
    1. Zahlungsbedingungen
    2. Mahnverfahren
    3. Inkassomaßnahmen
    4. Export
8. Forderungscontrolling und -reporting
    1. Risiken
    2. Forderungslaufzeiten
9. Verhalten in Krisensituationen
    1. Anhaltende Zahlungsstörungen
    2. Kundeninsolvenz

Selbst dann, wenn nach der Sammlung und Strukturierung vorhandener Regelungen keine weiteren Arbeiten an der Kreditrichtlinie realisiert werden können, bedeutet das für viele Unternehmen bereits einen Fortschritt. Nicht selten sind die bestehenden Regelungen in den Unternehmen nicht so leicht aufzufinden und erfahrungsgemäß ist die Erinnerung an die konkreten Regelungsinhalte und Vorgaben, je nach Gesprächspartner, inhaltlich sehr unterschiedlich ausgeprägt.

Da der Nutzen einer Kreditrichtlinie für ein erfolgreiches Forderungsmanagement des Unternehmens nicht von der Hand zu weisen ist, wird unterstellt, dass im Unternehmen daran gearbeitet wird, die bestehenden Lücken zu schließen und die gegebenenfalls vorhandenen Widersprüche zu lösen. Die Erfahrung hat gezeigt, dass das am Erfolg versprechendsten in einer Projektstruktur zu realisieren ist. Es ist eminent wichtig, dass ein Projektverantwortlicher bestimmt sowie die Projektziele und die Projektlaufzeit fixiert werden. Ansonsten, so zeigt die Erfahrung, wird eine kontinuierliche Bearbeitung dieser wichtigen, aber in den seltensten Fällen dringenden Aufgabenstellung sehr schnell von den Dringlichkeiten des operativen Alltags wieder in den Hintergrund gedrängt.

Um ein solches Projekt zum Erfolg führen zu können, benötigt der Projektleiter zwingend die Unterstützung der obersten Managementebene. Nur, wenn der Geschäftsführer beziehungsweise Inhaber bereits im Rahmen des Projektstarts seine Unterstützung verdeutlicht und sich auch aktiv in die Definition und Abstimmung der wesentlichen Eckpunkte einbringt, kann davon ausgegangen werden, dass das Projekt im Unternehmen die erforderliche Beachtung und Unterstützung erfährt.

Entscheidend für den Projekterfolg ist ebenfalls, dass alle Stellen des Unternehmens, die wesentlich von den Regelungsinhalten berührt werden, im Projekt mitarbeiten. Dazu gehören insbesondere auch namhafte/einflussreiche Vertreter aus den Vertriebsstellen. Je größer die Widerstände sind, die erwartet werden, umso wichtiger ist es, aus Betroffenen Beteiligte zu machen, das heißt sie an der Erarbeitung der diversen Inhalte mitwirken zu lassen. Ein solches Vorgehen steigert die inhaltliche Qualität, die künftige Akzeptanz und fördert vor allem auch die Kommunikation der Kreditrichtlinie.

2.4.2 Kommunikation der Credit Policy nach innen und außen

Ist eine Credit Policy im Unternehmen erarbeitet, ist es zwingend erforderlich, deren Inhalte im Unternehmen bekanntzumachen. Nur dann, wenn alle involvierten Stellen des Unternehmens die Ziele des Forderungsmanagements kennen und mittragen, können die damit verbundenen Aufgaben dauerhaft mit einem Minimum an Reibungsverlusten und in effizienten Prozessen bewerkstelligt werden.

In der betrieblichen Praxis ist häufig zu beobachten, dass dieser Kommunikationsnotwenigkeit zu wenig Beachtung geschenkt wird. Oft werden die fertiggestellten Dokumentationen lediglich vervielfältigt und an die vermeintlichen Adressaten verteilt. Damit geht dann die Erwartung einher, dass diese Adressaten das Dokument kurzfristig lesen, verstehen und anwenden. In der Regel erfüllen sich diese Erwartungen nicht. Meist stehen die Erfordernisse und Reglementierungen des operativen Alltags der Erfüllung dieser Erwartungen entgegen. Für das konzentrierte Lesen der Kreditrichtlinie findet sich gerade jetzt keine Zeit (das ist ja schließlich auch nicht in ein paar Minuten erledigt). Es wird dann also oft darauf gewartet, dass entsprechend benötigte Zeitkontingente dafür einmal „frei" sind. Bedauerlicher Weise hat sich gezeigt, dass das in der Praxis leider nie der Fall ist.

Wenn die Adressaten es dann doch schaffen, wenigstens einmal einige Kapitel oder Passagen zu lesen, kommen Fragen auf, für deren Beantwortung natürlich just in diesem Moment niemand zur Verfügung steht.

Falls die Adressaten dann beginnen sollten, das eine oder das andere aus der Kreditrichtlinie umzusetzen, stellt sich häufig heraus, dass andere (involvierte) Stellen im Hause „noch nicht so weit sind" und die alten Verfahren und Regeln weiterhin praktizieren.

Das Ergebnis ist dann nicht selten eine noch größere Konfusion als vorher. Schnell wird dann auch die dafür verantwortliche Ursache identifiziert: „Das liegt an der neuen Kreditrichtlinie".

Um die etwas übertrieben geschilderten Auswirkungen zu vermeiden, ist es erforderlich, die Kommunikation der Credit Policy im Unternehmen genau zu planen, zu steuern und umzusetzen. Dazu hat es sich als hilfreich erwiesen, eine einfache Kommunikationsmatrix zu erstellen. In dieser Kommunikationsmatrix ist festzulegen:

- Wer,
- Wann,
- Wen und
- Wie

informiert.

Da in diesem Buch nicht den Spezifika jedes einzelnen Unternehmens Rechnung getragen werden kann, werden in den folgenden Passagen lediglich einige grundsätzliche Hinweise zu den oben formulierten Fragen gegeben.

Wer Damit die Umsetzung der Kreditrichtlinie schnell und gut im Unternehmen gelingt, muss die oberste Führungsebene – für die Mitarbeiter wahrnehmbar und nachvollziehbar – ihre Position dazu bekunden. Dies kann häufig in einer Auftaktveranstaltung erfolgen, in der die wesentlichen Inhalte, Ziele und Beweggründe für die Erstellung der Richtlinie vorgestellt werden. In einer solchen Auftaktveranstaltung sollten aber auch die weiteren (auch zeitlichen) Planungen zur Kommunikation und Anwendung der Richtlinie vermittelt werden.

Neben der Unternehmensleitung, die die Umsetzung der Richtlinie mit ihrer Positionsmacht unterstützen muss, ist auch der operative „Kopf" (also derjenige, der die Inhalte kennt und künftig weiterentwickelt) gefordert. Er ist der, der die inhaltlichen Festlegungen vorstellen und argumentieren sollte.

Wann Nach Fertigstellung der Kreditrichtlinie sollte die Information dazu möglichst zeitnah erfolgen. Da es meist nicht sinnvoll ist, alle Adressaten zu allen Inhalten im Detail zu informieren, sollte ein abgestimmter Zeitplan erstellt werden, der sich am Stellenwert der Veränderungen für die Arbeitsinhalte der Akteure/Betroffenen orientiert. Die „wichtigsten" Stellen für das Forderungsmanagement sollten zuerst informiert werden. Nicht, dass der, den es am meisten betrifft, zuletzt in Kenntnis gesetzt wird.

Wen Nicht alle von der Kreditrichtlinie betroffene Stellen und Personen werden in gleichem Ausmaß tangiert. Um ein gewisses Maß an Effizienz in der Kommunikation der Kreditrichtlinie zu gewährleisten, empfiehlt es sich, die Personengruppen, die vergleichbare Informationsbedürfnisse haben (in der Breite und/oder in der Tiefe) in gemeinsamen „Veranstaltungen" zu informieren. Es ist darüber hinaus sinnvoll, auch Bereiche, zwischen denen zahlreiche oder wichtige Prozessverbindungen (Naht- oder Schnittstellen) bestehen, gemeinsam zu unterrichten. Zuweilen neigen Unternehmen dazu, alle Adressaten in einer „Mammutveranstaltung" bis ins kleinste Detail zu informieren. Die Erfahrung zeigt leider, dass ein solches Vorgehen bei vielen Teilnehmern zu Langeweile und Desinteresse (nur geringe Teile des gesamten Themas sind für die Personen wirklich relevant) oder auch zu fachlicher Überforderung und zu Missverständnissen führen kann. Erfahrungsgemäß kommt wesentlich mehr bei den Adressaten an, wenn diese gezielt und spezifisch informiert werden.

Wie An der Beantwortung dieser Frage werden sich wahrscheinlich „die Geister scheiden". Eine allgemeingültige Antwort kann darauf nicht gegeben werden. Es sei denn, man antwortet eher nichtssagend: „So, dass die Inhalte bei den Teilnehmern ankommen und verstanden werden." Was sich zunächst als Worthülse darstellt, beinhaltet bei näherem Hinsehen doch den einen oder anderen nutzbaren Aspekt.

Es wird sicher nicht ausreichen, die Kreditrichtlinie in gedruckter Form zu verteilen. Auch ein stundenlanger „Frontalunterricht", bei dem alle Details und Facetten der Richtlinie „vorgelesen" werden, wird nicht zielführend sein. Stattdessen hat es sich in der Praxis bewährt, die für die jeweiligen Teilnehmergruppen wirklich relevanten Themen in einem angepassten Detaillierungsgrad vorzustellen und anschließend einige exemplarische Vorgänge (sowohl regelmäßige als auch eher „exotische") durch die Teilnehmer in Form eines Workshops bearbeiten und diskutieren zu lassen. Mithilfe dieser Kommunikationsform treten viele der Probleme und Fragen, die auch im Arbeitsalltag entstehen können, auf und können geklärt werden.

Es ist aufgrund der obigen Ausführungen nachvollziehbar, dass die erfolgreiche, interne Kommunikation einen gewissen Arbeitsaufwand nach sich zieht. Häufig glauben die Unternehmen, sich diesen Aufwand sparen zu können. Der Autor hat jedoch, und das nicht nur in Projekten zum Forderungsmanagement, die Erfahrung gemacht, dass die Unternehmen, die sich das sparen, insgesamt nichts gewinnen. In diesen Fällen entsteht der Aufwand dann immer zu einem späteren Zeitpunkt (und dieser ist dann niemals günstig), meist an einem konkreten, operativen Vorgang. Hier ist dann oft ein Kunde unmittelbar involviert oder betroffen und die Problemlösung steht unter einem mehr oder minder großen Zeitdruck. In Summe ist der erforderliche Kommunikationsaufwand höher. Leider hat diese Form des Vorgehens zudem den unangenehmen Nebeneffekt, dass dadurch das Klima der Zusammenarbeit (intern, aber häufig auch mit dem Kunden) negativ beeinflusst wird.

Fast zwangsläufig hat die Behandlung der Kommunikationsanforderungen nun auch den Kunden beziehungsweise den Markt erreicht. Wie in der Kapitelüberschrift bereits benannt, sollte eine (neue) Kreditrichtlinie immer auch nach außen kommuniziert werden.

Wichtigster Adressat dieser externen Kommunikation sind selbstverständlich die Kunden. Für sie kann das (neue) Regelwerk zu unmittelbaren und konkreten Änderungen führen. Je früher und je konkreter die Kunden über die zu erwartenden Änderungen informiert werden, umso besser. Änderungen, auf die sich die Kunden einstellen können, sind nur halb so problematisch (der Kunde hat zum Beispiel im Vorfeld die Möglichkeit, seine eigenen Prozesse darauf abzustimmen). Aber nicht nur Kunden, sondern auch Dienstleister wie zum Beispiel Banken, Rechtsanwälte, Kreditversicherer, Factoring-Anbieter sollten über maßgebliche Änderungen informiert werden.

Im Grunde genommen müssen auch für die externe Kommunikation der Kreditrichtlinie wiederum die vier formulierten W-Fragen beantwortet werden. Die Antworten decken sich in weiten Teilen mit denen für die interne Kommunikation. Deshalb soll an dieser Stelle lediglich noch auf einige besondere Aspekte eingegangen werden.

Die Anforderungen an die externe Kommunikation über die Kreditrichtlinie hängen sehr stark davon ab, wie gravierend die Veränderungen im Vergleich zu den vorherigen Regelungen sind. In der Praxis hat der Autor in seinen Projekten häufig feststellen müssen, dass es in der Vergangenheit weder einheitliche Regularien noch einheitliche Verfahrensweisen gab. Außerdem wurden Fragen zum Lieferantenkredit nur selten grundsätzlich mit den Kunden besprochen. Alle auftretenden Fragestellungen wurden immer im konkreten Einzelfall behandelt, oft mit wechselnden Gesprächspartnern, teilweise zwischen verschiedenen Kunden, aber auch bei einem Kunden uneinheitlich. Darüber hinaus hat das „gelebte" Forderungsmanagement zum Teil schier unglaubliche „Blüten getrieben". Zur Verdeutlichung hier einige konkrete „Erlebnisse":

- Neun außergerichtliche Mahnstufen, ohne definierte zeitliche Abläufe
- Drei verschiedene, nicht gepflegte Kreditlimite (keins davon mit irgendeiner Wirkung auf die Belieferung der Kunden)
- Schäden durch Forderungsausfälle in Höhe von mehr als 3 % vom Umsatz (trotz Warenkreditversicherung) über mehrere Geschäftsjahre
- Gebühren für die Warenkreditversicherung übersteigen die regulierten Schäden um mehr als 100 %
- Kunden mit guter Bonität werden/sind versichert, Kunden mit schlechter Bonität nicht
- Kunden werden nach ihrer Insolvenz, trotz erheblichem Forderungsausfall, ohne Auswirkungen auf Zahlungsbedingungen und Risikoabsicherung wieder beliefert
- Forderungslaufzeiten im Durchschnitt größer als 100 Tage

Im Grunde genommen muss man, wenn sich das Ergebnis des Forderungsmanagements (wie oben geschildert) darstellt, davon sprechen, dass *kein* Forderungsmanagement stattgefunden hat. In diesem Fall haben im Prinzip die Kunden entschieden, wie hoch ihr Lieferantenkredit ist, wie die Kreditkonditionen aussehen, wann sie wie viel tilgen und wie lange die Kreditlaufzeit ist.

Wenn aus dieser Ausgangslage heraus ein erfolgreiches Forderungsmanagement installiert werden soll, dann stellt das für die Kunden eine „180°-Wende“ dar. Es versteht sich dann von selbst, dass die Kommunikation wesentlich intensiver gestaltet werden muss, als bei eher marginalen Veränderungen. Für die konkrete Umsetzung der Richtlinie bedeutet es weiterhin, dass der Prozess länger und sinnvoller Weise in Stufen geplant werden sollte.

Wenn die „neue“ Kreditrichtlinie für Kunden und Dienstleister eine grundsätzliche Änderung der Kreditpolitik des Lieferanten darstellt, dann ist in der Kommunikation neben den Inhalten auch sehr viel Überzeugungsarbeit erforderlich. Die Änderungen müssen für die Betroffenen nachvollziehbar argumentiert werden. Das ist erfahrungsgemäß recht zeitintensiv und erfordert eine stabile Überzeugung bei den Protagonisten des Lieferanten, das Richtige in richtiger Art und Weise und zum richtigen Zeitpunkt zu tun. Denn: Nur wer selbst überzeugt ist, kann andere überzeugen!

Die Fragen nach Umfang sowie nach Art und Weise der externen Kommunikation kann leider ebenfalls nicht pauschal beantwortet werden. Es hat sich gezeigt, dass es gleichermaßen wichtig und sinnvoll ist, auch hier eine Differenzierung der Adressaten vorzunehmen. Kunden und Dienstleister sollten auch in dieser Frage (ebenso wie in weiteren Fragestellungen des Forderungsmanagements) dahingehend unterschieden werden, welchen Stellenwert sie für den Lieferanten besitzen. Im Vertrieb ist es üblich, bei den Kunden eine ABC-Analyse und -Einteilung vorzunehmen. Vergleichbares, allerdings nach anderen Kriterien, ist auch in diesem Fall zu leisten. Folgende, allgemeine Empfehlungen können an dieser Stelle gegeben werden:

1. A-Kunden beziehungsweise A-Dienstleister: Führen Sie ausführliche, persönliche Gespräche mit den oberen Leitungsebenen über die veränderte Kreditpolitik, über Beweggründe, zentrale Inhalte der Veränderung und den Zeitplan zur Umsetzung.
2. B-Kunden beziehungsweise B-Dienstleister: Nutzen Sie persönliche Gespräche, möglichst im Rahmen der regelmäßigen Kontakte durch Vertriebsmitarbeiter (beziehungsweise die internen Ansprechpartner der Dienstleister), um über wesentliche Inhalte der Kreditrichtlinie, gegebenenfalls absehbare konkrete Auswirkungen für den Gesprächspartner und den Zeitplan zur Umsetzung zu informieren.
3. C-Kunden beziehungsweise Dienstleister: Ein- oder mehrmalige schriftliche Information über konkrete Veränderungen und den Zeitplan der Umsetzung sind hier sinnvoll. Nutzen Sie außerdem (sowieso) stattfindende Telefonate oder Begegnungen, um das Thema anzusprechen.

Nach der erfolgten Kommunikationsplanung ist zu prüfen und zu gewährleisten, dass eindeutig geregelt ist, welcher Kunde oder Dienstleister von wem informiert wird. Dabei ist unbedingt darauf zu achten, dass niemand vergessen wird.

Zuletzt ist sicherzustellen, dass die Information der Kunden abgeschlossen wurde, bevor die ersten konkreten Umsetzungsschritte erfolgen.

Der Autor hegt die Hoffnung, dass die Ausführungen im Abschn. 2.4 dazu beigetragen haben, den Stellenwert und die Bedeutung einer Credit Policy für ein erfolgreiches Forderungsmanagement zu verdeutlichen.

Quintessenz

1. Eine Kreditrichtlinie ist eine unabdingbare Voraussetzung für ein erfolgreiches Forderungsmanagement.
2. Die Kreditrichtlinie besitzt ein immenses Potenzial zur Koordinierung der Aktivitäten aller Beteiligten.
3. Sie beinhaltet in der Regel die inhaltlichen Schwerpunkte Vision, Ziele und Regelwerk.
4. Um ihre Wirkung erzielen zu können, muss eine Kreditrichtlinie im Unternehmen und bei den wichtigen externen Partnern bekannt und zugänglich sein.
5. Die „richtige" Kommunikation der Kreditrichtlinie erfordert eine differenzierte, systematische Planung und Umsetzung.

2.5 Zusammenfassung

Das betriebliche Forderungsmanagement ist in erster Linie eine kaufmännische und keine juristische Aufgabenstellung. Das Kreditmanagement besitzt strategische Relevanz. Die Art und Weise der Ausgestaltung des Forderungsmanagements hat erhebliche Auswirkungen sowohl auf die Ertragslage als auch auf die Liquiditätssituation. Darüber hinaus beeinflussen versteckte Effekte, wie zum Beispiel die Quersubventionierung von Kunden, auch das Image des Unternehmens am Markt.

Entsprechend der strategischen Relevanz des Forderungsmanagements müssen die Ziele des Forderungsmanagements definiert, operationalisiert und in die Unternehmensziele eingepasst werden. Das geeignete Medium, um das Forderungsmanagement auszurichten, ist eine Kreditrichtlinie, deren Inhalte von den beteiligten Stellen gemeinsam erarbeitet werden müssen. Die wesentlichen Inhalte der Credit Policy sind sowohl nach innen als auch nach außen in angemessener Weise zu kommunizieren.

Literatur

1. Bianco, Luigi, und Michael Kaut. 2012. Nachholbedarf beim Credit Management. Der Credit Manager 1/2012. S. 21
2. Bundesverband Creditmanagement e. V. 2011. Mindestanforderungen an das Credit Management (MaC). 2. Aufl. Kleve

3. Deutsche Bundesbank. 2012. Hochgerechnete Angaben aus Jahresabschlüssen deutscher Unternehmen von 2006 bis 2011. http://www.bundesbank.de/Navigation/DE/Statistiken/Unternehmen_und_private_Haushalte/Unternehmensabschluesse/Tabellen/tabellen.html. Zugegriffen: 12. Mai 2013
4. Kornacker, Julia. 2013. KMU-Finanzierung. Eigenkapitalquote von Kleinunternehmen seit 1997 verdreifacht. Haufe-online. http://www.haufe.de/controlling/controllerpraxis/deutscher-mittelstand-steigert-eigenkapitalquote_112_176876.html. Zugegriffen: 12. Mai 2013
5. Pütz, Heinz C. 2004. *Lexikon Forderungsmanagement*. Heidelberg: Economica Verlag.

3 Struktur und Prozesse beeinflussen den Erfolg

Make or buy Die Ausführungen in Abschn. 2.2 haben bereits im Ansatz verdeutlicht, dass ein erfolgreiches Forderungsmanagement mehrere Voraussetzungen erfüllen muss:

1. Das Forderungsmanagement eines Unternehmens beeinflusst – wie kaum eine andere Funktion – die wirtschaftliche Lage eines Unternehmens. Neben erheblichen Auswirkungen auf die Ertrags- und Liquiditätslage werden aber auch Wachstumspotenziale definiert und das Unternehmensimage mit geprägt.
2. Die oberste Führungsebene muss Forderungsmanagement daher als strategische Managementaufgabe verstehen und behandeln.
3. Forderungsmanagement ist zunächst eine kaufmännische Funktion, die auch eine Kernkompetenz des Unternehmens darstellt und daher nicht vollständig nach außen verlagert werden sollte.

Falls dem Forderungsmanagement also – zumindest ansatzweise – dieser Stellenwert beigemessen wird, resultiert daraus die Fragestellung, wie das Forderungsmanagement organisiert werden sollte, damit es einen möglichst positiven Erfolgsbeitrag leisten kann.

Die Frage beinhaltet immer zwei Aspekte. Nämlich den der Organisationsstruktur und den Aspekt der Prozessdefinition (Ablaufgestaltung).

3.1 Structure follows strategy

Wichtiges muss erkennbar sein Es versteht sich nahezu von selbst, dass eine wichtige unternehmerische Funktion nicht auf der vierten oder fünften Ebene der Organisationshierarchie angesiedelt werden sollte. Eine solche organisatorische Eingliederung würde den Stellenwert der Aufgabenstellungen nicht angemessen widerspiegeln. Alle wichtigen Unternehmensfunktionen finden erfahrungsgemäß ihre Entsprechung in der Unternehmensstruktur und werden bereits auf der ersten oder aber mindestens der zweiten Unter-

R. H. Müller, *Erfolgreiches Forderungsmanagement*,
DOI 10.1007/978-3-658-02671-4_3, © Springer Fachmedien Wiesbaden 2013

nehmensebene strukturell ausdifferenziert. Sei es der Vertrieb, der Einkauf, das Personalwesen, die Fertigung oder auch das Qualitätsmanagement.[1] [11]

Das Forderungsmanagement, insbesondere in KMU, findet sich in der betrieblichen Praxis dagegen aber häufig nicht im Organigramm. Bei näherem Hinsehen, oft auch erst auf Nachfragen, kann dann festgestellt werden, dass einzelne Aufgabenstellungen auf eine Reihe unterschiedliche Arbeitsplätze verteilt sind. So werden Zahlungsbedingungen in der Regel von Vertriebsmitarbeitern festgelegt, Mahnungen im Debitorenmanagement geschrieben, Bonitätsauskünfte vom Vorzimmer eingeholt oder Fragen der Forderungssicherung beziehungsweise -finanzierung durch die Finanzabteilung bearbeitet. Da es in dieser Struktur meist weder einen „verantwortlichen Kopf" noch eine abgestimmte Konzeption gibt, resultieren daraus nahezu tagtäglich Schnittstellenprobleme mit Prozessverzögerungen, Kompetenzgerangel und mehr oder weniger großen Konflikten.

In den nun folgenden Ausführungen werden einige Hinweise und Empfehlungen gegeben, damit das Forderungsmanagement bereits durch entsprechende Entscheidungen und Festlegungen in der Struktur möglichst gute Erfolgsvoraussetzungen erhält.

3.1.1 Organisationsgrundsätze

Es ist an dieser Stelle sehr hilfreich, wieder einmal einen Blick auf die „Mindestanforderungen an das Credit Management" zu werfen. Die einzige (konkrete) Aussage, die sich dort bezüglich der Aufbauorganisation zum Forderungsmanagement findet, beinhaltet die Festlegung, dass das Credit Management eine vom Vertrieb *unabhängige* Funktion sein muss. Unabhängigkeit des Forderungsmanagements vom Vertrieb bedeutet dabei zweierlei: Kredit-/Forderungsmanager besitzen keine Vertriebsaufgaben und sie sind dem Vertrieb gegenüber nicht weisungsgebunden.

Das heißt konkret, dass sich das Forderungsmanagement weder in der Führungslinie des Vertriebs noch in irgendeiner anderen Form der organisatorischen (temporären/thematischen) „Unterordnung" befinden darf. Jede formale Beeinflussung soll damit ausgeschaltet werden.

Leider enthalten die Mindestanforderungen keine weiteren strukturellen Vorgaben. Es ist also klar, wo das Forderungsmanagement (in der Organisationsstruktur) nicht hin darf, unklar bleibt aber, wo es sinnvoller Weise eingegliedert werden sollte. Aus der Erfahrung des Autors, der sich in seinen Projekten regelmäßig auch in den jeweils vorgefundenen Strukturen bewegen – manchmal auch behaupten – muss, sollten einige Aspekte bei der Entscheidung zur organisatorischen Eingliederung Beachtung finden.

[1] Kaplan und Norton haben bereits in ihrem Werk „Die strategiefokussierte Organisation" den Grundsatz formuliert, dass die Organisation an der Strategie auszurichten ist. Siehe: (Kaplan, Robert S. und Norton, David P. 2001, S. 12).

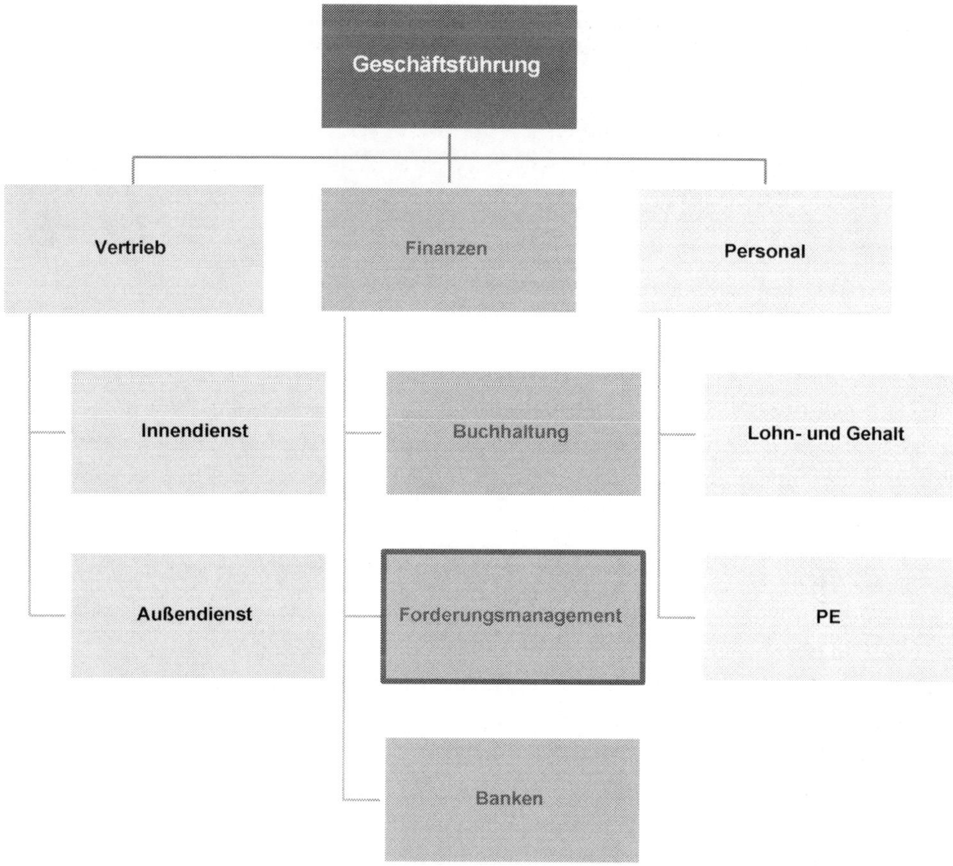

Abb. 3.1 Beispiel einer hierarchischen Eingliederung des Forderungsmanagements

3.1.1.1 Hierarchieebene

Je höher das Forderungsmanagement in der Unternehmenshierarchie verankert ist, umso höher ist einerseits der (erkennbare) Stellenwert der Thematik/Funktion. Andererseits steigen mit jedem Aufstieg in der Unternehmenshierarchie natürlich auch die „Positionsmacht" und damit die Durchsetzungsfähigkeit des Forderungsmanagements. Im Zweifel bedeutet das auch eine höhere Effizienz.

Auf welcher Unternehmensebene das Forderungsmanagement tatsächlich angesiedelt werden sollte, hängt im konkreten Fall auch von der Organisationstiefe des Unternehmens insgesamt ab. Es hat sich gezeigt, dass sich die organisatorische Eingliederung sehr stark an der des Vertriebs orientieren sollte (siehe Abb. 3.1), um in den zahlreichen, gemeinsam zu bearbeitenden Themenstellungen, als gleichwertiger Partner (manchmal auch Gegner) auftreten zu können.

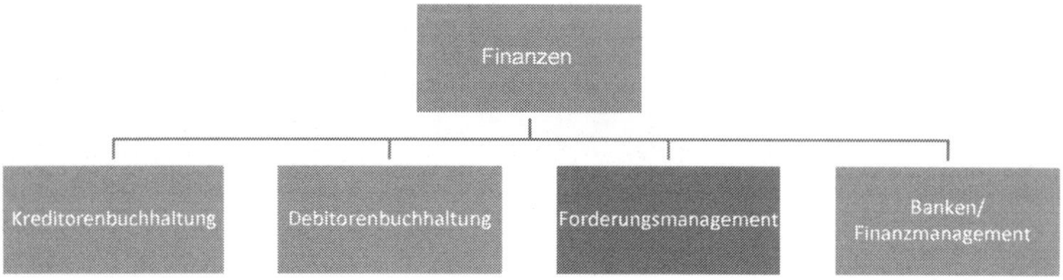

Abb. 3.2 Fachliche Eingliederung des Forderungsmanagements in den Finanzbereich

3.1.1.2 Führungslinie

In der Führungslinie des Vertriebs darf das Forderungsmanagement nicht eingegliedert werden. Es ist daher naheliegend, dass sich das Forderungsmanagement in der Regel in der Führungslinie „Finanzen" wiederfinden sollte. Für die Einbindung in die Führungslinie „Finanzen" sprechen fachliche Aspekte genauso, wie die zahlreichen Themenstellungen der tagtäglich erforderlichen Zusammenarbeit.

Bei dieser Einbettung ist allerdings zu beachten, dass die diversen Aufgabenstellungen des Forderungsmanagements eine gemeinsame Klammer („ein eigenes Kästchen") benötigen. Wenn die Aufgaben des Forderungsmanagements lediglich unter „ferner liefen" in den Untergliederungen des Finanzbereichs einsortiert würden, wäre eine einheitliche Steuerung nur unter sehr erschwerten Bedingungen möglich. Das Forderungsmanagement braucht also nicht nur „ein eigenes Kästchen", sondern auch „einen Kopf".

Je größer eine Unternehmen ist und je komplexer die Anforderungen an das Forderungsmanagement sind (zum Beispiel bei hohen Exportanteilen), umso wichtiger wird die organisatorische Ausdifferenzierung. Abbildung 3.2 verdeutlicht die Einbindung des Forderungsmanagements in die Führungslinie im Finanzbereich.

3.1.1.3 Stabsfunktion

Das Forderungsmanagement muss nicht zwingend als Linienfunktion gestaltet werden. Grundsätzlich ist es auch möglich, das Forderungsmanagement als Stabsstelle zu definieren. Wird das Forderungsmanagement in einer solchen, die Leitung unterstützenden Funktion ausgeprägt, sind damit besondere Problemstellungen verbunden. Stabsstellen besitzen keine eigene Weisungsbefugnis und damit keine eigene Positionsmacht. Sie sind für die Durchsetzung ihrer Vorhaben immer auf die Macht beziehungsweise formale Kompetenz „ihrer" Leitungsstelle angewiesen. Aus diesem Grunde sollte das Forderungsmanagement allenfalls als Stabsstelle der Unternehmensleitung oder der Leitung des Finanzbereichs definiert werden. Stabsstellen sind insgesamt aber nicht ganz unproblematisch. Da bei Stabsstellen formale Macht und Fachwissen auseinanderfallen, kann es relativ häufig zu Motivationsproblemen, sowohl in der Stabsstelle als auch in der Führungslinie kommen. Die aufbauorganisatorische Eingliederung des Forderungsmanagements als Stabsabteilung/Stabsstelle ist der Abb. 3.3 zu entnehmen.

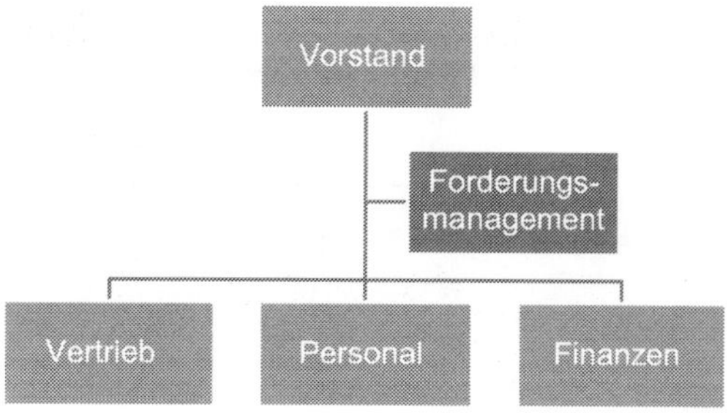

Abb. 3.3 Forderungsmanagement als Stabsabteilung

3.1.1.4 Zentralisierungsgrad

Bei größeren Unternehmen oder auch bei Unternehmen, die in einem Unternehmensverbund regional verteilt agieren, wird immer wieder die Frage aufgeworfen, ob das Forderungsmanagement eine zentrale oder eine dezentrale Funktion darstellt.

Der Autor hat für sich im Laufe seiner Projekttätigkeit eine eindeutige Positionierung gefunden (die natürlich nicht von jedem geteilt wird). Je komplexer ein Unternehmensgebilde wird, umso dringender benötigt das Forderungsmanagement eine einheitliche „Klammer". Damit das Unternehmen auch in den Fragen des Forderungsmanagements einheitlich am Markt agieren kann, erscheint eine gemeinsame Ausrichtung und Steuerung unumgänglich. In Fällen, in denen diese „Holding-Funktion" im Forderungsmanagement nicht existiert hat, ist es schon vorgekommen, dass Kunden, die aus guten Gründen von einem Geschäftsbereich (einer Niederlassung, einer Tochtergesellschaft) nicht mehr beliefert wurden, einfach gewechselt haben, um ihre Waren von einem anderen Geschäftsbereich zu beziehen. In ähnlicher Weise konnte es vorkommen, dass ein Kunde bei mehreren Untergliederungen des Lieferanten „gelistet" war. Er hatte jeweils ein unterschiedlich hohes Kreditlimit, die Forderungen waren teilweise nicht abgesichert und bei Zahlungsverzug wurde unterschiedlich agiert.

Um solche Inkonsistenzen zu vermeiden (gute Kunden sind deswegen tendenziell irritiert, schlechte Kunden nutzen das zu ihrem Vorteil aus), ist eine einheitliche Steuerung im Forderungsmanagement unumgänglich.

Das bedeutet, dass es in jedem Fall eine zentrale Stelle für das Forderungsmanagement in der Konzernzentrale geben sollte. Nun hängt es aber von der Komplexität des Geschäfts ab, ob diese Stelle als „Zentrales Forderungsmanagement" oder als Stabsstelle in der Konzernzentrale organisiert werden sollte. Je vielfältiger und kleinteiliger sich das Geschäft darstellt, umso mehr ist ein dezentrales Forderungsmanagement (das heißt im Umkehrschluss Forderungsmanagement als Stabsstelle in der Zentrale) empfehlenswert. Ist die Anzahl der Kunden aber eher gering und der Stellenwert jedes einzelnen Auftrags sehr groß, ist tendenziell ein zentrales Forderungsmanagement ratsam. Zentrales Forderungsmanagement bedeutet konkret, dass es eine Stelle beziehungsweise Abteilung in der Unternehmenszentrale gibt, die einen wesentlichen Teil der operativen Forderungsmanagementaufgaben bearbeitet. Diese Stelle nimmt regelmäßig direkten Kontakt zu den Kunden auf. Im Gegensatz dazu besitzt die Stabstelle in der Konzernzentrale im dezent-

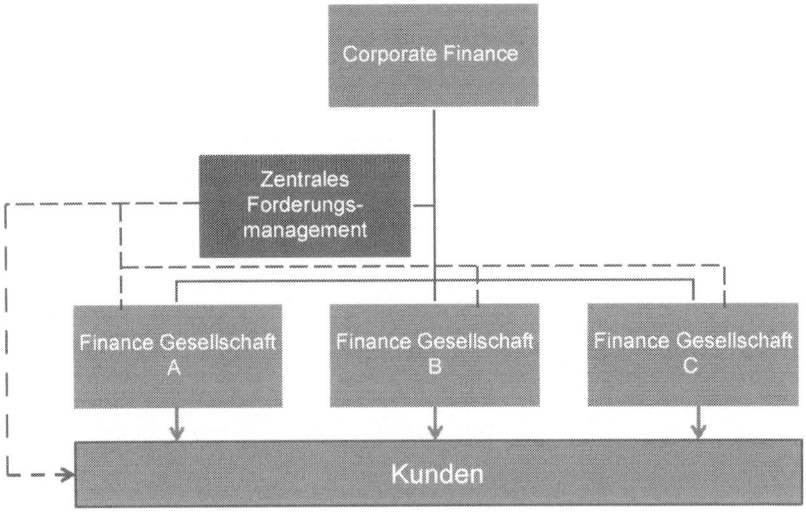

Abb. 3.4 Zentrales Forderungsmanagement in einem Unternehmensverbund

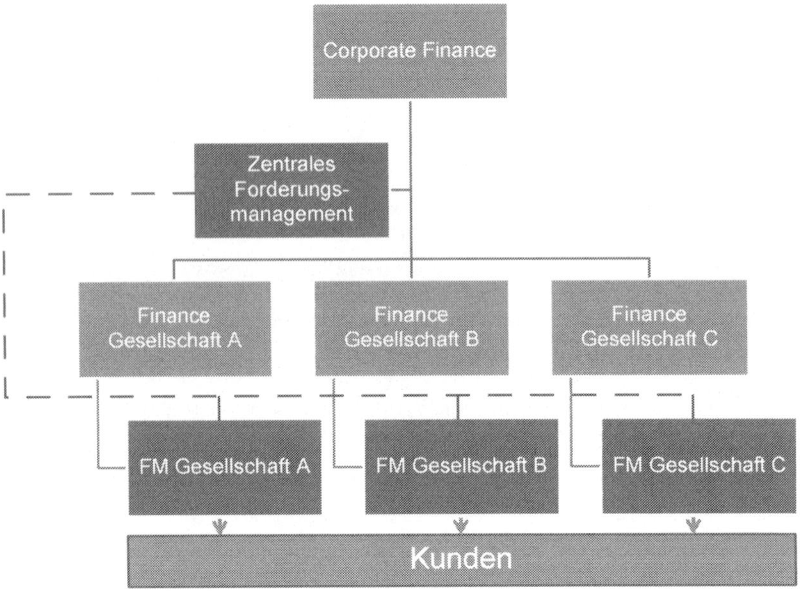

Abb. 3.5 Dezentrales Forderungsmanagement in einem Unternehmensverbund

ralen Forderungsmanagement keinen direkten Kundenkontakt. Sie koordiniert „lediglich" die Forderungsmanagementstellen in den Einzelgesellschaften.

Die Unterscheide in beiden Organisationsformen werden in den Abb. 3.4 und 3.5 deutlich.

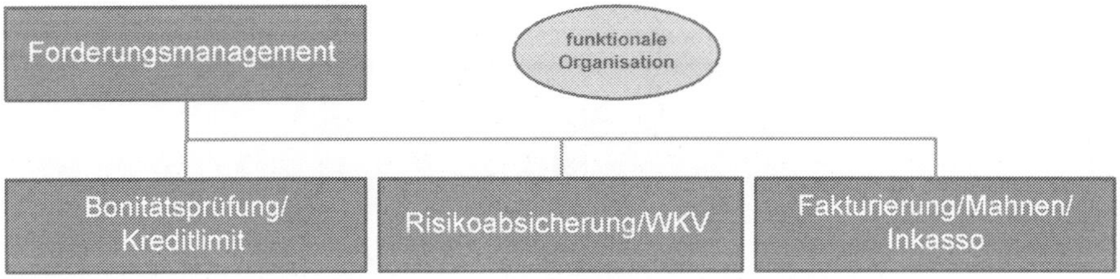

Abb. 3.6 Funktionale Organisation des Forderungsmanagements

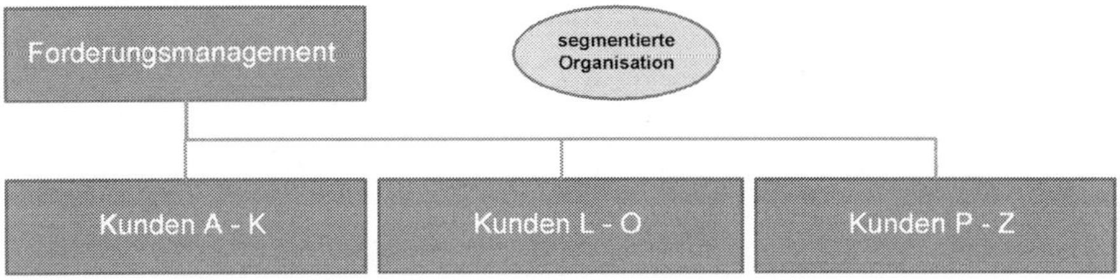

Abb. 3.7 Segmentierte Organisation des Forderungsmanagements

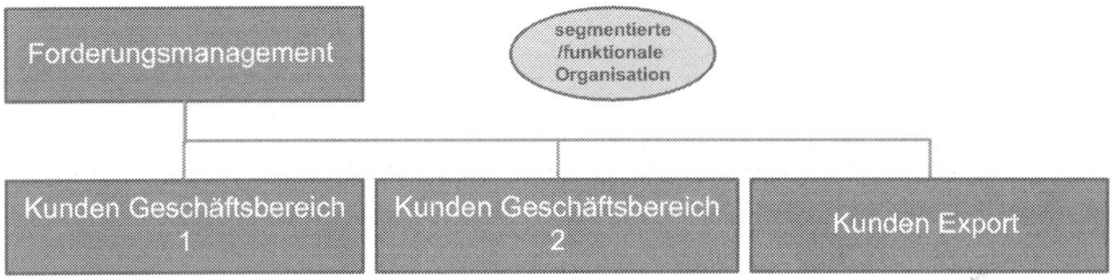

Abb. 3.8 Gemischte Organisation des Forderungsmanagements

3.1.1.5 Innere Organisation des Forderungsmanagements

Nicht nur die Frage nach der besten aufbauorganisatorischen Einbettung des Forderungsmanagements, sondern auch die Frage nach der optimalen internen Organisation des Forderungsmanagements kann nicht eindeutig beantwortet werden. Folgende grundsätzliche Optionen/Prinzipien zur Organisation des Forderungsmanagements bestehen:

- Funktionale Organisation (siehe Abb. 3.6),
- Segmentierte Organisation (siehe Abb. 3.7) und
- Gemischte Organisation (siehe Abb. 3.8).

Egal, wie die interne Organisation im Forderungsmanagement letztlich entschieden und gestaltet wird, die in der nachfolgenden Abb. 3.9 dargestellte Aufgabenstruktur wird stets zu verteilen sein:

Abb. 3.9 Aufgabenstruktur im Forderungsmanagement

Die „theoretischen" Abhandlungen zur Gestaltung der Aufbaustruktur des Forderungsmanagements könnten noch eine ganze Weile fortgeführt werden, sie würden aber nicht zu praktisch nutzbaren und umsetzbaren Ergebnissen führen. Bei der Definition der Aufbaustruktur spielen in der Praxis nicht immer grundsätzliche Überlegungen die entscheidende Rolle. In der betrieblichen Praxis werden oft Entscheidungen weder vollständig rational, noch „nach der reinen Lehre" getroffen.

Für unsere Fragestellung bedeutet das konkret, dass immer auch der Status quo zu beachten sein wird: Wer hat bereits welche Aufgaben übernommen? Wer hat welche „historischen Rechte/Anrechte oder Befindlichkeiten"? Welche Ressourcen stehen mir wo (überhaupt) zur Verfügung? Welche Neigungen/Präferenzen haben die Mitarbeiter? Wer kann mit wem? Jede organisatorische Festlegung wird daher immer auch einen Kompromiss zwischen dem Wünschenswerten und dem Machbaren darstellen. Es gilt das Optimum der jeweils spezifischen Ausgangs-/Gemengelage zu finden, denn am Ende des Tages ist *die* Organisationsstruktur die beste, die funktioniert, das heißt welche die Ergebnisse liefert.

Quintessenz

1. Je höher das Forderungsmanagement in der Unternehmenshierarchie angesiedelt ist, umso besser sind die Erfolgsvoraussetzungen.
2. Das Forderungsmanagement ist keinesfalls in der Führungslinie des Vertriebs anzusiedeln.
3. Der Stellenwert des Forderungsmanagements erfordert ein eigenes „Kästchen" und einen verantwortlichen „Kopf".

4. Die innere Organisation des Forderungsmanagements muss den jeweiligen organisatorischen, personellen und „kulturellen" Bedingungen des Unternehmens Rechnung tragen.
5. In einem Unternehmensverbund ist ein zentrales Forderungsmanagement zur Vereinheitlichung der diesbezüglichen Kommunikation mit den Kunden (und zur Vermeidung von Risiken) sinnvoll.

3.2 Interne Partner und interne Gegner

Das Spannungsfeld Forderungsmanagement und Vertrieb An dieser Stelle erscheint es sinnvoll, noch einmal einige zentrale Aspekte der bisherigen Ausführungen zu rekapitulieren. Forderungsmanagement ist eine strategische Managementaufgabe mit kaufmännischem Schwerpunkt. Forderungsmanagement ist dabei als betriebliche Funktion zu begreifen, in deren Ausübung eine ganze Reihe interner und gegebenenfalls externer Stellen involviert ist.

Eine Übersicht der Stellen, die in die Funktion involviert sind, ist der Abb. 3.10 zu entnehmen.

Erfolg im Forderungsmanagement setzt voraus, dass die diesbezüglichen Aktivitäten der verschiedenen Stellen hinsichtlich der Philosophie und der Ziele des Forderungsmanagements koordiniert werden. Obwohl für ein erfolgreiches Forderungsmanagement eine eigene Organisationseinheit gebildet und möglichst hoch in der Hierarchie angesiedelt werden sollte, benötigt diese Stelle/Abteilung die Unterstützung weiterer Einheiten.

In der Abb. 3.10 wird deutlich, dass intern insbesondere der Vertrieb mit seinen unterschiedlichen Stellen in die Funktion Forderungsmanagement involviert ist – in manchen Unternehmen müsste es korrekter Weise richtig heißen „involviert sein sollte". Nahezu jeder, der jemals im Forderungsmanagement tätig gewesen ist, hat die Erfahrung gesammelt, dass die Beziehung zwischen Vertrieb und Forderungsmanagement – neutral formuliert – speziell ist.

Erstaunlicher Weise hat der Bundesverband Credit Management (BvCM) in seiner Untersuchung „Die Zusammenarbeit zwischen Credit Management und Vertrieb auf dem Prüfstand" im September 2012 dieses Spannungsverhältnis nicht in dem Maße festgestellt, wie es der Autor in seinen Projekten erlebt. Nach den Ergebnissen dieser Studie bewerten die befragten Mitarbeiter aus dem Vertrieb die Zusammenarbeit mit dem Credit Management durchschnittlich gut, mit der Schulnote 2,07, während sie aus Sicht der Credit Manager mit 2,46 nur als „befriedigend" benotet wird [10][2]. Dieses aus Sicht des Verfassers überraschend positive Ergebnis relativiert sich ein wenig, da die genannte Umfrage auch Hinweise auf „Overconfidence" – das psychologische Phänomen der Überschätzung der eigenen Fähigkeiten – in einigen Themenfeldern (sowohl bei Mitarbeitern im Forderungsmanagement, als auch bei Vertriebsmitarbeitern) festgestellt hat. Gleichwohl werden in

[2] vgl. dazu: (Hock und Heigl 2012, S. 6).

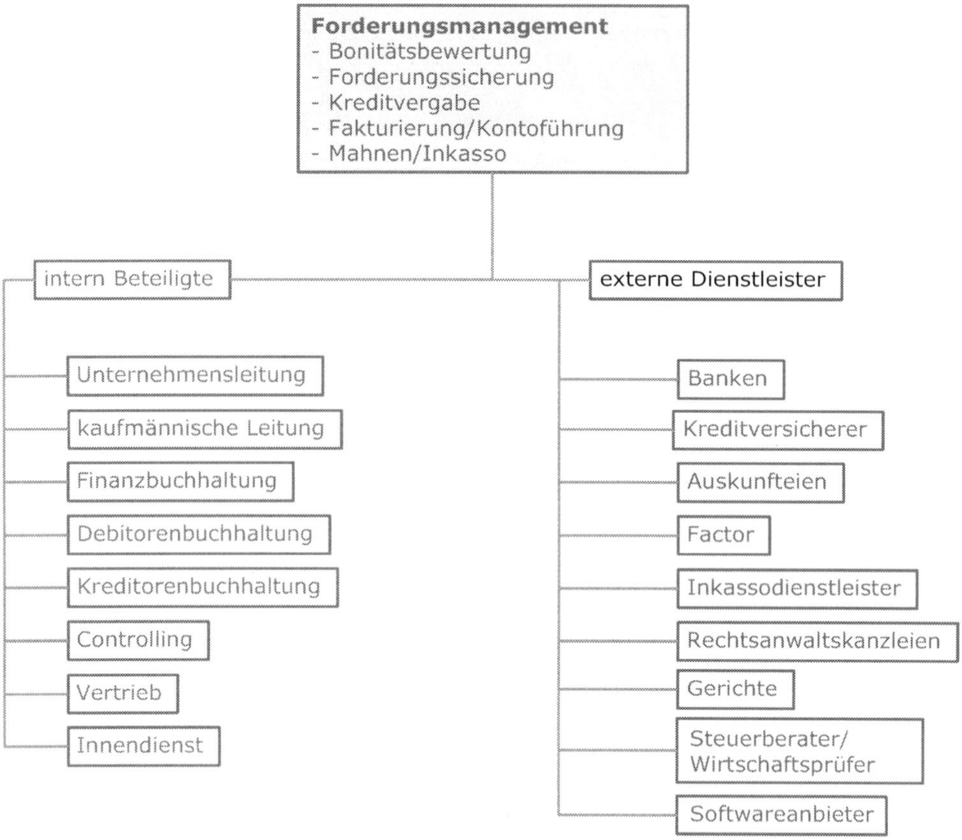

Abb. 3.10 Interne und externe Beteiligte am Forderungsmanagement

der Untersuchung auch Konfliktfelder festgestellt. Die wesentlichen Konfliktfelder sind die Zeitpunkte der Bereitstellung von Sicherheiten, das Zahlungsverhalten einzelner Kunden und die Kompetenz bei der Gewährung von Zahlungszielen.

Obwohl offensichtlich sein sollte, dass ein leistungsfähiges Forderungsmanagement auch zentrale Auswirkungen auf den Vertrieb hat und daher folglich in dessen eigenem Interesse liegen sollte, bestehen in vielen Unternehmen anhaltende Spannungen zwischen dem Vertrieb und dem Finanzbereich. In jedem bisherigen Projekt, in dem es um die Optimierung des Forderungsmanagements ging, hat der Autor die Erfahrungen gemacht, dass der Vertrieb zum einen der wichtigste und stärkste Verbündete, zum anderen gleichsam aber auch der größte und hartnäckigste Gegner in diesem Bemühen war.

In den nun folgenden Ausführungen wird einerseits der Versuch unternommen, zu erklären, warum dieses scheinbar paradoxe Phänomen existiert. Andererseits werden aber auch Vorschläge unterbreitet, wie das bestehende Spannungsverhältnis entkrampft werden kann.

Zunächst noch einmal einige Aspekte, die verdeutlichen, warum der Vertrieb aktiv, mit eigenen „Interessen" in die Prozesse des Forderungsmanagements integriert sein sollte (muss?):

- Der Vertrieb ist nahe am Kunden dran: Er kann Bonitätsprobleme bereits erkennen, bevor sie sich im Zahlungsverhalten oder bei Auskunfteien niederschlagen.
- Die vereinbarten Zahlungsziele des Vertriebs haben direkten Einfluss auf die Forderungslaufzeiten (je älter die Forderung, desto schwieriger ist das Inkasso) und die Höhe des Forderungsbestands (und damit die Höhe des Risikos).
- Die Kenntnis des fälligen OP-Saldos und des Zahlungsverhaltens des Kunden hilft dem Vertrieb bei seinen Argumentationen und Verhandlungen (zum Beispiel zu Preisen, Zahlungszielen, Sonderwünschen) zur Gestaltung der Konditionen und Margen.
- Das Forderungsmanagement kann meist nur auf Basis der „Aktenlage" agieren: Der Vertrieb weiß mehr und kann den Kunden vollständiger einschätzen (ohne gute Vorkenntnis/Information kann das Forderungsmanagement gewachsene Kundenbeziehungen belasten und Umsatz erschweren).
- Je „härter" das Forderungsmanagement vorgehen muss, umso mehr wird der Neuabschluss belastet.

Diese wenigen Argumente verdeutlichen, dass es aus beider Sicht sehr nützlich und aus Sicht des Autors zwingend erforderlich ist, etwaige Spannungen zwischen den Bereichen zu beseitigen und koordiniert und konstruktiv zusammenzuarbeiten. Dies ist möglich, wenn die Ursachen für die bestehenden Spannungen erkannt und beseitigt beziehungsweise überwunden werden.

3.2.1 Ursachen für Spannungen zwischen Vertrieb und Forderungsmanagement

Um die möglicherweise bestehende Spannungssituation zu verstehen und aufzulösen, ist es zunächst wichtig, nicht ausschließlich die momentan handelnden Personen (bewusst oder unbewusst) für die erlebten Spannungen verantwortlich zu machen. Stattdessen sollten einige objektive und systematische Unterschiede, die zwischen beiden Bereichen bestehen, betrachtete werden. Dabei bleiben die häufig anzutreffenden Unklarheiten zu den Verantwortlichkeiten und Kompetenzen der beiden Bereiche zunächst ohne Berücksichtigung.

3.2.1.1 Spannungen resultieren aus unterschiedlichen Zielsetzungen und Rollen von Vertrieb und Finanzbereich

Die beiden Funktionsbereiche besitzen unterschiedliche Zielsetzungen. Aufgabe des Vertriebs ist die Sicherung und der Ausbau der Wettbewerbsposition. Der Finanzbereich, insbesondere das Forderungsmanagement, soll dagegen Existenz- und Liquiditätssicherung betreiben. Dies sind zunächst einmal (kurzfristig betrachtet) konkurrierende Ziele.

Entsprechend der grundsätzlichen Zwecksetzung, wird die Leistung des Vertriebs am Umsatz oder am Deckungsbeitrag gemessen. Daher herrscht im Vertrieb eine Umsatz- beziehungsweise Deckungsbeitragsorientierung vor. Im Finanzbereich findet sich stattdessen eher eine Ertragsorientierung. Wesentliche Funktion des Forderungsmanagements ist es, Ausfälle zu verhindern und dadurch zur Ertrags- und Existenzsicherung beizutragen. Manchmal bedeutet das, aus Sicht des Forderungsmanagements den Verzicht auf Umsatz. Und das ist zunächst aus Sicht des Vertriebs ein absolutes „No-Go".

Während der Vertrieb in jedem Unternehmen das Wachstum und die weitere Entwicklung des Unternehmens in der Zukunft generieren soll, ist es die zentrale Rolle des Finanzbereichs, das Erreichte zu bewahren und die Existenzsicherung des Unternehmens zu gewährleisten. Erfolge des Forderungsmanagements werden zum Beispiel in Ausfall- oder Absicherungsquoten gemessen.

Diese wenigen Ausführungen verdeutlichen, dass der Vertrieb tendenziell offensiv ausgerichtet ist und entsprechend gesteuert wird. Das Forderungsmanagement hat im Gegensatz dazu eine eher defensive Ausrichtung und Steuerung. Vom Vertrieb wird erwartet, Chancen zu erkennen, sie zu realisieren und Risiken einzugehen. Die Erwartungen an das Forderungsmanagement sind dagegen Risikoerkennung, Risikoabsicherung und -vermeidung.

Wenn man sich diese, sich nahezu diametral entgegenstehenden Ausrichtungen der beiden Bereiche vor Augen führt, dann kann es nicht verwundern, dass Vertrieb und Forderungsmanagement im konkreten Einzelfall vollständig gegenläufige Vorstellungen besitzen und häufig keinen Konsens finden.

3.2.1.2 Forderungsmanagement und Vertrieb besitzen unterschiedliche Mentalitäten

Unterschiedliche Zielsetzungen und Rollen der beiden Bereiche führen dazu, dass sich bei den Mitarbeitern, um die jeweiligen Anforderungen erfüllen zu können, unterschiedliche Mentalitäten etablieren. Bereits bei der Berufswahl werden Menschen mit unterschiedlichen Charaktereigenschaften, Neigungen, Einstellungen und Vorlieben „selektiert". Die unterschiedlichen Mentalitäten lassen sich unter anderem durch die Begriffspaare in der Tab. 3.1 verdeutlichen.

Auffassungs- und Meinungsunterschiede, die unterschiedliche Würdigung und Bewertung objektiv gleicher Sachverhalte sind nahezu zwingend vorprogrammiert, wenn diese „zwei Welten aufeinanderprallen".

Solche gegensätzlichen Perspektiven und Situationsdeutungen erzeugen (vermeidbare) Konflikte, weil es den Protagonisten sehr schwerfällt – manchmal unmöglich ist –, sich in die Lage des jeweils anderen zu versetzen.

In Unkenntnis der tatsächlichen Gründe für die unterschiedlichen Sichtweisen, werden von beiden Seiten die wahrgenommenen Verhaltensweisen fehlinterpretiert. Als Ursachen werden dann oft persönliche Ressentiments, Unwilligkeit, fehlende Konsensbereitschaft, Bereichsegoismus oder Ähnliches vermutet.

Tab. 3.1 Mentalitätsunterschiede zwischen Vertrieb und Forderungsmanagement

Vertrieb	**Forderungsmanagement**
Chancenorientiert	Risikoorientiert
Innovativ	Konservativ/bewahrend
Offensiv	Defensiv
Kreativ	Strukturiert
Extrovertiert	Introvertiert
Beziehungsorientiert	Sachorientiert
Improvisiert	Geregelt
Impulsiv	Kalkuliert
Handlungsorientiert	Reflektiert
Intuitiv	Systematisch

Im Forderungsmanagement entstehen dann Bilder, wie „Vertriebsmitarbeiter arbeiten chaotisch und gegen das Kreditmanagement", „Maßnahmen zur Kreditsicherung werden ‚bewusst' blockiert" oder „Kunden mit mangelnder Bonität werden vom Vertrieb ‚hofiert', weil er vom Kunden eingewickelt wird".

Aber auch der Vertrieb entwickelt dann Vorurteile, wie „Forderungsmanager sind Umsatzbremsen und stören die Kundenbeziehung" oder „Forderungsmanager besitzen ‚keine Sensibilität' im Kundenkontakt" beziehungsweise „Kundenbeziehungen werden aus ‚Unwilligkeit' zerstört".

Es verwundert bei einer solchen „Grundlage" nicht, dass diese Sichtweisen – bedingt durch selektive Wahrnehmung – sich im konkreten Einzelfall regelmäßig bestätigen und nach und nach immer mehr verfestigen. Dass sich bei solchen Vorurteilen nicht von selbst eine erfolgreiche Zusammenarbeit einstellt, liegt auf der Hand.

3.2.1.3 Ursachen für Spannungen resultieren auch aus objektiven Wissenslücken

Neben unterschiedlichen Anforderungen und Mentalitäten sind uneinheitliche Informationen eine weitere Quelle für Spannungen zwischen beiden Bereichen.

Der Vertrieb kennt die Bonitätslage des Kunden oft gar nicht oder nur punktuell und betrachtet Restriktionen daher als „Schikane" des Forderungsmanagements. Das Zahlungsverhalten und die Schwierigkeiten beim Inkasso sind ihm oft ebenfalls nicht bekannt.

Der Finanzbereich weiß auf der anderen Seite in der Regel zu wenig über die Handlungszwänge und die Probleme des Vertriebs; den existierenden Wettbewerbsdruck hat er oft noch nicht selbst erlebt. Die Bewertung des Kunden durch das Forderungsmanagement stützt sich manchmal auf wenige (zu wenige) Informationsquellen; Bonitätsauskünfte und Versicherungsschutz sind nur eine Seite der Medaille. Dass der Kunde zum Beispiel auch in schwierigen Zeiten Aufträge platziert hat, obwohl andere Anbieter günstiger waren, ist dem Forderungsmanagement nicht bekannt.

Über die fehlenden Informationen, einerseits die Handlungszwänge des jeweils anderen betreffend und andererseits die Situation des Kunden umfassend, fehlen beiden Seiten elementare Einsichten.

Der Vertrieb weiß nicht oder ist sich nicht bewusst: „Umsatz ohne Forderungsmanagement ist existenzbedrohend." Ein Unternehmen ohne funktionierendes Forderungsmanagement kann in schwierigen Zeiten nicht überleben. Die Zahl der Insolvenzen, das Zahlungsverhalten, der Finanzierungsaufwand und -probleme, sinkende Renditen et cetera und die daraus resultierende Existenzgefährdung sind den Mitarbeitern im Vertrieb nicht bewusst.

Der Finanzbereich ist sich auf der anderen Seite nicht bewusst, dass „Forderungsmanagement ohne Umsatz überflüssig ist". Wenn der Vertrieb nicht regelmäßig neuen Umsatz generieren kann, gibt es nichts mehr, dass das Forderungsmanagement sichern könnte.

Beiden Seiten fehlt mehr oder weniger die Kenntnis und das Bewusstsein, dass sie sich wechselseitig brauchen.

3.2.1.4 Spannungen aufgrund systematisch unterschiedlicher Kundenbewertungen

Im operativen Alltag manifestieren sich die latent vorhandenen Spannungen immer wieder an sehr unterschiedlichen Bewertungen der Kunden. Während der Vertrieb einen Kunden für sehr wichtig und gut erachtet, vertritt das Forderungsmanagement den Standpunkt, dass es sich bei dem Kunden eher um einen Problemkunden handelt. Andererseits kommt es natürlich auch vor, dass der Vertrieb nicht verstehen kann, warum das Forderungsmanagement einen C- oder D-Kunden für einen guten Kunden hält. Da diese Bewertungen in der Kommunikation nicht immer artikuliert werden, sind Vorschläge und Maßnahmen der jeweils anderen Abteilung dann häufig nicht mehr nachvollziehbar.

Diese Bewertungsunterschiede werden durch systematisch unterschiedliche Bewertungskriterien hervorgerufen. Während der Vertrieb die Kunden hinsichtlich der erzielten Deckungsbeiträge, des realisierten Umsatzes oder hinsichtlich der Entwicklungspotenziale beurteilt, werden im Forderungsmanagement Kriterien wie Bonität, Risikoabsicherung oder Zahlungsverhalten zugrunde gelegt. Die Abb. 3.11 verdeutlicht, dass die Schnittmenge der Kunden, die von beiden Bereichen unabhängig voneinander als „gut" bewertet wird, eher gering ist.

In der Abb. 3.11 wurden lediglich die beiden Kriterien Deckungsbeitrag einerseits und Bonität andererseits berücksichtigt. Würden weitere Kriterien in Betrachtung gezogen werden, würde sich das Bild noch unterschiedlicher darstellen. Es verwundert daher nicht, dass eine unterschiedliche Beurteilung von Kunden in der Praxis häufig vorkommt und Konsens über die weitere Behandlung des Kunden nur selten erzielt wird.

In welchem konkreten Ausmaß nun Spannungen im Unternehmen entstehen und bestehen, resultiert neben den systemimmanenten Gründen aber auch aus den im Unternehmen anzutreffenden organisatorischen Rahmenbedingungen. Je besser und umfassender die Kreditrichtlinie, Zielsetzungen, Prozesse und Kompetenzregelungen gestaltet und kommuniziert sind, umso geringer werden die tatsächlich erlebten Spannungen sein.

Abb. 3.11 Kundenbewertung durch Vertrieb und Forderungsmanagement

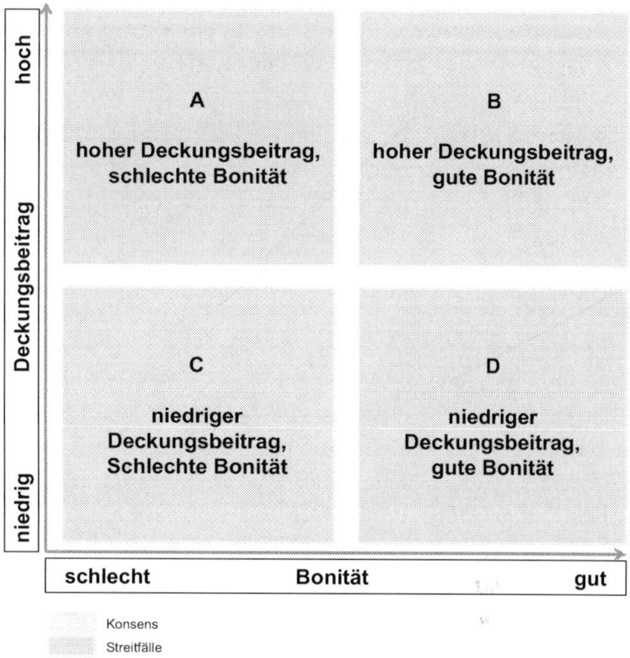

Umgekehrt heißt das aber auch, dass deutlich wahrnehmbare Spannungen und Konflikte immer auch ein Indiz dafür darstellen, dass die existierenden organisatorischen Rahmenbedingungen ein Verbesserungspotenzial besitzen.

Quintessenz

1. Eine Zusammenarbeit von Forderungsmanagement und Vertrieb ist essenziell für ein erfolgreiches Forderungsmanagement und damit für den Erfolg des Unternehmens.
2. Spannungen zwischen Vertrieb und Forderungsmanagement sind systemimmanent.
3. Vertrieb und Forderungsmanagement werden über vermeintlich konkurrierende Zielsetzungen gesteuert.
4. Mentalitätsunterschiede und Wissenslücken erzeugen und verfestigen das Spannungsverhältnis.
5. Wenn Vertrieb und Forderungsmanagement über gute Kunden sprechen, dann sind damit nicht immer dieselben Unternehmen gemeint.

3.2.2 Möglichkeiten zur Beseitigung der Spannungen

Die Ausführungen in Abschn. 3.2.1 verdeutlichen, dass ein gespanntes Klima zwischen den beiden Unternehmensfunktionen nahezu zwingend ist. Wenn dann noch unklare

Kompetenzregelungen, nicht überschneidungsfreie Zuständigkeiten und Prozessstörungen dazukommen, ist ein konfliktfreies Arbeiten fast nicht mehr möglich.

Eine Lösung der Konflikte wird nach der Wahrnehmung des Autors in den Unternehmen oft gar nicht mehr versucht. Scheinbar haben sich die Beteiligten mit der Situation abgefunden. In einzelnen Fällen ist beim Autor sogar der Eindruck entstanden, dass diese Konflikte regelrecht „gepflegt" werden. In der Masse wurde aber immer wieder festgestellt, dass kaum jemand in dieser und mit dieser Situation zufrieden ist.

Obwohl es in keinem der bislang vom Verfasser durchgeführten Projekte erklärte Aufgabenstellung war, die Zusammenarbeit (und das Klima) zwischen Vertrieb und Forderungsmanagement zu verbessern, hat sich in jedem der Projekte eine Verbesserung „by the way" eingestellt. Kann für die ersten Projekte möglicherweise noch der Zufall als Erklärung herangezogen werden, ist das für die späteren Projekte sicherlich nicht mehr zutreffend. Vor dem Hintergrund der Erfahrung, dass der Vertrieb in den Projekten zunächst immer ein erbitterter Gegner – im Grunde genommen gegen jedwede Veränderung – war, wurde in den folgenden Projekten die Zusammenarbeit mit dem Vertrieb – zumindest methodisch – in den Fokus gerückt. Denn genauso, wie die Erfahrung gemacht wurde, dass der Vertrieb ein starker Gegner ist, wurde die Erkenntnis gewonnen, dass ein erfolgreiches Forderungsmanagement „gegen den Vertrieb" nicht möglich ist.

Wenn also wirklicher und dauerhafter Erfolg im Forderungsmanagement ernsthaft angestrebt wird, dann geht kein Weg daran vorbei, die Zusammenarbeit zwischen Vertrieb und Forderungsmanagement zu verbessern und vorhandenes Konfliktpotenzial zu reduzieren.

Die gute Nachricht ist: Für die Beseitigung der Spannungen gibt es Lösungsmöglichkeiten. Die eher schlechte Nachricht ist: Diese Lösungen sind aufwendig und benötigen Zeit.

Wie bereits verdeutlicht wurde, sind die Ursachen für die Spannungen zwischen Vertrieb und Forderungsmanagement heterogener Natur. Um zu einer guten und konstruktiven Zusammenarbeit beider Bereiche finden zu können, ist es daher erforderlich, auf unterschiedlichen Ebenen zu agieren.

Wie in Abschn. 3.2.1 verdeutlicht wurde, leben Vertrieb und Forderungsmanagement quasi in unterschiedlichen „Welten". Mentalitäten, Erfahrungen und Handlungsbedingungen sind grundverschieden. Es ist daher kaum verwunderlich, wenn beide Seiten einen konkreten Einzelfall unterschiedlich sehen und bewerten.

An dieser Stelle sei auf einen grundsätzlichen Fehler hingewiesen, den der Verfasser in seinen Projekten regelmäßig identifizieren konnte. Die Unternehmen tendieren regelmäßig dazu, die strittigen Fragen zwischen Vertrieb und Forderungsmanagement am konkreten Vorgang zu thematisieren. Bei diesen Diskussionen beziehungsweise Auseinandersetzungen gelingt es dann nicht, vom konkreten Vorgang zu abstrahieren und die Problemstellung grundsätzlich zu erörtern. Das ist absolut verständlich, da ja eine konkrete Entscheidung zu treffen ist, die unter gewissen – meist engen – zeitlichen Restriktionen erfolgen muss. Außerdem hat das Diskussionsergebnis unmittelbar und direkt Auswirkungen, die der Kunde wahrnehmen wird. Sei es, dass er schlechtere Zahlungsbedingungen erhält, sei es, dass er Sicherheiten stellen muss oder sei es, dass er eine unmissverständliche Zahlungsaufforderung erhält.

Für den Vertrieb bedeutet das, dass er einerseits keine Zeit hat, den Kunden kommunikativ darauf vorzubereiten und andererseits, dass er unter Umständen gegenüber dem Kunden gemachte Zusagen nicht einhalten kann.

Wird die Entscheidung zugunsten des Vertriebs getroffen, bedeutet das für das Forderungsmanagement gegebenenfalls, dass der Kunde ohne Absicherung beliefert wird, gesetzte Zahlungsfristen außer Kraft gesetzt werden oder eingeleitete Inkassomaßnahmen storniert werden.

Egal, wie die Entscheidung im konkreten Vorgang auch getroffen wird, für einen der beiden Bereiche bedeutet sie in jedem Fall einen Gesichtsverlust, einen Verlust an Durchsetzungsmacht oder Ansehen oder mindestens Unannehmlichkeiten. Es verwundert daher nicht, dass die jeweiligen Positionen mit „Klauen und Zähnen" verteidigt werden und keine Kompromisse gefunden werden.

Um diesem Dilemma entkommen zu können, sind aufgrund der Erfahrung des Autors drei Voraussetzungen zu erfüllen:

1. Zwischen Forderungsmanagement und Vertrieb muss eine „geteilte Wirklichkeit" geschaffen werden.
2. Potenzielle und tatsächliche Konfliktfelder müssen grundsätzlich (unabhängig vom Einzelfall) diskutiert und gelöst werden.
3. Es muss ein Regelwerk erstellt werden, dass dann geplant, schrittweise, behutsam und beständig umgesetzt wird.

Selbstverständlich stellt sich nun zwangsläufig die Frage, wie genau das im betrieblichen Alltag zu bewerkstelligen ist. Eines dürfte dabei mittlerweile klar geworden sein: Nebenbei und ohne systematische Steuerung funktioniert es nicht! Die Lösung ist, wie immer, wenn eine nicht alltägliche und zeitlich befristete Aufgabenstellung zu bearbeiten ist, die Durchführung eines Projekts. Dieses Projekt sollte die oben genannten inhaltlichen Bereiche abdecken und möglichst alle Projektphasen in der genannten Reihenfolge besitzen. Bevor in den folgenden Passagen weitere Anregungen zur konkreten Ausgestaltung eines solchen Projekts gegeben werden, zunächst drei wichtige Voraussetzungen für die Projektarbeit:

- Ein Projekt benötigt einen „Kopf". Also jemanden, der verantwortlich ist und sich gleichzeitig auch verantwortlich fühlt. Dieser Projektleiter muss wissen und akzeptieren, dass das Projekt zu seinen Aufgaben gehört (temporär) und er auch an dem Projekterfolg gemessen wird. Die besten Voraussetzungen bestehen dann, wenn der Projektleiter „intrinsisch motiviert" ist, also Motivation aus der Thematik selbst generiert (und nicht „zum Jagen getragen werden muss").
- Das Projekt muss planvoll durchgeführt werden. Ein Plan (die gedankliche Vorwegnahme zukünftiger Ergebnisse oder Ereignisse) dient der koordinierten Ausrichtung von Aktivitäten und Ressourcen auf das angestrebte Projektergebnis (Ziel).
- Ein Projekt bedeutet Arbeit. Somit werden Ressourcen (Personen, Technik, et cetera) und Zeit benötigt. Leider wird immer wieder festgestellt, dass die Mitarbeiter, die im Projekt tätig sein sollen, keinerlei Kapazitäten dafür erhalten.

Wenn diese Voraussetzungen geschaffen sind beziehungsweise im Projektverlauf geschaffen werden können, steht der Beseitigung der Spannungen zwischen Vertrieb und Forderungsmanagement nichts mehr im Wege.

3.2.2.1 Geteilte Wirklichkeit herstellen

Wie bereits geschildert, nehmen Forderungsmanagement und Vertrieb die betrieblichen Realitäten aus ihrer jeweils spezifischen Perspektive wahr. Auch der jeweils andere Bereich wird aus dieser spezifischen Perspektive (selektiv) wahrgenommen. Um das zu durchbrechen, ist es erforderlich, in gemeinsamen Veranstaltungen (zum Beispiel Workshops) einen Perspektivwechsel herzustellen. Dazu eignet sich unter anderem die Methode der Selbst- und Fremdwahrnehmung. Hier können der Vertrieb und das Forderungsmanagement zum Beispiel darstellen, wie sie ihren eigenen Bereich sehen und wie sie den jeweils anderen Bereich wahrnehmen. In der Diskussion muss ein neutraler Moderator diese Wahrnehmungsunterschiede identifizieren und gemeinsam mit den Teilnehmern analysieren.

In einem weiteren Schritt sollten dann die Auswirkungen bestimmter Handlungsweisen der Bereiche für das Unternehmen quantifiziert werden. Beispielsweise können die Kosten für die Finanzierung des Forderungsbestands und/oder der Wert der jährlichen Forderungsausfälle vorgestellt werden. Anschließend könnten Veränderungen „simuliert“ werden. Jeder Bereich könnte die Aufgabe erhalten (als Gruppenarbeit) für ihren Verantwortungsbereich zu berechnen, was sich ändern würde, wenn das Unternehmen statt bisher 30 Tage Nettozahlungsziel, künftig 60 Tage gewähren würde. Der Vertrieb müsste nun Festlegungen treffen, welche (zusätzlichen) Märkte erobert werden könnten, wie sich der Marktanteil in unterschiedlichen Märkten verändern würde, welcher Effekt für die Preise resultieren und welche Margen realisiert werden könnten. Das Forderungsmanagement könnte verdeutlichen, dass sich der Finanzierungsaufwand und der Forderungsbestand verdoppeln, das Ausfallrisiko steigt, der Absicherungsbedarf wächst et cetera.

Im Plenum werden die Ergebnisse vorgestellt und anschließend die Frage diskutiert, ob der vom Vertrieb prognostizierte Mehrumsatz die steigenden Kosten und das wachsende Risiko rechtfertigt, kompensiert oder übersteigt. Ziel dieser Übung ist es, beiden Seiten zu verdeutlichen, dass die gewählte Maßnahme sowohl positive, als auch negative Auswirkungen besitzt und daher die Frage gestellt werden sollte, wie die positiven Auswirkungen erzielt und die negativen vermieden werden können. Es wird sicherlich ein „Aha-Erlebnis“ sein, wenn der Vertrieb erfährt, dass die Maßnahme beispielsweise die Finanzierungskosten um 10.000 € erhöhen würde und daher (bei einer Umsatzrendite von 10 %) ein Mehrumsatz von 100.000 € erforderlich wäre, um die Kostensteigerung zu kompensieren. Genauso wäre es für das Forderungsmanagement aber auch eine Überraschung, wenn der Vertrieb aufgrund der Änderung der Zahlungsbedingungen einen Mehrumsatz von 150.000 € erwarten würde. Egal, wie ein solches Ergebnis ausfällt, es ist jeweils dazu geeignet, die eigene Position zu reflektieren und sich gedanklich in die Rolle des anderen zu begeben.

Damit dieses temporär gewonnene Verständnis nicht ohne Auswirkungen verpufft, sollten Handlungsfelder gemeinsam identifiziert und Arbeitsziele dafür skizziert werden.

Aus dem Teilnehmerkreis des Workshops müssten auch die Teams zusammengestellt werden, die an den identifizierten Themen in der folgenden Phase des Projekts weiterarbeiten.

3.2.2.2 Grundsätzliche Neugestaltung von Handlungs-/Konfliktfeldern

In der zweiten Phase des Projekts müssen die verschiedenen Teams an den identifizierten Themen möglichst konkret (allerdings möglichst ohne Bezug zu einzelnen Kunden oder Vorgängen) arbeiten.

Wahrscheinlich sind in dem gemeinsamen Workshop die Projektthemen, an denen sich die häufigsten oder die größten Konflikte festmachen, identifiziert worden. Der BvCM hat in seiner Studie die Themen a) Zeitpunkt der Bereitstellung von Sicherheiten und b) Kompetenz bei der Gewährung von Zahlungszielen identifiziert. Die Erfahrungen des Autors decken sich damit nur teilweise. Das Thema „Bereitstellung von Sicherheiten" ist aus seiner Sicht etwas breiter zu fassen. Es beinhaltet auch die Fragen nach der Kredithöhe (Kreditlimit) und die Verfahrensweisen bei Erreichen des Kreditlimits. Abweichend von der Untersuchung des BvCM stellt der Verfasser allerdings auch immer wieder Konflikte bei der Zusammenarbeit im Mahnprozess fest.

Bevor die verschiedenen Projektteams (gemischte Teams) mit der Bearbeitung ihrer eigentlichen Projektaufgabe starten, ist es ratsam, die Debitoren des Unternehmens mit Informationen, die für eine spätere Beurteilung wichtig sind, in einer Übersicht zusammenzustellen. Eine solche Liste (wenn die Anzahl der Debitoren das zulässt) sollte sowohl vertriebsrelevante Informationen, als auch forderungsmanagementrelevante Informationen enthalten. Der Vertrieb benötigt zum Beispiel Informationen wie:

- Umsatz,
- Deckungsbeitrag,
- Zahlungsbedingungen,
- Wachstum,
- Marktpotenzial,
- Dauer der Zusammenarbeit.

Aus Sicht des Forderungsmanagements werden Angaben wie:

- Kreditlimit,
- Zahlungsbedingungen,
- Forderungslaufzeit,
- Forderungsausfälle,
- Absicherungsbetrag,
- Anzahl der Mahnungen

zur Einschätzung benötigt.

Um die weitere Projektarbeit differenziert gestalten zu können, wäre es ratsam, wenn jeder Bereich zunächst eine einfache Kundenklassifizierung aus der jeweils isolierten Sicht

Abb. 3.12 Ein einfaches Klassifizierungssystem für Debitoren

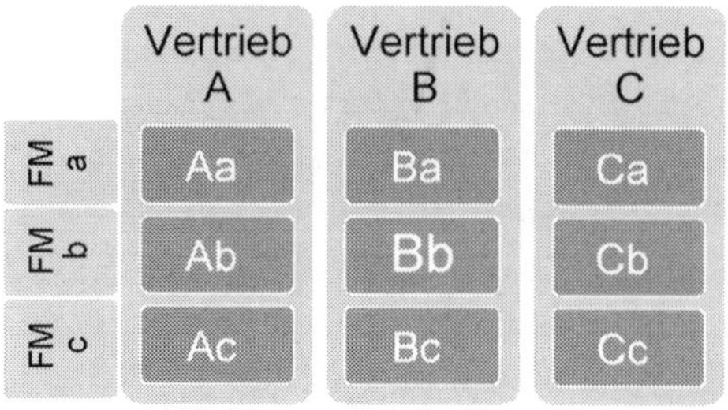

vornimmt. Die Klassifizierung sollte möglichst nicht mehr als drei Klassen/Gruppen (je Perspektive) unterscheiden. Ziel dieser einfachen Klassifizierung ist es, beide Klassifizierungen anschließend in einer Matrix zu verknüpfen. Dieses Vorgehen hat nun zwei sehr hilfreiche Effekte. Zum einen wurde ein Klassifizierungssystem entwickelt, dass alle vertrieblich relevanten Aspekte abbildet und gleichzeitig auch alle Bewertungsaspekte des Forderungsmanagements berücksichtigt. Ohne sich in langen und aufwendigen Diskussionen auf eine einheitliche, gemeinsame Bewertung verständigen zu müssen, ist so ein, für beide Seiten, „brauchbares" System entstanden. Zum anderen wurde auf diesem Wege jeder Kunde einer Bewertung unterzogen. Die Kundenklassifizierung ist bereits erfolgt und muss nicht zu einem späteren Zeitpunkt – in Kenntnis der möglicherweise resultierenden Konsequenzen – vorgenommen werden.

Die weitere inhaltliche Projektarbeit sollte nun die in Abb. 3.12 ersichtlichen neun unterschiedlichen Klassen berücksichtigen und gegebenenfalls differenzierte Handlungsempfehlungen entwickeln (wobei es natürlich möglich ist, Handlungsweisen für mehrere Klassen einheitlich zu gestalten).

Wahrscheinlich werden die Projektteams zunächst versuchen, sehr differenzierte Ausführungen für jede einzelne Klasse zu machen, und im Verlauf der Arbeit aber feststellen, dass eine vollständige Differenzierung nicht immer sinnvoll oder möglich ist. Das ist nicht problematisch, das sollte in jedem Projekt und in jedem Unternehmen pragmatisch gehandhabt werden.

Es würde den Rahmen und den Ansatz dieses Buches sprengen, sollte nun jede mögliche Themenstellung detailliert behandelt werden. Aus diesem Grunde werden in den folgenden Abschnitten lediglich einige praktische Hinweise zu ausgewählten Problemfeldern gegeben.

3.2.2.2.1 Ermittlung und Festlegung der Kreditlinie

Die Festlegung des Kreditlimits für jeden einzelnen Debitor ist, sowohl aus Sicht des Forderungsmanagements als auch aus Sicht des Vertriebs eminent wichtig. Einerseits definiert die Kreditlinie das potenzielle Ausfallrisiko, andererseits begrenzt sie den mit dem Kunden möglichen Umsatz. Beide Bereiche besitzen daher ein originäres Interesse, leider mit konkurrierenden Zielsetzungen. Während das Forderungsmanagement das Kreditlimit möglichst gering halten möchte, ist der Vertrieb an einem möglichst hohen Limit interessiert. In der gemeinsamen Projektarbeit gilt es nun, Regeln zu erarbeiten, die zu einer Optimierung führen und beide Interessenlagen angemessen berücksichtigen.

Die Festlegung der Kreditlinie des Kunden ist nicht trivial. Folgende Faktoren besitzen Einfluss auf den Kreditbedarf und definieren die Höhe des erforderlichen beziehungsweise zulässigen Kreditlimits:

- durchschnittlicher Umsatz,
- Zahlungsbedingungen,
- durchschnittlicher Auftragsbestand,
- Bonitätsindex,
- Versicherungsbetrag,
- Zahlungsverhalten,
- Bedeutung des Kunden.

Zunächst muss ermittelt werden, wie hoch der Kreditbedarf aufgrund des durchschnittlichen Umsatzes, des durchschnittlichen Auftragsbestands und der Zahlungsziele ist. Wenn der Kunde zum Beispiel monatlich durchschnittlich 5.000 € Umsatz tätigt und einen durchschnittlichen Auftragsbestand von 2.500 € hat, ist der Kreditbedarf bei einem Zahlungsziel von 30 Tagen netto mindestens 7.500 €. Um in der Praxis nicht regelmäßig und zu häufig die Kreditlinie zu erreichen, ist es sogar empfehlenswert, diesen Betrag leicht, zum Beispiel auf 10.000 € zu erhöhen. Dies stellt nun aber lediglich eine Seite der Medaille dar, nämlich die des Vertriebs.

Parallel dazu muss ermittelt werden, wie hoch das Forderungsausfallrisiko (zum Beispiel in Abhängigkeit vom Bonitätsindex) zu bewerten ist. An dieser Stelle ist eine erste Orientierung am empfohlenen Kreditbetrag der Auskunftei angemessen. Des Weiteren sollten nun – sofern vorhanden – die Zahlungserfahrungen, die mit dem Kunden bestehen, Berücksichtigung finden. Ist der Kunde zum Beispiel regelmäßiger Skontozahler, kann das Ausfallrisiko niedriger gewertet werden, als bei einem Kunden, der häufig erst nach der Fälligkeit zahlt. Außerdem wird das Risiko dadurch bestimmt, welche Sicherheiten (zum Beispiel der Versicherungsbetrag durch die Warenkreditversicherung) gestellt werden können.

Werden nun der Kreditbedarf einerseits und die Kreditmöglichkeit andererseits verglichen, gibt es drei mögliche Ergebnisse:

1. Kreditbedarf und Kreditmöglichkeit befinden sich in Deckung: Hier ist kein weiterer Handlungs- und Entscheidungsbedarf gegeben.
2. Der Kreditbedarf liegt unterhalb der Kreditmöglichkeit: Dieser Fall ist unkritisch, da dem Kunden die benötigte Kreditlinie eingeräumt werden kann.
3. Der Kreditbedarf übersteigt die Kreditmöglichkeit: In diesem Fall muss durch Forderungsmanagement und Vertrieb gemeinsam festgelegt werden, unter welchen Bedingungen der benötigte Kreditrahmen eingeräumt werden kann (zum Beispiel Stellung weiterer Sicherheiten, Verkürzung der Zahlungsziele oder Erhöhung des Lieferantenrisikos). Können diese Bedingungen nicht erfüllt werden, kann lediglich das Kreditziel eingeräumt werden, dass der risikoorientierten Betrachtung entspricht.

Höhe des Kredits	Prüfungen	Entscheidungskompetenz
500 € (Standard)	Keine	**Debitorenbuchhalter**
> 500 € < 5.000 €	D & B/Bürgel-Bonitätsauskunft Risikorating nicht > 3/D & B Score > 50% ==> KL ist höchstens empfohlener Kreditrahmen	**Debitorenbuchhalter**
5.000 € < 15.000 €	D & B/Bürgel-Bonitätsauskunft und Bankauskunft Risikorating nicht > 2/D & B Score > 60% ==> KL ist höchstens empfohlener Kreditrahmen	**Kfm. Leitung**
15.000 € < 50.000 €	D & B/Bürgel-Bonitätsauskunft und Versicherungsanfrage Risikorating nicht > 2/D & B score > 60% ==> KL ist höchstens Versicherungsbetrag	**Kfm. Leitung**
> 50.000 €	D & B/Bürgel-Bonitätsauskunft und Versicherungsanfrage Risikorating < 2/D & B score > 70% ==> KL ist höchstens Versicherungsbetrag	**Kfm. Gesch.führung**

Abb. 3.13 Praxisbeispiel: Regelwerk zur Festlegung von Kreditlinien

Bei der konkreten Ableitung der Kreditlinien für die einzelnen Debitoren wird sich sehr schnell herausstellen, ob das gemeinsam entwickelte Regelwerk die gestellten Anforderungen erfüllen kann. Sollte festgestellt werden, dass die gewünschten Effekte nicht erzielt werden können, ist es ratsam das Regelwerk einer Überarbeitung zu unterziehen. In der Abb. 3.13 findet sich ein Beispiel, wie ein solches Regelwerk gestaltet sein kann.

In engem inhaltlichen Zusammenhang mit der Festlegung der Kredithöhen steht die Verabschiedung der Vorgehensweise bei Erreichen der Kreditlinie. Ohne an dieser Stelle auf Einzelheiten eingehen zu wollen und zu können, ist ein Hinweis dringend erforderlich. Wenn der Auftragsbestand und der Forderungsbestand des Debitors das Kreditlimit erreichen, darf eine weitere Belieferung des Kunden nicht ohne Weiteres möglich sein. Erst, wenn beim Lieferanten eine bewusste Entscheidung getroffen wurde, ist die weitere Belieferung zu ermöglichen. Es hat sich als sehr hilfreich herausgestellt, wenn die Belieferung des Kunden, die über das Kreditziel hinausgeht, technisch unterbunden wird. In einem Projekt hatte der Lieferant lediglich eine doppelte Meldung am Bildschirm des Vertriebsmitarbeiters im Falle der Kreditzielerreichung realisiert. Diese Meldungen entfalteten keinerlei Wirkung, die Kunden wurden regelmäßig (wie selbstverständlich) außerhalb des Kreditrahmens beliefert. Das Bestätigen der beiden Meldungen war den Mitarbeitern im Vertriebsinnendienst bereits in Fleisch und Blut übergegangen. Wenn eine solche „technische Bremse" eingebaut wird, muss allerdings berücksichtigt werden, dass Aufträge trotzdem vollständig erfasst werden können. Es ist nachvollziehbar, dass die Mitarbeiter aus dem Vertrieb kein Verständnis dafür haben, wenn Aufträge, die sich über mehrere Seiten erstrecken und vor der letzten Auftragsposition das Limit erreichen, dann wegen technischer Nachlässigkeiten eine vollständige Neuerfassung erfordern. Der Auftrag, der zur Limitüberschreitung führt, muss gespeichert, aber in einen Wartestand versetzt werden. Unter diesen Bedingungen ist es möglich, schnell und reibungslos die technische Weiterbearbeitung des Auftrags zu veranlassen, sobald die Voraussetzungen für die weitere Belieferung geschaffen wurden.

3.2.2.2.2 Festlegung der Zahlungsbedingungen

In der betrieblichen Praxis wird leider häufig festgestellt, dass die Zahlungsbedingungen in mehrfacher Hinsicht einer Neugestaltung bedürfen:

1. Die Anzahl der möglichen Zahlungsbedingungen ist (exorbitant) hoch.
2. Die Kompetenz zur Festlegung der Zahlungsbedingungen liegt ausschließlich beim Vertrieb.
3. Es existiert kein Regelwerk, unter welchen Bedingungen ein Kunde welche Zahlungsbedingungen erhält.
4. Liquidität- und Risikogesichtspunkte finden bei der Festlegung keine Berücksichtigung.

In einem Projekt hat der Autor zum Beispiel die Notwendigkeit gesehen, die Zahlungsbedingung „Vorauskasse" zu definieren. Bei dem Versuch, das im Unternehmen umzusetzen, musste er erfahren, dass dies technisch nicht mehr möglich war, weil ein zweistelliges numerisches Feld keine freien Merkmale mehr aufnehmen konnte. Das bedeutete konkret, dass in diesem Unternehmen bereits 100 unterschiedliche Zahlungsbedingungen existierten. Bei der anschließenden Analyse wurde festgestellt, dass sich die einzelnen Bedingungen teilweise nur sehr marginal unterschieden haben. Weiterhin wurde herausgefunden, dass einzelne Zahlungsbedingungen nur für einzelne Kunden oder Aufträge angewendet wurden. Letztlich wurde festgestellt, dass der bei Weitem größte Teil des Umsatzes lediglich mit einer Hand voll unterschiedlicher Bedingungen gemacht wurde. Der Versuch, festzustellen, nach welchen Kriterien die unterschiedlichen Bedingungen vergeben wurden, hat zu dem Ergebnis geführt, dass im Unternehmen drei Standards existiert haben. Es erfolgte allerdings keine Prüfung, ob diese Standards auch genutzt wurden. Stattdessen hat jeder Mitarbeiter im Vertrieb nach Gutdünken die Zahlungsbedingungen vergeben, die er für angemessen gehalten hat.

Die oben geschilderten Erfahrungen haben beim Autor den Eindruck hervorgerufen, dass die Vergabe der Zahlungsbedingungen nicht mit der erforderlichen Sorgfalt und unter Berücksichtigung wesentlicher Kriterien erfolgt.

Da in vielen Unternehmen die Vergabe der Zahlungsbedingungen ausschließlich im Verantwortungs- und Kompetenzbereich des Vertriebs angesiedelt ist, werden deren Auswirkungen auf die Liquiditätssituation des Unternehmens und das mit ihnen verbundene Ausfallrisiko zu wenig (meist gar nicht) beachtet. Wenn seitens des Forderungsmanagements das Thema angesprochen wird, reagiert der Vertrieb häufig mit der Argumentation, dass der Markt bestimmte, übliche Zahlungsbedingungen erwarte und erfordere. Da das Forderungsmanagement den Markt in der Regel nicht detailliert kennt, ist dem häufig nichts entgegenzusetzen. Im Einzelfall führt die Diskussion in der Regel nicht zu einem befriedigenden Ergebnis. Aus diesem Grunde sollte in dieser zweiten Phase des Projekts auch die Gestaltung der Zahlungsbedingungen, inklusive der Kriterien für die Vergabe der unterschiedlichen Bedingungen, behandelt werden.

Folgende Verfahrensweise hat sich dabei bewährt:

1. Zunächst ist eine Übersicht zu erstellen, wie viel Umsatz mit den einzelnen Zahlungsbedingungen gemacht wird. Diese Übersicht zeigt in der Regel, dass mit sehr vielen (unterschiedlichen) Zahlungsbedingungen nur sehr wenig Umsatz verbunden ist.
2. Im zweiten Schritt muss dann untersucht werden, welche Kunden beziehungsweise Aufträge mit denselben verwendeten Zahlungsbedingungen verbunden sind. Hier wird dann häufig festgestellt, dass es sich dabei oft um „seltene Exoten" handelt. Oft können eine ganze Reihe unterschiedlicher Bedingungen daher auch bereits jetzt ohne jeden Schaden gelöscht werden, weil sie nicht mehr oft genutzt werden.
3. Die verbleibenden Bedingungen sind daraufhin zu untersuchen, ob eine Überleitung auf häufig genutzte Konditionen möglich ist. Auch in diesem Schritt ist es oft möglich, einen adäquaten Ersatz zu finden, weil sich lediglich die Anzahl der Skontotage oder die Nettofälligkeit einige wenige Tage unterscheiden.
4. Wenn die oben genannten Schritte durchgeführt wurden, sollte sich die Zahl der unterschiedlichen, noch zu verwendenden Zahlungskonditionen auf eine überschaubare Größe reduziert haben. Nun ist es erforderlich, den Adressatenkreis für die unterschiedlichen Zahlungskonditionen anhand von Kriterien festzulegen. Aus Sicht des Vertriebs spielen dabei Kriterien wie Branche, Konkurrenzsituation, Bedeutung des Kunden oder Marktpotenzial eine Rolle. Das Forderungsmanagement favorisiert Kriterien wie Bonität, Zahlungsverhalten, Rechtsform oder Alter des Unternehmens.
5. Anhand der gesammelten Kriterien muss festgelegt werden, wie die Standards für bestimmte Märkte definiert werden. Anschließend ist zu vereinbaren, wer unter welchen Umständen in welcher Weise von diesen Standards abweichen kann. Wenn für einen Markt zum Beispiel Zahlungskonditionen, zehn Tage 2 % Skonto und 30 Tage netto festgelegt wurden, muss sich aus dem Regelwerk ergeben, unter welchen Umständen (zum Beispiel bei erstklassiger Bonität) das Zahlungsziel auf 45 Tage netto geändert werden darf. Es ist dabei auch festzulegen, wer diese Entscheidung treffen darf. Es hat sich gezeigt, dass die Entscheidungskompetenz möglichst hoch in der Hierarchie angesiedelt werden sollte. Bei kritischen (im Sinne von riskanten) Kunden müssen solche Entscheidungen einvernehmlich zwischen Vertrieb und Forderungsmanagement getroffen werden.

Auch bei dieser Fragestellung hat es sich gezeigt, dass es in der Praxis sehr hilfreich ist, wenn die Einhaltung der Regularien durch technische Maßnahmen unterstützt werden kann. So ist es ratsam, die Berechtigung zur Änderung der Zahlungskonditionen lediglich auf wenige Personen zu verteilen.

Als Ergebnis in diesem Themenspektrum wird sowohl die deutliche Reduktion der Anzahl der Zahlungsbedingungen angestrebt. Außerdem sollen eindeutige Regeln über die Vergabe der Zahlungskonditionen erstellt und verabschiedet werden.

3.2.2.2.3 Zusammenarbeit im Mahnprozess

Das Mahnen ist in vielen Unternehmen ein ungeliebter Prozess. Aus Sicht des Autors liegt das unter anderem darin begründet, dass auch dieser Prozess unklar geregelt ist. Während das Forderungsmanagement häufig gedrängt wird, schnell und regelmäßig zu mahnen, versucht der Vertrieb (meist erfolgreich), genau das – zumindest bei bestimmten Kunden – zu verhindern.

Wird dann gemahnt, macht das Forderungsmanagement die Erfahrung, dass einerseits der Vertrieb Mahnungen zurückzieht und andererseits die Kunden die Mahnungen als grundlos zurückweisen. Ursache dafür ist in der Regel, dass Absprachen, Reklamationen, Unklarheiten oder Ähnliches zwar zwischen Vertrieb und Kunde besprochen, aber weder in den Systemen abgebildet, noch dem Forderungsmanagement kommuniziert wurden.

In anderen Unternehmen ist der Mahnprozess zum Beispiel so geregelt, dass das Forderungsmanagement die Mahnungen erstellt, der Vertrieb aber entscheidet, welche der Mahnungen tatsächlich verschickt werden. In den Fällen, in denen kein Versand der Mahnung erfolgt, übernimmt der Vertrieb in der Regel die Aufgabe, den Vorgang zu klären und die Zahlung der offenen Posten zu veranlassen. Leider macht das Forderungsmanagement, spätestens beim nächsten Mahnlauf, die Erfahrung, dass kein Zahlungseingang erfolgt ist. Also übernimmt der Vertrieb wieder die Aufgabe, sich um den Zahlungseingang zu kümmern, und so weiter und so fort.

Es versteht sich von selbst, dass Prozesse, die in der oben geschilderten Art und Weise ablaufen, bei allen Beteiligten für ein hohes Maß an Unzufriedenheit sorgen. Um dies zu verändern, ist es erforderlich, im Projekt den Prozess Schritt für Schritt zu definieren. Dabei muss geklärt und festgelegt werden, wer welche Aufgaben zu übernehmen hat. In der Regel wird es sich so darstellen, dass niemand die Arbeit leisten, aber jeder die Entscheidungskompetenz besitzen möchte.

Dieses Dilemma kann nur dadurch beseitigt werden, dass ein differenzierter Mahnprozess entwickelt wird. Nähere Ausführungen dazu finden sich in Abschn. 6.3.3.

3.2.2.3 Regelwerk erstellen und umsetzen

Wenn in Phase zwei des Projekts von Vertrieb und Forderungsmanagement die wesentlichen Handlungsfelder gestaltet und abgestimmt wurden, ist die Grundlage dafür geschaffen, das Regelwerk auszuformulieren. Dieses Regelwerk ist oder wird Teil der Kreditrichtlinie (siehe dazu Abschn. 2.4.1). Es hat sich als schwierig herausgestellt, ein Regelwerk in einem größeren Team auszuformulieren. Viel effizienter ist es, im Projektteam die Eckpunkte zu diskutieren und festzulegen sowie anschließend einzelne Personen oder allenfalls Zweier-Teams mit dem Ausformulieren der Texte zu beauftragen. Auf den Prozess des Ausformulierens, Abstimmens und Zusammenstellens der Dokumente soll an dieser Stelle nicht näher eingegangen werden. Wichtig ist hier lediglich, zu erwähnen, dass diese Dokumente zwingend benötigt werden und möglichst zeitnah zur Verfügung stehen sollten, damit eine strukturierte Umsetzung erfolgen kann.

Genau auf die Umsetzung soll hier noch einmal das Augenmerk gelegt werden. Bereits in Abschn. 2.4.2 wurde auf die Notwendigkeit der Kommunikation der „neuen Regeln im

Forderungsmanagement" hingewiesen. Viele Unternehmen machen an dieser Stelle den Fehler, dass sie zu schnell zu viel wollen. Je gravierender die Veränderungen sind, umso behutsamer, aber auch nachdrücklicher sollte die Umsetzung geplant und vorgenommen werden. Wichtig ist in jedem Fall, dass die Umsetzung systematisch, das heißt mit Festlegung der Maßnahmen, der verantwortlichen Akteure und des Zeitplans erfolgen muss. Da die verschiedenen Umsetzungsschritte aufeinander aufbauen, ist es Voraussetzung für eine möglichst reibungslose Umsetzung, dass die Umsetzung gesteuert wird und ein Maßnahmen-Controlling erfolgt. Es wäre zum Beispiel sehr schlecht, wenn vom Forderungsmanagement die Anzahl der außergerichtlichen Mahnstufen verringert würde, wenn dieses Vorhaben vom Vertrieb noch nicht dem Kunden kommuniziert wurde.

Die Umsetzungsplanung ist wieder durch den Vertrieb und das Forderungsmanagement gemeinsam zu erarbeiten. Es hat sich herausgestellt, dass der Vertrieb in der Regel eine langsamere und behutsamere Vorgehensweise präferiert. Maßgeblich verantwortlich dafür ist wahrscheinlich die Befürchtung, dass das zarte und langgehegte „Pflänzchen Kundenbeziehung" Schaden nehmen könnte. Das Forderungsmanagement hat es da erfahrungsgemäß etwas eiliger.

Was das richtige Umsetzungstempo ist, kann nicht allgemein verbindlich beantwortet werden. Es hängt von mehreren zentralen Faktoren ab:

1. Risiko- und/oder Liquiditätssituation des Lieferanten,
2. Ausmaß und Tragweite der Veränderungen,
3. Kommunikations- und Änderungsfähigkeit des Lieferanten.

Je schwieriger und angespannter die Lage des Lieferanten ist, umso schneller sollte die Umsetzung erfolgen. Neue Verfahren zur Verhinderung von Forderungsausfällen greifen dann ins Leere, wenn die Forderungsausfälle schon eingetreten sind. Andererseits kann der Lieferant „nicht aus voller Fahrt eine Kehrtwende machen" beziehungsweise nicht erwarten, dass die Mitarbeiter, Kunden und gegebenenfalls Dienstleister eine solche Kehrtwende friktionsfrei mitmachen werden. Je länger das „laxe Forderungsmanagement" praktiziert wurde, umso schwieriger ist die Kommunikation (Erklärungs- und Überzeugungsarbeit) nach innen und nach außen. Mitarbeiter und Kunden gleichermaßen leiten aus den Erfahrungen der Vergangenheit quasi ein Gewohnheitsrecht ab. Der Kunde, der seine Rechnungen in der Vergangenheit dann bezahlt hat, wenn er flüssig war, kann es überhaupt nicht nachvollziehen, dass der Lieferant sich plötzlich an so einem profanen Fälligkeitsdatum orientiert; schließlich hat der Lieferant sein Geld ja immer bekommen. Aber auch im Innenverhältnis gibt es eine ganze Reihe von Beharrungstendenzen. Warum soll plötzlich gemahnt werden, was an Rechnungen fällig ist? Früher hat es doch auch gereicht, einmal im Monat einen Mahnlauf zu machen – wenn man dazu gekommen ist. Aber nicht nur die Überzeugungsarbeit wird aufwendiger und schwieriger (und damit zeitraubender), sondern auch die faktischen Änderungen, die erforderlich werden. Daten müssen gepflegt werden, gegebenenfalls Programme angepasst oder Schreiben überarbeitet werden. Je größer die Veränderung, umso größer ist der Änderungsaufwand und damit der Zeitbedarf.

Aber auch die Kommunikations- und Änderungsfähigkeit beim Lieferanten und teilweise auch beim Kunden beeinflussen die angemessene Umsetzungsgeschwindigkeit. Wenn beispielsweise der Vertrieb mit den wichtigen Kunden die anstehenden Veränderungen persönlich besprechen möchte (was sehr gut nachvollzogen werden kann) und der Besuchsrhythmus nicht verkürzt werden kann (zum Beispiel mangels eigener Ressourcen oder der Verfügbarkeit der Gesprächspartner beim Kunden), dann dauert die Umsetzung länger.

Ausgenommen bei Lieferanten, die sich selbst bereits in existenzbedrohenden Situationen befinden, spielt das Umsetzungstempo nicht die entscheidende Rolle. Wichtig ist stattdessen, dass die Umsetzung geordnet und kontinuierlich abläuft und Mitarbeiter und Kunden die Richtungsänderung nachvollziehen können, gutheißen und für sich als Vorteil begreifen Satzende, Wenn das gelingt, wird damit auch die Zielsetzung dieser Projektphase erreicht. Erfolgreiches Forderungsmanagement bedeutet nämlich auch, den Kunden „mitzunehmen“ und die Kundenbeziehung zu stärken und zu verbessern. Wenn das gelingt, wächst in gleicher Weise auch die positive Unterstützung des Forderungsmanagements durch den Vertrieb. Die Spannungen zwischen beiden Bereichen nehmen ab.

Quintessenz

1. Das Spannungsverhältnis zwischen Forderungsmanagement und Vertrieb kann entspannt werden.
2. Eine geteilte Wirklichkeit, eine gemeinsame Sicht der Dinge, ist Voraussetzung für gegenseitiges Verständnis.
3. Zentrale Arbeitsfelder für beide Bereiche müssen in einem gemeinsamen Projekt neu abgestimmt und gestaltet werden.
4. Die Absprachen müssen in einem Regelwerk dokumentiert werden.
5. Die Umsetzung erfolgt geplant, schrittweise und systematisch gesteuert.

3.2.3 Dauerhaft spannungsarme Zusammenarbeit

Die Beseitigung von Spannungen im Rahmen eines Projekts schafft die Voraussetzung für eine dauerhafte, entspannte Zusammenarbeit zwischen Vertrieb und Forderungsmanagement. Damit ist allerdings leider noch nicht gewährleistet, dass sich die Zusammenarbeit im Arbeitsalltag tatsächlich dauerhaft konstruktiv gestaltet. Der BvCM hat in seiner Studie subjektive und objektive Einflussfaktoren für eine gute Zusammenarbeit der beiden Bereiche identifiziert. Unter den subjektiven Erfolgsfaktoren werden genannt: zeitnaher Informationsaustausch, klare Kompetenzregelung, offene Kommunikation und Verfügbarkeit der Ansprechpartner. Als objektive Einflussfaktoren haben sich herauskristallisiert: klare Prozessdefinitionen, Kundenbesuche durch die Forderungsmanager und Festlegung der Zahlungsziele gemeinsam durch Vertrieb und Forderungsmanagement.

Um die Zusammenarbeit dauerhaft gut zu gestalten, muss regelmäßig im Unternehmen daran gearbeitet werden. Es hat sich als hilfreich erwiesen, in regelmäßigen Abständen gemeinsame Sitzungen durchzuführen, in denen die „kritischen" Gestaltungsfelder thematisiert werden. Folgende Themenstellungen sollten dabei behandelt werden:

1. **Konkrete, bereichsübergreifende Ziele abstimmen:**
   Für spezifische Kunden, bestimmte Branchen oder auch regionale Märkte, sollten die bestehenden Zielsetzungen einzelner Bereiche zusammengeführt werden. Zielsetzung sollte sein, für die jeweiligen Märkte, einen bestmöglichen Umsatz und Ertrag zu realisieren. Dies kann erreicht werden, wenn die Kreditpolitik im Einklang mit den Absatzzielen formuliert wird. Das erfordert eine übergreifende Zielfixierung bei gleichwertiger Beachtung unter anderem von geschäftspolitischen Zielen, finanziellem Hintergrund und Ausfallrisiken.
2. **Gestaltungsfelder nutzen:**
   Gestaltungsfelder wie Verkaufspreise, Rabatte, Boni, Skonti, Valuta, Zahlungsfristen, Kreditlimite, formale Lieferkonditionen et cetera können und dürfen nicht mehr von den Bereichen isoliert bearbeitet und festgelegt werden. Beide Bereiche müssen ihre originären Themen aufeinander abstimmen.
3. **Prozesse laufend optimieren:**
   Wie beschrieben, resultieren Spannungen häufig auch aus fehlerhaft definierten Prozessen (insbesondere an den Schnittstellen der Abteilungen). Zur Beseitigung des tagtäglichen Ärgers (und der damit verbundenen regelmäßigen Bestätigung der bestehenden Vorurteile) müssen klare und transparente Aufgabenverteilungen und Prozessverantwortlichkeiten im Vertrieb und im Debitorenmanagement erfolgen. Da sich die Rahmenbedingungen und damit auch die Prozesse regelmäßig (in kleinen Schritten) verändern, ist es ratsam, die gemeinsam definierten Prozesse regelmäßig auf den Prüfstand zu stellen und kontinuierlich zu verbessern. Damit soll verhindert werden, dass sich aufgrund einer Fehlgestaltung wieder eine schleichende Unzufriedenheit zwischen den Bereichen einstellen kann.
4. **Das eine zu tun, ohne das andere zu lassen:**
   Forcierte Umsatzsteigerung und verstärkte Bonitätsprüfung sind keine zwingenden Gegensätze. Nur in Einzelfällen führt das eine zum Ausschluss des anderen. In den gemeinsamen Sitzungen sollte Wert darauf gelegt werden, dass nach optimalen Lösungen für beide Bereiche gesucht wird. So etwas lässt sich zum Beispiel erreichen durch:

   – Exportoffensive und Factoring,
   – Sicherung des Kundenstamms durch verlängerte Zahlungsziele, aber auch intensive Debitorenüberwachung und konsequentes Mahnwesen,
   – Neugeschäft auch in problematischer Zielgruppe, aber nur innerhalb von Kreditlimiten eines Kreditversicherers oder sonstiger Sicherheiten et cetera.

Es gibt durchaus Möglichkeiten, eine spannungsfreiere Gestaltung der Arbeitsbereiche vorzunehmen und kontinuierlich daran zu arbeiten. Das geschieht aber nicht von selbst. Es ist vitales Interesse des Forderungsmanagements diesen Stein ins Rollen zu bringen und ihn am Rollen zu halten. Dazu muss das Forderungsmanagement (regelmäßig) auf den Vertrieb zugehen und ein neues Klima, insbesondere in der Kommunikation, schaffen. Das Forderungsmanagement muss das Gespräch und den Meinungsaustausch mit dem Vertrieb, auch unabhängig vom konkreten Vorgang, suchen. In diesen Gesprächen ist es wichtig, dass die beiden Bereiche ihre gegenseitigen Erwartungen regelmäßig und konkret formulieren.

Aus Sicht des Forderungsmanagements könnten das beispielsweise folgende Erwartungen sein:

- Inkasso sollte mit dem gleichen Stellenwert wie der Verkaufsabschluss behandelt werden. (Der „Verzicht" auf Bezahlung gefährdet das Unternehmen.)
- Vor jedem Kundenkontakt sollten Informationen über den fälligen OP-Saldo und das Zahlungsverhalten des Kunden gesichtet werden. (Das Forderungsmanagement stellt die Informationen gerne bereit.)
- Im Kundengespräch sollten die Kunden auf fällige Außenstände offensiv und selbstbewusst angesprochen werden.
- Vage Zahlungsversprechen sind nicht ausreichend, schriftliche und präzise Zahlungsvereinbarungen werden benötigt. (Das Forderungsmanagement ist gerne bereit diese Arbeit zu übernehmen.)
- Das Gespräch sollte zu einer Einschätzung führen, ob der Kunde nicht zahlen kann oder nicht zahlen will. (Beides ist gleichermaßen gefährlich, bedingt aber unterschiedliche Vorgehensweisen.)
- Der Kunde sollte erfahren, dass für Kunden, die nicht zahlen können, gemeinsam Lösungen gefunden werden, die auch die Fortsetzung der Geschäftsbeziehung ermöglichen.
- Das Forderungsmanagement und die Debitorenbuchhaltung verstehen sich als Dienstleister für den Kunden und den Vertrieb. Deren Unterstützung sollte offensiv eingefordert werden.

Der Vertrieb benötigt unter Umständen Hilfestellung, um bestimmte Aufgaben wahrnehmen zu können. Kunden auf fällige Zahlungen anzusprechen, ist zum Beispiel nicht leicht und insbesondere für Vertriebsmitarbeiter häufig eine ungewohnte und unangenehme Situation.

Vom Forderungsmanagement sollten Erfahrungen geteilt, Verständnis signalisiert und auch die Psyche der Vertriebsmitarbeiter unterstützt werden. Erfahrungen, Argumentationen und Tipps können helfen, eine neue Einstellung und Herangehensweise zu entwickeln.

Beispiel: Das Ansprechen der Kunden auf Zahlungsverzug ist nicht leicht, aber

- zahlungswillige Kunden haben damit kein Problem, vielen ist das verspätete Zahlen sogar peinlich;
- nur notorische „Nicht- beziehungsweise Spätzahler" vermitteln dem Gläubiger im Gespräch das Gefühl etwas Unredliches zu verlangen;
- der Kunde ist (formal gesehen) vertragsbrüchig, wenn er nicht fristgerecht zahlt (der Lieferant hat seinen Teil des Vertrags eingehalten);

- die Vorstellung, dass der Kunde dem Vertriebsmitarbeiter persönlich das Geld schuldet oder gerade genau dessen Provision „einbehält", schafft eine andere emotionale Basis;
- es ist sicher, dass andere Lieferanten, Banken, Vermieter, Finanzamt et cetera vom Kunden bezahlt werden;
- der schlecht zahlende Kunde hat (durch uns) einen Wettbewerbsvorteil gegenüber dem Kunden, der durch fristgerechte Zahlung die Gehaltszahlungen (auch des Vertriebsmitarbeiters) sicherstellt: Ist das wirklich gewollt?

Wenn auf diesem Wege der unterstützenden Zusammenarbeit erste Erfolge erzielt wurden, schafft das Vertrauen. Diese positiven Erfahrungen werden den Eindruck vom „Klimawandel" verstärken.

Um dauerhaft erfolgreich mit dem Vertrieb zusammenzuarbeiten, ist es aber unumgänglich, dass dies von den Verantwortlichen in beiden Bereichen gleichermaßen gefordert und gefördert wird. Wenn auch die Geschäftsleitung dies pro-aktiv unterstützt, kann das keinesfalls schaden.

Quintessenz

1. Nach einem erfolgreichen Projekt muss die Zusammenarbeit zwischen Vertrieb und Forderungsmanagement im Alltag „gepflegt" und weiterentwickelt werden.
2. Dabei sollten subjektive und objektive Faktoren, die die Zusammenarbeit positiv beeinflussen können, Berücksichtigung finden.
3. Regelmäßige, gemeinsame Sitzungen sollten konkrete Zielabsprachen sowie die kontinuierliche Optimierung der inhaltlichen Ansätze und der Prozesse zum Gegenstand haben.
4. Das Forderungsmanagement muss sich als Treiber für den Veränderungsprozess verstehen und die Initiative, gerade auch im operativen Alltag, ergreifen.
5. Vertrieb und Forderungsmanagement müssen die gegenseitigen Erwartungen offen formulieren und sich gegenseitig Unterstützung anbieten.

Wenn im Unternehmen ein dauerhaft spannungsarmes und konstruktives, sich gegenseitig unterstützendes Verhältnis zwischen Kreditmanagement und Vertrieb etabliert ist, beisitzt das Forderungsmanagement einen sehr starken „Verbündeten". Der Vertrieb wird das Forderungsmanagement teilweise quantitativ entlasten und die Leistungen des Forderungsmanagements zum Teil qualitativ verbessern. Trotzdem verbleibt im Forderungsmanagement ein sehr umfangreiches und vielschichtiges Aufgabengebiet mit sehr hohen und heterogenen Anforderungen. Gerade in kleinen und mittleren Unternehmen stellt sich deshalb oft die Frage, ob alle erforderlichen Leistungen „inhouse" erbracht und entsprechendes Personal in quantitativer Hinsicht und mit den erforderlichen Qualifikationen vorgehalten werden soll.

3.3 Externe Dienstleister

So viel wie nötig und so wenig wie möglich In einer ganzen Reihe von Unternehmen stellt sich – mehr oder weniger häufig – die Frage, welche der vielfältigen Aufgaben im Forderungsmanagement durch eigene Mitarbeiter bearbeitet werden sollen. Diese Fragestellung lässt sich leider nicht pauschal und eindeutig beantworten. Die Antworten sind in viel zu hohem Maße von den spezifischen Bedingungen jedes Unternehmens abhängig. Generell kann jedoch festgestellt werden, dass das Outsourcing vereinzelter Aufgaben im hohen Maße von den im Unternehmen vorhandenen qualitativen und quantitativen Ressourcen abhängig ist. Außerdem ist bei dieser Entscheidung zu beachten, wie wichtig jede einzelne Kundenbeziehung beziehungsweise jeder einzelne Auftrag für die Existenz und die Weiterentwicklung des eigenen Unternehmens ist.

Es versteht sich von selbst, dass insbesondere in kleinen und mittleren Unternehmen, in denen meist wenige und selten spezialisierte Mitarbeiter im Forderungsmanagement beschäftigt werden, die Auslagerung von Teilaufgaben des Forderungsmanagements eine wichtige und häufig gestellte Frage darstellt.

Bevor einzelne Aufgabenstellungen daraufhin beleuchtet werden, ob – und wenn ja, wohin – diese ausgelagert werden sollen, werden zunächst einige, grundsätzliche Aspekte diskutiert.

3.3.1 Forderungsmanagement eine Aufgabe für die Juristen?

In der Literatur einerseits und in vielen Unternehmen andererseits wird Forderungsmanagement nicht selten mit juristischen Fragestellungen (wie zum Beispiel gerichtlicher Mahnbescheid, Verzugsschaden, Vollstreckungstitel et cetera) gleichgesetzt. Dies ist aus Sicht des Verfassers eine sehr eingeschränkte Betrachtungsweise, die wesentliche und bedeutende Aspekte und Effekte des Forderungsmanagements vernachlässigt. Aus seiner Sicht ist das Forderungsmanagement zunächst und in erster Linie eine kaufmännische Aufgabenstellung. Juristische Fragen im Forderungsmanagement treten in aller Regel erst dann auf, wenn alle Möglichkeiten, eine funktionierende kaufmännische Beziehung zwischen Lieferant und Kunde zu gestalten, gescheitert sind. Zum Forderungsmanagement gehören Aufgaben wie:

- Vereinbarung von Zahlungskonditionen (Liquiditätsmanagement),
- Bonitätsbeurteilung und Kreditlimitfestlegung (Risikomanagement),
- Absicherung von Risiken (Risikomanagement) sowie
- Steuerung des Zahlungsverhaltens (Liquiditätsmanagement).

Diese kurze und sicherlich nicht vollständige Liste verdeutlicht, dass der überwiegende Teil der Aufgaben im Forderungsmanagement kaufmännische Aufgabenstellungen sind. Dabei wird jedoch ein wesentlicher Aspekt noch nicht hinreichend gewürdigt. In zahlreichen Projekten hat sich gezeigt, dass in vielen Unternehmen die Kommunikation mit dem Kunden – nach erfolgter Lieferung und Rechnungsstellung – seitens des Lieferanten (unbewusst) häufig vom Vertrieb in den Finanzbereich wechselt. Das bedeutet, dass die Kundenbetreuung beziehungsweise die Kundenpflege in nicht unerheblichem Maße durch den Finanzbereich, und hier im Wesentlichen durch die Debitorenbuchhaltung beziehungsweise das Forderungsmanagement erfolgt. In dieser „After-Sales-Betreuung" entscheidet sich häufig, welche Qualität die Kundenbeziehung in Zukunft haben wird. Auch wenn berücksichtigt wird, dass die Kommunikation des Finanzbereichs am häufigsten nur mit den Kunden, bei denen Zahlungsstörungen bestehen, erfolgt, umfasst das doch immerhin durchschnittlich rund 30 % der bestehenden Kunden [2][3]. Auch wenn in der Geschäftsbeziehung Störungen auftreten, zum Beispiel weil der Kunde nicht pünktlich zahlt, ist der Lieferant stets bemüht, die auftretenden Probleme gemeinsam mit dem Kunden zum beidseitigen Vorteil sowie zur beidseitigen Zufriedenheit zu lösen. Erst dann, wenn eine solche Lösung, die die Grundlage für eine Fortführung der Geschäftsbeziehung bildet, nicht mehr möglich erscheint, ist die Problemklärung auf juristischem Wege sinnvoll und erforderlich. (Häufig bedeutet eine juristische Auseinandersetzung, so berechtigt das Anliegen und das Vorgehen des Lieferanten auch sein mögen, das Ende der Geschäftsbeziehung. Kunden werden eben – ob berechtigt oder unberechtigt – ungerne verklagt.)

Die bisherigen Ausführungen in diesem Kapitel führen für die zu treffende Entscheidung zu folgender Orientierung:

> Solange bestehende Probleme in einvernehmlicher Weise lösbar erscheinen, sollten diese von Kaufleuten nach kaufmännischen Kriterien bearbeitet werden. Wenn eine kaufmännische Problemlösung allerdings nicht mehr als realisierbar eingeschätzt wird, sollte diese nach juristischen Kriterien, möglichst durch Juristen (und dann ausschließlich durch Juristen) versucht werden.

Das bedeutet konkret, dass zu dem Zeitpunkt, zu dem das außergerichtliche Mahnwesen/Mahnverfahren als gescheitert angesehen wird, die Übergabe an einen Juristen ratsam ist.

In der Praxis ist häufig zu beobachten, dass auch die Beantragung eines gerichtlichen Mahnbescheids und die Steuerung des gerichtlichen Mahnverfahrens durch Kaufleute erfolgt. Auch, wenn diese Aktivitäten mittlerweile mit geeigneter Software (wie zum Beispiel „ABIT Inkasso" von der ABIT GmbH [1]) wirkungsvoll unterstützt werden können, hat sich das aus Sicht des Verfassers in der Praxis nicht bewährt. In der Regel sind diese juristischen Prozesse (im Sinne von Abläufen) zu selten, als dass bei Kaufleuten eine tatsächliche Expertise beziehungsweise Routine entstehen könnte. In der Regel werden diese Vorgänge tendenziell ineffizient und selten mit dem nötigen Maß an Prozesssicherheit (zum Beispiel Terminverfolgung) bearbeitet. Aber auch dann, wenn die Zahl der Vorgänge hoch ist, ist es nicht sinnvoll, wenn Kaufleute sich als Juristen betätigen.

Die bisherigen Ausführungen verdeutlichen, dass es einerseits wichtig ist, zentrale Aufgaben des Forderungsmanagements selbst (im eigenen Unternehmen) zu bearbeiten, dass

---

[3] vgl. dazu: (Atradius 2013, S. 6).

es andererseits aber mehr als ratsam ist, Aufgaben dann an externe Dienstleister zu übertragen, wenn das im Unternehmen vorhandene fachliche Potenzial für eine qualifizierte Bearbeitung nicht ausreichend ist.

In den folgenden Kapiteln werden einige, ausgewählte Aufgabenstellungen unter dem Aspekt beleuchtet, ob eine Verlagerung auf externe Dienstleister sinnvoll erscheint.

3.3.2 Forderungsmanagement vollständig extern einkaufen

In den vergangenen zehn Jahren ist das Angebot, das gesamte Forderungsmanagement eines Unternehmens auszulagern, signifikant gestiegen. Nahezu alle großen Dienstleister im Bereich Forderungsmanagement (wie Atradius, Bürgel, Creditreform, Euler Hermes und viele andere) sowie viele spezialisierte, auch kleinere Anbieter offerieren potenziellen Kunden, das gesamte Forderungsmanagement (teilweise von der Rechnungsstellung bis hin zum Inkasso) für sie zu übernehmen.

Der weit überwiegende Teil dieser Anbieter ist dazu aufgrund der dort vorhandenen quantitativen und qualitativen Ressourcen zweifelsohne auf qualitativ hohem Niveau in der Lage. Die zentralen Argumente, mit denen diese Dienstleister die vollständige Auslagerung des Forderungsmanagements argumentieren, sind die Konzentration auf die Kernkompetenzen einerseits sowie die Reduktion von Fixkosten andererseits. Aus Sicht des Verfassers ist dabei das Fixkostenargument stichhaltig. Je höher die Fixkostenbelastung eines Unternehmens ist und je mehr Schwankungen in der Auftragslage beziehungsweise in der Auslastung ein Unternehmen zu verzeichnen hat, umso eher spricht dieses Argument für die vollständige Fremdvergabe des Forderungsmanagements.

Das Argument, sich auf seine Kernkompetenzen zu konzentrieren, spricht allerdings wesentlich mehr gegen die Auslagerung als für die Auslagerung des Forderungsmanagements. Wie in Abschn. 3.3.1 verdeutlicht, bestimmt das Forderungsmanagement in hohem Maße die Risiko- und die Liquiditätssituation eines Unternehmens. Welcher Unternehmer möchte die Risiko- und Liquiditätssituation auf externe Dienstleister übertragen, ohne im Einzelfall die Entscheidung maßgeblich beeinflussen zu können? Der Dienstleister wird alle Entscheidungen unter fachlichen Gesichtspunkten kompetent treffen. Wird er dabei aber mehr die Interessen des Auftraggebers oder mehr die eigenen Interessen in den Vordergrund stellen?

Darüber hinaus tragen wesentliche Aufgaben im Forderungsmanagement zur Gestaltung und Pflege der Kundenbeziehung bei. Was gehört neben der eigenen Produkt-, Dienstleistungs- beziehungsweise Fertigungskompetenz noch mehr zu den Kernkompetenzen eines Unternehmens, als das Verständnis der Kundenbedürfnisse und die Pflege der Kundenbeziehung? Kann es wirklich ratsam sein, einen wesentlichen Teil der Kundenkommunikation und der Beziehungspflege auf Externe zu übertragen?

Ein weiterer Aspekt spricht aus Sicht des Verfassers vehement gegen die vollständige Fremdvergabe des Forderungsmanagements. Sobald das Forderungsmanagement dauerhaft ausgelagert wurde, werden die bis dahin im Unternehmen vorhandenen Kompetenzen nicht mehr benötigt. Wenn das Argument der Fixkostenreduktion tatsächlich greifen soll, muss der Auftraggeber, die im Unternehmen vorhandenen Ressourcen möglichst schnell „freisetzen". Auch dann, wenn der Auftraggeber sich als sozialer Arbeitgeber begreift und die betroffenen Mitarbeiter in anderen Funktionen weiterbeschäftigt, wird die im Unternehmen vorhandene und nutzbare Forderungsmanagement-Kompetenz sukzessive im Zeitablauf abnehmen. Dies resultiert einerseits daraus, dass das erforderliche Fachwissen nicht mehr ajour gehalten wird. Andererseits „schläft" aber auch der Kundenkontakt beziehungsweise die Kundenbeziehung ein. Fach- und Kundenwissen veralten und sind mit zunehmendem zeitlichen Fortschritt immer weniger nutzbar. Es ist offensichtlich, dass daraus ein hohes Maß an Abhängigkeit resultieren kann. Einerseits Abhängigkeit davon, dass der Dienstleister das Leistungsangebot dauerhaft erbringt und andererseits die Abhängigkeit, dass diese Leistungen langfristig wirtschaftlich beziehungsweise preisgünstig eingekauft werden können.

Jedes Unternehmen, das sich mit dem Gedanken an eine vollständige Fremdvergabe des Forderungsmanagements trägt, sollte sich bereits in dieser Entscheidungssituation auch folgende Fragen stellen:

- Welche Alternativen bestehen, wenn die Geschäftsbeziehung scheitert beziehungsweise durch den Auftragnehmer beendet wird?
- Wie schnell und wie einfach ist der Wechsel des Dienstleisters möglich?
- Wie schnell kann im Bedarfsfall wieder ein Insourcing des Forderungsmanagements erfolgen?
- Was kostet es, wieder ein eigenes Forderungsmanagement zu implementieren?

Die bisherigen Ausführungen erwecken beim Leser sicherlich den Eindruck, dass der Verfasser die komplette Auslagerung des Forderungsmanagements grundsätzlich (in Bausch und Bogen) ablehnt. Obwohl dieser Eindruck aufgrund der bisherigen Ausführungen naheliegend, ja fast zwingend ist, so gibt er jedoch nicht die tatsächliche Haltung wieder. Vollkommen richtig ist, dass die komplette Ausgliederung des Forderungsmanagements sehr kritisch und sehr skeptisch gesehen wird, weil damit weitreichende Folgen verbunden sein können, die häufig nicht thematisiert und beachtet werden. In der Regel würde der Verfasser seinen Kunden davon abraten, ihr Forderungsmanagement vollständig auszulagern.

In spezifischen Situationen, kann dies jedoch, entgegen der grundsätzlichen Bedenken, trotzdem überlegenswert oder gar sinnvoll sein:

- Im Unternehmen sind weder quantitativ noch qualitativ Ressourcen vorhanden, die zumindest ein rudimentäres Forderungsmanagement gewährleisten.
- Fehlende Ressourcen können nicht kurz- oder mittelfristig aufgebaut werden.
- Prozesslaufzeiten und Prozessqualitäten führen zu überdurchschnittlich hohen, existenzgefährdenden Forderungsausfällen.

- IT-Unterstützung ist nicht vorhanden und kann auch nicht auf absehbare Zeit auf einem minimalen Level zur Verfügung gestellt werden.
- Ein hoher Fixkostenblock, verbunden mit gravierenden Auftragseinbrüchen (signifikanter Unterauslastung), erfordert zur Existenzsicherung weitreichende Kostenreduktionen.
- Eine große Anzahl von Kleinkunden, die in der Regel als Einmalkunden auftreten und eine Vielzahl kleiner Forderungen aufweisen.

Viel einfacher und viel wichtiger, als das Forderungsmanagement als Ganzes extern einzukaufen, ist eine gezielte Verlagerung einzelner Aufgabenstellungen auf externe Dienstleister.

3.3.3 Beschaffung externer Bonitätsauskünfte

In Zeiten des World Wide Web und der damit nahezu grenzenlos zugänglichen und verfügbaren Informationen stellt sich die Frage, ob es überhaupt noch erforderlich ist, für die Bereitstellung von Informationen Geld zu bezahlen oder ob vergleichbar gute Informationen nicht kostenlos durch eigene Recherche (im Internet) beschafft werden können.

Um von Anfang an keine Irritationen aufkommen zu lassen, wird diese Frage sofort eindeutig beantwortet. Es ist in jedem Fall sinnvoll, Bonitätsauskünfte von externen Dienstleistern einzukaufen! Auch wenn mittlerweile viele Informationen schnell und unentgeltlich zugänglich sind, bietet der Erwerb von Bonitätsinformationen von Auskunfteien nach wie vor so deutliche Vorteile, dass es aus Sicht des Verfassers dazu keine Alternative gibt. Es ist nämlich eine Fehlannahme, dass unentgeltliche Informationen tatsächlich auch kostenlos sind. Um frei zugängliche Informationen in ähnlicher Aktualität und in vergleichbarer Qualität zu den Auskunfteien zu beschaffen, bedarf es eines sehr hohen Rechercheaufwands. Die erforderlichen Informationen müssen in aller Regel aus einer Vielzahl unterschiedlicher Quellen zusammengetragen werden. Wenn es gelingt, Informationen zu einem umfassenden Bild zusammenzustellen, besteht immer noch nicht die Gewähr, dass diese Informationen den letzten Stand der Aktualität widerspiegeln.

Und genau an dieser Stelle wird ein entscheidender Vorteil externer Bonitätsauskünfte erkennbar: Im Normalfall beinhaltet eine Vereinbarung zur Bereitstellung von Bonitätsinformationen auch ein sogenanntes Monitoring. Dieses Monitoring umfasst eine „Überwachung" des betreffenden Kunden durch die Auskunftei und die aktive Bereitstellung aller Veränderungen, die sich im Verlauf eines definierten Zeitraums (meist zwölf Monate) ergeben.

Ein weiterer signifikanter Vorteil extern bereitgestellter Informationen ist die damit verbundene Standardisierung der Informationen und eine daraus abgeleitete (rudimentäre) Bonitätseinschätzung/-bewertung. Eine Standardisierung frei zugänglicher Informationen würde als Alternative dazu einen immensen Arbeitsaufwand bedeuten. Und auch die Tatsache, dass die vom Dienstleister zur Verfügung gestellte Würdigung der Informationen (Bonitätsbewertung) als zweite Meinung oder Referenzmeinung genutzt werden kann, erhöht die Sicherheit bei der eigenen Beurteilung.

Externe Bonitätsauskünfte müssen nicht zwingend von Auskunfteien (wie zum Beispiel Arvato Infoscore Bürgel, Creditreform, Deltavista, Dun & Bradstreet, Hoppenstedt CreditCheck, SAF Accumio und SCHUFA [14]) erworben werden. Externe Bonitätsinformationen können auch von den Hausbanken in Form einer Bankauskunft beschafft werden. Diese Thematik wird in Abschn. 4.1 intensiver behandelt.

Ein letzter Vorteil, der an dieser Stelle benannt werden soll, ist die Möglichkeit zur problemlosen Integration der Bonitätsauskünfte in bestehende DV-Systeme und die damit definierten Strukturen der Informationssammlung und -dokumentation für die Debitoren.

3.3.4 Outsourcing von Ausfallrisiken

Die Chance, „Risiken los zu werden" oder das eigene Risiko gegen null zu reduzieren, ist für viele Menschen sehr erstrebenswert [9][4]. Insofern würde es nahezu uneingeschränkte Unterstützung erzeugen, würde das Outsourcing von Risiken vom Verfasser ohne Wenn und Aber bejaht werden.

In der Tat ist es in sehr vielen Fällen tatsächlich sinnvoll, in manchen Fällen sogar existenznotwendig, Ausfallrisiken auf Dienstleister zu übertragen. Die Verlagerung von Risiken auf Dritte ist auch im Forderungsmanagement weit verbreitet. In der weit überwiegenden Mehrzahl der Unternehmen, in denen der Verfasser Projekte im Forderungsmanagement durchgeführt hat, war das Ausfallrisiko dem Grunde nach auf Dienstleister übertragen worden. Traditionell schließen Unternehmen zu diesem Zweck einen Warenkreditversicherungsvertrag ab. In der Projektpraxis hat sich allerdings leider gezeigt, dass in der überwiegenden Zahl der Fälle, das Ausfallrisiko tatsächlich aber nur zum Teil verlagert werden konnte. Im Einzelfall hat trotz Existenz eines Warenkreditversicherungsvertrags weiterhin ein existenzgefährdendes (Rest-) Risiko für den Versicherungsnehmer bestanden.

Letzteres stellt genau einen von zwei Gründen dar, warum die Auslagerung von Ausfallrisiken nicht immer sinnvoll ist.

Ratsam ist das Outsourcing der Ausfallrisiken dann, wenn existenzgefährdende Risiken bestehen, die mittels Versicherungsvertrag auf einen Dritten übertragen werden können, sodass existenzgefährdende Forderungsausfälle mit hoher Sicherheit unwahrscheinlich werden. Wichtig ist dabei auch, dass die zu zahlende Versicherungsprämie (im Grunde genommen eine Gebühr für Sicherheit und ruhigen Schlaf) in einer adäquaten Relation zur gebotenen/geschaffenen Sicherheit steht. Im Umkehrschluss ist die Auslagerung also nicht sinnvoll, wenn die Existenzgefährdung dadurch nicht spürbar reduziert werden kann. Das ist immer dann der Fall, wenn einzelne Risiken mit einem hohen Schadenspotenzial (hohe Forderungsausfälle und/oder hohe Ausfallwahrscheinlichkeiten) nicht versichert werden

[4] Vgl.: (Dobelli 2011, S. 109 ff.).

können. Das trifft außerdem zu, wenn eine ganze Reihe von Kunden (zum Beispiel ganze Branchen oder Regionen oder auch bestimmte Arten von Geschäften wie Objektgeschäfte) keinen Versicherungsschutz erhalten.

Wenn das Risiko faktisch also nicht spürbar geringer wird, dann lohnt es sich auch nicht, es vermeintlich zu verlagern.

Der zweite Grund, warum es nicht immer sinnvoll ist, die Ausfallrisiken zu verlagern besteht darin, dass vorhandene Risiken gering, bekannt und beherrschbar sind. Wenn also kein hohes und schon gar kein existenzgefährdendes Risikopotenzial vorhanden ist, dann tut eine Auslagerung nicht Not und bietet auch keine messbaren Vorteile. Immer, wenn der Kundenstamm eines Unternehmens im weit überwiegenden Maß solvente Kunden beinhaltet und die Umsätze/Forderungsbestände breit gestreut sind, besteht wenig Notwendigkeit, Risiken auf Dienstleister zu übertragen. In diesen Fällen können häufig die Kunden selbst potenzielle Risiken durch entsprechende Sicherheiten wirksam begrenzen. Eine solche Situation wird außerdem durch eine gute Eigenkapitalausstattung des Lieferanten in Verbindung mit einem leistungsfähigen Forderungsmanagement positiv beeinflusst.

Abschließend sei aber noch einmal festgestellt, dass das Outsourcing von Ausfallrisiken in der überwiegenden Zahl der Fälle sinnvoll und ratsam sein dürfte. Allerdings wird in Kap. 5 verdeutlicht werden, dass es eine ganze Reihe Alternativen zum Klassiker, der Warenkreditversicherung, gibt.

3.3.5 Externes Mahnwesen und externes Inkasso

In wahrscheinlich keinem Aufgabengebiet existieren so viele Angebote externer Dienstleistungen, wie im Bereichen Mahnen und Inkasso. Allein der BDIU (Bundesverband Deutscher Inkasso-Unternehmen e. V.) zählt gegenwärtig 560 Mitgliedsunternehmen [3]. Diese hohe Zahl stellt allerdings lediglich einen Bruchteil des existierenden Dienstleistungsangebots dar.

Möglicherweise wird auch keine Outsourcing-Fragestellung so kontrovers diskutiert, wie in diesem Aufgabenbereich. Diese kontroverse Diskussion wird dabei sicherlich auch „negativ befeuert" durch die in den Medien kursierenden Berichte über unseriöse Inkassounternehmen [13]. Von diesen Diskussionen soll an dieser Stelle aber zunächst einmal keine Beeinflussung der Erörterung der Fragestellung ausgehen.

Im Grunde genommen wurde die Frage, ob das Mahnwesen und Inkassotätigkeiten ausgelagert werden sollen, bereits in Abschn 3.3.2 behandelt und in Grundzügen beantwortet. Der Verfasser befürwortet eine Verlagerung der Arbeiten immer dann, aber auch erst dann, wenn alle kaufmännischen Möglichkeiten, die Bezahlung von Außenständen zu realisieren, erschöpft sind und lediglich juristische Schritte noch Erfolg versprechen.

Tritt diese Situation ein, stellt sich die Frage, wohin die Verlagerung erfolgen sollte. Große Unternehmen besitzen dabei häufig einen Vorteil. Sie beschäftigen eigene Juristen, die die weiteren Inkassomaßnahmen übernehmen können (nicht, dass sie sich immer über diese Fälle freuen würden.). In KMU ist das aber nur in seltenen Fällen möglich. Hier stellt sich dann in der Regel die Frage, ob ein Inkassounternehmen oder eine Anwaltskanzlei mit den weiteren Arbeiten beauftragt werden soll. Betrachtet man den Markt der Anbieter, steht den rund 560 Inkassounternehmen, die allein im BDIU organisiert sind, eine noch deutlich größere Zahl an Anwaltskanzleien gegenüber, die unter anderem diese Rechtsfälle übernehmen. Offenbar scheinen beide Anbietergruppen ihr Aus- und Einkommen am Markt zu finden.

Wahrscheinlich geht also kein Weg daran vorbei, sich seine eigene Meinung zu bilden und das jeweilige Für und Wider, welcher Dienstleister beauftragt werden soll, gegeneinander abzuwägen.

Der Verfasser hat in seinen bisherigen Projekten im Forderungsmanagement bereits mehrfach mit beiden Dienstleistergruppen zusammengearbeitet und daher eine Reihe von Erfahrungen (die selbstverständlich nicht repräsentativ sind) gesammelt. Auf der Grundlage dieser Erfahrungen werden nachfolgend einige Aspekte der Entscheidungsfindung diskutiert und die eine oder andere Empfehlung abgegeben.

3.3.5.1 Inkassounternehmen

Inkassounternehmen sind grundsätzlich seriöse, fachlich versierte und spezialisierte Unternehmen, die eine gute Arbeit leisten und darin erfolgreich sind, Forderungen zu betreiben. Aufgrund ihrer Spezialisierung vermarkten sie ihre Leistungen mit den Argumenten eines hohen Maßes an Automation und Effizienz ihrer Prozesse einerseits und guten Erfolgsquoten anderseits. Beides ist nachvollziehbar und glaubwürdig. In dieser Argumentation liegt bei genauerer Betrachtung aber bereits ein latent vorhandenes Problem begründet.

Bedingt durch den hohen Spezialisierungs- und Automationsgrad wird offensichtlich, dass die Bearbeitungsprozesse hochgradig standardisiert sein müssen. Es versteht sich von selbst, dass dabei nicht jeder Fall als Einzelfall behandelt werden kann. Wer individuelle Behandlung und Bearbeitung sucht, der ist hier möglicherweise fehl am Platz. Andererseits kann das Unternehmen, das regelmäßig eine Vielzahl (gleich- oder ähnlich gelagerter) Vorgänge ins Inkasso gibt, darauf vertrauen, dass diese schnell, effizient und standardisiert bearbeitet werden. Die Entscheidungsorientierung könnte an dieser Stelle also lauten:

> Je kleiner, zahlreicher und uniformer die Inkassofälle sind, desto eher sind sie für eine Auslagerung an Inkassobüros geeignet.

Wichtig bei der Entscheidung, welches Inkassobüro beauftragt werden soll, ist die Identifikation und die Auswahl eines seriösen Anbieters. Denn wer unseriöse Inkassounternehmen beauftragt, macht sich strafbar. Um seröse Inkassounternehmen leichter und zuverlässiger identifizieren zu können, hat der BDIU auf seiner Internetseite „10 Prüfsteine“ veröffentlicht [4].

Der Verfasser selbst hat in der Zusammenarbeit mit Inkassobüros jedoch nicht nur gute Erfahrungen gemacht. Einschränkend ist allerdings darauf hinzuweisen, dass die Forderungen, die seine Auftraggeber an das jeweilige Inkassobüro ausgelagert hatten, nicht den im Leitsatz formulierten Kriterien entsprochen haben. Dies hatte zur Folge, dass im Einzelfall ein größerer Kommunikations- und Abstimmungsbedarf bestanden hat, der aus Sicht des Auftraggebers aber nicht zufriedenstellend befriedigt werden konnte.

Außerdem ist durch den Verfasser zu bemängeln, dass die betreffenden Inkassobüros zu sehr beziehungsweise zu einseitig das Ziel „Erfolgsquote" und zu wenig das Ziel „Realisierungsgeschwindigkeit" verfolgt haben. Konkret hat sich das darin geäußert, dass die Inkassobüros, obwohl die kaufmännischen beziehungsweise außergerichtlichen Möglichkeiten ausgeschöpft waren, großen Wert auf weitere, zeitfressende außergerichtliche Beitreibungsmaßnahmen gelegt haben. Aus heutiger Sicht kann leider nicht mehr zuverlässig rekapituliert werden, ob dafür möglicherweise auch die Gebührenstruktur der Inkassounternehmen verantwortlich war.

3.3.5.2 Anwaltskanzleien

Eine echte und seriöse Alternative zur Auslagerung des Mahnwesens und des Inkassos stellt die Zusammenarbeit mit Anwaltskanzleien dar. Der Vorteil einer Zusammenarbeit mit Rechtsanwaltskanzleien besteht unter anderem darin, dass diese flächendeckend vertreten und mit Sicherheit auch in enger räumlicher Nähe zu finden sind. Meistens existieren sogar langjährige Geschäftsbeziehungen mit detaillierten Kenntnissen der Unternehmenssituation und tiefem gegenseitigen Vertrauen. Da ist es naheliegend, auch diese Rechtsangelegenheiten auf den vorhandenen Dienstleister zu übertragen. Vorteilhaft ist dabei, dass der Auftraggeber eine sehr individuelle Betreuung erfahren wird. In der Regel wird der „Haus-und-Hof-Anwalt" allerdings nicht auf ein Massengeschäft vorbereitet sein. Insgesamt kann daraus der Leitsatz abgeleitet werden:

> Je seltener, individueller und wirtschaftlich bedeutender Inkassofälle sind, umso eher eignet sich eine Rechtsanwaltskanzlei für die Übernahme der Dienstleistung.

Der Verfasser hat in seinen Projekten durchweg gute Erfahrung mit der Zusammenarbeit mit Rechtsanwaltskanzleien gemacht. Besondere Vorteile bestanden immer dann, wenn sich die Themen- beziehungsweise Problemstellung erweitert hat und mit den betreffenden Kunden weitere juristische Unstimmigkeiten aufgetreten sind (zum Beispiel Reklamationen, Fragen hinsichtlich Gebietsschutz und Vertragsauslegung). Es hat sich als sehr hilfreich und erfolgreich herausgestellt, den Bearbeitungsprozess des jeweiligen Inkassofalls „individuell" gestalten zu können. In Einzelfällen wurde jedoch deutlich, dass die beauftragte Kanzlei das übertragene Geschäft nicht als „sexy" eingestuft und behandelt hat. Hier wäre ein wenig mehr aktives Engagement wünschenswert gewesen. Im Gegensatz dazu haben andere Kanzleien aber ein Höchstmaß an Engagement und Kreativität gezeigt, wahrscheinlich, weil sie dieses Rechtsgebiet auch als eigenes Spezialgebiet definiert hatten.

3.3.5.2.1 Zugangsbarrieren aufgrund von Fehleinschätzungen

Aus Erfahrung des Autors scheuen KMU das eine oder andere Mal „den Gang zum Rechtsanwalt beziehungsweise zum Gericht". Das resultiert häufiger aus einer Fehleinschätzung der Kostenrisiken. (Anwälte sind in der öffentlichen Wahrnehmung [immer] sehr teuer.)

Die Anwaltsgebühren sind im Rechtsanwaltsvergütungsgesetz (RVG) klar geregelt und sind nach Einschätzung des Verfassers eher als gering zu bewerten (insbesondere dann, wenn die Forderungssumme nicht sonderlich hoch ist). Mittlerweile sind die potenziellen Kosten für Anwälte und Gerichte leicht zu ermitteln. Im Internet finden sich einige Rechner, mit deren Hilfe sich die Parteien über ihr Kostenrisiko im Vorfeld informieren können.

Der Autor hat zu diesem Phänomen Rechtsanwalt Dr. jur. Thomas Voller, Fachanwalt für Handels- und Gesellschaftsrecht, von der Kanzlei Voller Rechtsanwälte Partnergesellschaft mit Sitz in Frankfurt, um eine qualifizierte Einschätzung gebeten. Die ausführliche Stellungnahme und Einschätzung ist in den folgenden Passagen ungekürzt wiedergegeben:

> Die Zurückhaltung der KMU gegenüber der Beauftragung von Anwälten ergibt sich häufig aus der Furcht vor zu hohen Kosten.
>
> Grundsätzlich ist diese Furcht nicht gerechtfertigt, da in Deutschland im Gegensatz zu vielen Ländern dieser Erde, beispielsweise den Vereinigten Staaten von Amerika, der Grundsatz existiert, dass Kosten vom Verlierer erstattet werden müssen. In den USA trägt jede Partei grundsätzlich die eigenen Kosten und die können erheblich sein, da dort sehr häufig unabhängig vom Wert des Falles nach Stunden abgerechnet wird. Das Ergebnis, dass die Anwaltsrechnung höher ausfällt als der Streitwert, ist also denkbar und möglich.
>
> Die deutsche Rechtsordnung sah und sieht ein starres Gebührensystem vor, das an den Wert des Falles gekoppelt ist. Je niedriger der Streitwert ist, umso höher sind die Gebühren im Verhältnis, während mit wachsendem Streitwert die Gebühren sinken. Entscheidend ist, dass die Erstattung, die die Gerichte zusprechen, genau den Kosten nach der Tabelle entspricht.
>
> Das Risiko der KMU bei Beauftragung eines Anwalts ist also bei einem eindeutigen Fall unbedeutend (da wegen Erstattung nicht vorhanden). Was stets bleibt, ist das Risiko der Insolvenz des Schuldners, das ohnehin der Auftraggeber des Anwalts trägt. Was bleibt, sind weiterhin eigene Risiken, wie beispielsweise Qualitätsmängel, Lieferverzögerungen, anderweitige Schadensersatzansprüche (Wettbewerbsverstöße, Handelsvertreterausgleichsansprüche et cetera).
>
> Im deutschen Recht gilt also der Grundsatz, dass der Verlierer alles zahlt. Dies gilt auch für Übersetzungskosten, Gerichtsvollzieherkosten und die zum Teil erheblichen Gerichtskosten.

3.3.5.2.2 Kostenbeispiele: Rechtsanwaltskosten und Gerichtsgebühren

Nimmt man einmal einen Beispielsfall mit einem Wert von 6.000 € – die Zuständigkeit liegt beim Landgericht, bis 5.000 € ist das Amtsgericht in Zivilverfahren zuständig –, so entstehen bei einem solchen Prozess Gerichtskosten von 408 € und Anwaltskosten von insgesamt 1.029,35 € inklusive Mehrwertsteuer. Dabei kommt es nicht darauf an, wie viele mündliche Verhandlungen stattfinden, ob der Prozess schwierig oder leicht ist, wie umfangreich die Schriftsätze sind und ob es eine Beweisaufnahme gibt. Der Preis ist immer der gleiche. Dies muss nicht so sein: In Ländern wie Österreich oder Italien wird jeder einzelne Schritt im Prozess separat abgerechnet.

Das oben genannte Beispiel ist ein Gebührenbeispiel für einen vollständigen Zivilprozess mit Klageschrift, Klageerwiderung und Urteil. Beginnt man mit einem sogenannten Mahnverfahren, so entsteht bei Gericht bei dem gleichen Wert von 6.000 € nur eine Gebühr von 136 €, solange der Schuldner keinen Widerspruch einlegt. Auch für den Anwalt werden lediglich 426,02 € einschließlich Mehrwertsteuer fällig, also weniger als die Hälfte der Gebühr eines ordentlichen Gerichtsverfahrens. Auch diese Gebühren müssen natürlich vom Verlierer erstattet werden, sofern kein erfolgreicher Widerspruch eingelegt wird und sofern die Bonität des Schuldners gegeben ist.

Erhöht man den Wert des Verfahrens auf 50.000,00 € und bleibt beim Mahnverfahren, so sind die verringerten Gerichtskosten 456 € und die Anwaltskosten inklusive Mehrwertsteuer 1.268,54 €. Beides sind keine allzu großen Beträge im Vergleich zur Hauptforderung.

Bleibt man beim Mahnverfahren und einem Wert von 1.050.000 €, so liegen die Gerichtskosten bei 4.606 € und die Anwaltsgebühren bei 5.552,54 €, also relativ geringe, fixe Kosten mit dem Anspruch auf vollständige Rückerstattung.

Die Anwaltsgebühren werden sich zum 01.07.2013 aufgrund einer Änderung des Rechtsanwaltsvergütungsgesetzes geringfügig ändern.

Bei der Frage der Gebühren soll kurz erwähnt werden, dass die ganze Angelegenheit wesentlich unübersichtlicher wird, wenn es sich um grenzüberschreitende Fälle handelt. Dies wird im Einzelnen an anderer Stelle noch besprochen, allerdings sei erwähnt, dass allein die Auswahl der Gerichte schon von entscheidender Bedeutung ist: Die Gerichtskosten in Frankreich liegen immer unter 1.000 € für eine Instanz. Die Gerichtskosten in Österreich sind im Gegensatz dazu nicht gedeckelt, sodass bei sehr großen Streitwerten Gerichtskosten in Millionenhöhe entstehen können, während das gleiche Verfahren in Frankreich keine 1.000 € kostet.

Deutschland hat sich vor einiger Zeit dafür entschieden, eine Streitwertgrenze für Gerichte und Rechtsanwälte bei 25.000.000 € zu setzen und darüber hinaus jede Erhöhung auszuschließen. Das führt dazu, dass die deutschen Gerichtskosten bei knapp 250.000 € für eine Instanz ihr Ende finden. Andere Länder nehmen als Gerichtskosten einfach einen festen Prozentsatz an, ohne Obergrenze, so beispielsweise Polen 5 % oder die Slowakei 6 %. Das sind nur die Gerichtskosten, die Anwaltskosten werden in den verschiedenen Ländern noch unterschiedlicher abgerechnet.

Es bliebe noch ein Punkt zu erwähnen, nämlich das Erfolgshonorar. Rechtsanwälte werden von potenziellen Mandanten regelmäßig auf diese Fragestellung angesprochen.

Im größten Teil der Welt ist das Erfolgshonorar völlig selbstverständlich. In den Vereinigten Staaten von Amerika gibt es dazu völlig klare Regeln: „No cure, no pay", was bedeutet, dass ein erfolgsloser Beitreibungsversuch eben nicht bezahlt wird. Die Prozentsätze sind dann entweder Verhandlungssache im Einzelfall und liegen irgendwo zwischen 10 % und 30 % des beigetriebenen Betrags, oder aber sie folgen bestimmten Regeln, die beispielsweise die Commercial Law League festgelegt hat. Sie enthält in der Regel in drei Stufen gestaffelte Werte und entsprechende Prozentsätze, die unterhalb 20 % liegen. Als Regel kann man sagen, dass der Prozentsatz geringer wird, je höher die Forderung ist, mit 10 % muss man allerdings immer rechnen und nach den amerikanischen Regeln gibt es keine Erstattung.

Der deutsche Gesetzgeber ist aus Gründen, die irgendwo im traditionellen Denken liegen, ein überzeugter Gegner des Erfolgshonorars. Die immer wieder genannte Begründung ist, dass der Anwalt bei einem Erfolgshonorar möglicherweise nicht unabhängig berät, sondern seine Beteiligung im Vordergrund sieht und somit einen Vergleich zu früh abschließt, um schneller an sein Geld zu bekommen. Deutschland steht mit dieser Anschauung ziemlich allein in der Welt, dafür wird sie umso vehementer vertreten: Allein in Europa kann man feststellen, dass Italien, Luxemburg, die Niederlande, Polen, Rumänien, Russland, Serbien, die Slowakei, Spanien und die Türkei keinerlei Probleme mit Erfolgshonoraren haben: Sie sind zulässig.

Das Bundesverfassungsgericht war anlässlich einer Grundsatzentscheidung der gleichen Meinung und hat wenig Verständnis für das Verbot des Erfolgshonorars geäußert. Der Gesetzgeber hat daraufhin eine neue Regelung vorgenommen, die das Erfolgshonorar für solche Fälle zulässt, bei denen der Gläubiger aus wirtschaftlichen Gründen anders seinen Anspruch nicht gerichtlich verfolgen würde. Dass dieser Fall schon längst durch die Prozesskostenhilfe abgedeckt ist, übersieht der Gesetzgeber geflissentlich und stellt einfach neben die Prozesskostenhilfe eine weitere Form der Prozesskostenhilfe, um dem Anwalt die Möglichkeit zu nehmen, in lukrativen Fällen sein Honorar nach dem Erfolg seiner Tätigkeit zu bemessen. Die deutsche Regelung stellt eine wettbewerbsrechtliche Benachteiligung der deutschen Anwaltschaft gegenüber ihren europäischen und sonstigen internationalen Kollegen dar, da diese auf Erfolgsbasis tätig werden dürfen.

Da auch die Inkassounternehmen dies tun, stellt es auch national eine Benachteiligung dar. Darüber hinaus dürfte bei grenzüberschreitendem Sachverhalt auch ein Verstoß gegen europäisches Recht gegeben sein. Dies alles wiegt allerdings nicht so schwer, wie die moralisierenden Bedenken des Gesetzgebers, dass ein deutscher Anwalt möglicherweise einen Vergleich zu früh abschließt, um sich selbst zu bereichern …

Da KMU in der Regel nicht über eine regelmäßig hohe Anzahl standardisierter Inkassofälle verfügen, wird für sie in den meisten Fällen die Zusammenarbeit mit einer Rechtsanwaltskanzlei opportun sein.

Gerade KMU haben häufig aber auch „Berührungsängste" und besitzen selten eine hinreichende Markttransparenz. Es stellt sich daher die Frage, wie sie eine geeignete Kanzlei für das Outsourcing ihrer gerichtlichen Mahnfälle und ihrer Inkassofälle identifizieren können. Die nachfolgend abgebildete Checkliste soll bei der Entscheidungsfindung helfen (Tab. 3.2).

3.3.5.2.3 Kostenrelation Inkassoinstitut versus Rechtsanwalt

Grundsätzlich steht für die potenziellen Auftraggeber die Frage im Raum, ob es bei einer externen Beauftragung Kostenunterschiede zwischen Inkassoinstitut und Rechtsanwalt gibt.

Die Anwaltskosten dürften unterhalb dessen liegen, was Inkassounternehmen normalerweise geltend machen, zumal Inkassounternehmen selbst bei Gericht nicht auftreten dürfen. Sie stellen dann ihrem Auftraggeber neben den eigenen Gebühren die Gebühren des Rechtsanwalts und des Gerichts in Rechnung, so wie soeben dargestellt. Da Inkassokosten bisweilen nicht erstattungsfähig sind, kann es durchaus passieren, dass die Einschaltung eines Inkassounternehmens das KMU teurer zu stehen kommt, als die direkte Beauftragung eines Anwalts.

In jedem Fall lohnt es sich, vor der Beauftragung mit der Beitreibung einer Forderung oder eines Bündels von Forderungen, einen Kostenvoranschlag einzuholen: seitens eines Inkassounternehmens *und* seitens eines Anwaltsbüros.

3.3.5.3 Export Support

In vielen Branchen wachsen die Märkte im Ausland wesentlich stärker, als im Inland. Der relativ kleine Binnenmarkt in Deutschland „zwingt" viele Unternehmen, zunehmend auch KMU, sich noch stärker als in der Vergangenheit im Ausland zu engagieren. Dieses Engagement umfasst einerseits die Belieferung ausländischer Kunden und anderseits die Verlagerung von Kapazitäten oder die Gründung von Unternehmungen im Ausland.

In welcher Form auch immer, geschäftliches Engagement im Ausland stellt die Unternehmen immer vor neue und komplexe Herausforderungen. Zu den besonderen Herausforderungen gehören:

Tab. 3.2 Checkliste zur Identifikation geeigneter anwaltlicher Unterstützung

Bewertungskriterium	JA	NEIN
Fachlichkeit		
Fachanwaltschaft für Handels- und Gesellschaftsrecht		
Nachweisliche Erfahrung in einschlägigen Rechtsgebieten …		
AGB		
Forderungseinzug		
Handels- und Wirtschaftsrecht		
Inkasso		
Internationales Handels- und Gesellschaftsrecht		
Sonstige		
Kein Sammelsurium, stattdessen Fokussierung		
Kenntnis und praktische Erfahrung mit fremden Rechtsordnungen		
Branchenerfahrungen		
Referenzmandanten aus der eigenen Branche		
Referenzmandanten aus verwandten Branchen		
Kanzleistruktur		
Der Chef arbeitet selbst operativ an (schwierigen) Fällen		
Mehrere erfahrene Anwälte/Fachanwälte		
Bestehende Kundenstruktur vergleichbar mit eigener Größe und Struktur		
Keine Dominanz von Großmandanten		
Keine Dominanz von „Laufkundschaft“		
Räumliche Präsenz		
Niederlassung/Hauptsitz in räumlicher Nähe		
Internationale Organisationsstrukturen (zum Beispiel Netzwerke) vorhanden		
Auslandsaufenthalte		
Fremdsprachenkenntnisse (mindestens Englisch) vorhanden		

- eine andere Kultur,
- eine in der Regel nicht geläufige Sprache,
- spezifische Handelsusancen und geschäftliche Gepflogenheiten,
- unbekannte rechtliche Grundlagen und
- unkalkulierbare Kostenrisiken.

Von den oben genannten Herausforderungen sind es nach der Erfahrung des Verfassers, vor allem die unbekannten Rechtsysteme und die – meist mangels hinreichender Information – unkalkulierbaren Kostenrisiken, die bei KMU ein stärkeres Engagement im Ausland hemmen. Sowohl die Geschäftsleitungen, als auch die Forderungsmanager zeigen zuweilen recht unverständliche Verhaltensweisen. Während die einen recht „blauäugig" drauflosmarschieren und sich oft „eine blutige Nase holen", kommen die anderen „nicht aus dem Quark" und „erstarren wie das Kaninchen vor der Schlange", wenn nur das Wort „Export" fällt. Oft ist aus einer etwas distanzierteren Sicht festzustellen, dass sich die Unternehmen systematisch überfordern, weil sie alles „allein stemmen wollen/müssen".

Deutsche KMU müssen mehr und mehr exportieren, da der Binnenmarkt weniger wächst als die Exportmärkte. Gezwungenermaßen richten sich auch KMU immer häufiger international aus. Die Unternehmer sollten aber daran denken, dass internationale Tätigkeit dringend internationale Beratung erfordert und voraussetzt. Dies ist für die Gründung der Gesellschaft, für das Arbeitsrecht und für die wettbewerbsrechtlichen Besonderheiten selbstverständlich, dies gilt aber auch für das Beitreiben der Außenstände, also für das Forderungsmanagement.

KMU haben verschiedene Möglichkeiten, sich im internationalen Geschäft juristisch unterstützen zu lassen:

- Trial and Error, nationale Einzellösungen (?)
- internationale Großkanzleien
- Netzwerke wie EuroCollectNet

3.3.5.3.1 Trial and Error

Die erste Variante bedeutet, dass man in dem Land, in dem man sich niedergelassen hat, für die Forderungsbeitreibung den gleichen Anwalt nimmt, mit dem man die Gesellschaft gegründet hat und der die ersten Verträge geschlossen hat. Man wird dann sehr wahrscheinlich feststellen, dass derartige nationale Büros ihre Leistungen in der Regel nach Stunden abrechnen und das völlig unabhängig vom Erfolg. Das ist bei einer Gesellschaftsgründung sinnvoll, bei der Beitreibung einer Forderung nicht unbedingt. Wenn ein Unternehmer also zum Beispiel in Polen außergerichtlich eine Forderung eintreiben möchte, so sollte er zumindest überlegen, ob er angesichts des dort zulässigen Erfolgshonorars nicht eine solche Vereinbarung mit einem Anwalt trifft. In der Regel wird dies ein größeres nationales Büro nicht akzeptieren.

Mit „Trial and Error" ist gemeint, dass man auch irgendjemanden in der Hoffnung beauftragen kann, dass dieser mit einer Forderung schon „fertig" wird. Das mag durchaus der Fall sein, es kann aber auch genauso schiefgehen, wobei die Möglichkeiten damit beginnen, dass außer einer Rechnungsstellung nach deren Begleichung nichts mehr erfolgt oder dass der Anspruch stillschweigend verjährt, dass ein nicht abgesprochener Vergleich geschlossen wird oder was auch immer. Der Fantasie sind hier keine Grenzen gesetzt.

3.3.5.3.2 Internationale Großkanzleien

Man kann mit großen internationalen Kanzleien arbeiten, wie Baker & McKenzie, Freshfields oder Hogan Lovells, um hier nur einige zu benennen. Diese sind sicherlich in den jeweiligen Ländern auch vertreten, allerdings zu anderen wirtschaftlichen Konditionen, als sich KMU das in der Regel vorstellen: Die Stundensätze, die ohne Zweifel geltend gemacht werden, da in der Regel nur nach Stunden abgerechnet wird, bewegen sich im Bereich von mehreren hundert Euro, wobei die nationalen Unterschiede durchaus ins Gewicht fallen. Die Stundensätze in Moskau sind deutlich höher, als in München oder Paris. Die Erfolgsabhängigkeit der Bezahlung stellt ebenfalls eine große Hürde dar, da die internationalen Sozietäten gerne intern mit ihren Stunden kalkulieren und ihre betriebswirtschaftlichen Modelle auf der Zeitabrechnung aufbauen. Man muss also schon einen sehr guten Draht zu dem jeweiligen Büro haben und einen sehr sicheren Anspruch, um die Erfolgsabhängigkeit durchsetzen zu können. Immerhin ist aber gewährleistet, dass man mit diesen großen Büros ein Netzwerk hat, das an den wesentlichen Standorten weltweit vertreten ist. Man hat also nicht mehr das Ausfallrisiko, wie beim „Trial and Error", wobei der Wegfall des Ausfallrisikos nicht mit einer Qualitätsgarantie gleichzusetzen ist. Auch bei den großen internationalen Sozietäten gibt es qualitative Unterschiede von Standort zu Standort.

3.3.5.3.3 Anwaltsnetzwerke

Eine neuere Erscheinung sind Netzwerke, die sich seit knapp 25 Jahren im deutschen Markt bilden. Zuvor war dies nicht möglich, da die restriktive Standespolitik der Rechtsanwälte Zusammenschlüsse auch innerhalb Deutschlands untersagt hat. Die Gründe dafür sind nicht mehr relevant, da dank des Bundesverfassungsgerichts die provinzielle Denkweise der Standesvertreter heute keine bedeutsame Rolle mehr spielt. Früher war die Zusammenarbeit mehrerer Büros verboten.

Nachdem das Bundesverfassungsgericht in einigen Grundsatzentscheidungen das Standesdenken entstaubt hat, gab es Zusammenschlüsse zunächst nationaler Art. Jeder Anwalt war seinerzeit nur bei einem Landgericht zugelassen, denn man traute einem Stuttgarter Anwalt selbstverständlich nicht zu, dass er in München oder Hamburg auftreten könnte. Da er auch nicht mit einem Anwalt dort assoziiert sein durfte, blieb also nichts anderes übrig, als ein Netz von Korrespondenzanwälten zu finden, die sich gegenseitig vertrauten und für den jeweils anderen im eigenen Landgerichtsbezirk die Fälle vertrat. Diese Zusammenschlüsse durften offiziell natürlich gar nicht existieren.

Im Rahmen der europäischen Einigung gab es dann plötzlich eine europäische Interessengesellschaft, die EWIV, zu der sich sogar (!) Freiberufler zusammenschließen durften. Dank der europäischen Gesetzgebung durften dann die inoffiziellen Korrespondenzanwälte auftauchen, sich offiziell zusammenschließen und darüber hinaus auch noch andere europäische Partner aufnehmen. So entstanden die ersten europäischen offiziellen Netzwerke in Form der EWIV, von denen es heute Dutzende gibt. Diese Zusammenschlüsse sind häufig relativ lose, man arbeitet zwar zusammen, es gibt aber keine wirkliche gemeinsame Zielrichtung, es sei denn, es handelt sich um hochspezialisierte Gruppen, beispielsweise für Seerecht oder Wettbewerbsrecht. Diese Gruppen sind kleiner, allerdings fachlich gut ausgerichtet.

Für den Bedarf des KMU, das Außenstände hat und diese beitreiben möchte, ist derzeit beispielsweise das Anwaltsnetzwerk EuroCollectNet zu empfehlen. Dies ist ein spezialisiertes Netzwerk, dem nicht Anwaltsbüros angehören, sondern nur je ein Anwalt aus einem Anwaltsbüro. Darüber hinaus gibt es pro europäischem Land nur jeweils einen Anwalt, der im Netzwerk vertreten ist. Dadurch soll gewährleistet sein, dass der Kreis nicht zu groß wird, dass eine ständige Qualitätskontrolle gegeben ist und dass die Anwälte einander kennen und vertrauen. Wie der Name des Netzwerks schon sagt, ist der Tätigkeitsschwerpunkt die grenzüberschreitende Schuldbeitreibung in Europa, also B2B-Debt-Collection. Derzeit hat EuroCollectNet 32 Mitglieder, die Größe zwischen 30 und 35 Mitgliedern ist die angestrebte Größenordnung aus den bereits genannten Gründen. Hinter diesen 32 Partnern stehen Anwaltsbüros mit derzeit etwa 1.000 weiteren Anwälten. Alle Büros sind spezialisiert in Business Law, was ein breites Feld ist, der kleinste gemeinsame Nenner ist die Schuldbeitreibung.

Die gemeinsame Sprache ist Englisch. Besonders hilfreich für KMU ist, dass der Mandant sich aussuchen kann, ob er sich seinen Partner in seinem eigenen Land wählt, der die internationalen Aktivitäten in dem gesamten Netzwerk koordiniert oder ob er mit jedem einzelnen Mitglied in jedem Land, in dem er tätig ist, Kontakt aufnehmen möchte. Dadurch hat zum Beispiel ein KMU aus Deutschland die Möglichkeit, mit der Kanzlei Voller zusammenarbeiten, alle anstehenden Themen und Fragen dort in Deutsch (in der Muttersprache) zu erörtern. Auf Wunsch übernimmt die Kanzlei Voller dann alle weiteren juristischen Schritte: Vorgänge, die gut aus Deutschland bearbeitet werden können, werden selbst erledigt, für Schritte, für die zwingend Anwälte im Ausland benötigt werden, werden durch die Kanzlei die Partner aus dem Netzwerk EuroCollectNet eingebunden und gesteuert. Präferiert der Unternehmer allerdings den direkten, bilateralen Kontakt im Ausland, kann er auch unmittelbar mit den Partner in den jeweiligen Ländern zusammenarbeiten. Dieses Netzwerk besitzt für die Kunden den unschätzbaren Vorteil, die Vorzüge der nationalen Präsenz (mit muttersprachlichen Beratern und Koordinatoren) mit den Vorteilen fachlich profunder Kenntnisse jedes einzelnen Rechtssystems in der internationalen Verbreitung zu kombinieren.

Auch die Gebührenstruktur ist für KMU besonders interessant. Die Gebühren sind grundsätzlich Verhandlungssache, wobei EuroCollectNet sogar einen einheitlichen Gebührenansatz für ganz Europa anbietet, so dies gewünscht ist: Die Honorare für Moskau, London, Oslo oder Rom sind die gleichen, Erfolgshonorare sind gerichtlich und außergerichtlich da möglich, wo sie vom Gesetzgeber nicht ausdrücklich verboten sind.

EuroCollectNet Lawyers hat einen Verhaltenskodex, der sich auf der Website www.eurocollectnet.com findet. Hier wird zugesagt, dass sich die Mitglieder an die Bestimmungen der eigenen Anwaltskammer halten, dass der von anderen Mitgliedern zugewiesene Mandant wie ein eigener Mandant behandelt wird, dass der Mandant regelmäßig über den Stand seines Falles informiert wird und dass die Kosten möglichst transparent gehalten werden.

Hinter der gegenseitigen Verpflichtung der Mitglieder, telefonische und schriftliche Anfragen so schnell wie möglich zu beantworten, steht die 24-Stunden-Regel: Eine Antwort muss innerhalb von 24 Stunden vorliegen, und sei es auch nur die, dass wegen des Schwierigkeitsgrads die Sache noch ein oder zwei Tage dauert. Im internationalen Rechtsverkehr geschieht es leider immer noch sehr häufig, dass Anfragen überhaupt nicht beantwortet werden oder nach Wochen kommentarlos mit einer Rechnung, auf die hin nichts mehr geschieht, selbst wenn sie bezahlt wurde. Jeder Mandant von EuroCollectNet kann aus dem Verhaltenskodex entnehmen, dass er sich bei Unzufriedenheit und bei einer Verletzung des Verhaltenskodexes direkt an den Vorstand wenden kann, der dann Fehlverhalten sanktioniert, bis hin zum Ausschluss aus EuroCollectNet.

Insgesamt scheint die Nutzung eines spezialisierten Netzwerks, wie zum Beispiel EuroCollectNet, für die juristischen Fragestellungen im internationalen Forderungsmanagement für KMU die geeignete Wahl. Statt im „Trial and Error"-Prinzip viel Lehrgeld zahlen zu müssen oder bei anwaltlichen Großkanzleien oder auch international tätigen Inkassobüros nur als unbedeutender Kleinkunde aufzutreten, erfolgt bei einem geeigneten Netzwerk (in der oben beschriebenen Art) eine adäquate juristische Unterstützung.

Quintessenz

1. Jedes Unternehmen benötigt Dienstleister im Forderungsmanagement.
2. Vollständiges Outsourcing des Forderungsmanagements empfiehlt sich nur für Unternehmen ohne eigene Forderungsmanagementkompetenz.
3. Dienstleistungen sollten für juristische Fragestellungen und die Forderungsbeitreibung „eingekauft" werden.
4. Insbesondere im Export ist der Beistand von gut vernetzten Juristen sehr hilfreich.
5. Um Abhängigkeiten zu vermeiden, nur so viele Dienstleistungen einkaufen, wie unbedingt nötig sind.

3.4 Anforderungen an erfolgreiche Forderungsmanager

Von Nichts kommt nichts Die Ausführungen in den Abschn. 3.2 und 3.3 lassen erkennen, wie komplex das Aufgabenspektrum im Forderungsmanagement ist und wie heterogen die Anforderungen an die Qualifikation der Kreditmanager/Forderungsmanager sind. In einigen Bereichen sind die Anforderungen so spezifisch, dass sich ein umfangreiches Angebot an spezialisierten externen Dienstleistungen am Markt etabliert hat.

Wenn dann auch noch anerkannt wird, dass das betriebliche Forderungsmanagement eine große wirtschaftliche Bedeutung für das Unternehmen besitzt und strategische Festlegungen beinhaltet, dann könnte man davon ausgehen, dass im Kreditmanagement die besten Kaufleute, die das Unternehmen zu bieten hat, beschäftigt werden.

Die Realität in den Unternehmen, insbesondere in kleinen und mittleren Unternehmen (KMU), sieht häufig jedoch völlig anders aus. Noch immer, obwohl sich diese Situation in der jüngeren Vergangenheit deutlich gebessert hat, sind in einigen Unternehmen einzelne – meist ungeliebte – Aufgaben des Forderungsmanagements auf verschiedene Stellen – in der Regel in den Tiefen der Hierarchie des Finanzbereichs verborgen – als Rest- oder Zusatzarbeiten verteilt. Oft landen diese Aufgaben bei Mitarbeitern, die nicht „Nein“ sagen können oder sich noch nicht in der Position befinden, etwas abzulehnen (junge oder neue Mitarbeiter). Gerade in diesen Unternehmen ist, was nicht weiter verwundert, dann auch meist festzustellen, dass die betreffenden Mitarbeiter über keinerlei spezifische Qualifikationen für die Aufgaben aus dem Forderungsmanagement verfügen.

Es kann bei solchen Konstellationen nicht überraschen, dass das Forderungsmanagement in diesen Unternehmen nicht erfolgreich ist. Wenn Stellenwert und Struktur nicht angemessen sind und dann auch noch mit einem minimalen personellen „Input“ gearbeitet wird, dann ist ein mehr oder weniger grenzwertiger „Output“ nahezu zwingend.

Um ein erfolgreiches Forderungsmanagement im Unternehmen zu etablieren und zu praktizieren, werden neben der angemessenen Struktur und neben effizienten und effektiven Prozessen auch qualifizierte Mitarbeiter benötigt, die das System mit Leben füllen und weiterentwickeln.

Die Anforderungen an Kreditmanager sind, wie nun bereits mehrfach erwähnt, komplex. In den folgenden Abschnitten werden einige Anforderungsgruppen näher betrachtet.

3.4.1 Fachliche Anforderungen

An Forderungsmanager werden zunächst einmal fachliche Anforderungen gestellt. Diese fachlichen Anforderungen bilden die Grundlage des gesamten Anforderungsprofils. Ein erfolgreicher Forderungsmanager muss nicht nur das erforderliche Fachwissen besitzen, sondern auch praktische Erfahrungen aufweisen, die sein fachliches Können belegen.

Forderungsmanagement ist in erster Linie eine kaufmännische Aufgabenstellung. Daher sollte ein Forderungsmanager eine fundierte kaufmännische Ausbildung vorweisen können. In erster Linie werden gute Kenntnisse im Finanz- und Rechnungswesen benötigt. Schwerpunkte bilden hier Kenntnisse der Debitorenbuchhaltung und des Zahlungsverkehrs.

Über die kaufmännischen Kenntnisse hinaus benötigt ein Forderungsmanager ein juristisches Grundlagenwissen. Bestimmte Vorgänge, gesetzliche Grundlagen und Ähnliches sollten beim Forderungsmanager als Basiswissen vorhanden sein.

Da der Forderungsmanager, nach dem Verständnis des Autors, verantwortlich für die Prozesse des Forderungsmanagements ist, benötigt er auch Kenntnisse im Bereich Aufbau- und Ablauforganisation sowie Prozessmanagement.

Last, but not least sollte der Forderungsmanager grundlegende Kenntnisse in der Anwendung und Nutzung der jeweils vorhandenen IT-Infrastruktur besitzen.

3.4.2 Methodische Anforderungen

Um seine Aufgaben erfolgreich bewältigen zu können, sollte der Forderungsmanager ein gewisses Methodenspektrum kennen und sicher beherrschen. Im direkten Kontakt mit internen und externen Dienstleistern einerseits sowie mit Kunden andererseits, benötigt der Forderungsmanager gute Fertigkeiten im Bereich der Gesprächsführung beziehungsweise der Interviewtechniken. Je nach Konstellation sind sogar Fähigkeiten, entstehende oder bestehende Konflikte zu lösen, erforderlich. Dies kann sowohl im direkten Kontakt mit Schuldnern, bei internen Differenzen zwischen Abteilungen, als auch bei der (nicht immer konfliktfreien) Zusammenarbeit mit externen Dienstleistern nötig sein.

Da der Forderungsmanager die Verantwortung dafür besitzt, das Forderungsmanagement konzeptionell weiterzuentwickeln, Prozesse zu optimieren und umzusetzen, werden an ihn hohe Anforderungen in den Bereichen Projektplanung, Projektsteuerung sowie Präsentation und Moderation gestellt.

3.4.3 Anforderungen an die soziale Kompetenz des Forderungsmanagers

Während die bisherigen Ausführungen zu den Anforderungen an Forderungsmanager wahrscheinlich die wenigsten Leser überrascht haben dürften, wird sich der eine oder andere nun sicherlich wundern, dass die Tätigkeit als Forderungsmanager sehr hohe Anforderungen an die soziale Kompetenz der Stelleninhaber stellt. Werden Forderungsmanager doch teilweise noch als reine Zahlenmenschen gesehen, die versteckt in ihrem Büro über Zahlenkolonnen und Gesetzestexten brüten und allenfalls schriftlich mit ihrer Umwelt in Kontakt treten. Gott sei Dank hat dieses zwischenzeitlich völlig veraltete Bild nichts mehr mit der Realität im Forderungsmanagement zu tun.

Forderungsmanager kommunizieren sehr aktiv mit ihrem Umfeld (mit Kollegen im Forderungsmanagement, mit anderen Abteilungen, mit externen Stellen und vor allem mit Kunden) und nutzen dabei selbstverständlich alle zur Verfügung stehenden Medien und Kommunikationsformen. Das Aufgabengebiet und der Tätigkeitsschwerpunkt stellen daher hohe Anforderungen an die Kommunikationsfähigkeit von Kreditmanagern. Die Vielzahl der agierenden Stellen und Personen setzt außerdem Kooperationsbereitschaft und Kooperationsfähigkeit voraus.

Ähnlich, wie in jeder anderen Funktion auch, in der regelmäßig Probleme zu lösen sind, die neue kreative Impulse benötigen oder die es erfordern, widerstreitende Interessen „unter einen Hut zu bringen", sind auch beim Forderungsmanager Anforderungen an die Motivationsfähigkeit vorhanden. Neben den Kollegen im engen Arbeitsumfeld, den Mitarbeitern aus dem Vertrieb und der eigenen Geschäftsleitung müssen zuweilen auch Kunden motiviert werden. Insbesondere Kunden, deren Zahlungsfähigkeit sehr eingeschränkt ist, die aufgrund dessen einen dauerhaften „Kampf" um die Gewährung von Lieferantenkrediten führen, die sich regelmäßig im Inkassoprozess befinden und daher viele Auseinandersetzungen wegen Zahlungsverzug führen, kommen das eine oder andere

Mal in die Situation, dass sie einfach aufgeben wollen. Manchmal ist der Forderungsmanager der einzige Ansprechpartner, oft ist er der einzige Gesprächspartner, der die Situation des Schuldners nachvollziehen kann. Er ist damit der Einzige, der den Kunden motivieren kann, weiter an der Verbesserung der Situation zu arbeiten.

Nicht zuletzt wird an den Forderungsmanager auch die Anforderung gestellt, sich selbst motivieren zu können. Insbesondere, wenn das Forderungsmanagement noch nicht den Entwicklungsstand erreicht hat, den ein gutes (und damit erfolgreiches) Forderungsmanagement ausmacht, kann sich ein Forderungsmanager schon manchmal wie „der Hamster im Rad" vorkommen. Das wiederholte Ankämpfen gegen Wiederstände, das Verarbeiten von Rückschlägen und auch das Akzeptieren von Misserfolgen, erfordern in hohem Maße die Fähigkeit, sich selbst zu motivieren und kontinuierlich weiterzuarbeiten.

3.4.4 Forderungsmanagement stellt hohe Anforderungen an die persönliche Kompetenz der Stelleninhaber

Grundvoraussetzung, um dauerhaft erfolgreich als Forderungsmanager tätig zu sein, ist zunächst einmal die richtige Einstellung zur eigenen Tätigkeit. Forderungsmanagement muss als aktives Gestaltungselement des Unternehmenserfolgs angesehen werden. Wer Forderungsmanagement lediglich als „notwendiges Übel" betrachtet, wird wesentliche Elemente eines erfolgreichen Forderungsmanagements nicht umsetzen können. Eng verbunden ist eine angemessene Arbeitsethik. Es ist erforderlich, dass der Forderungsmanager ehrlich um einen fairen Ausgleich der teilweise widerstreitenden Interessen bemüht ist. Gerade eine positive Beeinflussung und Pflege bestehender Kundenbeziehungen verbietet es zum Beispiel, temporär vorhandene Machtpositionen einseitig auszunutzen. Kollegen, Partner und Kunden müssen jederzeit die Gewissheit haben, fair behandelt zu werden.

Aber nicht nur eine persönliche Integrität ist für Forderungsmanager unabdingbar, sie müssen auch über Initiative und Kreativität verfügen. Schwierige Fälle sind selten mit „0815-Lösungen" zu bewältigen. Der Forderungsmanager muss das gesamte Spektrum an potenziellen Lösungsansätzen kennen und die passende Lösung situationsspezifisch kreativ zusammenstellen. Am besten verhält sich der Forderungsmanager dabei pro-aktiv und kann Lösungen anbieten, bevor „das Kind in den Brunnen gefallen ist". Der Forderungsmanager muss sich für sein Aufgabengebiet als „Treiber" verstehen und die Initiative ergreifen. Sich reaktiv zu verhalten, führt oft dazu, dass Chancen nicht genutzt werden können. Um Chancen frühzeitig erkennen zu können, benötigt ein Forderungsmanager auch eine gute Intuition. Er muss ein gutes und sicheres Gefühl für geschäftliche Chancen und Risiken, für aufkommende Krisen (Zeitpunkte, Verläufe und Tragweite), für die Glaubwürdigkeit des Kunden sowie die Leistungsfähigkeit der eigenen Infrastruktur besitzen.

Und last, but not least muss auch das Erscheinungsbild des Forderungsmanagers angemessen sein. Das umfasst unter anderem Sprache, Körperhaltung und Auftreten. Da Forderungsmanager direkte Kundenkontakte – vom Einzelunternehmen, über mittelständische Unternehmen, bis hin zu Konzernen – haben, müssen sie in jeder Situation:

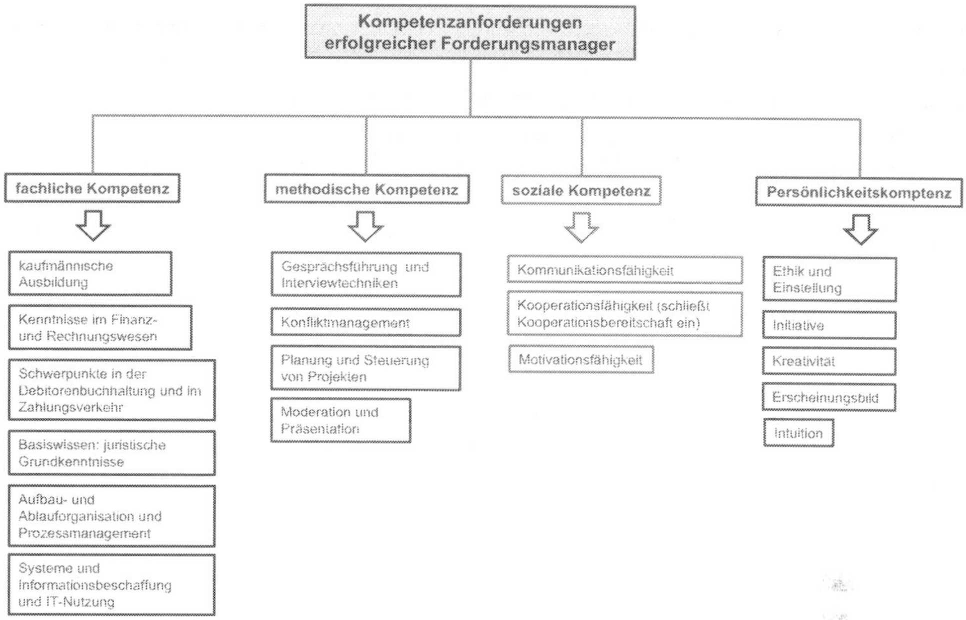

Abb. 3.14 Übersicht: Kompetenzanforderungen an Forderungsmanager

- professionell,
- seriös,
- geradlinig,
- vertrauenserweckend,
- selbstbewusst,
- zielstrebig und
- authentisch erscheinen.

Die Anforderungen an die Kompetenzen erfolgreicher Forderungsmanager sind in Abb. 3.14 noch einmal übersichtlich dargestellt.

Es versteht sich von selbst, dass kein Forderungsmanager diese Anforderungen per se erfüllen kann. Niemand wird mit diesen Fähigkeiten geboren. Bislang existiert auch noch keine anerkannte Berufsausbildung zum Forderungsmanager. Wie wird man also ein guter Forderungsmanager? Die Antwort darauf ist so einfach wie unangenehm: Man muss sich selbst dazu ausbilden!

3.4.5 Weiterbildung für Forderungsmanager

Seit einigen Jahren bestehen mehrere zertifizierte Qualifizierungsangebote, in denen Mitarbeiter für das Forderungsmanagement fortgebildet werden können. Das sind zum einen die Fortbildung zum Certified Credit Controller (CCC) oder zum Certified Credit Manager (CCM) des BvCM und zum anderen IHK Zertifikatslehrgänge, wie sie zum Beispiel von der IHK Akademie Ostwestfalen angeboten werden.

In der berufsbegleitenden Ausbildung zum Certified Credit Controller werden an mehreren Standorten in Deutschland zum Beispiel folgende Inhalte vermittelt:

„Die Qualifizierung zum CCC® umfasst 80 Unterrichtsstunden und ist an vier Standorten möglich. Die Ausbildung konzentriert sich auf Planungs-, Kontroll- und Steuerungsinstrumente. Die Inhalte sind auf die Praxisanforderungen im Credit Management zugeschnitten.

Einführung und Problemorientierung

Modul 1	Aufgaben und Organisation des Credit Controlling in der Unternehmenspraxis
Modul 2*	Bonitätsprüfung und -überwachung im Firmenkundengeschäft
Modul 3	Credit Collections
Modul 4*	Rechtliche Aspekte und Realisierung von Forderungen“ [5]

Umfangreicher ist die Ausbildung zum Certified Credit Manager. Sie umfasst:

„Die Qualifizierung zum CCM® dauert knapp ein Jahr und findet in Bochum statt. Vermittelt werden alle Instrumente und Kompetenzen des Credit Managements – von rechtlichen Grundlagen bis zu persönlichen Fähigkeiten. Zielgruppe sind (angehende) Führungskräfte in den Bereichen Credit Management, Debitoren- oder Forderungsmanagement.

Einführung und Problemorientierung

Modul 1	Grundlagen des Credit Management in der Unternehmenspraxis
Modul 2*	Juristischer Bedingungsrahmen des Credit Management
Modul 3	Alternative Organisationskonzepte zum Aufbau des CM
Modul 4	Credit Management und Unternehmensrechnung
Modul 5*	Risikomanagement
Modul 6*	Credit Policy
Modul 7*	Credit Collections
Modul 8	Marktorientierung des Credit Management
Modul 9	Informationssysteme des Credit Management
Modul 10*	Methodenbasis des Credit Management
Modul 11*	Externe Unternehmensdiagnose
Modul 12	Dienstleistungsangebote und Institutionen für das CM
Modul 13	Softskills und Konzepte zur Personalführung
Modul 14	Benchmarking im Credit Management
Modul 15	Praxisbezogene Projektarbeit

(* Klausurrelevante Module)“ [6]

Neben diesen grundlegenden und systematischen Aus- und Weiterbildungsangeboten finden deutschlandweit eine Vielzahl von Tages- und Mehrtagesseminaren zu einzelnen Themenstellungen des Forderungsmanagements statt.

Mitarbeiter im Unternehmen, die eine kaufmännische Ausbildung besitzen, über überdurchschnittliche persönliche und soziale Kompetenzen verfügen sowie eine Affinität zum Aufgabenspektrum besitzen, können auf diesem Wege zu erfolgreichen Forderungsmanagern weitergebildet werden.

Quintessenz

1. Für ein erfolgreiches Forderungsmanagement werden qualifizierte Forderungsmanager benötigt.
2. In einer Vielzahl von Unternehmen wird diesem Umstand noch nicht Rechnung getragen, aber von nichts kommt nichts.
3. Forderungsmanager müssen hohe Anforderungen an fachliche, methodische, soziale und persönliche Kompetenzen erfüllen.
4. Seit einigen Jahren besteht ein Marktangebot zur systematischen, berufsbegleitenden Ausbildung von Fachkräften im Forderungsmanagement.
5. Mitarbeiter mit kaufmännischer Ausbildung und guten sozialen und persönlichen Kompetenzen können zu erfolgreichen Forderungsmanagern entwickelt werden.

3.5 Software-Unterstützung für das Forderungsmanagement

Nahezu unendliche Möglichkeiten Die Anforderungen an das Forderungsmanagement von Unternehmen sind sehr hoch und wachsen rasant weiter. Die Prozesse im Forderungsmanagement müssen schnell und zuverlässig funktionieren. Ohne die Unterstützung durch geeignete EDV sind die wachsenden Anforderungen kaum noch zu bewältigen. Vor allem spezialisierte Software kann unter Umständen dabei helfen, Arbeitsabläufe zu verbessern, die Datenmengen effektiv und effizient zu verwalten und die richtigen Entscheidungen zu treffen.

Viele Unternehmen, und dort vor allem die Forderungsmanager, dürften vor der Frage stehen, ob der Kauf von geeigneter Software, einen Mehrwert im Kreditmanagement des Unternehmens erzeugen kann und daher angeschafft und genutzt werden sollte.

Auf die Fragen, ob und wenn ja, welche Software-Unterstützung angeschafft werden sollte, versuchen die nächsten Abschnitte einige Antworten zu geben.

3.5.1 Bestehende Möglichkeiten nutzen

Das Brachland der ERP-Funktionalitäten In einer Vielzahl von Projekten wurde bislang in nahezu jedem einzelnen Fall festgestellt, dass die im Unternehmen grundsätzlich vorhandenen Möglichkeiten nur zum Teil genutzt wurden. Einige Funktionen zur Unterstützung des Forderungsmanagements wurden bereits durch die eingesetzten ERP-Systeme zur Verfügung gestellt. Es handelt sich dabei unter anderem um:

- Funktionalitäten zur Verwaltung von Kreditlimiten,
- die Administration von Zahlungsbedingungen,
- die Unterstützung des Mahnwesens sowie
- die Bereitstellung von Reporting-Funktionen.

Manche Systeme sind sogar in der Lage, Bonitäts- und Risikoindizes zu speichern oder auch Sicherheiten zu dokumentieren.

Wie bereits erwähnt, werden diese vorhandenen Möglichkeiten in vielen Fällen nur unzureichend genutzt. Die einzelne Auflistung der Versäumnisse würde an dieser Stelle nicht weiterführen. Stattdessen wird versucht, die Problemstellungen ein wenig zu systematisieren, um dadurch Ansatzpunkte zu einer verbesserten Nutzung zu bieten.

3.5.1.1 Software-Funktionalitäten sind nicht bekannt

Teilweise sind den Forderungsmanagern und den Mitarbeitern und Verantwortlichen im Debitorenmanagement die grundsätzlich vorhandenen Funktionalitäten nicht bekannt. Möglicherweise ist das darauf zurückzuführen, dass zum Zeitpunkt der Software-Einführung die Anforderungen des Forderungsmanagements an die Software nicht formuliert und daher nicht umgesetzt wurden.

Moderne ERP-Systeme bieten in der Regel vielfältige Möglichkeiten, um die Software exakt an die Anforderungen des Nutzers anpassen zu können. Meist erfolgt diese Anpassung – je nach Software wird dieser Vorgang als Konfiguration oder auch als Customizing bezeichnet – im Rahmen der Installation und Inbetriebnahme. Bei dieser Anpassung bestehen zum Beispiel Möglichkeiten, einzelne Funktionen oder Module zu aktivieren oder zu deaktivieren, Datenfelder ein- oder auszublenden, Berechtigungen zu erteilen oder zu verweigern und so weiter.

Werden nun solche Konfigurationen durchgeführt und das Forderungsmanagement kann – aus welchen Gründen auch immer – seine Anforderungen nicht formulieren und für deren Umsetzung sorgen, dann werden bestimmte Funktionen deaktiviert, Masken und Felder ausgeblendet und Berechtigungen zur Nutzung nicht eingeräumt. Durch diese Einstellungen wird das Erscheinungsbild der Software definiert. Alles, was deaktiviert, ausgeblendet oder für die Nutzung gesperrt wurde, erscheint nicht mehr an der Oberfläche der Software. Für den Anwender entsteht so der Eindruck, dass die Software „das nicht hat oder kann". Auf Nachfragen in der IT-Abteilung oder beim Software-Anbieter kann dann häufig festgestellt werden, dass die eine oder andere Funktionalität in der Software sehr wohl existiert, dass sie nur „ans Licht geholt" und genutzt werden muss.

Ob und in welchem Maße solche „verschütteten Funktionen" im ERP-System vorhanden sind, muss im Einzelfall geklärt werden. Der Kreditmanager kommt wahrscheinlich nicht umhin, mit den IT- und/oder Software-Experten den tatsächlichen Funktionsumfang zu klären. Sofern vorhanden, können bislang „versteckte Funktionalitäten" dann aktiviert und genutzt werden. Leider ist damit dann häufig das Erfordernis verbunden, Daten in größeren Mengen „nachzupflegen".

3.5.1.2 Datenhygiene ist unzureichend

Die Qualität der Daten der ERP-Systeme ist regelmäßig in mehrfacher Hinsicht verbesserungsbedürftig. Als „Interims-Forderungsmanager" stellt man immer wieder fest, dass sie

- veraltet,
- unvollständig,
- doppelt und
- falsch sind.

Aktualität Die Aktualität beziehungsweise die unzureichende Aktualität der Daten besteht aus zwei Aspekten. Einerseits sind in den Systemen häufig noch alle Datensätze aktiv, die seit Beginn der Nutzung der DV-Systeme jemals angelegt wurden, und andererseits sind die Feldinhalte einzelner Stammsätze nicht in einem aktuellen Pflegestand.

Nun mag der eine oder andere Leser denken, dass das Vorhandensein alter Datensätze kein Problem darstellt. Dem ist leider nicht so. Alte, nicht aktuell benötigte Datensätze können sich in zwei grundsätzlich unterschiedlichen Zuständen im System befinden: Zum einen kann lediglich der Stammsatz, ohne irgendwelchen Buchungsstoff aktiv sein. Zum anderen gibt es aber auch „Karteileichen" bei denen noch irgendwelche ungeklärten beziehungsweise nicht bereinigten Vorgänge im Konto enthalten sind. Beide Zustände führen zu Behinderungen. Auch nicht benötigte Stammsätze ohne offene Kontenbewegungen müssen bei jeder Auswertung und Stapelverarbeitung gelesen und ausgewertet werden. Das verlängert die Laufzeit solcher Auswertungen. Außerdem belegen sie Platz auf den Speichermedien, was wiederum zu Laufzeitproblemen führen kann. Hier ist es sinnvoll, diese Daten zu archivieren. Erfahrungsgemäß können alle Debitorenkonten, in denen im Verlauf der letzten drei Jahre keinerlei Bewegung stattgefunden hat, ohne Bedenken archiviert werden. Zumal die gängigen Systeme auch Funktionalitäten bieten, um auf archivierte Daten zuzugreifen und diese bei Bedarf auch reaktivieren zu können.

Konten, die noch veraltete Bewegungsdaten enthalten, verursachen darüber hinaus weitere Probleme. Die in diesen Konten enthaltenen Bewegungsdaten werden bei jeder Statistik mitverarbeitet und verfälschen die statistischen Informationen. Jeder Leser kann sich vorstellen, dass eine zehn Jahre alte Restforderung, bei der irgendjemand „vergessen" hatte, die mit dem Kunden seinerzeit vereinbarte Gutschrift zu buchen, sich bei der Berechnung der durchschnittlichen Forderungslaufzeit sehr negativ auswirkt. Außerdem „fallen einem diese Konten auf die Füße", wenn Serienbriefe mit aktuellen Themenstellungen erstellt und verschickt werden sollen. Im günstigsten Fall kosten solche Schreiben dann nur unnötig Porto.

Bei Konten, die in dieser Art „veraltet" sind, sind die Bewegungsdaten zu bereinigen (in der Regel auszubuchen) und anschließend die Konten ebenfalls zu archivieren.

Ein weiterer, leidiger Aspekt der mangelnden Aktualität ist darin zu sehen, dass die Debitorenkonten zuweilen nicht tagesaktuell geführt werden. Manchmal werden die Banken mit Zeitverzug gebucht (zum Beispiel wenn der eine Mitarbeiter, der das kann und der dafür zuständig ist, nicht verfügbar ist), oft werden Gutschriften mit erheblichen Zeitverzögerungen (unter anderem weil die Bearbeitung der Gutschriften bei manchen Sachbearbeitern als „Batch-Job" organisiert ist) erstellt und erfasst und nahezu regelmäßig ist die Kontenpflege nicht auf dem Laufenden. Mangelnde Aktualität der laufenden Debitorenbuchhaltung zieht dem Forderungsmanagement regelmäßig den „Boden unter den Füßen weg". Wie kann zum Beispiel gemahnt werden, wenn die Zahlungseingänge der letzten Tage nicht erfasst wurden und sich die Gutschriften noch im Posteingangskorb stapeln?

Die Lösung dieser Problematik ist zwar einfach, aber anstrengend: Rückstände aufarbeiten und auf dem Laufenden bleiben (das erfordert aber auch die regelmäßige Überprüfung durch die Vorgesetzten).

Vollständigkeit Es ist immer wieder erstaunlich, mit welch rudimentärem Datensatz in vielen Unternehmen ein Stammsatz im System angelegt werden kann. Dass Telefonnummern und Ansprechpartner nicht erfasst sind, ist schon fast die Regel. Dass Stammsätze aber auch ohne Kreditlimit und ohne gültige Zahlungsbedingungen angelegt und genutzt werden können, ist durchaus besorgniserregend.

Aus Sicht des Autors gibt es drei verschiedene Ursachen für die häufig anzutreffende Unvollständigkeit der Debitorenstammdaten:

1. mangelndes Bewusstsein zum Stellenwert vollständiger Daten,
2. die zurückhaltende Klassifizierung der verschiedenen Felder als „Muss-Felder" und
3. Termindruck und Kreativität.

Nur wenige Mitarbeiter in der Debitorenbuchhaltung machen sich bei der Anlage von Konten bereits Gedanken darüber, dass bestehende Forderungen nicht beigetrieben werden können, wenn im System eine unvollständige oder fehlerhafte Firmierung erfasst wurde. Wäre im Unternehmen der Stellenwert vollständiger (und korrekter) Daten aber insgesamt hoch, dann würden klare Vorgaben existieren, welche Daten bei der Anlage von Konten zwingend vorhanden sein müssen, damit das Kundenkonto aktiv geschaltet werden kann.

Da dieser Stellenwert des Öfteren eher gering ist, werden bei der Systemkonfiguration nur wenige Felder im Stammsatz als „Muss-Felder" klassifiziert. Meist wird das Erfordernis, schnell flexibel reagieren und handeln zu können, für diese „Zurückhaltung" als Begründung genannt.

In den Fällen, in denen das erforderliche Bewusstsein zwar vorhanden ist, neue Debitorenkonten aber oft in Eile angelegt werden müssen (weil dem neuen Kunden zum Beispiel kurzfristige Lieferungen zugesagt wurden), ist es teilweise sehr überraschend, mit welcher Kreativität Mitarbeiter im Vertrieb und in der Debitorenbuchhaltung es einzeln oder gemeinsam schaffen, einen „Work-around" zu finden und zu realisieren. Die Restriktionen des EDV-Systems werden umgangen, weil die Nutzer Lücken und Inkonsistenzen finden und geschickt ausnutzen. Und schon befindet sich ein rudimentärer oder provisorischer Stammsatz im System. Jeder Leser weiß, Provisorien halten teilweise „ewig".

Das Problem der mangelnden Vollständigkeit lässt sich nur lösen, indem alle Stammsätze, die leere Felder aufweisen, identifiziert werden. Auf dieser Grundlage sollte zunächst gefragt werden, ob es wirklich erforderlich ist, alle Datenfelder zu „befüllen". Sollten Datenfelder identifiziert werden, bei denen dieses Erfordernis nicht gegeben ist, sollten diese Felder sinnvoller Weise vollständig aus dem Debitorenstammsatz gestrichen werden. Für alle anderen Felder sind dann die Informationen nachzupflegen. Unter Umständen bietet es sich an, das gemeinsam mit dem Kunden zu machen, damit auch die Aktualität „in einem Aufwasch" geprüft und sichergestellt werden kann.

Datendopplungen Eine besondere Problematik besteht darin, dass immer wieder festzustellen ist, dass ein Kunde mit mehreren Debitorenkonten – ohne dass dies beabsichtigt wäre – im System geführt wird. Das geschieht teilweise durch Fehler in der Vergangenheit (unklare Kompetenzen: Der Kunde wurde zum Beispiel vom Vertrieb und von der Buchhaltung angelegt) teilweise aber auch durch Veränderungen im Zeitablauf (der Kunde hat die Firmierung geändert, die Mitarbeiter beim Lieferanten haben gewechselt und so weiter: Ein Kunde wird dann neu angelegt, weil der vorhandene Stammsatz nicht gefunden werden kann). Leider erfolgen Lieferungen dann zuweilen über beide Konten (wobei zu allem Unglück beide Konten mit dem maximalen Limit versehen sind). Diese Dubletten müssen identifiziert und eliminiert werden.

Fehler Sei es durch unerkannte Erfassungsfehler oder durch nicht nachvollzogene Änderungen im Zeitverlauf, teilweise wird festgestellt, dass Firmierung, Anschrift et cetera nicht mit den gespeicherten Daten übereinstimmen. Unangenehm ist, dass die Fehler selten mit eigenen Mitteln systematisch identifiziert und bereinigt werden können. Meist erfolgt die Identifikation der Fehler nur bei konkretem Anlass und im Einzelfall. Schlecht ist es zum Beispiel, wenn ein Mahnbescheid nicht zugestellt werden kann, weil die Firma, auf die die Bestellung, die Rechnung und die Mahnung lauten, unter dieser Firmierung (formal) gar nicht existiert.

Probleme mit der Datenhygiene lösen sich nicht von selbst. Sie haben die Tendenz immer größer zu werden. Um die Datenhygiene schnell und spürbar zu verbessern, ist es ratsam, über die Inanspruchnahme spezialisierter Dienstleistungen nachzudenken. Einer der potenziellen Dienstleister, adress research, beschreibt einen Teil seines Angebots wie folgt: „Nach einem kostenlosen Plausibilitätscheck, bei dem wir Ihre Kundenanschriften auf Tippfehler, Zahlendreher und falsche Postleitzahlen überprüfen, erfolgt die Aussteuerung von Dubletten. Doppelt vorhandene Einträge werden markiert und nach einer Überprüfung aus der Datenbank entfernt. Anschließend werden Ihre Business-Anfragen von geschulten Fachkräften in unterschiedlichen Referenzdatenbanken recherchiert. Wichtigster Datenpool ist dabei die Business-Datenbank von bedirect, einem Gemeinschaftsunternehmen der Bertelsmann-Tochter AZ Direct und dem Verband der Vereine Creditreform. Das Besondere an dieser Datenbank: Alle der über vier Millionen eingetragenen Firmen sind auf Wirtschaftsaktivität geprüft. So erkennen Sie Kleinstgewerbetreibende, „Briefkastenfirmen" und andere Unternehmen in Ihrer Datenbank, die offensichtlich nicht am Wirtschaftsleben teilnehmen. Ruhende oder inaktive Firmen werden als solche identifiziert und markiert. ..." [8][5]

In der Regel gehört die Datenüberprüfung zum Dienstleistungsumfang, der von den großen Auskunfteien angeboten wird. Bevor sich die Unternehmen – mit unzureichenden Mitteln – diese Aufgabenstellung selbst „schultern", sollten sie die Frage für sich klären, ob es nicht ratsam ist, diese Leistung (möglicherweise einmalig) einzukaufen.

3.5.1.3 Qualifikationen versanden

Eine wirklich umfassende und gründliche Schulung der Mitarbeiter in der Administration und Anwendung der Software findet – falls überhaupt – nur bei der Einführung der Software statt. Im Zeitverlauf, bedingt durch die Mitarbeiterfluktuation geht dem Unternehmen mehr und mehr Anwendungs- und Gestaltungswissen verloren. Neue Mitarbeiter werden in der Regel durch die noch vorhandenen Kollegen eingearbeitet. Selbstverständlich können diese nur das weitergeben, was sie selbst beherrschen. Nach einer gewissen Zeit wird so das nutzbare Anwendungsspektrum immer kleiner: Die „Pflicht" kann noch jeder bewältigen, die „Kür" beherrscht dann niemand mehr.

Dieses Phänomen ist außerdem auch im IT-Bereich des Unternehmens zu beobachten. Hier treten die gleichen Effekte auf. Nach einigen Jahren bewegt sich das Know-how zur Systemsteuerung in einem sehr engen Rahmen.

Für die Unternehmen ist es daher ratsam, von Zeit zu Zeit – Anlässe wie Programm-Updates bieten sich dafür an – Auffrischungsschulungen oder Workshops mit dem Software-Anbieter durchzuführen, um den schleichenden „Know-how-Plattfuß" zu verhindern. Manchmal trägt schon das dazu bei, dass vorhandene Funktionalitäten des Forderungsmanagements genutzt werden können.

3.5.2 Voraussetzungen schaffen

Keine Elektrifizierung bestehender Probleme vornehmen Sofern die Funktionalitäten des ERP-Systems und dessen Unterstützungsmöglichkeiten des Forderungsmanagements vollständig genutzt werden und sofern der weitere, wahrgenommene Unterstützungsbedarf nicht mit „systemimmanenten Mitteln" (dazu gehört zum Beispiel die Programmierung einfacher Jobs, Auswertungen oder Statistiken) befriedigt werden kann, sollte sich das Unternehmen auf die Suche nach einer geeigneten Software-Unterstützung begeben.

Die Auswahl der Software für das Forderungsmanagement sollte den üblichen und erprobten Prozessen einer strukturierten Software-Auswahl entsprechen (zum Beispiel Anforderungsdefinition, Pflichtenheft, Begutachtung von Referenzinstallationen, Tests et cetera). Entscheidend dafür, dass die künftige Software das Forderungsmanagement effektiv und effizient unterstützt, ist eine klare Festlegung von Aufgaben, Kompetenzen und Prozessen im Kreditmanagement. Es ist sehr von Vorteil, wenn zu diesem Zweck eine vorhandene Kreditrichtlinie verwendet werden kann. Möglicherweise muss diese zu diesem

[5] (Deutsche Post Adress GmbH & Co. KG 2013, S. 1).

Anlass noch einmal auf Vollständigkeit und Aktualität geprüft und gegebenenfalls überarbeitet werden.

Wesentlich schwieriger und aufwendiger wird sich dieser Prozess gestalten, wenn keine Kreditrichtlinie existiert. Falls keine Kreditrichtlinie vorhanden ist, sollte an dieser Stelle der Prozess der Software-Auswahl – bevor er richtig begonnen hat – gleich wieder gestoppt werden. Es ist nachdrücklich davor zu warnen, Software auszuwählen, anzuschaffen und zu implementieren, wenn keine Kreditrichtlinie existiert. Auch der BvCM rät: „ Verschwenden Sie weder Zeit noch Geld für überflüssige Technologie. Achten Sie darauf, dass die von Ihnen genutzten technologischen Hilfsmittel optimal zu den Erfordernissen Ihres Unternehmens passen. Nicht alles, was im Bereich Credit Management technisch möglich ist, macht auch für alle Unternehmen Sinn. Überdimensionierte Lösungen sind unnötig teuer und kosten Zeit und Nerven. Voraussetzung für jede Systemeinführung ist zudem eine klare Kreditrichtlinie – wenn die nicht gegeben ist, wird kein System wirklichen Nutzen bringen.“ [15][6]

Falls eine Software-Auswahl und -Einführung ohne Kreditrichtlinie erfolgen sollte, resultieren daraus mehrere Problemstellungen:

1. Tatsächlich benötigte Funktionalitäten werden nicht bereitgestellt.
2. Vorhandene Funktionen werden nicht benötigt.
3. Die Prozesse des Forderungsmanagements werden an die Software angepasst. (Der Schwanz wackelt mit dem Hund.)
4. Ineffizienzen bestehender Prozesse werden auf die Software übertragen. (Die Software wird zurechtgebogen.)

Eine solche Form der Softwareeinführung würde tendenziell mehr zusätzlich Probleme schaffen, als vorhandene Probleme lösen.

In einem Projekt hat der Verfasser die Erfahrung gemacht, dass eine leistungsfähige Software für das Forderungsmanagement zwar im Einsatz war. Allerdings hat die Software-Philosophie in keiner Weise zum Status quo des Unternehmens gepasst. Statt die organisatorischen Missstände in den Forderungsmanagementprozessen zu beseitigen, hatte das Unternehmen den Weg gewählt und Funktionalität für Funktionalität der Software deaktiviert – und zwar so lange, bis die Software im Grunde genommen nur noch ein Textverarbeitungsprogramm war, mit dem etwas weniger komfortabel als mit Word, Mahnschreiben erstellt werden konnten. Erst nach einer Re-Konfiguration des Systems, nach Festlegung von Prüf- und Überwachungsroutinen sowie nach Kompetenzneuregelungen hat die Software zu einem effektiveren und effizienteren Kreditmanagement beitragen können.

Die Ursachenforschung hat dann ergeben, dass es weder eine dokumentierte Kreditrichtlinie bei der Software-Einführung gab (das war klar, sonst wäre möglicherweise kein Beratungsprojekt seitens des Verfassers erforderlich gewesen), noch hatte ein verantwortlicher Mitarbeiter irgendwelche strukturierten Vorgaben für die Einstellung des Systems

[6] (Verein für Credit Managment e. V. o. A.*, Regel 6).

machen können. Letztlich hat ein Mitarbeiter im laufenden Betrieb „auf Zuruf" durch die Sachbearbeiter dann Funktion für Funktion „ausgeschaltet". Nach fünf Jahren Ärger und Frust hat es nur drei Tage Arbeit benötigt, um das diametral zu ändern.

3.5.3 Programme für das Forderungsmanagement

„Spezialisten" bieten Mehrwert Rund um den Anwendungsbereich Kreditmanagement werden zahlreiche Programme angeboten. Von Add-on-Produkten über SAP und breit aufgestellte Gesamtpakete – manchmal mit einer Spezialisierung für bestimmte Branchen – ist bis hin zu Einzelprogrammen für isolierte Fragestellungen einiges zu finden. Das entsprechende Angebot an Programmen ist jedoch unübersichtlich. Oft fällt es schwer, die am besten zum Unternehmen passende Software zu finden.

Unabhängig von den unternehmensindividuellen Anforderungen existieren einige Grundanforderungen, die die Programme erfüllen sollten. Die wohl zentrale Anforderung ist, dass sie die Funktionalitäten, die durch die Mindestanforderungen an das Credit Management definiert sind, wirkungsvoll unterstützen beziehungsweise entsprechende Anforderungen erfüllen.

Inwieweit ein Programm diese Kriterien erfüllt, ist für den einzelnen Interessenten recht aufwendig festzustellen. Das ist allerdings auch nicht mehr nötig. „Eine aktuell vom Bundesverband Credit Management (BvCM) e. V. veröffentlichte Untersuchung des Instituts für Unternehmensdiagnose (InDiag) der Hochschule Bochum hilft Unternehmen dabei, die für sie beste Software-Lösung zu finden. Sie ist in Buchform unter dem Titel „IT-Lösungen für das Credit Management" aktuell in der zweiten Auflage erschienen. …. Im Buch werden der jeweilige Funktionsumfang sowie die Vor- und Nachteile unterschiedlicher Software-Lösungen aufgezeigt. Die Autoren Prof. Dr. Bernd Weiß, Andreas Stach und Dennis Leick untermauern dies unter anderem anhand zahlreicher Fallbeispiele aus der Unternehmenspraxis unterschiedlichster Branchen. Darüber hinaus stellen sie einen idealtypischen Implementierungsprozess vor. Im Buch kommen sowohl Anwender als auch Entwickler zu Wort. Insgesamt erhalten die Leser einen fundierten Einstieg und mehr Überblick über das für das Credit Management zur Verfügung stehende Software-Angebot." [7]

Einen Überblick über das bestehende Software-Angebot findet sich auch auf dem Portal Forderungsmanagement. Dort sind die nachfolgend aufgeführten Programme mit Link und Kontaktdaten aufgelistet [12]

- **ABIT GmbH:**
  - ABIT phinAMVplus
  - ABIT Inkasso
  - ABIT ForderungsManager
  - ABIT CreditManager
  - ABIT BusinessControll

- **Bosch Software Innovations GmbH:**
  - Credit Management Platform
  - Credit Risk Rating Platform
- **Haufe-Lexware GmbH & Co. KG:**
  - Lexware faktura + auftrag
- **Ferber-Software GmbH:**
  - IKAROS
- **Prof. Schumann GmbH:**
  - CAM,
  - CAMeRA,
  - XPS,
  - in.CAM,
  - u.CAM
- **SOPLEX Consult GmbH:**
  - SAP für Kredit- und Forderungsmanagement
- **SUBITO AG:**
  - PELI FM
  - SFDK 2.0
  - KREDIT 2.0
  - Forderungsmanagement
- **SunGard: AvantGard**
  - Receivables|Treasury|Payments
- **tolina GmbH:**
  - Abwicklung 2
- **Real Soft Informatik GmbH:**
  - WinkPC

Diese Liste ist sicherlich nicht vollständig oder abschließend zu sehen. Sie kann aber beim ersten Einstieg, um sich über das Produktspektrum zu informieren, sicherlich hilfreiche Dienste leisten.

Damit die Software im Forderungsmanagement die Arbeiten effektiv und effizient unterstützt, sind nach Auffassung des Autors drei Grundanforderungen zu erfüllen:

1. **Überwachung:**

Kritische Situationen, bedeutende Entwicklungen und Fristen müssen im Forderungsmanagement permanent beobachtet werden. Ohne Systemunterstützung besteht latent immer die Gefahr, etwas zu übersehen. Neben den damit verbundenen Risiken belastet das auch die verantwortlichen Mitarbeiter. Zur Entlastung und zur Vermeidung von Fehlern sollten die Überwachungsfunktionen möglichst vollständig von den Programmen geleistet werden. Dazu gehören zum Beispiel:-

- Erreichen beziehungsweise Überschreiten von Limits (Kreditlimit, Versicherungslimit et cetera),
- Ablauf von Sicherheiten,
- Aktualität von Bonitätsauskünften,
- Überwachung von Zahlungsterminen und Zusagen,
- Veränderung der Bonität im Zeitablauf,
- Veränderung des Zahlungsverhaltens im Zeitablauf,
- et cetera.

2. **Integration:**
Die Systeme müssen über Schnittstellen zu verschiedensten Systemen verfügen, damit sie zum zentralen Informationspool für Debitoren werden können. Die Sachbearbeiter müssen in die Lage versetzt werden, alle benötigten Informationen unter einer Oberfläche aufrufen (ohne durch eine Vielzahl von Programmen springen zu müssen) und für die anstehenden Arbeiten verwenden zu können. Folgende Informationen müssen beispielsweise in der Forderungsmanagement-Software „verwaltet" werden können:

- OP-Informationen,
- Bonitätsauskünfte,
- Versicherungsentscheidungen,
- Sicherheiten,
- Korrespondenz mit dem Kunden,
- Inkassomaßnahmen,
- et cetera.

3. **Verfügbarkeit:**
Damit alle Stellen, die in das Forderungsmanagement eingebunden sind, jederzeit auf die benötigten Daten zugreifen können, muss es möglich (und bezahlbar sein) einer Vielzahl von Mitarbeitern den Zugang zu den Daten (mit spezifizierten Rechten) zu ermöglichen. Mitarbeiter aus dem Vertrieb müssen zum Beispiel vor oder während des Kundengesprächs OP-Daten einsehen und die Korrespondenz überfliegen können. Im Rahmen der zunehmenden Mobilität sollten Zugriffe auf das Programm und die Daten mittelfristig auch via Smartphone oder Tablet-PC möglich sein.

Der Einsatz geeigneter Software kann den Erfolg im Forderungsmanagement unterstützen. Wichtig ist allerdings, dass die entsprechenden Voraussetzungen bestehen und der Prozess der Auswahl und Einführung systematisch erfolgt. Wenn sich dann die Anforderungen weniger am technisch machbaren und mehr an den tatsächlichen Bedarfen orientieren, können die Prozesse effektiver und effizienter werden. Weniger ist an dieser Stelle mehr.

Quintessenz

1. Spezialisierte Software kann die Effektivität und die Effizienz des Forderungsmanagements erhöhen.

2. Vorhandene Potenziale und Funktionen des ERP-Systems müssen zuerst ausgeschöpft und genutzt werden.
3. Ohne dokumentierte Kreditrichtlinie ist die Einführung einer spezialisierten Software nicht zu empfehlen.
4. Forderungsmanagement-Software muss die Mindestanforderungen an das Credit Management möglichst vollständig erfüllen.
5. Bei der Entscheidung für die Software ist weniger oft mehr.

3.6 Zusammenfassung

Um dem Stellenwert des Forderungsmanagements gerecht werden zu können, muss das Forderungsmanagement erkennbar und möglichst hoch angesiedelt in der Aufbauorganisation verankert sein. Der Erfolg des Forderungsmanagements ist darüber hinaus aber maßgeblich davon abhängig, das die intern und extern beteiligten Stellen wirkungsvoll und effizient in die Prozesse einbezogen werden. Intern ist es erfolgsentscheidend, den Vertrieb zum Verbündeten zu gewinnen. Trotz häufig bestehender Spannungen ist dies möglich.

Aufgrund der fachlichen Komplexität kann Forderungsmanagement – insbesondere in KMU – nicht nur mit „Bordmitteln“ (auf hohem Qualitätsniveau) bewerkstelligt werden. Beim Zukauf von Leistungen ist die Wahl des passenden Dienstleisters erfolgsentscheidend. Für einige juristische Fragestellungen bietet sich die Zusammenarbeit mit einer Rechtsanwaltskanzlei an. Insbesondere im Export kann eine Kanzlei, die in einem leistungsfähigen internationalen Netzwerk eingebunden ist, ein hohes Maß an Unterstützung und Sicherheit bieten.

Um dauerhaft Erfolg zu haben, werden im Forderungsmanager qualifizierte Mitarbeiter benötigt. Die Ausbildung vorhandener Mitarbeiter ist in etablierten berufsbegleitenden Ausbildungsangeboten ebenso möglich, wie mithilfe des vielfältigen Angebots an ein- oder mehrtägigen Seminaren.

Wenn die Voraussetzungen bestehen, wenn die Funktionalitäten des ERP-Systems genutzt werden und die Anforderungen in einer Kreditrichtlinie definiert sind, kann spezialisierte Software das Forderungsmanagement wirksam unterstützen.

Literatur

1. ABIT GmbH. 2013. Industry Solutions. http://www.abit.de/industry_solutions.html#c298. Zugegriffen: 01. Mai 2013.
2. Atradius Kreditversicherung. 2013. Atradius Zahlungsmoralbarometer. Internationale Studie zum Zahlungsverhalten von Unternehmen. Kernergebnisse Deutschland. http://www.atradius.de/debitorenmanagementpraxis/publikationen/zahlungsmoralbarometer-fruehjahr-2012.html. Zugegriffen: 01. Mai 2013.
3. BDIU Bundesverband Deutscher Inkasso-Unternehmen e. V. 2013. Inkassounternehmen sind Partner der Wirtschaft. http://www.inkasso.de/index.html. Zugegriffen: 01. Mai 2013.

4. BDIU Bundesverband Deutscher Inkasso-Unternehmen e. V. 2013. 10 Prüfsteine: So arbeiten seriöse Inkassounternehmen. Die Inkassowirtschaft. http://www.inkasso.de/inkassowirtschaft/10punkte/. Zugegriffen: 01. Mai 2013.
5. Bundesverband Credit Management e. V. 2013. Certified Credit Controller (CCC®). Qualifizierung. http://www.credit-manager.de/ausbildung/ccc. Zugegriffen: 10. Mai 2013.
6. Bundesverband Credit Management e. V. 2013. Certified Credit Manager (CCM®). Qualifizierung. http://www.credit-manager.de/ausbildung/ccm. Zugegriffen: 10. Mai 2013.
7. Bundesverband Credit Management e. V. 2012. Studie hilft bei der Auswahl von Credit Management-Software. BvCM-News: http://www.credit-manager.de/aktuell/news/328-studie-hilft-bei-der-auswahl-von-credit-management-software. Zugegriffen: 10. Juni 2013.
8. Deutsche Post Adress GmbH & Co. KG. 2013. Adress Research Business. Die beste Alternative zum Gewerbeamt. http://www.adress-research.de/uploads/_download/AR-Business_Internet_201102.pdf. Zugegriffen: 10. Juni 2013.
9. Dobelli, Rolf. 2011. Die Kunst des klaren Denkens. München: Carl Hanser Verlag.
10. Hock, Thorsten, und Markus Heigl. 2012. Die Zusammenarbeit zwischen Credit Management und Vertrieb auf dem Prüfstand. Bundesverband Credit Management e. V., 1. Auflage. Kleve.
11. Kaplan, Robert S., und David P. Norton. 2001. Die Strategie-fokussierte Organisation. Stuttgart: Schäffer-Poeschel.
12. Portal Forderungsmanagement e. K. 2013. Software im Überblick. Software. http://forderungsmanagement.com/forderungsmanagement-software-im-ueberblick. Zugegriffen: 10. Juni 2013.
13. Stiftung Warentest. 2003. Inkasso: Keine Angst vorm Eintreiber. Steuer und Recht. http://www.test.de/Inkasso-Keine-Angst-vorm-Eintreiber-1139939-2139939/. Zugegriffen: 01. Mai 2013.
14. Verbraucherzentrale Bundesverband e. V. 2010. Auskunfteien in Deutschland. http://www.vzhh.de/schulden/30374/Scoring_Liste_Auskunfteien.pdf. Zugegriffen: 01. Mai 2013.
15. Verein für Credit Managment e. V. o. A. Die CreditTipps, Goch: B.o.s.s. Druck und Medien.

4 Forderungsmanagement ist Risikomanagement

Ausfallrisiken erkennen und steuern Eine zentrale Aufgabe des Forderungsmanagements, wenn nicht sogar *die* zentrale Aufgabe des Forderungsmanagements, ist die Existenzsicherung des Unternehmens. Eine potenzielle Existenzgefährdung geht von der Gewährung von Lieferantenkrediten in nicht unerheblichem Umfang aus. Die Deutsche Bundesbank beziffert den Forderungsbestand von KMU für das Jahr 2010 auf 165,1 Mrd. €, den aller deutscher Unternehmen auf 395,5 Mrd. €. Demzufolge hat jedes KMU durchschnittlich 14,7 % seiner Bilanzsumme als (kurzfristigen) Lieferantenkreditbestand ausgewiesen. Selbstverständlich ist die Unternehmensfinanzierung darauf abgestimmt, dass unterstellt wird, dass die vergebenen Lieferantenkredite vollständig *und* fristgerecht durch die Kreditnehmer (Kunden) getilgt werden. Die betriebliche Realität ist jedoch anders: Forderungsausfälle bis zu 1 % vom Umsatz (oder 3 % aller Forderungen) sind nicht selten. Auch das Zahlungsverhalten (die Kreditrückzahlung) erfolgt nicht termingerecht. Ein durchschnittlicher Zahlungsverzug von bis zu 15 Tagen bedeutet, dass der „Tilgungsplan" faktisch durch einseitiges Handeln um etwa 50 % verlängert wird. Nach aktuellen Angaben von Atradius zahlen über 30 % der inländischen Kreditnehmer (Kunden) ihre in Anspruch genommenen Lieferantenkredite nicht pünktlich zurück [1].[1]

Wenn dann noch berücksichtigt wird, dass die Folgeinsolvenz – das heißt der Insolvenzantrag des Lieferanten wird erforderlich, weil Kunden in die Insolvenz geraten und daher Forderungen des Lieferanten ausfallen – zu einer der häufigsten Insolvenzursachen zu rechnen ist, dann wird spätestens klar, wie wichtig das Risikomanagement im Forderungsmanagement ist.

Um es an dieser Stelle mehr als nachdrücklich klarzustellen: Das Forderungsmanagement kann nicht sicherstellen, dass alle Geschäfte auf Ziel vollständig risikolos abgewickelt werden können. Es ist nach Meinung des Autors auch überhaupt nicht sinnvoll, das Ziel „null Risiko beim Lieferantenkredit" auszugeben oder zu verfolgen. Aus Sicht des

[1] Vgl.: (Atradius Kreditversicherung 2013, S. 15).

R. H. Müller, *Erfolgreiches Forderungsmanagement*,
DOI 10.1007/978-3-658-02671-4_4, © Springer Fachmedien Wiesbaden 2013

Verfassers ist es das eigentliche Ziel, bestehende Risikopotenziale möglichst transparent und kalkulierbar zu machen. Dadurch kann und soll das Unternehmen Entscheidungen unter systematischer Berücksichtigung potenzieller Risiken treffen.

Alle Kreditentscheidungen des Lieferanten und alle mit dem Kredit verbundenen Aspekte sollen in dem Bewusstsein und unter möglichst vollständiger Kenntnis der vorhandenen beziehungsweise wahrscheinlichen Risiken getroffen werden. Der Lieferant muss sich selbst auch als Kreditgeber sehen und verstehen. Kreditrisiken soll er bewusst eingehen oder aber bewusst vermeiden. Mehr als bisher soll der Lieferantenkredit als bewusst genutztes Instrument zur Marktentwicklung und zur Entwicklung der Kundenbeziehung eingesetzt werden.

Damit das Ziel, Kreditentscheidungen unter Würdigung aller bestehenden Risiken zu treffen, auch nur ansatzweise erreicht werden kann, benötigt das Unternehmen möglichst vollständige und aussagekräftige Informationen über die Bonität des Kunden.

4.1 Bonitätsinformationen beschaffen und nutzen

Bonitätsauskünfte: notwendige aber keine hinreichenden Informationen Die „erste Adresse" für die Beschaffung von Informationen zur Bonität der Kunden sind die sogenannten Auskunfteien. Während noch vor einigen Jahren der Markt der Anbieter sehr übersichtlich war, hat er sich sowohl beim Angebot der Bonitätsinformationen für gewerbliche Unternehmen als auch beim Angebot der Informationen über Privatpersonen deutlich entwickelt.

Auf die Frage, welche Bezugsquelle es für Informationen zur Bonität von Unternehmen gibt, war die Antwort recht einfach: Creditreform, Bürgel sowie Dun & Bradstreet. Hinsichtlich der Informationsquelle über die Bonität von Privatpersonen, war die Antwort noch einfacher: die SCHUFA.

Zwischenzeitlich ist die Welt auch an dieser Stelle ein wenig komplexer geworden. Einerseits befinden sich nun mehr Anbieter am Markt und andererseits ist die Trennung zwischen Unternehmens- und Privatpersonen-Informationen schwieriger geworden. Bereits die Frage, woher Bonitätsinformationen beschafft werden sollen, ist also nicht mehr ganz so einfach zu beantworten, und für diese Entscheidung sollten schon einige Gedanken „verschwendet" werden.

4.1.1 Den geeigneten Datenlieferanten identifizieren

Bonitätsinformationen können von Auskunfteien, aber auch von anderen Anbietern beschafft werden. Bei der Wahl des Anbieters sind neben der Aussagekraft der zur Verfügung gestellten Informationen, auch die damit verbundenen Kosten sowie die Prozesseffizienz als wesentliche Auswahlkriterien zu nennen.

4.1.1.1 Zur Verfügung gestellte Bonitätsinformationen

Im Grunde genommen ist die Überschrift „Den geeigneten Datenlieferanten identifizieren“ bereits ein wenig irreführend formuliert. Nach Erfahrung des Verfassers gibt es nicht *die* Auskunftei, die *die* beste Auskunft liefert. Er hat bereits Auskünfte von einer ganzen Reihe an Anbietern „verarbeitet“ und bei jedem dieser Anbieter gute, aber auch weniger gute Informationen erhalten. Die Fragestellung muss daher eher lauten, welcher Anbieter am wahrscheinlichsten eine möglichst hohe Anzahl geeigneter Informationen für das jeweilige Unternehmen anbieten kann.

Um dieser Fragestellung nachgehen zu können, muss das Unternehmen zunächst einmal in Erfahrung bringen, ob sich sein spezifischer Bedarf in hohem Maße mit dem verfügbaren Angebot des Dienstleisters deckt. Folgende Aspekte sind dabei zu beurteilen:

1. Werden Informationen über Unternehmen oder über Privatpersonen benötigt?
2. Handelt es sich bei den Unternehmen in erster Linie um bestimmte Branchen?
3. Wie groß sind die Kundenunternehmen?
4. Sind die Kunden eher Kapitalgesellschaften oder Einzelunternehmen?
5. Wo befindet sich der Sitz, im Inland, im europäischen Ausland oder weltweit?
6. Werden die Auskünfte von den Warenkreditversicherern (zum Beispiel im Rahmen der Selbstprüfung) anerkannt?

Eine Möglichkeit, zu diesen Fragen eine Einschätzung zu gewinnen, besteht darin, die Auskunfteien entsprechend zu befragen und die Antworten miteinander zu vergleichen. Vorher kann (und sollte) aber das Angebotsspektrum der ins Auge gefassten Anbieter mit einer kleinen Recherche auf den entsprechenden Webseiten gesichtet werden.

Bei einer solchen Recherche ist zunächst festzustellen, dass die Auskunfteien in der Regel die Informationsangebote über Wirtschaftsunternehmen (B2B) von denen über Privatpersonen (B2C) unterscheiden. Werden die Angebote zu den Unternehmen dann beispielsweise näher betrachtet, ist festzustellen, dass nahezu alle Anbieter eine mehr oder weniger große Anzahl unterschiedlicher „Informationsprodukte“ im Angebot haben. Beispielsweise finden sich folgende Informationsangebote:

1. Accumio
   1. ID-Check
   2. Business Special
   3. Business Detail
   4. International
2. arvato infoscore
   1. Neukundenbewertung
   2. Bestandskundenbewertung
   3. Bewertung im Mahnprozess
   4. Antrags-Scoring
   5. Storno-Scoring

   6. Verhaltens-Scoring
   7. Inkasso-Scoring
3. Bürgel
   1. Firmenvollauskunft
   2. Firmenvollauskunft GwG
   3. Assekuranzauskunft
   4. Kreditauskunft
   5. BoniCheck Plus
   6. Kurzauskünfte
      1. BoniCheck Kompakt
      2. Firmenkurzauskunft
      3. FinanzCheck
      4. RechtsformCheck
      5. GwG-Auskunft
      7. RiskCheck RealTime
      8. DDMonitor
4. Creditreform
   1. Premiumauskunft
   2. Wirtschaftsauskunft
   3. Kompaktauskunft
   4. Kurzauskunft
   5. Ampelauskunft
   6. Auslandsauskunft
   7. Debitorenregister Deutschland
5. Creditsafe
   1. Paket starter
   2. Paket standard
   3. Paket plus
6. Dun & Bradstreet
   1. D&B Vollbericht
   2. D&B Standardbericht
   3. D&B Kurzbericht
   4. D&B Out-of-Business-Bericht
   5. D&B Modularer Bericht
   6. Europa-Vollbericht
   7. Europa-Standardbericht
   8. Europa-Kurzbericht
7. Hoppenstedt CreditCheck
   1. Compactreport
   2. Premiumreport einschließlich Monitoring

8. SCHUFA
   1. SCHUFA-GwG-Auskunft
   2. SCHUFA-Kompaktauskunft
   3. SCHUFA-Kurzauskunft
   4. SCHUFA-Vollauskunft/plus

Wie der oben stehenden, kleinen Auswahl zu entnehmen ist, werden von den Anbietern zwischen zwei und acht unterschiedliche Informationsprodukte, nur im Bereich Unternehmensinformationen, differenziert. Hinzu kommen noch unterschiedliche Angebote zu Privatpersonen.

Leider sind die Begriffsbezeichnungen für die Produkte teilweise nicht so trennscharf, dass man immer auf Anhieb erkennen könnte, welche Informationen im jeweiligen „Produkt" zur Verfügung gestellt werden. Das scheint den Anbietern teilweise bewusst zu sein. Sie stellen daher Ansichtsmuster – zum Teil unterschieden in negative und positive Auskunft – zur Verfügung.

Aber auch das vermeidet noch keine detaillierte Auseinandersetzung des Interessenten mit den einzelnen, angebotenen Produkten. Es gestaltet sich recht schwierig, Informationen „imaginärer Unternehmen" oder von Unternehmen, die der Interessent überhaupt nicht kennt, miteinander zu vergleichen. Ein Vergleich der verschiedenen Anbieter und ihrer unterschiedlichen Produkte scheitert auch oft daran, dass jeder Anbieter (natürlich) unterschiedliche Unternehmen in den Mustern abgebildet hat.

Eine andere Alternative des Anbieter- und Produktvergleichs besteht für interessierte Unternehmen darin, sich für eine begrenzte Anzahl eigener „typischer Kunden" vom Anbieter jeweils eine Auskunft zur Verfügung stellen zu lassen. Auf Basis der zur Verfügung gestellten Berichte kann dann wesentlich konkreter verglichen werden, was die Dienstleister in ihren jeweiligen Produkten tatsächlich bieten. Wahrscheinlich ist der detaillierte Produktvergleich dann leichter durchzuführen, wenn Muster durch die Anbieter zur Verfügung gestellt werden, die Auskünfte zu Unternehmen enthalten, die dem anfragenden Unternehmen gut bekannt sind. Dann lässt es sich leichter beurteilen, ob das jeweilige Produkt alle erforderlichen Informationen beinhaltet, die für eine korrekte Bonitätseinschätzung des (bekannten) Kunden benötigt werden.

Letztlich muss jeder Interessent für sich entscheiden, welcher Informationsumfang und damit welches Informationsprodukt für seine Bonitätsbewertung jeweils benötigt wird. Erfahrungsgemäß ist der Informationsbedarf nämlich nicht für jeden Kunden gleich. Je intensiver, das heißt je bedeutsamer die Geschäftsbeziehung ist (Umsatz mit dem Kunden, Höhe des regelmäßigen Forderungsbestands, potenzielle Höhe eines Ausfallschadens), umso detaillierter sollten die Bonitätsauskünfte sein. Anderseits lässt der Informationsbedarf wieder in dem Verhältnis nach, in dem eigene Erfahrungen mit dem Kunden gesammelt werden und in dem ein unmittelbarer, bilateraler Informationsaustausch über die wirtschaftliche Entwicklung des Kunden regelmäßig stattfindet.

Wenn sich ein Lieferant entscheidet, Bonitätsauskünfte von einer Auskunftei zu kaufen, dann sollte unbedingt auf drei Aspekte Wert gelegt werden:

1. **Monitoring:**
   Mit dem Kauf der Auskunft sollte „automatisch" eine laufende Überwachung für einen definierten Zeitraum (meist zwölf Monate) erworben werden. Der Lieferant wird beim Monitoring – ohne selbst aktiv werden zu müssen – über Veränderungen, sofern sie bonitätsrelevant sind, informiert. Da mit zunehmender Volatilität der Märkte kaum noch eine zuverlässige Zukunftsprognose für ein Jahr möglich ist, verhindert ein solches Monitoring, dass sich die Bonität eines Kunden „unbemerkt" signifikant verschlechtert.
2. **Produkt-Hopping:**
   Der Lieferant sollte sich nicht grundsätzlich auf ein einziges Informationsprodukt festlegen müssen, sondern von Fall zu Fall entscheiden können, welche Auskunft er konkret anfordert. Dann kann zum Beispiel bei „Kleinkunden" mit einer überschaubaren Risikohöhe eine Mindestprüfung erfolgen, ohne dabei gleich den „kompletten Gewinn" zu „verbrauchen".
3. **Zertifizierung/Anerkennung:**
   Alle Lieferanten, die mit einer Warenkreditversicherung zusammenarbeiten und in diesem Rahmen auch Selbstprüfungen (Pauschalversicherung) durchführen dürfen, sind in der Regel gehalten/verpflichtet, diese auf der Grundlage einer externen Bonitätsauskunft vorzunehmen. Dafür wird durch die Warenkreditversicherer oft eine genügend ausführliche Informationsgrundlage gefordert. Häufig erfüllen die Kurz- oder Kompaktauskünfte diese Anforderungen nicht. Hoppenstedt CreditCheck wirbt auf seiner Webseite zum Beispiel damit, dass der Premiumreport (CreditCheck Premium) seitens Euler Hermes, Atradius, Coface, GE Capital und Zurich Versicherung AG zertifiziert ist. Im Umkehrschluss bedeutet das natürlich: Der Compactreport ist nicht zertifiziert und kann für die Selbstprüfung eben nicht vertragskonform verwendet werden.

Grundsätzlich sollten die Bonitätsauskünfte folgende Angaben enthalten:

- Angaben zur Unternehmensstruktur, wie zum Beispiel Rechtsform, Gründung, Handelsregisterdaten (sollte auch Bilanz- sowie Gewinn- und Verlust-Daten beinhalten), Negativmerkmale
- Informationen zu Inhabern/Gesellschaftern, Geschäftsführern und Prokuristen; bestehende Beteiligungsverhältnisse/Beteiligungen
- Informationen zum Zahlungsverhalten: Pünktlichkeit von Zahlungen, Kredittilgung, übliches Kreditvolumen
- Schlussfolgerungen wie Bonitätsindex, Risikoklasse, Ausfallwahrscheinlichkeit und Empfehlung zum Kreditrahmen

Diese Informationen werden erfahrungsgemäß in der Tat von den Auskunfteien zur Verfügung gestellt; je nach Produkt/Bericht in unterschiedlicher Detaillierung.

Die oben stehende Übersicht verdeutlicht, dass die Mehrzahl der Anbieter ihre Auskunftsprodukte in erster Linie nach der Fülle und der Detaillierung der Informationen unterschieden haben. Einige Anbieter wählen jedoch durchaus interessante, abweichende Differenzierungskriterien. Bürgel differenziert die Kurzberichte zum Beispiel nach der jeweiligen zugrunde liegenden Problemstellung (Entscheidungssituation des Lieferanten zum Beispiel FinanzCheck). Andere Anbieter bieten besondere Berichte zu aktuellen Anforderungen, wie zum Beispiel SCHUFA-GwG-Auskunft, damit die Unternehmen in diesem Fall ihren Aufgabenstellungen nach dem „Geldwäschegesetz" nachkommen können. Einen anderen Ansatz verfolgt scheinbar arvato infoscore. Hier werden die Informationen eher nach den unterschiedlichen Prozessen beziehungsweise nach dem Lebenszyklus in der Kundenbeziehung unterschieden und es entsteht der Eindruck, dass der Verkauf von Auskünften nicht isoliert, sondern im Dienstleistungspaket mit einer Prozessunterstützung erfolgt. Insgesamt ist der Markt an Bonitätsinformationen von Auskunfteien sehr unübersichtlich und daher ist eine fundierte Entscheidung weder schnell noch einfach zu treffen. Allgemein kann daher nur folgende Anregung gegeben werden:

> Je aktueller und aufschlussreicher die zur Verfügung gestellten Informationen sind und je umfassender das Angebot der Auskunftei den eigenen Markt abdeckt, umso besser ist die Bonitätsauskunft für die eigene, weitere Bewertung und Nutzung zu verwenden.

Für Online-Shops bietet die Deutsche Multiauskunftei GmbH ein interessantes Informationsangebot über die Bonität von Privatkunden, dass die oben geschilderte Entscheidungsproblematik „entschärfen" könnte. Die Multiauskunftei recherchiert dabei Bonitätsauskünfte und Adressinformationen bei accumio, arvato infoscore, Boniversum (Creditreform), Bürgel und der Deutschen Post und stellt dem anfragenden Unternehmen so die relevanten Informationen aus verschiedenen Quellen zur Verfügung [5]. Für Firmenkunden existiert ein vergleichbares Angebot nach Kenntnis des Autors bislang allerdings noch nicht.

4.1.1.2 Kosten der Bonitätsauskünfte

Ein weiteres, wesentliches Entscheidungskriterium für die Auswahl des Anbieters und der geeigneten Produkte ist selbstverständlich auch der Preis beziehungsweise die Preisgestaltung. Erstaunlicherweise sind bei den Auskunfteien in der weit überwiegenden Zahl der Fälle keine Preisinformationen (zum Beispiel auf den ansonsten sehr ausführlichen Webseiten) hinterlegt. Lediglich beim Anbieter Hoppenstedt CreditCheck wurden unter https://www.myhcc.de/volume/ für ein Produkt konkrete Preisangaben gefunden. Der Compactreport kostet danach (je nach Anzahl/Volumen der gekauften Auskünfte) zwischen 3 und 6 €. Der Premiumreport wird mit 10 bis 17 € berechnet. Interessant ist bei diesem Angebot, dass ein Kunde eine Volumenvereinbarung für mehrere (Tochter-) Gesellschaften oder Standorte treffen kann und dann alle das Kontingent nutzen können. Alle anderen Anbieter veröffentlichen keine Preise. Noch nicht einmal in den häufig auf den Webseiten zu findenden FAQ wird dieser Aspekt behandelt. Lediglich Creditsafe gibt dort folgende Auskunft:

„Bieten Sie die Möglichkeit, Firmenauskünfte auf Abrufbasis zu bezahlen? Zur Niedrighaltung unserer Gemeinkosten bieten wir unsere Firmenauskünfte nicht auf Einzel-Abrufbasis an. Vielmehr erhalten Sie für die Vertragslaufzeit, je nach Vertragsart, einen uneingeschränkten Zugriff auf unser System. Auf diese Weise können Sie so viele Unternehmen prüfen, wie Sie es für sinnvoll erachten und nicht nur so viele Unternehmen prüfen, wie Sie es sich leisten können. Wir haben festgestellt, dass die Kunden von Creditsafe – weil sie sich nicht länger Gedanken um jede einzelne Auskunft machen müssen – viel mehr Wirtschaftsauskünfte nutzen als die Kunden unserer Mitbewerber." [3]

Obwohl damit der Kunde noch nicht weiß, was ihn „der Spaß" kosten wird, stellt diese Information eine sehr positive Nachricht für potenzielle Interessenten dar. Creditsafe bietet quasi eine Flatrate für Bonitätsauskünfte. Diese Interpretation wird in einem Bericht in der Zeitschrift „Der CreditManager" in der Ausgabe 1/2013 untermauert. Dort heißt es: „Creditsafe habe den üblichen Weg – sprich Mitgliedsbeiträge und hohe Kosten bei wenigen Informationen – bewusst und komplett verlassen. ... Viele Themen wie: zentrale Beschaffung von Auskünften, Vermeidung von Doppelanfragen, Budgetsicherheit und nicht zuletzt die Grenze, ab wann es überhaupt Sinn macht, Berichte einzuholen, lösen sich in Luft auf." [2][2]

Wenn sich diese Flatrate in einem vernünftig kalkulierbaren Preisrahmen bewegt, hat diese Form der Preisgestaltung tatsächlich signifikante Vorteile gegenüber der Inrechnungstellung jeder einzelnen Bonitätsauskunft:

- Die Zahl der Nutzer muss nicht begrenzt werden.
- Die Anlässe, bei denen eine Auskunft eingeholt werden darf, müssen nicht reglementiert werden.
- Die Häufigkeit des Abrufs erfordert keine Regelung.
- Die Kosten sind im Vorfeld kalkulierbar.
- Für jeden Kunden, sei er auch noch so klein und unbedeutend, kann eine Auskunft eingeholt werden.

Grundsätzlich kann davon ausgegangen werden, dass sich ein solches Angebot umso eher für die Unternehmen rechnen wird, je größer der Kundenkreis ist. Wie andere Auskunfteien im Preisvergleich abschneiden, kann mangels öffentlich zugänglicher Informationen, an dieser Stelle nicht beurteilt werden. Es ist empfehlenswert, sich bei der Wahl des Anbieters für Bonitätsauskünfte, konkrete Angebote unterbreiten zu lassen. Damit die eingehenden Angebote vergleichbar sind, muss der Interessent dem Anbieter ein realistisches Mengengerüst vorgeben. In der Vergangenheit wurden diese Mengengerüste in der Regel – in Erwartung hoher Kosten – tendenziell restriktiv ermittelt (nur so viele Auskünfte, wie unbedingt erforderlich sind). In Kenntnis der Creditsafe-Preisgestaltung erscheint es nun ratsam, mehrere Mengenvarianten anzufragen. Hier sollten Angebote für eine minimale, eine durchschnittliche und eine maximale Abrufmenge eingeholt werden. Anschließend kann dann in der Gegenüberstellung der kostengünstigste Anbieter ermittelt werden.

[2] (Bundesverband Credit Management e. V. 2013, S. 16).

Bei der kostenorientierten Auswahl des Anbieters sollte aber auf jeden Fall vermieden werden, ein Angebot zu wählen, bei dem die Preisgestaltung dazu führt, dass die Einholung einer aktuellen Auskunft aus Kostengründen unterbleibt, obwohl die Risikosituation es erfordern würde.

4.1.1.3 Effizienz der Beschaffung und Nutzung von Bonitätsauskünften

Bonitätsauskünfte werden in der Mehrzahl der Fälle sehr kurzfristig benötigt. Meistens hat der Vertrieb bereits eine Bestellung vorliegen, oft von einem Neukunden, die möglichst schnell und reibungslos abgewickelt werden soll. Ebenso häufig werden diese Bestellungen außerhalb der üblichen Bürozeiten, nach Ende der Dienstreise beziehungsweise nach Rückkehr vom Kundentermin, im eigenen Büro abgegeben. Damit am Folgetag die Auftragsbestätigung an den Kunden verschickt werden kann, muss in der Zwischenzeit die Bonitätsprüfung erfolgen und die Kreditentscheidung getroffen werden.

Diese realen Bedingungen erzeugen zwei wesentliche Anforderungen an die Beschaffung der Bonitätsauskünfte:

1. Bonitätsauskünfte müssen jederzeit abgerufen werden können.
2. Die Auskünfte müssen sofort beziehungsweise innerhalb von Stunden zur Verfügung stehen.

Beide Anforderungen werden von den gängigen Auskunfteien in der Regel erfüllt. Seit einigen Jahren schon haben die Auskunfteien die Möglichkeiten geschaffen, dass ihre Kunden die benötigten Auskünfte auf einem zugangsgeschützten Internetportal jederzeit selbst abrufen können. Die Verfügbarkeit der Portalzugänge ist nach Erfahrung des Verfassers in zufriedenstellender Weise gegeben.

Sofern für den angefragten Kunden aktuelle Bonitätsinformationen zur Verfügung stehen, werden diese sofort angezeigt und in Dateiform zur Verfügung gestellt. Allerdings kommt es, insbesondere bei sehr jungen, sehr kleinen und eher exotischen Firmen, häufiger vor, dass keine oder aber keine aktuellen Informationen verfügbar sind. Wie häufig das der Fall ist, hängt sehr stark davon ab, ob sich der Datenbestand der Auskunftei in hohem Maße mit der Kundendatei des Unternehmens überschneidet. Wenn keine oder keine aktuellen Informationen vorliegen, erhält das anfragende Unternehmen sofort die Mitteilung über diese „Fehlmeldung". Gleichzeitig wird intern bei der Auskunftei ein „Rechercheauftrag" ausgelöst. Erfahrungsgemäß werden dann innerhalb von 24 bis 48 h entsprechende Bonitätsauskünfte zur Verfügung gestellt. Dies erfolgt aktiv durch die Auskunftei, zum Beispiel durch Mail-Versand. Das Unternehmen muss den Vorgang nicht selbst überwachen oder noch einmal aktiv anfragen.

Wenn nun sich die gängigen Auskunfteien hinsichtlich der beiden formulierten Effizienzanforderungen nicht signifikant unterscheiden, welche Rolle kann dann das Kriterium Effizienz bei der Wahl des Anbieters überhaupt spielen? Unterschiede in der Effizienz entstehen bei allen Kunden der Auskunfteien, die mit spezieller Software im Forderungsmanagement oder mit entsprechenden Add-on-Produkten zu ihren ERP-Systemen arbeiten. Oft ermöglichen diese speziellen Anwendungen den Abruf von Bonitätsinformationen aus den Systemen heraus. Dies hat zumindest den Vorteil, dass der Nutzer nicht zwischen unterschiedlichen Anwendungen hin und her springen und sich mal hier und mal dort anmelden muss.

Ein weiterer Vorteil besteht darin, dass die erhaltenen Bonitätsinformationen dann zumindest innerhalb der Ablagestruktur beim jeweiligen Debitor abgelegt und bei Bedarf aus der Anwendung heraus aufgerufen werden können. Alle Informationen zum Debitor sind somit jederzeit wieder auffindbar unter der Debitorenkennung gespeichert. (Es ist dann nicht erforderlich, separate Ablagestrukturen selbst zu definieren und zu verwalten.)

Teilweise geht die Integration sogar so weit, dass relevante Daten aus der Auskunft wie zum Beispiel der Bonitätsindex oder der empfohlene Kreditrahmen in den Datenbestand der Anwendung übernommen und dort verarbeitet werden können. Hier ist es zum Beispiel schon hilfreich, den Aktualitätsstand der Auskunft zu hinterlegen und eine entsprechende programmgestützte Überwachung vornehmen zu können.

Es versteht sich von selbst, dass die Software-Anbieter nicht alle Auskunfteien in ihre Systeme integriert haben. Hier werden sich „Schnittstellen" zu den am häufigsten genutzten Auskunfteien finden. Das stellt für neue Anbieter, die gegebenenfalls neben interessanten Produkten auch innovative Preismodelle bieten, natürlich einen gewissen Wettbewerbsnachteil dar. Für ihre potenziellen Kunden besteht in dieser Situation häufig nur die Möglichkeit eine Alternative zu realisieren, die nicht alle Vorteile nutzen kann. Es sei denn, der Software-Anbieter nimmt die Problemstellung seiner Anwender zum Anlass, die Software entsprechend zu erweitern.

4.1.2 Grenzen der Bonitätsauskunft von Auskunfteien

Die bisherigen Ausführungen in Abschn. 4.1 könnten suggerieren, dass mit der Beschaffung und Verwendung der Bonitätsauskünfte von Auskunfteien, das Problem Bonitätsbewertung gelöst sei. Weit gefehlt. Die Bonitätsauskünfte der Auskunfteien sind mit zwei essenziellen Nachteilen behaftet: Einerseits können sie falsch sein und andererseits übernehmen die Auskunfteien keine Garantien für ihre Einschätzungen.

4.1.2.1 Fehlerhafte Bonitätsauskünfte

Bonitätsauskünfte der Auskunfteien basieren auf der Sammlung und Bewertung verfügbarer Daten über Privatpersonen oder Unternehmen. Diesen Daten liegen zunächst einmal Informationen über vergangene Ereignisse oder Situationen zugrunde. Nach einer strukturierten Gewichtung und Bewertung der vorliegenden Informationen wird nun, auch mittels diverser Vergleiche (zum Beispiel Branche oder Rechtsform), die Wahrscheinlichkeit errechnet, dass eine gegen das betreffende Unternehmen bestehende Forderung innerhalb der nächsten zwölf Monate ausfällt.

Im Grunde genommen werden so die Erfahrungen der Vergangenheit in die Zukunft projiziert. Überspitzt formuliert bedeutet das, dass nach einem Schema ähnlich dem Motto „Bisher erfolgreich, künftig erfolgreich. Bisher erfolglos, weiterhin erfolglos." agiert wird.

An dieser Stelle werden mir natürlich alle Auskunfteien aufs Heftigste widersprechen. Das ist nachvollziehbar, liegen den jeweiligen Bonitätsbewertungen doch sehr differenzierte mathematische Rechenmodelle und Algorithmen zugrunde. Eines können diese Modelle jedoch nicht beheben. Die überwiegende Mehrzahl der Daten sind alt. Alt im Sinne von Vergangenheitsdaten. Diese Vergangenheitsdaten werden dann, mithilfe unterschiedlichster Erfahrungswerte, rechnerisch in die Zukunft übertragen und Wahrscheinlichkeiten (des Forderungsausfalls) berechnet. Aber, und das sagt der Begriff bereits aus, es handelt sich um Wahrscheinlichkeiten und nicht um Sicherheiten. Jeder hat sicherlich schon die Erfahrung gemacht, dass unwahrscheinliche Ereignisse trotzdem eintreten, wahrscheinliche Entwicklungen aber wider Erwarten ausbleiben. Das heißt für die Kunden der Auskunfteien, es bleibt ein gewisses Risiko bestehen. Die Auskunfteien übernehmen (wahrscheinlich) deshalb auch keine Garantien für ihre Auskünfte. Fallen die Forderungen gegen einen Kunden mit einer guten Bonitätsbewertung (wider Erwarten) aus, muss der Lieferant den Schaden allein tragen, er kann ihn noch nicht einmal teilweise auf die Auskunftei abwälzen.

Ein weiteres Manko der Bonitätsauskünfte besteht darin, dass die Auskunfteien auch zum Zeitpunkt der Beauskunftung nicht garantieren können, wirklich alle bonitätsrelevanten Informationen zu besitzen. Zwar steigt mit der zunehmenden Verbreitung der Internetnutzung die Wahrscheinlichkeit, relevante Daten auch zeitnah zur Verfügung zu haben, aber nach wie vor ist eine gewisse Verzögerung nicht auszuschließen. Möglicherweise haben zum Beispiel viele Leser bereits die Erfahrung gemacht, dass es schon einmal einige Monate dauern kann, bis angestoßene und auf den Weg gebrachte Veränderungen sich tatsächlich im Handelsregister wiederfinden. Die Handelsregistereintragungen aber sind eine wesentliche Informationsquelle der Auskunfteien. Eine weitere Informationsquelle für die Auskunfteien, die Einmeldung, ist leider auch nicht so aktuell, wie sie sein könnte. Unter Einmeldung wird die Mitteilung über den Zahlungsverzug eines Schuldners an die Auskunftei verstanden. Leider sind die Einmeldungen an juristische Voraussetzungen gebunden, die nicht so schnell hergestellt werden können. „Vorgerichtlich ist die Datenübermittlung an Auskunfteien nach § 28a Abs. 1 Nr. 4 BDSG zulässig, wenn der Schuldner nach Eintritt der Mahnung noch zweimal schriftlich gemahnt worden ist und zwischen der ersten Mahnung und der Einmeldung mindestens vier Wochen liegen. Letztlich muss die Absicht der Einmeldung rechtzeitig vor der Übermittlung dem Schuldner ‚angedroht' worden sein, was schon mit der ersten schriftlichen Mahnung geschehen kann." [6][3] Das führt dazu, dass Informationen aus dieser Quelle also mindestens vier Wochen alt sein werden. Auskünfte innerhalb dieser vier Wochen werden also diese Information noch nicht berücksichtigen können.

So kann es zum Beispiel sein, dass zum Zeitpunkt der Auskunftserteilung, die dort vorgenommene Bonitätsbewertung nicht mit der Realität übereinstimmt. Bewertungsfehler sind in mehrfacher Hinsicht möglich. Eine Systematisierung der möglichen Fehler ist Abb. 4.1 zu entnehmen.

[3] Aus: (IWW Institut 2013, S. 89).

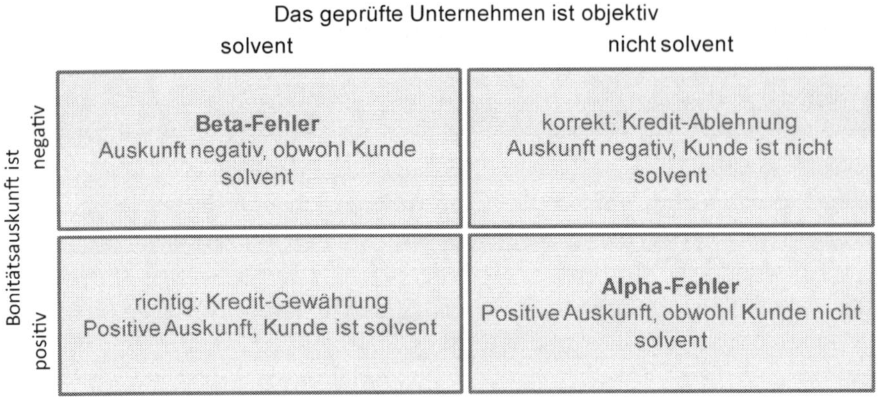

Abb. 4.1 Systematik der möglichen Fehler von Bonitätsauskünften

Alpha-Fehler Obwohl eine positive Bonitätsbewertung durch die Auskunftei gegeben wird, ist der Kunde (bereits) nicht (mehr) solvent. Ereignisse, die die Bonität des Kunden erheblich beeinträchtigen, haben in den Informationsquellen der Auskunfteien noch keine Spuren hinterlassen. Es ist zum Beispiel denkbar, dass der Inhaber eines Unternehmens, trotz bestehender erheblicher Liquiditätsprobleme bislang alle Rechnungen pünktlich gezahlt hat, weil er den Rechnungsausgleich aus dem Privatvermögen vorgenommen hat. Eine Analyse mit seinem Steuerberater oder seiner Bank beziehungsweise eine Niederlage bei einer Erfolg versprechenden Auftragsvergabe haben dazu geführt, dass er die „Reißleine" gezogen hat. Der Insolvenzantrag ist gestellt, aber noch nicht im Handelsregister eingetragen.

Alpha-Fehler in Bonitätsauskünften führen dazu, dass die Lieferanten unbekannte oder unterschätzte Risiken eingehen. Aber, nicht immer muss tatsächlich einen Forderungsausfall die Folge sein. Zuweilen steigt lediglich die Ausfallwahrscheinlichkeit (und damit das Risiko), ohne dass es tatsächlich zum Forderungsausfall kommt.

Beta-Fehler Beim Beta-Fehler wird die Bonität des Kunden, entgegen der Realität, nicht positiv eingeschätzt. Solche Auskünfte hat der Verfasser in seinen Projekten relativ häufig erhalten. Sehr oft war die Bonitätseinschätzung deshalb sehr „zurückhaltend", weil der Auskunftei keine aktuellen Informationen über die wirtschaftliche Situation oder die Ertragslage des betreffenden Unternehmens vorgelegen haben. Meistens handelte es sich dabei um inhabergeführte Personengesellschaften, bei denen es die Inhaber „nicht eingesehen haben" irgendwelchen (fremden) Institutionen solche intimen Informationen zur Verfügung zu stellen. Es war dann gar nicht selten, dass diese Unternehmer in persönlichen, bilateralen Gesprächen einen vollständigen Einblick in die Bücher ermöglicht haben.

Häufig lag die Ursache für solche Beta-Fehler aber auch in einem schleppenden Zahlungsverhalten begründet. Allerdings war die Ursache für das schleppende Zahlungsverhalten nicht die fehlende Liquidität, sondern regelmäßig die mangelnde Organisation der Verwaltungsprozesse. Dieses Phänomen konnte regelmäßig in kleinen und mittelständischen Unternehmen im Maschinen- und Anlagenbau oder im Handwerk beobachtet werden. Hier liegt der Steuerungsfokus der Unternehmensleitung (oft Ingenieure) weniger auf den kaufmännischen, dafür aber mehr auf den technischen Prozessen.

Bonitätsauskünfte, die Beta-Fehler aufweisen, werden von den Unternehmen oft nicht bemerkt, da eine Geschäftsbeziehung nicht eingegangen oder ausgeweitet wird. Ein „Schaden" entsteht trotzdem, weil der mögliche Umsatz eben nicht mit dem Kunden gemacht wird.

Obwohl Bonitätsauskünfte von Auskunfteien fehlerhaft sein können, geht aus Überzeugung des Autors kein Weg an diesen Auskünften vorbei. Allerdings stellen diese Bonitätsauskünfte nicht „der Weisheit letzten Schluss" dar. Sie sind für eine solide Bonitätsbewertung notwendig, aber – im Zweifelsfall – nicht ausreichend. Insbesondere die zuweilen fehlende Aktualität oder auch die unzuverlässige Informationsquelle (siehe Selbstauskunft) lassen es ratsam erscheinen, zusätzliche Informationen zu verwenden.

4.1.2.2 Bankauskünfte – eine sinnvolle Ergänzung

Um möglichst aktuelle Informationen über die Bonität eines Kunden zu erhalten, liegt es nahe, direkt an der Quelle, nämlich dort, wo sich alle Geldein- und -ausgänge niederschlagen, anzusetzen. Wer besitzt die Information, ob Kredite regelmäßig bedient werden, ob Lastschriften eingelöst werden, ob Konten gedeckt sind oder ob Kreditrahmen überzogen werden aktueller oder zuverlässiger als die Hausbank? Richtig! Wahrscheinlich niemand. Und siehe da, es existiert doch tatsächlich das Informationsinstrument Bankauskunft. Scherz beiseite: Bankauskünfte sind ein seit Langem bestehendes Informationsinstrument, dass zur Überraschung des Autors in recht vielen Unternehmen nicht genutzt wird; teilweise sicherlich auch aus Unkenntnis heraus.

Bankauskünfte sind allgemein gehaltene Feststellungen und Bemerkungen über die wirtschaftlichen Verhältnisse von (Bank-) Kunden, deren Kreditwürdigkeit und deren Zahlungsfähigkeit. Betragsmäßige Angaben über Kontostände, Sparguthaben, Depot- oder sonstige dem Kreditinstitut anvertraute Vermögenswerte sowie Kreditinanspruchnahmen werden nicht gemacht.

Für die Erteilung von Bankauskünften müssen die bestehenden Voraussetzungen dafür erfüllt werden. Das Kreditinstitut darf Bankauskünfte über juristische Personen und im Handelsregister eingetragene Kaufleute erteilen, sofern sich die Anfrage auf deren geschäftliche Tätigkeit bezieht und dem Kreditinstitut keine anders lautende Weisung seines Bankkunden vorliegt. In allen anderen Fällen darf sie Bankauskünfte nur dann erteilen, wenn der Kunde dieser Auskunftserteilung generell oder im Einzelfall ausdrücklich zugestimmt hat. Diese Zustimmung muss demjenigen, der die Auskünfte wünscht, vor der Auftragserteilung an die Bank bereits vorliegen.

Bankauskünfte erhalten nur eigene Kunden der kontoführenden Bank sowie andere Kreditinstitute für deren eigene Zwecke und die ihrer Kunden. Sie werden nur erteilt, wenn der Anfragende ein berechtigtes Interesse (zum Beispiel Eingehen einer Geschäftsverbindung, Gewährung eines Lieferantenkredits) an der gewünschten Auskunft glaubhaft darlegen kann.

Das Verfahren der Beschaffung von Bankauskünften (bei gelegentlicher Nutzung) gestaltet sich wie folgt:

- Der Lieferant bestellt bei seiner Hausbank eine Bankauskunft mit Nennung der konkreten Bankverbindung beziehungsweise der konkreten Bankverbindungen. Gleichzeitig formuliert die Fragestellung, ob der Kunde für einen Kreditbetrag in Höhe von xx.xxx € „gut" ist.
- Die Hausbank fragt bei der Bank des Kunden an.
- Die Bank des Kunden erteilt der Hausbank die gewünschte Auskunft.
- Die Hausbank leitet die Auskunft an den Lieferanten weiter.

Dieses Verfahren, das mutet nun schon etwas archaisch an, ist in der Regel papiergestützt. Meist werden die Informationen per Fax übertragen.

Sollen Bankauskünfte regelmäßig genutzt werden, dann bietet es sich bereits aus Effizienzgründen an, beispielsweise ein entsprechendes Angebot der Deutschen Bank zu nutzen. Unter www.db-auskunft.de können Bankauskünfte webbasiert bestellt und zur Verfügung gestellt werden. Die Kosten für diese Dienstleistung belaufen sich auf 16,70 € bis 19,30 € je Auskunft. Bei großen Anfragemengen werden individuelle Angebote erstellt [4].

Die Bankauskünfte werden von der DB-Auskunft in einer standardisierten Form zur Verfügung gestellt. In den jeweiligen Themenkomplexen werden die einzelnen Textkonserven individuell ausgewählt und zusammengestellt. Folgende Formulierungen stehen grundsätzlich zur Auswahl:

Auskunftserteilung
01 Geschäfts-/Kontoverbindung mit uns besteht nicht.
02 Wir können keine Auskunft erteilen, da uns der Kunde eine Auskunftserteilung untersagt hat.

Bankverbindung/Kontoführung
03 Geschäftsverbindung seit kurzem (1 Tag bis 6 Monate).
04 Geschäftsverbindung seit einiger Zeit (6 Monate bis 2 Jahre).
05 Geschäftsverbindung seit Jahren (2 bis 19 Jahre).
06 Geschäftsverbindung seit Jahrzehnten (20 Jahre und mehr).
07 Persönliches Konto
08 Geschäftskonto
09 Wir sind nicht alleinige Bankverbindung.
10 Wir sind Nebenverbindung.
11 Weitere Bankverbindungen bestehen zu:
12 Konto wird auf Guthabenbasis geführt.
13 Die Kontoverbindung verläuft korrekt/ordentlich.
14 Kontoführung absprache-/vereinbarungsgemäß.
15 Die Geschäftsverbindung verläuft angenehm.

16 Kredit wurde eingeräumt.
17 Wir haben einen persönlichen Dispositionskredit eingeräumt.
18 Wir stehen mit einem Ratenkredit zur Verfügung.
19 Blanko-Kredit wurde eingeräumt.
20 Teilbesicherter Kredit wurde eingeräumt.
21 Wir haben Kredit gegen Sicherheiten eingeräumt.
22 Inanspruchnahme: Selten
23 Inanspruchnahme: Gelegentlich
24 Inanspruchnahme: Häufig
25 Art der Inanspruchnahme: Teilweise
26 Art der Inanspruchnahme: Voll
27 Überziehungen werden beansprucht.
28 Überziehungen werden selten beansprucht.
29 Überziehungen werden vorübergehend beansprucht.
30 Überziehungen werden gelegentlich beansprucht.
31 Überziehungen werden häufig beansprucht.
32 Kontoverbindung ist umsatzlos.
33 Es werden starke/lebhafte/große/ansprechende Umsätze getätigt.
34 Es werden mittlere Umsätze getätigt.
35 Es werden regelmäßige Umsätze getätigt.
36 Die Kontoführung gibt Anlass zu Beanstandungen.
37 Eine Scheck-/Lastschriftrückgabe ist vorgekommen.
38 Mehrere Scheck-/Lastschriftrückgaben sind vorgekommen.
39 Freitext:

Allgemeine Beurteilung
40 Näheren Einblick haben wir nicht.
41 Aktuellen Einblick besitzen wir nicht.
42 Gesamtverhältnisse/finanzielle Verhältnisse machen einen geordneten Eindruck/sind geordnet.
43 Die Gesamtverhältnisse können noch befriedigen.
44 Das Unternehmen hat sich gut/positiv entwickelt.
45 Das Unternehmen/der Angefragte genießt einen guten geschäftlichen Ruf.
46 Das Unternehmen/der Angefragte gilt als vertrauenswürdig.
47 Das Unternehmen wird umsichtig geführt.
48 Nachteiliges ist nicht bekannt.
49 Eine allgemeine Beurteilung/persönliche Beurteilung ist nicht möglich.
50 Freitext:

Kreditbeurteilung
51 Stellungnahme zum Betrag nicht möglich.
52 Gut für den angefragten Betrag.

53 Gut für den angefragten Betrag in mehreren Raten.
54 Der angefragte Betrag liegt im Rahmen des Geschäftsumfangs/der Kontoführung.
55 Der angefragte Betrag dürfte im Rahmen des Geschäftsumfangs/der Verhältnisse liegen.
56 Der angefragte Betrag dürfte – bei zeitlicher Verteilung – im Rahmen des Gechäftsumfangs/der Verhältnisse liegen.
57 Verbindlichkeiten in der angefragten Höhe sind nur bei entsprechender Verteilung als vertretbar anzusehen.
58 Wir glauben, dass nur erfüllbare Verpflichtungen eingegangen werden.
59 Eingegangene Verpflichtungen sind soweit uns bekannt bisher pünktlich/ordnungsgemäß erfüllt worden.
60 Im Hinblick auf die getätigten Umsätze erscheint der angefragte Betrag zu hoch.
61 Bankverbindung/Kontoführung lassen keine Stellungnahme zu.
62 Die Bankverbindung lässt keine finanziellen Rückschlüsse zu.
63 Bisher keine Veranlassung, näheren Einblick in die finanziellen Verhältnisse zu nehmen.
64 Da wir nur einen ungenügenden Einblick in die finanziellen Verhältnisse haben, können wir zur Kreditbeurteilung keine Aussagen machen.
65 Die weitere Entwicklung bleibt abzuwarten.
66 Die finanziellen Verhältnisse erscheinen angespannt.
67 Die finanziellen Verhältnisse erscheinen angespannt. Dies wirkt sich auf die Zahlungsweise aus.
68 Die finanziellen Verhältnisse sind angespannt.
69 Von einer betragsmäßigen Stellungnahme möchten wir absehen.
71 Freitext:

Grundbesitz
72 Firmen-/Privater Grundbesitz vorhanden. Belastungen lassen sich durch Einsichtnahme in das Grundbuch feststellen.
73 Firmen-/Privater Grundbesitz belastet.

Allgemeine Angaben
74 Freitext: [4]

Bei den Bankauskünften sind die jeweils vorgesehenen Freitextfelder von besonderer Relevanz und Aussagekraft. Hier wird unter anderem die Frage nach der zulässigen Kredithöhe konkret beantwortet (sofern das durch die „Standardantworten“ nicht bereits eindeutig geschehen ist.

Entscheidend für die Qualität der Bankauskunft ist es, dass die zentrale beziehungsweise die Haupt-Bankverbindung des Kunden identifiziert und angefragt werden kann. Unter Umständen muss der Kunde daher über die Auskunftseinholung in Kenntnis gesetzt werden, um die „richtige“ Bankverbindung ermitteln zu können.

Die Nutzung von Bankauskünften hat sich aus der Erfahrung heraus hauptsächlich bei Neukunden, deren Geschäft noch nicht lange besteht, bewährt. Auch bei Kleinunternehmen sind die Auskünfte einiger Auskunfteien wenig informativ. In diesen Fällen sollte allerdings die Bonitätsauskunft der SCHUFA Vorteile gegenüber den Wettbewerbern besitzen. Bei den Auskunfteien sind in den oben genannten Fällen recht häufig keine aussagekräftigen Informationen zu erhalten.

Außerdem eignen sich Bankauskünfte insbesondere bei Kunden mit „mittlerer Bonität" recht gut als „zweite Meinung". Dies ist insbesondere dann der Fall, wenn sich die eigenen Erfahrungen mit dem Kunden (Bestandskunden) und die Informationen, die von der Auskunftei zur Verfügung gestellt werden, nicht decken.

Die Bankauskunft besitzt einen entscheidenden Vorteil gegenüber der Bonitätsauskunft. Die angefragte Hausbank wird immer eine tagesaktuelle Auskunft erteilen. Jeder, noch so aktuelle, kreditrelevante Vorgang wird bei der Auskunft Berücksichtigung finden.

4.1.2.3 Weitere Quellen für ergänzende, bonitätsrelevante Informationen

Dank der rasanten Entwicklung und Nutzung des Internets ist der Zugang zu Informationen grundsätzlich wesentlich leichter, als das vorher noch der Fall war. Oft steht nicht mehr die Frage im Vordergrund, ob Informationen vorhanden sind, sondern eher die Frage, ob die vorhandenen Informationen auch gefunden werden können. Nun handelt es sich bei Informationen zur Bonität eines Kunden nicht zwingend um öffentliche Informationen. Insbesondere dann nicht, wenn es Informationen sind, die eher eine unzureichende Bonität belegen. Andererseits werden aber positive Nachrichten – also auch solche, die eine gute Bonität dokumentieren – sehr gerne kommuniziert. Unternehmen nutzen dazu bevorzugt auch die eigene Webseite.

Eine erste gute Adresse, um Informationen zu finden, die zur Bonitätsbewertung herangezogen werden können, sind daher die Internetauftritte der betreffenden Unternehmen. Regelmäßig werden dort Erfolge mitgeteilt. Seien es große Aufträge oder Kunden, die gewonnen wurden, seien es Partnerschaften oder Allianzen, die geschlossen wurden, oder auch nur neue, innovative Produkte oder auch die Veränderungen im Management des Unternehmens. Je größer die betreffenden Unternehmen sind, umso häufiger finden sich sogar die Geschäftsberichte im Internet. In vielen Fällen beinhaltet der Internetauftritt auch eine Rubrik, in der Presseveröffentlichungen zum Unternehmen gesammelt und bereitgestellt werden.

Alle diese Informationen können (und sollten) vom Lieferanten genutzt werden, um sich einen Eindruck über den Kunden beziehungsweise den potenziellen Kunden zu verschaffen. Es geht dabei auch darum, ein möglichst sicheres Gefühl für den Kunden zu entwickeln. Ein Gefühl darüber, ob:

- es sich um ein seriöses Unternehmen handelt,
- das Unternehmen professionell kommuniziert,
- es innovative, wettbewerbsfähige Produkte/Dienstleistungen besitzt,
- die Marktposition und -entwicklung gut und aufstrebend ist,
- es sich attraktiv für Mitarbeiter präsentiert und
- das Unternehmen ein positives Presseecho findet.

Das alles sind zwar keine „harten“ Fakten. Diese „weichen“ Faktoren stellen aber eine sinnvolle Ergänzung dar, die einen möglichst umfassenden Gesamteindruck ergeben sollen.

Neben den eigenen Internetseiten der Kunden, finden sich Informationen möglicherweise auch bei Kammern und Verbänden. Auch dort wird regelmäßig über positive Entwicklungen der Mitgliedsunternehmen berichtet. Darüber hinaus enthalten diese Webseiten aber auch Informationen über branchenspezifische Problemlagen und Entwicklungstrends.

Auf zwei weitere Informationsquellen im Internet soll an dieser Stelle explizit hingewiesen werden. Unter www.unternehmensregister.de sowie www.insolvenzbekanntmachung.de können Interessenten kostenlos Registerinformationen, Veröffentlichungen und Insolvenzbekanntmachungen zu einzelnen Firmen oder aber auch in bestimmten Regionen suchen. Insbesondere dann, wenn Unternehmen grundsätzlich keine externen Bonitätsauskünfte verwenden (das ist aus Sicht des Autors nicht ratsam, es ist in der Praxis aber gar nicht selten), sollte insbesondere bei neuen Kunden unbedingt sichergestellt werden, dass über den Kunden keine Negativmerkmale (zum Beispiel Eidesstattliche Versicherung, Zwangsvollstreckung, Insolvenzantrag) vorliegen. Das Minimum, das eine Bonitätsprüfung leisten muss, ist die sichere Identifikation von Unternehmen, bei denen ein Forderungsausfall (bei einer Lieferung auf Ziel) sicher sein wird.

Eine, aus Erfahrung des Verfassers, nahezu regelmäßig vernachlässigte Informationsquelle über die Bonität des Kunden sind die eigenen Wahrnehmungen, Beobachtungen, Eindrücke und bei Bestandskunden auch Erfahrungen des Lieferanten selbst. Bei zahlreichen Kundenkontakten, sei es in persönlichen Gesprächen oder aus Telefonaten, stehen Informationen zur Verfügung, die nur sehr selten systematisch gesammelt oder ausgewertet werden. Gerade der Vertrieb kann bereits sehr frühzeitig Eindrücke aufnehmen, die als Indizien für die Beurteilung der wirtschaftlichen Lage und der Entwicklung der potenziellen Kunden herangezogen werden können. Es gibt eine Vielzahl von Indikatoren, deren Interpretation dazu beitragen kann, positive oder negative Entwicklungstrends zu identifizieren, bevor sie an anderer Stelle „Spuren hinterlassen“.

Die detaillierte Behandlung all dieser Punkte – und vor allem deren Interpretation – würde den Rahmen dieses Buches sprengen. In der folgenden Abbildung sind einige mögliche Beobachtungspunkte exemplarisch aufgeführt (Abb. 4.2).

Eine umfangreichere Liste findet sich unter http://www.forderungsmanagement.com/sites/default/files/Checkliste-Frueherkennung-von-Forderungsrisiken.pdf

Wenn der Lieferant – unter wirtschaftlichen Gesichtspunkten – alle verfügbaren internen und externen Informationen zusammengetragen hat, müssen diese Informationen bewertet werden und in eine Kreditentscheidung überführt werden. Aufgrund der Bonität des Kunden wird bei dieser Entscheidung festgelegt, wie hoch der Kredit (das Kreditlimit) sein wird, welche Tilgungsvereinbarung (die Zahlungskonditionen) getroffen wird und welche Sicherheiten gestellt werden müssen.

In der betrieblichen Praxis werden in der Regel zwei grundsätzlich unterschiedliche Verfahrensweisen angewendet. Auf der einen Seite gehen die Unternehmen vom Bonitäts-

Beobachtungsfelder	Aspekte	Bewertung*	Erläuterungen
Kunden	Verlust großer/wichtiger Kunden	*Legende: + positive Veränderung - negative Veränderung 0 keine Veränderung	
	Zunahme von Rabatten, Nachlässen und Sonderangeboten		
Bestellwesen	Reduzierung der Bestellmengen		
	Wechsel zu vergleichbaren Billig-Artikeln		
	Änderung der Bestellzusammensetzung		
	Wunsch/Einführung von Konsignationslagern		
	Diskussion über Zahlungsziele und Zahlungsweise statt über Preise		
	Zunahme der Reklamationsversuche/Gutschriftenwünsche		
Personal	Kurzarbeit		
	Zwangsurlaub		
	Abfeiern von Überstunden		
	Kündigung der guten Mitarbeiter		
	Ausbleibende Gehaltsentwicklung		
	Streichung von Nebenleistungen		
	Schlechte Stimmung		
Kommunikation	Zunehmend schlechte Presse		
	Gerüchte		
	Abnehmende Offenheit bei den bekannten Gesprächspartnern		
	Ständige Unerreichbarkeit von Entscheidungsträgern		

Abb. 4.2 Auszug bonitätsrelevanter Informationen aus Kundenkontakten

index der Auskunftei aus und überführen diesen, durch Integration der übrigen Bonitätsinformationen, in einen eigenen, unternehmensspezifischen Bonitäts- oder Risikoindex. Den verschiedenen „eigenen" Risikoklassen wird dann häufig der als zulässig erachtete Kreditrahmen zugeordnet. Auf der anderen Seite lassen die Lieferanten den Schritt zur Definition eines eigenen Risikoindexes weg und nutzen stattdessen die ergänzenden bonitätsrelevanten Informationen, um den Kreditrahmen unmittelbar zu variieren. Im folgenden Abschnitt wird das zuletzt genannte Verfahren näher skizziert.

▸ **Quintessenz:**

1. Die regelmäßige Bewertung der Kundenbonität ist ein MUSS in jedem Unternehmen.
2. Bonitätsauskünfte von Auskunfteien sind für die Bonitätsbewertung notwendig, aber nicht immer hinreichend.
3. Bankauskünfte können in bestimmten Fällen eine hilfreiche Ergänzung für die Bonitätseinschätzung darstellen.
4. Bei Bestandskunden muss das Unternehmen die vorliegenden Informationen und Erfahrungen nutzen.
5. Auf Grundlage der Bonitätsbewertung müssen Kreditlimitentscheidungen getroffen werden.

4.2 Kreditvergabe und Kreditüberwachung

Kreditentscheidungen bewusst treffen Ob der Lieferant einem bestimmten Kunden einen Kredit gewährt (Lieferung auf Ziel), wie hoch dieser Kredit sein wird, wie er besichert werden muss und wie die Rückzahlungsbedingungen sein werden, muss im Unternehmen immer eine bewusst getroffene Entscheidung sein. Mancher Leser hält diese Aussage für eine Platitude, zu Recht. Allerdings hat der Verfasser in seinen Projekten häufig – ja fast sogar regelmäßig – die Erfahrung gemacht, dass sich die Realität an dieser Stelle völlig anders darstellt:

- Ein Kreditlimit wird nicht festgelegt, das heißt der Kreditbetrag ist „nach oben offen",
- Das Kreditlimit wird „gegriffen" und die Höhe ist nicht nachvollziehbar zu begründen,
- Sicherheiten werden nicht gefordert, weil Risiken nicht bekannt sind und
- Zahlungsbedingungen werden lediglich unter Markt- und nicht unter Kreditgesichtspunkten vergeben.

Diese Situation ist – wenn man sich vergegenwärtigt, dass Unternehmen in der Regel mehr als 10 % ihres Jahresumsatzes als permanenten Bestand vergebener Kredite (Forderungsbestand) ausweisen – nicht tragbar und im konkreten Einzelfall unter Umständen hoch gefährlich (existenzbedrohend).

Die vom Verfasser aufgestellte Forderung nach „bewusst getroffenen Kreditentscheidungen", die sich an der Bonität des Kunden (und damit quasi automatisch am Ausfallrisiko) orientieren, bedeutet nun nicht, dass in jedem Einzelfall ein „betrieblicher Kreditausschuss" die Kreditvergabe beraten muss. Im Gegenteil, es ist anzustreben, im Vorfeld Grundsätze beziehungsweise Regularien zu definieren, die alle Einflussfaktoren berücksichtigen und Kreditentscheidungen so klar strukturieren, dass Kreditentscheidungen im Arbeitsalltag in der Masse quasi „automatisch" getroffen werden können.

Im Abschn. 3.2.2.2.1 wurde bereits sehr ausführlich darüber gesprochen, in welchem Verfahren und unter Berücksichtigung welcher Einflussgrößen Kreditentscheidungen getroffen werden sollten. Diese Ausführungen sollen an dieser Stelle nicht wiederholt werden. Stattdessen werden einige zentrale Fragestellungen zur Gestaltung des Entscheidungsprozesses näher beleuchtet.

4.2.1 Die Vergabe von Lieferantenkrediten

In den meisten seiner Projekte hat der Verfasser die Erfahrung gemacht, dass die Mehrzahl seiner Gesprächspartner die Vergabe von Lieferantenkrediten als selbstverständlich, teilweise gar als zwingend, erachtet hat. Es wurde in den seltensten Fällen reflektiert, „ob" Kredite vergeben, das heißt auf offene Rechnung geliefert, werden sollen. Im Vordergrund des Interesses stand meist entweder die (strittige) Frage nach der Höhe des Kredits oder aber die (ebenfalls strittige) Frage nach den Rückzahlungsmodalitäten. Dabei ist die Gewährung eines Lieferantenkredits nicht selbstverständlich und darf ruhig hinterfragt und im Ergebnis für das Unternehmen auch differenziert beantwortet werden.

4.2.1.1 Festlegung der Kreditbereiche

Jeder Lieferant darf und sollte sich zunächst die Frage stellen, ob er seinen Kunden generell oder gegebenenfalls eingeschränkt Kredite einräumen möchte oder aber einräumen muss. Jeder Leser kennt aus eigener Erfahrung Branchen, in denen es unüblich ist, Kredite einzuräumen. Dazu gehören zum Beispiel die Gastronomie, das Beherbergungsgewerbe, Cash-&-Carry-Märkte, Kfz-Werkstätten oder auch Tankstellen. Wenn in diesen Bereichen Kredite eingeräumt werden, dann ist der Kreis der potenziellen Kreditnehmer häufig auf die „guten Kunden" eingegrenzt.

Das Unternehmen sollte sich daher zunächst fragen:

1. Können wir/müssen wir jedem Kunden Kredite einräumen?
   1. Allen Kunden oder nur Bestandskunden?
   2. Privatpersonen oder Unternehmen?
2. Muss/soll die Kreditvergabe das gesamte Produkt- oder Dienstleistungssortiment umfassen?
   1. Alle Produkte oder nur Standardprodukte (keine kundenspezifischen Fertigungen)?
   2. Abverkäufe, Sonderangebote, Promotionaktionen?
3. Alle Märkte oder nur bestimmte Märkte?
   1. Lokaler, nationaler Markt oder weltweit?
   2. Alle Branchen oder nur ausgewählte Branchen?
4. Alle Vertriebswege oder nur einzelne Distributionskanäle?
   1. Händlernetz?
   2. Werksverkauf?
   3. Online-Handel?
   4. Katalogverkäufe?

Wenn diese Fragen gestellt und diskutiert werden, ist stets zu beachten, dass es Erwartungshaltungen und Usancen in Märkten, Branchen und Kundenkreisen gibt. Dabei gibt es immer Bereiche, in denen auf der einen Seite Lieferantenkredite üblich sind, auf der anderen Seite aber auch die direkte Begleichung der Rechnung (teilweise sogar im Voraus) gang und gäbe ist. Wenn in Märkten oder in bestimmten Kundenkreisen, die Erwartungshaltung einer Kreditgewährung vorherrscht (auch deshalb, weil die Lieferanten/Wettbewerber entsprechend verfahren), wird es den Umsatz beeinträchtigen, wenn grundsätzlich kein Kredit eingeräumt wird. Andererseits wird es aber den Umsatz nicht zwingend fördern, wenn Kredite eingeräumt werden, wo das nicht üblich ist (zum Beispiel beim Werksverkauf von Konsumprodukten).

Der Lieferant sollte daher nach eingehender interner Diskussion, in die unbedingt der Vertrieb einzubeziehen ist, festlegen, wo er Einschränkungen zur Lieferung auf Kredit vornimmt. In der Praxis werden solche Einschränkungen öfter vorgenommen bei:

- Neukunden,
- Privatpersonen,
- Sonderanfertigungen/kundenspezifischer Fertigung,
- im Export und
- im Online-Handel.

Wenn das Unternehmen also im ersten Schritt die kreditfähigen Geschäfte/Bereiche festgelegt hat, sind anschließend die Bedingungen, unter denen ein konkreter Kredit eingeräumt wird, zu spezifizieren.

4.2.1.2 Festlegung der Kriterien für die Kreditvergabe

Bevor der Lieferant die Vergabekriterien im Detail spezifiziert, sollte er sich, nach Auffassung des Autors, zunächst noch eine grundsätzliche Frage stellen. Es sollte eine Meinungsbildung darüber vorgenommen werden, ob für jedwede Kreditvergabe eine spezifizierte Regelung erforderlich ist, oder ob es Kredite gibt, die keiner besonderen Regelung (und damit Prüfung) bedürfen. Erfahrungsgemäß gibt es in einer Vielzahl von Unternehmen immer auch Kunden und Aufträge, die „nebenbei" akquiriert und bearbeitet werden (in der Fischerei existiert der Begriff „Beifang", der diesen Kunden- und Auftragskreis recht treffend bezeichnen würde).

Wenn diese Geschäfte näher betrachtet werden, handelt es sich oft um Einmalkunden, die Standardprodukte mit einem sehr geringen (für das normale Geschäft außergewöhnlich geringen) Auftragswert beziehen. Insgesamt ist weder die Zahl der Fälle noch der damit verbundene Umsatz für den Lieferanten bedeutend, zumal sich das Geschäft auf eine (im Vergleich zum Gesamtumsatz) hohe Kundenanzahl verteilt.

An dieser Stelle ist die Frage erlaubt, ob Aktivitäten zur Kreditprüfung erforderlich sind. In der Regel kann diese Frage verneint werden, da der Ausfall eines einzelnen Kunden keinen Schaden bedeuten würde, der nicht kompensiert werden könnte (obwohl er zumindest ärgerlich wäre). Im Gegenteil, mit einer Prüfung der Kreditvergabe – und sei es, dass lediglich eine kurze Bonitätsauskunft eingeholt wird – könnte ein größerer Teil des mit dem Auftrag verbundenen Ertrags/Gewinns „verbraucht" werden. Bei diesen Geschäften stellt sich die Frage, ob es nicht insgesamt einen höheren Ertrag bringt, auf eine Kreditprüfung zu verzichten und dafür den einen oder anderen Forderungsausfall in Kauf zu nehmen. An dieser Stelle ist aber Vorsicht geboten: Die oben aufgeworfene Fragestellung ist wirklich nur dann zulässig, wenn die Zahl der Aufträge und Kunden überschaubar ist, wenn das Ausfallrisiko im Einzelfall zu vernachlässigen und das gesamte Kreditvolumen für diese Kategorie der Aufträge/Kunden „übersichtlich" ist und ein Gesamtschaden (der unwahrscheinlich sein sollte) nicht signifikant sein würde.

Letztlich münden all diese Überlegungen darin, für die Bereiche, in denen grundsätzlich Lieferantenkredite vergeben werden, ein Basislimit zu definieren, das ohne dezidierte Kreditprüfung eingeräumt wird. Nun wird sicher eine ganze Reihe von Lesern dem entgegenhalten, dass das riskant ist. Das ist selbstverständlich richtig. Wenn bei der Festlegung des Basislimits aber die zuvor dargelegten Überlegungen berücksichtigt werden, dann handelt es sich um ein kalkuliertes und kalkulierbares Risiko. Und genau das ist ja der formulierte Anspruch. Es geht nämlich nicht darum, das Risiko auf „null" zu reduzieren. Risiko gehört (zwingend) zur unternehmerischen Tätigkeit. Ziel ist es, Risiken bewusst und gezielt einzugehen.

Für alle Kredithöhen, die sich oberhalb des Basislimits bewegen, sind – wie bereits mehrfach geäußert – das Verfahren und die Entscheidungsregeln zu definieren. Grundsätzlich sollten diese Festlegungen zwischen Forderungsmanagement und Vertrieb einvernehmlich erfolgen.

Für das Entscheidungsverfahren über die Höhe des Lieferantenkredits sollten zwei Ausgangsgrößen herangezogen werden:

- der Kreditbedarf (vertriebs- beziehungsweise umsatzorientierte Sicht) und
- der Kreditrahmen (finanz- beziehungsweise risikoorientierte Sichtweise).

Der Kreditbedarf ergibt sich aus den geplanten beziehungsweise den in der Vergangenheit realisierten Umsätzen mit dem Kunden, bei üblichen (marktkonformen) Zahlungsbedingungen.

Der Kreditrahmen ergibt sich zunächst aus den Ergebnissen/Empfehlungen der Bonitätsauskunft. Die Bonitätsauskunft beinhaltet neben einem Bonitätsindex beziehungsweise der Angabe einer Risikoklasse auch einen empfohlenen Höchstkredit.

Immer dann, wenn der Kreditbedarf höher ist als der Kreditrahmen, sind weitere Schritte in der Bonitätsbewertung und damit in der Limitfestsetzung erforderlich. In allen anderen Fällen kann der Kreditbedarf als Kreditlimit eingestellt werden.

Erfahrungsgemäß ist nur bei einem Teil der Kunden (oft bei dem kleineren Teil) der Kreditrahmen groß genug, um den Kreditbedarf abzudecken. Bei diesen betreffenden Kunden sollte wie folgt verfahren werden:

1. **Einholung einer Bankauskunft**
   Durch die Einholung einer Bankauskunft, bei der der tatsächliche Kreditbedarf angefragt wird, soll eine zusätzliche, möglicherweise aktuellere Einschätzung ermöglicht werden. Wird der angefragte Kreditbetrag von der Bank bestätigt, kann das Kreditlimit entsprechend erhöht werden. Ist die Bankauskunft zwar positiv, der angefragte Betrag wird aber nicht bestätigt, sollte der Kreditbetrag um einen zuvor einheitlich festgelegten Prozentsatz erhöht werden. In gleicher Weise ist natürlich auch eine Reduktion des Kreditbetrags nötig, wenn die Bankauskunft tendenziell negativ ausfällt.
2. **Nutzung eigener Erfahrungen**
   Insbesondere bei Bestandskunden besitzt der Lieferant eine eigene Informationsbasis, die zur Bonitätsbewertung herangezogen werden kann. In erster Linie sind das die bisherigen Zahlungserfahrungen. Kunden, die ihren Verpflichtungen bisher (dauerhaft) pünktlich/fristgerecht nachgekommen sind, besitzen mit hoher Wahrscheinlichkeit eine ausreichende Liquidität. Diese lässt mit ebenfalls hoher Wahrscheinlichkeit darauf schließen, dass der Kunde solide finanziert ist und Erträge erwirtschaftet. Aus diesem Grunde kann bei vorliegenden positiven Zahlungserfahrungen eine prozentuale Erhö-

hung des Kreditbedarfs vorgenommen werden. Bei negativen Zahlungserfahrungen ist selbstverständlich eine entsprechende Reduktion des Kreditrahmens erforderlich. In welcher Bandbreite der Kreditrahmen variiert werden kann, ist unternehmensspezifisch zu definieren. Sicherlich sollten an dieser Stelle die eigenen Zahlungserfahrungen nicht überbewertet werden. Möglicherweise hat der Kunde die Rechnungen des Lieferanten nur deshalb pünktlich beglichen, weil andere Lieferanten (die für seine Leistungserstellung weniger wichtig waren) nicht pünktlich bezahlt wurden.

3. **Nutzung von Vertriebsinformationen und sonstiger, zugänglicher Informationen**
In zweierlei Hinsicht kann der Vertrieb Informationen für die Festlegung des Kreditlimits beisteuern. Einerseits sind das Informationen zur Einschätzung der Marktposition, der Entwicklungschancen und der Wettbewerbsfähigkeit des Kunden. Andererseits aber auch Einschätzungen dazu, wie das Unternehmen positioniert ist und geführt wird. Damit die Einbeziehung von Vertriebsinformationen systematisch erfolgen kann, sind zwei Festlegungen zu treffen. Erstens ist genau festzulegen, was durch wen einzuschätzen/zu bewerten ist. Zweitens ist bereits im Voraus zu definieren, in welchem Maße eine Vertriebsbewertung beziehungsweise die sonstigen Informationen Einfluss auf die Höhe des Kreditlimits haben können.
4. **Berücksichtigung strategischer Überlegungen**
Durch ein erfolgreiches Forderungsmanagement wird dem Unternehmen Liquidität zugeführt, die dann anschließend zielgerichtet genutzt werden kann. Eine der potenziellen Nutzungsmöglichkeiten besteht auch darin, Märkte, die das Unternehmen stärker erschließen möchte, durch den verstärkten Einsatz von Lieferantenkrediten zu fördern. Auf strategisch wichtigen Märkten kann das Unternehmen bewusst höhere Risiken eingehen, sofern davon eine schnellere oder bessere Markterschließung zu erwarten ist. In analoger Weise ist es selbstverständlich auch möglich, Märkte, die das Unternehmen verlassen und künftig nicht mehr beliefern möchte (zum Beispiel weil die Preise nicht mehr lukrativ sind), mit einem „Abschlag" zu versehen und künftig weniger Risiko zuzulassen. Die betreffenden Märkte sind – unabhängig von konkreten Kreditentscheidungen – im Vorfeld gemeinsam mit dem Vertrieb festzulegen. In gleicher Weise sollte auch der Prozentsatz, mit dem eine Anpassung des Kreditlimits „aus strategischen Gründen" erfolgen kann, vorher festgelegt werden.

Wenn das Regelwerk, wie die Höhe der infrage kommenden Lieferantenkredite bestimmt wird, entwickelt und abgestimmt ist, wird für den überwiegenden Teil der Kunden eine weitgehend reibungslose und konfliktfreie Festlegung möglich sein. Dies wird jedoch nicht alle Kunden umfassen.

Insbesondere für diesen verbleibenden Kundenkreis bestehen dann drei Handlungsoptionen:

1. **Anpassung der Zahlungsbedingungen:**
Durch eine Verkürzung der Zahlungsziele reduziert sich der Kreditbedarf (weil offene Posten schneller ausgeglichen werden). Diese Thematik wird in Abschn. 6.2 näher behandelt.

2. **Gestellung von Sicherheiten:**
   Eine Risikoreduktion für den Lieferanten ist dadurch möglich, dass Sicherheiten gegen einen möglichen Forderungsausfall genutzt werden. Diese Option wird in vielen Fällen von den Unternehmen gewählt. Die Möglichkeiten zur Absicherung gegen Forderungsausfälle werden im Kap. 5 diskutiert.
3. **Einzelfallentscheidung:**
   Dort, wo das Regelwerk nicht zu einer abschließenden Lösung des Problems führt, besteht immer auch die Option, nach intensiver Würdigung des jeweiligen Falles, in einer Einzelfallentscheidung eine bewusste, kalkulierte und dokumentierte Kreditentscheidung zu treffen.
   Einzelfallentscheidungen sollten die Ausnahme und nicht die Regel darstellen. Wenn festgestellt wird, dass die Anzahl der Einzelfallentscheidungen zu hoch ist, empfiehlt sich die Überprüfung und Anpassung des Regelwerks. Damit die Kreditentscheidungen, die im konkreten Fall getroffen werden müssen, in „geordneter und nachvollziehbarer Weise" getroffen werden, sollten im Vorfeld Kompetenzregelungen verabschiedet werden. In solchen Kompetenzregelungen ist eindeutig festzulegen, welche Stelle bei welcher Kredithöhe die Kompetenz (und damit auch die Verantwortung) besitzt, eine verbindliche Festlegung vorzunehmen. Je höher der Schaden – und damit die Gefährdung des Unternehmens – bei einem Forderungsausfall möglicherweise ist, umso höher sollte die Entscheidungskompetenz in der Unternehmenshierarchie angesiedelt sein. Es hat sich in der Praxis bewährt, diese Kompetenz für jede Risikogruppe auf je einen Vertreter aus dem Finanzbereich und aus dem Vertrieb zu delegieren, wobei die beiden Vertreter der gleichen Hierarchieebene angehören. Die beiden Verantwortlichen sind gehalten, Konsensentscheidungen zu treffen. Für den Fall, dass kein Konsens möglich ist, ist die Entscheidung auf die nächst höhere Ebene auszuweiten.

Die systematische, in gleicher Weise an Vertriebs- und Risikogesichtspunkten orientierte Festlegung von Kredithöhen ist eine Seite der Medaille. Die andere Seite ist die Überwachung der eingeräumten Kredite.

4.2.1.3 Kreditüberwachung

Die Festlegung der Kredithöhen für jeden einzelnen Debitor kann nur dann das Unternehmen vor zu hohen, nicht kalkulierten (und gegebenenfalls nicht kalkulierbaren) Risiken schützen, wenn im operativen Betrieb sichergestellt wird, dass kein Kunde über den festgelegten Kreditrahmen hinaus auf Ziel beliefert wird.

Die Projekterfahrung des Autors hat leider gezeigt, dass das nur gewährleistet werden kann, wenn eine Reihe „harter Maßnahmen" umgesetzt wird. In den folgenden Abschnitten werden diese Maßnahmen vorgestellt.

4.2.1.3.1 Kein Kundenkonto ohne Kreditlimit

Es ist sicherzustellen, dass für jeden Kunden und damit für jedes Kundenkonto, das in den DV-Systemen angelegt beziehungsweise geführt wird, das Feld Kreditlimit eingerichtet und gepflegt wird. Damit dieses Erfordernis im oft hektischen Alltag „mit Sicherheit“ beachtet wird, ist es erforderlich, das Feld als „Muss-Feld“ zu definieren. Dies bewirkt, dass das Anlegen und das Nutzen eines Kundenkontos so lange nicht möglich sind, bis in dem Feld ein Wert erfasst wurde. Auf diese Weise wird sichergestellt, dass der Datenbestand (zumindest an dieser Stelle) konsistent ist.

In der täglichen Praxis kommt es häufiger vor, dass der Vertrieb bereits Bestellungen eines neuen Kunden vorliegen hat, bevor ein Kundenkonto angelegt und eine Kreditentscheidung getroffen wurde. Nicht selten liegen nicht alle Informationen vor, die zur Kontenanlage benötigt werden. Die Beschaffung fehlender Informationen gestaltet sich mitunter aber recht zeitaufwendig (wenn zum Beispiel Ansprechpartner beim Kunden nicht erreicht werden). Trotzdem hat der Vertrieb dem Kunden (vielleicht etwas voreilig) bereits eine Terminzusage gegeben. Selbstverständlich möchte der Vertrieb diesen zugesagten Liefertermin – ganz besonders bei der ersten Belieferung – einhalten. Da es bei einer engen Terminlage oft erforderlich ist, dass Bestellungen erfasst werden können, um zum Beispiel Materialdispositionen oder eine Fertigungsplanung vornehmen zu können, sollte die Kontenanlage nicht „unnötig“ verzögert werden.

Um das zu vermeiden, hat es sich bewährt, beim Fehlen des endgültigen Limits, die Kontenanlage mit einem Default-Wert vorzunehmen. Als Default-Wert kommt dabei das im Unternehmen festgelegte Basislimit in Betracht. So kann sichergestellt werden, dass entsprechende „Vorbereitungen“ für eine Belieferung bereits zeitnah starten können.

4.2.1.3.2 *Ein* verbindliches, vom Finanzbereich gepflegtes Kreditlimit

Die Projektpraxis hat gezeigt, dass die Unternehmen ihre ERP-Anwendungen nicht immer vollständig integriert haben. Teilweise werden für unterschiedliche Aufgabenstellungen unterschiedliche, eigenständige Programme verwendet.

Damit das Kreditlimit seine Schutzfunktion ausüben kann, muss technisch sichergestellt werden, dass in allen Systemen stets nur ein einheitlich gepflegtes Kreditlimit enthalten ist. Die Verantwortung und die Berechtigung zur Pflege dieses Datenfelds ist ausschließlich im Finanzbereich – möglichst im Forderungsmanagement – anzusiedeln.

Wie die Konsistenz der Feldinhalte, gegebenenfalls über Programmgrenzen hinweg, gewährleistet werden kann, lässt sich nur in der jeweiligen, spezifischen Systemumgebung spezifizieren. Unter Umständen kann es erforderlich sein, dass die IT mittels selbsterstellter Programme laufend/regelmäßig einen Abgleich vornimmt, die Feldinhalte aus dem Buchhaltungsprogramm überträgt und die Inhalte in anderen Anwendungen, insbesondere im Vertriebssystem (zum Beispiel der Auftragsbearbeitung), überschreibt.

4.2.1.3.3 Keine Belieferung jenseits des Kreditlimits

Jeder weiß, zumindest vom Hörensagen, dass es bei der Bank nicht ohne Weiteres möglich ist, seinen eingestellten Kreditrahmen zu überziehen. Sobald dort der Kreditrahmen ausgereizt ist, kann zum Beispiel am Geldautomaten kein Bargeld mehr gezogen werden.

Auch Lieferanten müssen sicherstellen, dass bei Erreichen des Limits die sonst üblichen Prozesse gestoppt werden. Damit wird sichergestellt, dass eine neue, bewusste Kreditentscheidung herbeigeführt werden muss.

Um dies zu gewährleisten, müssen permanent (real-time) die in den Systemen erfassten Risiken eines Kunden mit dem Kreditlimit abgeglichen werden. Das bedeutet konkret, dass die Summe der Kunden-OP und der erfasste Auftragsbestand gegen das Kreditlimit zu prüfen sind. Erreicht nun die Summe der Risiken das eingestellte Kreditlimit, muss der auslösende Vorgang (zum Beispiel die Erfassung eines Kundenauftrags) aus dem „normalen" DV-Prozess herausgelöst werden. So soll sichergestellt werden, dass der betreffende Auftrag nicht – ohne separate Prüfung und Entscheidung – gefertigt, kommissioniert und ausgeliefert wird.

In der bisherigen Projektpraxis hat sich folgende Vorgehensweise bewährt:

- Wird bei der Auftragserfassung das Kreditlimit erreicht, erhält der Sachbearbeiter eine Meldung am Bildschirm. Er kann dann entscheiden, ob lediglich die Auftragspositionen, die sich noch innerhalb des Kreditrahmens befinden, als Auftrag (der dann auch ohne Einschränkungen weiter bearbeitet werden kann) erfasst werden soll oder ob der vollständige Auftrag erfasst und in Gänze in den Wartestand (Kredit-Hold) gestellt werden soll.
- Eine eindeutig definierte Stelle im Forderungsmanagement erhält mittels Bildschirmmeldung die Nachricht, dass der Auftrag in den Kredit-Hold gestellt wurde.
- Innerhalb von längstens 24 h wird eine Prüfung vorgenommen und eine Entscheidung getroffen, ob und gegebenenfalls unter welchen Bedingungen der Auftrag freigegeben werden kann.
- Die Entscheidung wird unverzüglich dem Vertrieb kommuniziert und sichergestellt, dass der Kunde informiert wird (wenn eine Freigabe nur unter Bedingungen beziehungsweise gar nicht möglich ist).

Insbesondere die Verhinderung der Belieferung des Kunden mittels technischer Restriktionen hat sich in der Praxis als unabdingbar herausgestellt. Alle Versuche, mittels einfacher oder doppelter Warnmeldung (ohne Konsequenzen) Kreditentscheidungen herbeizuführen, mündeten bisher immer darin, dass die Warnmeldungen (teilweise reflexartig) bestätigt wurden, der Prozess der Prüfung des Kreditlimits aber nicht in Gang gesetzt wurde. Aufgrund dieser Erfahrung ist der Verfasser zwischenzeitlich der Überzeugung, dass nur ein „scharfes Kreditlimit" tatsächlich einen dauerhaften Schutz gegen nicht kalkulierte Risiken bietet.

4.2.1.3.4 Regelmäßige Prüfung der Kreditgrundlagen

Davon auszugehen, dass eine einmalige gründliche Bonitätsprüfung und eine systematische Ableitung eines Kreditlimits für die gesamte Dauer einer Geschäftsbeziehung ausreichend sind, ist mit hoher Wahrscheinlichkeit ein wenig zu optimistisch gedacht. Generell wird in der Gesellschaft von einer immer schnelleren Veränderungsgeschwindigkeit gesprochen. Auch im Wirtschaftsleben wird von Wissenschaftlern immer wieder die Aussage getroffen, dass der Wechsel zwischen Auf- und Abschwungphasen in immer kürzeren Zeitabständen erfolgt. In Abwandlung einer aus dem Sport bekannten Redewendung könnte man sagen: „Nach der Krise ist vor der Krise."

Solche Krisen müssen nicht immer die gesamte Volkswirtschaft eines Landes treffen; teilweise „konzentrieren“ sie sich auf einzelne Branchen (gegenwärtig zum Beispiel die Solarbranche). Das bedeutet, dass jeder Lieferant wahrscheinlich permanent in irgendeinem Markt (in einer Branche oder einer Region) mit mehr oder weniger starken Krisen zu kämpfen hat.

Diese Ausführungen sollen lediglich verdeutlichen, dass durch den nahezu permanenten Wandel auf den Märkten, die „Halbwertszeit“ von Bonitätsbeurteilungen und Kreditentscheidungen sehr kurz geworden ist. Dies erfordert eine regelmäßige, möglichst kontinuierliche Überwachung und Überprüfung der getroffenen Kreditentscheidungen.

Zwei bereits empfohlene Maßnahmen können bereits für einen erheblichen Teil der Kunden die erforderlichen Kontrollen und Prüfungen gewährleisten:

1. **Bonitätsauskünfte mit Monitoring-Option:**
   Sofern Auskünfte eingeholt werden/wurden, für die die Auskunftei die Bonitätsüberwachung und die Aktualisierung der Bonitätsinformationen anbietet, wird der Lieferant aktiv durch die Auskunftei informiert, falls sich an der Bonität des Kunden etwas verändert. Dieses Monitoring ist in der Regel allerdings auf zwölf Monate begrenzt. Daraus entsteht dann gleichzeitig die Notwendigkeit, dass bei „aktiven“ Kunden Bonitätsauskünfte alle zwölf Monate erneut einzuholen sind.
2. **Kreditkontrolle bei jedem Kundenauftrag:**
   Dadurch, dass bei jedem Kundenauftrag der Stand des Risikos mit dem eingestellten abgeglichen wird, ist in der Tendenz eine regelmäßige Prüfung gewährleistet. Das Forderungsmanagement hat so „ständig ein Auge auf die Kunden“.

Diese beiden Maßnahmen reichen allerdings noch nicht aus, um bei allen Kunden die regelmäßige Kreditüberwachung sicherzustellen. In der Projektpraxis hat sich immer wieder gezeigt, dass die Überwachung und aktuelle Pflege der Kredithöhen bei Kunden, die nur sporadisch Aufträge platzieren, zu wünschen übriglässt. Dafür gibt es nachvollziehbare Gründe, die systembedingt sind.

Kunden, die nur sporadisch kaufen – das ist zum Beispiel in der Investitionsgüterindustrie durchaus üblich (Oder welches KMU benötigt schon jedes Jahr beispielsweise neue Büromöbel?) –, weisen irgendwann weder einen Auftragsbestand, noch offene Posten (OP) auf. Wenn nun mittels Auswertungen geprüft wird, ob die Gefahr einer Limitüberschreitung besteht, fallen diese Kunden nicht auf. Da ja auch keine regelmäßige Auftrags-/OP-Bearbeitung erfolgt, ist die Wahrscheinlichkeit, dass „nebenbei“ festgestellt wird, dass die Bonitätsauskunft veraltet ist, eher gering.

Es ist daher ratsam, in regelmäßigen Abständen Analysen durchzuführen, die den gesamten Kundenstamm umfassen. Werden bei diesen Analysen Kunden identifiziert, bei denen die Geschäftsbeziehung seit einer Weile ruht, besitzt das Forderungsmanagement grundsätzlich zwei Handlungsoptionen:

1. **Aktualisierung der Bonitätsbewertung:**
   Die Wahl dieser Option kann allerdings bedeuten, dass für eine gewisse Anzahl von Kunden die Arbeit umsonst gemacht wird, weil sie auch in Zukunft nicht mehr beim

Lieferanten einkaufen werden. Je nach Vertragsgestaltung mit der Auskunftei (beziehungsweise je nach Preismodell der Auskunftei verursacht die „überflüssige“ Einholung von Bonitätsauskünften vermeidbare Kosten.

2. **Herabsetzen der Kredithöhe:**
   Um keine unnötige und überflüssige Arbeit leisten zu müssen, kann das Forderungsmanagement in den genannten Fällen das Kreditlimit auf das Basislimit herabsetzen. So wird gewährleistet, dass das Unternehmen kein nicht kalkuliertes Risiko eingeht, falls der Kunde wieder bestellt. Sollte das Basislimit dann nicht ausreichen, wird der Kunde bei der permanenten Auftragsprüfung identifiziert und eine aktuelle Bonitätsprüfung kann durchgeführt werden.

Da Kreditmanager erfahrungsgemäß eher weniger über freie Zeitressourcen verfügen, ist unter Effizienzgesichtspunkten eher die zweite Handlungsoption zu empfehlen. Allerdings ist es nicht zwingend, sich generell für eine der beiden Optionen zu entscheiden. In der Regel kennen die Unternehmen (sowohl das Forderungsmanagement als auch der Vertrieb) die Kunden und deren Kaufgewohnheiten so gut, dass sie Kunden, die zwar regelmäßig, aber in größeren Zeitintervallen kaufen, sehr treffsicher identifizieren können. Für diese Kunden ist dann durchaus auch die Wahl der ersten Handlungsoption opportun.

Zuletzt bleibt bislang die zweifelsohne im Raum stehende Frage nach der Häufigkeit beziehungsweise nach dem Zyklus der regelmäßigen Prüfung der Kreditgrundlagen noch unbeantwortet. Eine – unbefriedigende – Antwort auf diese Frage könnte lauten: „Das kommt darauf an.“ Aber etwas konkreter kann die Frage dann doch beantwortet werden.

Die regelmäßige Prüfung der Kreditgrundlagen sollte im Abstand von sechs Monaten, in volatileren Märkten aber durchaus auch im Abstand von drei Monaten erfolgen. Nach dem Motto „Sicher ist sicher“ könnte zunächst mit einer Überprüfung in kürzeren Zyklen begonnen werden und sich dann langsam an das für das Unternehmen „passende“ Zeitintervall herangetastet werden.

4.2.1.3.5 Anlassbezogene Prüfung der Kredite

Die anlassbezogene Überprüfung von Kreditentscheidungen muss im Grunde genommen nicht ausführlich beschrieben werden. Immer dann, wenn dem Forderungsmanagement Informationen vorliegen, dass es größere, unter Umständen bonitätsrelevante Veränderungen beim Kunden, in der Branche des Kunden oder in dessen Region gegeben hat, wird jeder erfahrene Forderungsmanager den oder die betreffenden Kunden einer „Kreditrevision“ unterziehen.

An dieser Stelle möchte der Autor allerdings noch einige Worte über Anlässe verlieren, die eigentlich gar keine sind.

Der Verfasser hat schon mehrfach die Erfahrung gemacht, dass sich bei ihm (aus heiterem Himmel) ein diffuses Gefühl bezogen auf bestimmte Kunden eingestellt hat. In keinem der Fälle gab es objektiv prüfbare Anhaltspunkte, die Anlass gegeben hätten, „sich Sorgen zu machen“. Nach einer gewissen Zeit hat sich dann in all diesen Fällen das Gefühl bestätigt. Sei es, dass der Kunde einen Insolvenzantrag gestellt hat oder sei es, dass Sicherheiten „geplatzt“ sind.

Mit zunehmender Häufigkeit der oben geschilderten Intuitionen hat es sich der Verfasser zur Regel gemacht, die Kunden offensiv mit „seinem Gefühl/seinem Verdacht/seiner Vermutung“ zu konfrontieren. In einigen Fällen hat der Kunde eine akute Insolvenzgefährdung bestätigt, sodass der potenzielle Ausfallschaden noch rechtzeitig begrenzt werden konnte.

Diese kurzen Ausführungen sollen lediglich dazu dienen, Forderungsmanager zu ermuntern, auch einmal auf ihr Gespür zu vertrauen. Forderungsmanager mit ein wenig Berufserfahrung, die ihre Kunden gut kennen und offen kommunizieren, werden sicherlich die eine oder andere „Antenne“ entwickeln, um auch zwischen den Zeilen lesen zu können. Lieber einer Vermutung nachgehen und gegebenenfalls feststellen, dass kein Grund zur Sorge besteht, als intuitive Warnsignale zu ignorieren und dann unter Umständen teuer dafür zu bezahlen.

Auch dann, wenn die Kreditentscheidungen bewusst und auf der Grundlage möglichst verlässlicher und umfassender Informationen getroffen werden, kann damit nicht garantiert werden, dass es zu keinem Forderungsausfall kommen wird. Schließlich bleibt bei aller Systematik die Einräumung eines Lieferantenkredits eine Prognose auf die zukünftige Zahlungsfähigkeit der Kunden. Auch bei „Kreditprofis“ (wie zum Beispiel den Banken) fällt schon einmal der eine oder andere Kredit aus.

Damit der Ausfall eines Kredits im einzelnen Fall oder aber auch der Forderungsausfall in Summe (zum Beispiel in einer Branche), keinen existenzbedrohenden Schaden verursachen kann, sollten sich Unternehmen in adäquater Weise gegen die wirtschaftlichen Folgen absichern.

Quintessenz

1. Jeder Kunde, der auf Ziel beliefert wird, benötigt ein am Ausfallrisiko orientiertes Kreditlimit.
2. Das Kreditlimit des Debitors muss sowohl die Anforderungen des Vertriebs als auch die Anforderungen des Kreditmanagements angemessen berücksichtigen.
3. Die Einhaltung des eingeräumten Kreditrahmens muss kontinuierlich, am besten systemseitig, überwacht werden.
4. Für Kreditentscheidungen ist eine Kompetenzregelung zu erstellen und zu dokumentieren.
5. Kreditentscheidungen sind zyklisch und anlassbezogen zu überprüfen.

4.3 Zusammenfassung

Es ist die Aufgabe des Forderungsmanagements, die Risiken, die jedes Unternehmen bei der Vergabe von Lieferantenkrediten eingeht, kalkulierbar zu machen. Grundlage für diese Risikoeinschätzung ist die Bewertung der Bonität des Kunden. Bonitätsauskünfte von Auskunfteien sind ein notwendiges, in der Regel aber kein hinreichendes Instrument zur Bonitätsbewertung. Neben Bankauskünften sollten die Unternehmen aber immer auch eigene Informationen und Erfahrungen als ergänzende Informations- und Bewertungsquelle nutzen. Erfahrene Kreditmanager sollten dabei auch schon einmal „ihrem Bauch vertrauen".

Das Ergebnis der Bonitätseinschätzung stellt die Grundlage für die Festlegung der Kredithöhe und der Rückzahlungsbedingungen des Kunden dar. Die Festlegung des Limits muss sich dabei sowohl an Risikogesichtspunkten, als auch an Vertriebsaspekten orientieren. Kreditlimite müssen kontinuierlich, am sichersten durch Systemeinstellungen, überwacht werden. Aber auch zyklische und anlassbezogene Überprüfungen des gewährten Kreditrahmens sind „überlebenswichtig". Jede Kreditentscheidung im Unternehmen muss bewusst, nach eindeutigen Regeln getroffen werden.

Literatur

1. Atradius Kreditversicherung. 2013. Atradius Zahlungsmoralbarometer. Internationale Studie zum Zahlungsverhalten von Unternehmen. Kernergebnisse Deutschland. http://www.atradius.de/debitorenmanagementpraxis/publikationen/zahlungsmoralbarometer-fruehjahr-2012.html. Zugegriffen: 01. Mai 2013.
2. Bundesverband Creditmanagement e. V. 2013. Der Klang des Erfolgs. Der CreditManager 1/2013. S. 14–17.
3. Creditsafe Deutschland GmbH. 2013. Bieten Sie die Möglichkeit, Firmenauskünfte auf Abrufbasis zu bezahlen? Häufig gestellte Fragen. http://www1.creditsafede.com/?id=3489. Zugegriffen: 20. Mai 2013.
4. Deutsche Bank AG. 20013. Beispiele möglicher Formulierungen. db auskunft. https://www.db-auskunft.de/wms/db-auskunft/index.php?ci=173&languag=1. Zugegriffen: 20. Mai 2013.
5. Deutsche Multiauskunftei GmbH. 2013. https://multiauskunftei.de/index.html. Zugegriffen: 20. Mai 2013.
6. IWW Institut. 2013. Einmeldung bei Auskunfteien als Betreibungsmittel. Forderungsmanagement professionell 5/2013, S. 89–90.

5 Sicherung gegen Forderungsausfälle

Im Fall der Fälle Eine Absicherung gegen mögliche Forderungsausfälle ist sinnvoll und in der überwiegenden Zahl der Fälle auch erforderlich. Während in Kap. 4 die Handlungsmöglichkeiten zur Reduktion der Wahrscheinlichkeit von Forderungsausfällen geschildert wurden, widmet sich dieses Kapitel der Frage, wie beim Eintreten von Forderungsausfällen der dann eintretende Schaden für das liefernde Unternehmen möglichst gering gehalten werden kann.

Die Sicherung gegen Forderungsausfälle kann auf vielfältigste Weise erfolgen. Es ist aber nicht das Ziel des Autors, in diesem Kapitel das gesamte Spektrum der potenziell nutzbaren Instrumente vorzustellen. Vielmehr möchte er – vor dem Hintergrund seiner praktischen Erfahrungen – einige wenige Aspekte aus dieser Thematik herausgreifen, teilweise kritisch hinterfragen und den einen oder anderen Tipp zur (einfachen) Optimierung der Sicherungsmaßnahmen geben.

5.1 Vorbehalte beim Eigentumsvorbehalt

Die Vereinbarung eines Eigentumsvorbehalts ist in Deutschland üblich und zulässig. Trotz der (vermeintlich) weiten Verbreitung ist es erforderlich, neben den verschiedenen Varianten auch die Probleme dieses Sicherungsinstruments zu kennen. Der Eigentumsvorbehalt kann nur dann zur Absicherung beitragen, wenn der Lieferant keine Fehler dabei macht.

5.1.1 Varianten des Eigentumsvorbehalts

Der Eigentumsvorbehalt ist im Grunde genommen eine Vertragsklausel, die die Frage, wer Eigentümer der Ware ist, juristisch regelt. Diese Regelung sorgt dafür, dass sich das, was „nach gesundem Menschenverstand" sowieso klar ist, auch durchsetzen lässt: Eigentümer

R. H. Müller, *Erfolgreiches Forderungsmanagement*,
DOI 10.1007/978-3-658-02671-4_5, © Springer Fachmedien Wiesbaden 2013

ist und bleibt der Verkäufer so lange, bis er den Kaufpreis vollständig erhalten hat. Aber nun ernsthaft!

Unter Eigentumsvorbehalt wird beim Kaufvertrag eine besondere Abrede zwischen den Vertragsparteien verstanden. Der Verkäufer behält sich – mit (in) dieser Abrede – das Eigentum an der verkauften Sache bis zur vollständigen Bezahlung des Kaufpreises vor. Dies bedeutet, dass das Eigentum unter der aufschiebenden Bedingung der vollständigen Zahlung des Kaufpreises übertragen wird. Solange der Käufer die Lieferung/Ware nicht vollständig bezahlt hat, findet noch kein Eigentumsübergang statt. Wenn der Käufer mit der Zahlung in Verzug kommt, ist der Verkäufer zum Rücktritt vom Vertrag berechtigt und kann die Herausgabe/Rücklieferung der Ware verlangen. Im Falle einer Kundeninsolvenz stellt der Eigentumsvorbehalt ein übliches und wirkungsvolles Mittel dar, um abgesondert Erlöse aus dem Insolvenzverfahren zu erhalten.

„Zur Wirksamkeit dieses sogenannten *einfachen Eigentumsvorbehalts* muss nicht zwingend eine schriftliche Vertragsklausel formuliert werden. Unter Umständen kann auch die einseitig abgegebene Erklärung des Verkäufers bei der Übergabe der Ware ausreichen, dass er sich das Eigentum vorbehalte. Der einfache Eigentumsvorbehalt kann auch noch durch einen Vermerk auf der Rechnung wirksam sein, sofern diese gleichzeitig mit der Ware oder vor der Ware beim Käufer eingeht. Im Zweifel ist von einem einfachen Eigentumsvorbehalt auszugehen (§ 455 BGB)".[8][1]

Zur Sicherung der Rechte des Verkäufers bei andauernder Geschäftsbeziehung und bei Weiterveräußerung und Be-/Verarbeitung der Ware durch den Käufer ist in Deutschland die Vereinbarung des verlängerten und des erweiterten Eigentumsvorbehalts in der Praxis üblich und dringend zu empfehlen.

Der *verlängerte Eigentumsvorbehalt* schützt den Verkäufer im Falle eines Weiterverkaufs der Waren durch den Käufer. Bei der Vereinbarung des verlängerten Eigentumsvorbehalts tritt der Käufer seine Verkaufserlöse aus der Veräußerung der Ware im Voraus an den Verkäufer ab, darf allerdings die Zahlung vom Endkunden (eigentlich für den Lieferanten) einziehen.

Der *erweiterte Eigentumsvorbehalt* trägt darüber hinaus dem Umstand Rechnung, dass Waren im üblichen Geschäftsverkehr in aller Regel mit einem Gewinnaufschlag weiterveräußert werden. Der erweiterte Eigentumsvorbehalt gibt nun dem ursprünglichen Verkäufer das Recht, auch den mit der Weiterveräußerung verbundenen Gewinn „einzuziehen" – und zwar so lange/so weit, bis alle Schulden des Käufers beim Lieferanten beglichen sind. Konkret bedeutet das, dass der Eigentumsübergang an einer bestimmten Ware erst dann erfolgt, wenn diese bestimmte und darüber hinaus alle anderen Waren, die der Käufer vom Lieferanten erworben hat, vollständig bezahlt worden sind.

Falls sich der Verkäufer auch bei Weiterverarbeitung (zum Beispiel Bearbeitung oder Vermischung) den Eigentumsvorbehalt „sichern" möchte, ist es erforderlich, auch eine *Verarbeitungsklausel* in die Vorbehaltsvereinbarung aufzunehmen. Die Verarbeitungsklausel ist eine Form des verlängerten Eigentumsvorbehalts.

[1] siehe Portal Forderungsmanagement e.K. 2013.

Im Gegensatz zum einfachen Eigentumsvorbehalt sind beim verlängerten und erweiterten Eigentumsvorbehalt unbedingt die wirksame und beweisfähige Vereinbarung zwischen den Vertragsparteien erforderlich.

In Deutschland werden alle Varianten des Eigentumsvorbehalts von den Gerichten grundsätzlich anerkannt. Im Vergleich zu den möglichen Vereinbarungen in Deutschland ist der Eigentumsvorbehalt in anderen Ländern nur in eingeschränktem Ausmaß zulässig oder wirksam [4][2].

5.1.2 Nutzen des Eigentumsvorbehalts

Ein wirksam vereinbarter Eigentumsvorbehalt verschafft dem Verkäufer das Recht, sich seine Ware wieder zurückzuholen, sofern sie vom Käufer nicht bezahlt wird. Normalerweise hat der Verkäufer daran aber gar kein Interesse. Viel lieber möchte er, dass die Ware bezahlt wird, denn davon lebt er. Insofern ist eine mögliche Rückholung der nicht oder nicht vollständig bezahlten Ware für den Lieferanten eher ein Druckmittel. Eine Rückholung würde für den Käufer nämlich bedeuten, dass er die erworbene Ware nicht mehr verwenden kann (zum Beispiel bei Werkzeugen oder Maschinen), sie nicht weiterverarbeiten kann (zum Beispiel in Fertigungsunternehmen bei Rohstoffen) oder sie nicht mehr veräußern kann (zum Beispiel im Handel). In mehr oder weniger hohem Maße würde damit die Möglichkeit, selbst Erlöse zu erwirtschaften, eingeschränkt oder gar verhindert werden (zum Beispiel im Handel).

Der Nutzen des Eigentumsvorbehalts im Falle einer Kundeninsolvenz geht allerdings weit über die einer Drohgebärde hinaus. Ein Verkäufer, der seine Waren nicht unter Eigentumsvorbehalt veräußert, hat nur sehr geringe Aussichten aus einem Insolvenzverfahren heraus eine (Teil-) Auszahlung eines Erlöses zu erhalten. Besteht allerdings ein Eigentumsvorbehalt, muss der Insolvenzverwalter entweder die Ware oder die mit einer Weiterverarbeitung und einem Weiterverkauf erzielten Erlöse an den Verkäufer herausgeben.

Im Grunde genommen sorgt der Eigentumsvorbehalt im Falle der Kundeninsolvenz für eine bevorzugte Behandlung des Lieferanten. Der Verkäufer von Waren mit Eigentumsvorbehalt steht in der Rangfolge vor den Gläubigern/Darlehensgläubigern ohne Sicherheiten. Die Forderungen mit Eigentumsvorbehalt werden „bevorzugt" befriedigt.

5.1.3 Probleme mit dem Eigentumsvorbehalt

In Deutschland sind alle drei Varianten des Eigentumsvorbehalts zulässig und werden von den Gerichten anerkannt, sofern – und das ist oftmals die Krux an dieser Angelegenheit – sie wirksam vereinbart wurden. Nur dann sind die Rechte aus dem Eigentumsvorbehalt auch durchsetzbar.

Es ist weit verbreitet, die Regelungen zum Eigentumsvorbehalt als Bestandteil der „Allgemeinen Geschäftsbedingungen" (AGB), der „Verkaufs- und Lieferbedingungen"

[2] vgl. Bülow 1999.

oder ähnlicher Vereinbarungen zu formulieren. Damit die AGB – und damit verbunden die Regelungen zum Eigentumsvorbehalt – Geltung erlangen, muss der Käufer sie spätestens zum Zeitpunkt des Vertragsabschlusses oder vorher zur Kenntnis genommen haben. Es genügt daher – insbesondere beim verlängerten und beim erweiterten Eigentumsvorbehalt – nicht, wenn sie dem Käufer, nachdem er bestellt hat, auf der Rückseite der Auftragsbestätigung, des Lieferscheins oder der Rechnung (in der Regel sehr klein gedruckt) zur Verfügung gestellt werden. Sofern die AGB nur auf Dokumenten „kommuniziert" werden, die dem Käufer nach Vertragsabschluss zur Verfügung gestellt werden, sind die enthaltenen Bestimmungen nicht gültig.

Um den Eigentumsvorbehalt wirksam zu vereinbaren, ist es bei einzelnen Vertragswerken sinnvoll, die entsprechenden Regelungen unmittelbar in den Vertragstext aufzunehmen und nicht auf andere Regelwerke zu verweisen.

Bei Geschäften, bei denen es nicht üblich ist, explizit formulierte schriftliche Verträge zu unterzeichnen, ist es ratsam, die Regelungen zum Eigentumsvorbehalt in alle Angebotsformulare (-texte), in Bestellformularen und in Auftragsbestätigungen *auf der Vorderseite* abzudrucken. Am sichersten ist es, wenn der Käufer die Kenntnisnahme der Regelungen zum Eigentumsvorbehalt (und/oder der AGB) ausdrücklich schriftlich dokumentiert.

Besondere Probleme entstehen immer dann, wenn Verkäufer und Käufer im Prozess des Geschäftsabschlusses „munter" „Allgemeine Verkaufsbedingungen" und „Allgemeine Einkaufsbedingungen" auf den Rückseiten der Dokumente austauschen, ohne ausdrücklich zu verhandeln und festzulegen, wessen Bedingungen denn nun gelten sollen. Kommt es anschließend zu Problemen in der Geschäftsabwicklung, stellen die Vertragsparteien dann oft „überrascht" fest, dass sich die Bedingungen in den entscheidenden Punkten widersprechen. „Widersprechen sich die Allgemeinen Geschäftsbedingungen der Vertragspartner, werden sie nur in dem Umfang Vertragsbestandteil, wie sie inhaltlich übereinstimmen. Widersprüchliche Regelungen sind dagegen von wenigen Ausnahmen abgesehen, unwirksam."[1][3]

Um spätere Ungemach von vornherein zu vermeiden, ist es sinnvoll, das Thema in Verhandlungen offensiv anzusprechen. Im Vorfeld des Geschäfts ist es wesentlich einfacher möglich, eine Einigung herbeizuführen, als dann, „wenn das Kind bereits in den Brunnen gefallen ist."

Wenn es dem Verkäufer gelungen ist, den Eigentumsvorbehalt wirksam zu vereinbaren, dann ist er damit – was die effektive Ausfallsicherung angeht- leider noch immer nicht ganz „aus dem Schneider".

Um die Ware im Falle des Nichtzahlens des Kunden tatsächlich auch zurückholen zu können, benötigt der Verkäufer (für diesen Fall) ungehindert und ungestraft Zutritt zu den Geschäftsräumen des Kunden. Dies ist unter anderem deshalb erforderlich, weil gerade im Vorfeld von Insolvenzen häufig bei den betreffenden Unternehmen ein unerklärlicher Warenschwund oder ein völlig undurchschaubares Lagerchaos auftreten, sodass die Ware (angeblich) unauffindbar ist. Sollte der Käufer den Zutritt zu den Geschäftsräumen

[3] vgl.: (Atradius Kreditversicherung 2013, S. 5).

erlaubt haben, kann nur dann die Ware zurückgenommen werden (oder aber auch deren Verkaufserlöse beansprucht werden), wenn die Ware eindeutig zu identifizieren ist. Hierbei helfen selbstverständlich alle Firmenzeichen, Artikelnummern, Seriennummer und Chargennummern auf der Ware (nicht auf einer Verpackung oder Umverpackung), insbesondere dann, wenn auf diese Nummern im Lieferschein und/oder der Rechnung Bezug genommen wurde. Bei Schüttgütern dürfte das allerdings ein schier unmögliches Unterfangen werden, da nach einer Vermischung mit anderen Lieferungen (unter Umständen mit denen anderer Lieferanten) nicht mehr oder nicht mehr mit wirtschaftlich vertretbarem Aufwand identifiziert werden kann, um welche Ware aus welcher Lieferung es sich im konkreten Fall tatsächlich handelt.

5.1.4 Empfehlungen zum Eigentumsvorbehalt

Die Regelung und Vereinbarung des Eigentumsvorbehalts ist sinnvoll, auch wenn sie nicht in jedem Fall (siehe Schüttgüter) helfen, einen Insolvenzschaden zu reduzieren. Der Autor hat noch in keinem Fall die Feststellung gemacht, dass sie geschadet hätten.

Der Eigentumsvorbehalt sollte sowohl als verlängerter, als auch als erweiterter Eigentumsvorbehalt geregelt werden. Bei entsprechenden Waren ist eine Verarbeitungsklausel ratsam. Die entsprechenden Klauseln sollten klar und einfach (und justiziabel) formuliert sein. Es ist nicht ratsam, die Klauseln anderer Unternehmen 1:1 zu kopieren (das macht wenig Arbeit) oder Laien mit juristischem Halbwissen mit der Formulierung zu beauftragen. Die Unterstützung durch Juristen zahlt sich spätestens dann aus, wenn es einmal zu einer gerichtlichen Auseinandersetzung kommt.

Das Recht, im Falle der Nichtzahlung oder der Insolvenz, die Ware zurückholen und dazu die Geschäftsräume des Kunden ungehindert betreten zu dürfen, sollte möglichst enthalten sein.

Die Kenntnisnahme der und das Einverständnis mit den Regelungen zum Eigentumsvorbehalt sollte vom Käufer durch Unterschrift bestätigt werden. Dies muss spätestens zum Zeitpunkt des Vertragsabschlusses erfolgen, damit die Eigentumsvorbehaltsregelungen Bestandteil des Vertrags werden.

Die Regelungen zum Eigentumsvorbehalt gehören *auf die Vorderseite* von Bestellformularen, Auftragsbestätigungen und Rechnungen. In Angeboten sollte die Thematik explizit in den Angebotstext aufgenommen werden.

Last, but not least ist eine möglichst eindeutige und dauerhafte Identifikation der Ware erforderlich, auf die im Lieferschein und in der Rechnung Bezug genommen wird. Seriennummern, Chargen, et cetera auf die Produkte aufgebracht, erleichtern die eindeutige Identifikation für die Rücknahme beziehungsweise die Beanspruchung der Verkaufserlöse.

Es ist äußerst empfehlenswert, den Themenkomplex Eigentumsvorbehalt insgesamt mit einem Anwalt zu besprechen und dessen Formulierungen einerseits sowie das Prozedere einer wirksamen Vereinbarung andererseits „rechtssicher“ zu gestalten. Und, wenn das Unternehmen schon einmal dabei ist, dann sollten die AGB insgesamt in diesen Beratungsvorgang eingeschlossen werden. Aus den Erfahrungen des Verfassers heraus muss vermutet werden, dass dieser Gestaltungsbereich insgesamt in vielen KMU eher vernachlässigt wird und wahrscheinlich nicht immer rechtssicher geregelt ist.

Wirksame Eigentumsvorbehaltsregelungen werden von vielen Warenkreditversicherungen als Voraussetzung für den Abschluss einer Warenkreditversicherung (WKV) gefordert. Denn auch für eine Warenkreditversicherung stellen Eigentumsvorbehaltsregelungen eine effektive Maßnahme dar, um im Schadensfall die Höhe des eintretenden Schadens zu begrenzen. Ob, und in welchem Maße der Abschluss einer Warenkreditversicherung bei einem Forderungsausfall die Schadenshöhe für den Versicherungsnehmer einschränken kann, wird im folgenden Abschnitt behandelt.

Quintessenz:

1. Der Eigentumsvorbehalt stellt eine wirksame und kostenlose Möglichkeit zur Sicherung gegen Forderungsausfälle dar.
2. Jedes Unternehmen sollte die verschiedenen Varianten des Eigentumsvorbehalts nutzen.
3. Mit juristischer Unterstützung sollten Verfahrensweisen definiert werden, die die wirksame Vereinbarung des Eigentumsvorbehalts sicherstellen.
4. Auch im Export ist der Eigentumsvorbehalt zur Forderungssicherung nutzbar.
5. Im Bedarfsfall hilft der Eigentumsvorbehalt umso mehr, je besser und eindeutiger die Ware identifiziert werden kann.

5.2 Der Klassiker: Die Warenkreditversicherung

Gut, aber nicht gut genug In einer aktuellen Pressemitteilung meldet Atradius (eines der großen Kreditversicherungsunternehmen in Deutschland), dass deutsche Unternehmen (wieder vermehrt) „auf ihren Rechnungen sitzen bleiben“. „Die befragten deutschen Lieferanten mussten 3,7 % der Gesamtsumme ihrer ausstehenden Rechnungen im Inland als Totalausfall verbuchen.“[2][4] Bei Forderungen gegen ausländische Unternehmen ermittelt Atradius gar einen Wert von 4,8 %. Am Ende dieser Pressemitteilung wird dann empfohlen: „Mit der Forderungsabsicherung in Form einer Kreditversicherung können Exporteure beruhigt Zahlungen auf Ziel und damit Lieferantenkredite mit ihren Geschäftspartnern vereinbaren.“[2][5] Selbstverständlich schließt diese Empfehlung auch die Absicherung gegen Forderungsausfälle bei inländischen Kunden ein.

Gewiss kann es nicht verwundern, dass ein Anbieter von Kreditversicherungen den Abschluss einer Warenkreditversicherung gegen Forderungsausfälle empfiehlt. Überraschend wäre es eher, wenn Atradius das nicht tun würde. Doch auch dann, wenn dieser Eigennutz konstatiert werden muss, die Empfehlung, eine Warenkreditversicherung abzuschließen,

[4] Vgl.: (Atradius Kreditversicherung 2013, S. 1).

[5] (Ebenda, S. 3).

ist kein schlechter Vorschlag, wenn es darum geht – und das ist hier tatsächlich der Fall – mögliche Schäden aus Forderungsausfällen für die Lieferanten zu kompensieren.

Die „klassische" Warenkreditversicherung ist das spezielle Versicherungsprodukt, dass die Versicherungswirtschaft seit Jahrzehnten für die Absicherung der Lieferanten gegen Forderungsausfälle anbietet. Die Anzahl der Anbieter für dieses Versicherungsprodukt ist in Deutschland überschaubar. Neben den Top 3, Atradius, Euler-Hermes und Coface, werden noch von Axa, R&V und Zurich Versicherung Warenkreditversicherungen angeboten.

Warenkreditversicherungen werden von vielen Unternehmen zum Schutz gegen die Schäden von Forderungsausfällen genutzt. Es ist schon allein deshalb sinnvoll, diese Form der Absicherung etwas näher zu betrachten.

5.2.1 Funktionsweise der Warenkreditversicherung (WKV)

Im Gabler Wirtschaftslexikon ist die Warenkreditversicherung wie folgt definiert:

„1. Begriff: Versicherung gegen das Ausfallrisiko von Forderungen aus Warenlieferungen sowie Werk- und Dienstleistungen mit kurzen oder mittleren Laufzeiten gegenüber gewerblichen Abnehmern.

2. Merkmale: Die Warenkreditversicherung ist vertraglich als eine revolvierende Deckung mit Pauschaldeckung und benannter Versicherung ausgestaltet. In einem Rahmenvertrag werden die grundsätzlichen Vertragsinhalte geregelt, wie zum Beispiel die Prämie, die Vertragslaufzeit und das Kündigungsrecht. Daneben kommen bei der benannten Versicherung Einzelverträge zustande, indem der Kreditversicherer auf Antrag des Versicherungsnehmers in der Kreditmitteilung eine Versicherungssumme für den jeweiligen Kunden festsetzt. Die Warenkreditversicherung ist eine laufende Versicherung i. S. d. §§ 53 ff. VVG."[6][6]

Die Begriffsdefinition dürfte den meisten Lesern auf Anhieb nicht besonders viel sagen, was möglicherweise daran liegt, dass sie weniger aus Sicht des beim Lieferanten tätigen Kaufmanns als vielmehr aus Sicht des Versicherungsexperten formuliert ist. Bei näherer Betrachtung erschließen sich jedoch einige zentrale Aspekte.

Wie bereits mehrfach erwähnt, kann der Lieferant durch Abschluss einer Warenkreditversicherung das Forderungsausfallrisiko absichern. Allerdings nur bei Forderungen, die aus Warenlieferungen, Werkverträgen oder erbrachten Dienstleistungen entstanden sind. Im Umkehrschluss bedeutet das zum Beispiel, dass Darlehensforderungen nicht in der WKV abgesichert werden können. Bei den Forderungen muss es sich um kurz- oder mittelfristige Forderungen handeln; langfristige Forderungen, wie sie zum Beispiel aus dem Bau von Großanlagen bekannt sind, können also ebenfalls nicht versichert werden. Lediglich Forderungen gegen gewerbliche Abnehmer, also das Firmenkundengeschäft (und nicht die Verkäufe an Privatpersonen) können mittels WKV versichert werden. In der Definition nicht enthalten, aber in allen, dem Autor bekannten Versicherungsverträgen

[6] Vgl.: (Gabler Verlag 2013).

ebenfalls ausgeschlossen oder eingegrenzt, sind Forderungen gegen öffentliche Auftraggeber und gegen verbundene Unternehmen.[7]

Im Grunde genommen schließt der Lieferant (das ist der Versicherungsnehmer) mit dem Versicherer eine Rahmenvereinbarung über die Eckpunkte der Versicherung ab. Zu diesen Eckpunkten gehören zum Beispiel die Höhe der Versicherungsprämie, der näher spezifizierte, versicherte Schaden, die Vereinbarungen zu Laufzeiten und Kündigungsmodalitäten sowie die Pflichten des Versicherungsnehmers. In diese Rahmenvereinbarung sind zunächst einmal alle Kunden, die nicht explizit ausgeschlossen sind (siehe oben), mit allen (gegebenenfalls bestehenden) und künftigen Forderungen in die Rahmenvereinbarung einbezogen. Das bedeutet für den Versicherungsnehmer unter anderem, dass er keine Selektion vornehmen kann, welche Kunden er versichern möchte und welche nicht. Eine solche, berechtigte Überlegung – Kunden von deren Bonität der Lieferant zu 100 % überzeugt ist, müssen aus seiner Sicht nicht versichert werden, weil kein Schaden entstehen wird – lässt sich im Rahmen der WKV nicht realisieren. Wenn die Perspektive des Versicherers eingenommen wird, ist das nachvollziehbar. Könnten die Versicherungsnehmer in dieser Frage „sich die Rosinen herauspicken", blieben beim Versicherer nur die Forderungen mit hoher Ausfallwahrscheinlichkeit. Aus seiner Sicht wäre dann keine Risikostreuung mehr möglich.

Der Abschluss der Rahmenvereinbarung bedeutet nun allerdings noch nicht, dass ein konkreter Kunde mit den gegen ihn bestehenden Forderungen tatsächlich versichert ist. Der Versicherungsschutz kommt in der Regel auf zwei unterschiedlichen Wegen zustande.

Einerseits können Kunden im Rahmen der Pauschaldeckung/Pauschalversicherung abgesichert werden. Im Rahmen einer Pauschaldeckung werden meist Kunden versichert, sofern deren OP eine Andienungsgrenze (eine festgelegte Summe) nicht überschreiten. Kunden, deren OP-Summe zum Beispiel einen Betrag von 5.000 € nicht übersteigt, sind dann „automatisch" versichert, wenn der Versicherungsnehmer bestimmte, in der Rahmenvereinbarung festgelegte Maßnahmen zur Bonitäts- und Kreditprüfung vornimmt (und nachweisen kann).

Andererseits werden Kunden, deren OP die Andienungsgrenze überschreiten, vom Versicherer einzeln geprüft. Hier wird vom Versicherer nach der Kreditprüfung der Betrag benannt, bis zu dem die Forderungen gegen diesen speziellen Kunden versichert sind. Üblicherweise werden diese Kunden als „benannt Versicherte" bezeichnet. Der Lieferant muss für Kunden jenseits der Andienungsgrenze den Versicherungsschutz einzeln bei seinem Kreditversicherer anfragen. Erst nach einer positiven Entscheidung sind die Forderungen gegen diese Kunden in der vom Versicherten genannten Höhe versichert.

Die bisherigen Ausführungen verdeutlichen bereits, dass nach Abschluss einer Warenkreditversicherung beim Lieferanten eine permanente Prüfung erforderlich wird. Es muss

[7] Der Autor kann für die Aussagen in diesem Absatz keine umfassende Gewähr geben, da die Versicherer jederzeit frei sind, das Versicherungsangebot/den Versicherungsschutz grundsätzlich oder auch im einzelnen Vertragsfall auszuweiten oder einzuschränken. Es ist nicht möglich, ständig einen vollständigen Überblick zu behalten.

ständig überwacht werden, ob Versicherungsschutz im Rahmen der Pauschal- oder der Einzelversicherung besteht. Überschreiten die Forderungen die versicherten Beträge, sind Versicherungsanfragen beim Versicherer zu stellen und die resultierenden Ergebnisse zu verarbeiten (das bedeutet zum Beispiel, den Entscheidungsrücklauf zu überwachen, Entscheidungen im Debitorenstamm einzupflegen, und je nach Ergebnis auch Aufträge zu sperren).

Zusätzlich zu diesen Arbeiten, die ja zumindest auch im Eigeninteresse des Lieferanten liegen, hat der Lieferant weitere Pflichten aus dem Versicherungsvertrag zu erfüllen. Es handelt sich dabei um die sogenannten Obliegenheiten. Zu diesen Obliegenheiten gehört es unter anderem, regelmäßig (meist monatlich) in einer Kreditzielüberschreitungsmeldung alle Kunden zu melden, die Forderungen, deren Höhe eine vom Versicherer definierte Grenze übersteigt, innerhalb einer definierten Frist nach der vereinbarten Nettofälligkeit noch nicht beglichen haben. Außerdem muss der Versicherer alle Informationen, die auf ein verändertes Ausfallrisiko hindeuten, an den Versicherer weitergeben.

Falls der Leser in den letzten Abschnitten den Eindruck gewonnen hat, dass eine Warenkreditversicherung eine einigermaßen komplexe Angelegenheit ist, dann täuscht er sich nicht. Eine WKV funktioniert nicht nach dem Prinzip: Versicherung abschließen, Versicherungspolice ablegen, im Schadensfall die Versicherung informieren und anschließend Entschädigung vereinnahmen. Eine WKV erfordert eine permanente Bearbeitung. Das liegt unter anderem daran, dass diese Versicherungsform drei wesentliche Funktionen besitzt:

1. **Schadensverhütung:**
   Durch Einzelprüfung der „größeren" Risiken und der möglichen Ablehnung der Deckung soll verhindert werden, dass Schäden (die der Versicherer zu regulieren hat) überhaupt erst entstehen.
2. **Schadensminderung:**
   Durch explizite Vorgaben, was zum Beispiel zu tun ist, wenn die Bezahlung nach einer definierten Frist noch nicht erfolgt ist (oft sind diese Kunden in das Inkasso des Versicherers zu überführen), wird versucht, den potenziellen Schaden so gering wie möglich zu halten.
3. **Schadensvergütung:**
   Für den Fall, dass ein Schaden entstanden ist, soll der Versicherungsnehmer möglichst schnell die vereinbarte Entschädigung erhalten.

Die beiden erstgenannten Funktionen können von der Versicherung nur dann realisiert werden, wenn er in die laufenden Kreditentscheidungen des Versicherungsnehmers einbezogen wird. Dies hat auch die oben skizzierte Komplexität zur Folge. Einen groben Überblick über die Arbeitsweise der Warenkreditversicherung gibt die Abb. 5.1.

Bislang völlig unbehandelt ist die Frage, in welcher Höhe die Entschädigung im Schadensfall erfolgt. Spontan wird wahrscheinlich die erste Erwartung sein: „In Höhe von 100 % des entstandenen Schadens." Nach etwas längerem Nachdenken stellt sich wahr-

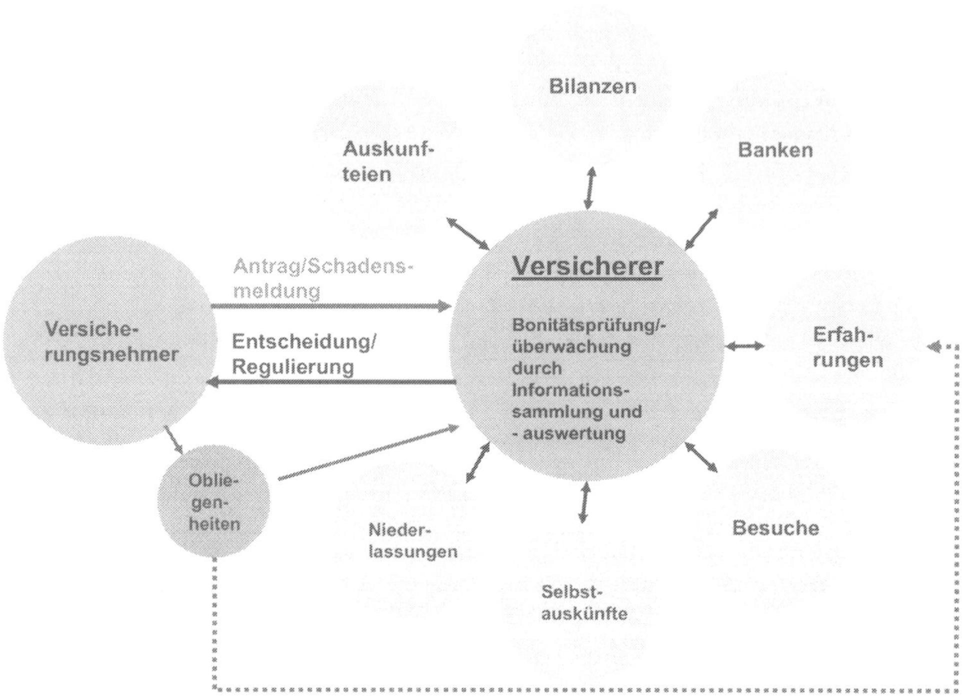

Abb. 5.1 Funktionsweise der Warenkreditversicherung

scheinlich die Erkenntnis ein, dass Versicherungen (auch in anderen Sparten) selten den vollständigen Schaden regulieren. Oft gibt es Selbstbeteiligungen (Kfz- oder Krankenversicherung), den Ersatz des Zeitwerts oder des Wiederbeschaffungswerts (zum Beispiel Haftpflichtversicherung) und so weiter.

So ist es auch bei der Warenkreditversicherung. Welcher Forderungsausfall in welcher Höhe reguliert wird, stellt sich regelmäßig sehr differenziert dar:

1. **Öffentliche Unternehmen, verbundene Unternehmen, Kunden, deren Versicherung im Rahmen der Anfrage vollständig abgelehnt wurde:**
   In diesen Fällen trägt der Lieferant den eingetretenen Schaden zu 100 % selbst, die Versicherung reguliert nicht. Für diese Lieferantenkredite besteht keine Absicherung im Rahmen der WKV.
2. **Kunden mit Forderungen in Höhe einer Bagatellgrenze:**
   In der Regel werden in den Versicherungsverträgen sogenannte Franchisen definiert. Es handelt sich dabei um Forderungshöhen, die normalerweise die Grenze von 1.000 € nicht übersteigen. Forderungen, die sich in der Höhe innerhalb dieser Franchise bewegen, werden ebenfalls nicht durch den Versicherer reguliert.
3. **Pauschalversicherte Kunden:**
   Der Forderungsbetrag, der die vereinbarte Franchise übersteigt, wird in der Regel in der Höhe von 65 bis 80 % des Ausfallbetrags entschädigt. Das bedeutet, dass der Versiche-

rungsnehmer die Franchise sowie 20 bis 35 % des restlichen Betrags als eigenes Risiko zu tragen hat.

4. **Benannt versicherte Kunden:**
   Bei Forderungsausfällen in diesem Segment zahlt die Versicherung in der Regel zwischen 75 und 90 % des versicherten Betrags. Das bedeutet, dass der Lieferant neben der Franchise, 10 bis 25 % der jeweils versicherten Forderungshöhe sowie die Forderungen, die den Versicherungsbetrag übersteigen, selbst tragen muss.

Diese Ausführungen verdeutlichen, dass im Idealfall bis annährend 90 % der ausgefallenen Forderungen im Rahmen der Warenkreditversicherung reguliert werden können. Im Durchschnitt dürfte sich der regulierte Schaden allerdings eher im Bereich zwischen 70 und 80 % der Forderungsausfälle bewegen. Schlechtesten Falls erfolgt keine Regulierung. Trotz vermeintlichem Versicherungsschutz trägt der Versicherte den Schaden vollständig selbst.

Abschließend soll noch ein letzter Aspekt behandelt werden. Es stellt sich die Frage, wann (unter welchen Bedingungen) der Schadensfall – nach Definition der Versicherung – eintritt. In den entsprechenden Verträgen werden üblicherweise zwei Tatbestände unterschieden:

1. Der Kunde stellt einen Insolvenzantrag beziehungsweise ein Insolvenzverfahren wird eröffnet (Zahlungsunfähigkeit des Kunden). Außerdem: ein gerichtlicher oder außergerichtlicher Liquiditäts- oder Quotenvergleich mit allen Gläubigern sowie die ergebnislose Zwangsvollstreckung.
2. Die Rechnung ist nach einer definierten Frist, nach Erreichen der Nettofälligkeit, noch nicht bezahlt (protracted default).

Der Schadenseintritt aufgrund der Kundeninsolvenz ist in den Verträgen standardmäßig eingeschlossen. Nicht immer und häufig nur auf ausdrückliche Vereinbarung hin ist „protracted default" ebenfalls versichert. In der Mehrzahl der, dem Autor bekannten Verträge, beträgt die Frist sechs Monate (180 Tage).

5.2.2 Vor- und Nachteile der WKV

Die Vorteile der Warenkreditversicherung sind schnell aufgezählt, aber sie wiegen schwer.

Der zentrale Vorteil aus Sicht des Versicherungsnehmers (Lieferanten) ist ohne Frage, dass er auf diesem Wege – wenn er nicht viel Pech hat – jenseits von 60 bis 70 % aller eingetretenen Schäden (präziser: der Schadenshöhen) erstattet erhält. Das Risiko, der Gefährdung der Unternehmensexistenz aufgrund von Forderungsausfällen, wird dadurch erheblich reduziert.

Ein weiterer entscheidender Vorteil ist die regelmäßige Bonitätsprüfung und -überwachung durch den Kreditversicherer. Durch die Kompetenz des Versicherers wird in höherem Maße sichergestellt, dass riskante Geschäfte unter Umständen nicht getätigt werden und damit das Ausfallrisiko schon im Vorfeld reduziert wird. Ein Vorteil, der umso gewichtiger ist, je schlechter das eigene Kreditmanagement des Lieferanten aufgestellt ist. Falls der Lieferant über kein beziehungsweise lediglich ein rudimentäres Forderungsmanagement verfügt, kann er mittels Versicherungsvertrag den überwiegenden Teil der Bonitätsbewertung und -überwachung nach außen verlagern.

Die Nachteile der Warenkreditversicherung sind zahlreicher, aber lange nicht so offensichtlich wie die Vorteile.

Zur Klarstellung sei noch einmal extra betont, dass eine Warenkreditversicherung Geld kostet. Die Versicherungsprämie ergibt sich aus der Gesamtsumme des versicherten Umsatzes. In den Fällen, in denen ein großer Teil des Umsatzes mit Kunden gemacht wird, die über eine ausgezeichnete Bonität verfügen, wird der Schutz (in Relation zum bestehenden Risiko) relativ teuer. Der Grund besteht darin, dass die Forderungen aller Kunden angedient werden müssen.

Ein weiterer Nachteil besteht darin, dass im Rahmen des Versicherungsvertrags eine Reihe von Obliegenheiten zu erfüllen und ein großer Teil der Kunden einzeln anzufragen ist. Das erfordert einen nicht unerheblichen Aufwand und bedeutet in vielen Fällen, dass die eigenen Prozesse nach den Vorgaben des Versicherers anzupassen sind. Erfahrungsgemäß gelingt das, insbesondere in KMU, nur selten zuverlässig. Es ist daher nicht ausgeschlossen, dass es dadurch zu sogenannten Obliegenheitsverletzungen kommt. Das Problem solcher Obliegenheitsverletzungen besteht nun allerdings darin, dass der Versicherer im Schadensfall die Regulierung einschränken oder vollständig verweigern kann, sofern die Obliegenheitsverletzung die Schadenshöhe negativ beeinflusst hat. Konkret bedeutet das, dass durch die Obliegenheitsverletzung der Schaden höher ausgefallen ist. Liegen solche Obliegenheitsverletzungen bei größeren Schäden vor, ist davon auszugehen, dass der Versicherung zumindest probieren wird, einen Teil des Regulierungsbetrags „zu sparen". Auch wenn ihm das nicht gelingen sollte, so dürfte die Klärung doch zumindest einigen Aufwand hervorrufen und die Auszahlung der Entschädigung zumindest verzögern.

Nachteilig an der WKV ist in gewisser Hinsicht auch, dass der Versicherer die Bonitätsbeurteilung vornimmt und die Kreditentscheidung trifft. Zum einen ist für jede Kreditentscheidung eine Prüfungsgebühr zu entrichten. Zum anderen werden die Kreditentscheidungen ausschließlich nach den, dem Versicherer vorliegenden Informationen getroffen. Die eigenen Erfahrungen und Informationen des Lieferanten, die nicht selten aktueller oder genauer sind, spielen dabei keine Rolle. Wenn davon ausgegangen wird, dass jede Kreditentscheidung des Versicherers nach intensiver Analyse und Würdigung der vorhandenen Informationen getroffen wird, dann ist das nicht korrekt. Die überwiegende Anzahl der Kreditentscheidungen, bis zu einer Betragsgrenze von 500.000 €, werden maschinell/automatisch getroffen. Anhand des Bonitätsindex einer Auskunftei wird maschinell nach einem standardisierten Regelwerk das Versicherungslimit abgeleitet. Lediglich schwierige Entscheidungen oder auch Entscheidungen, die über das genannte Limit hinausgehen, werden tatsächlich individuell und dezidiert geprüft.

Diese Form der Entscheidungsfindung (der Versicherer entscheidet allein, nach eigenen, selbstdefinierten Kriterien) bedingt den nächsten entscheidenden Nachteil aus Sicht des Lieferanten. Die Warenkreditversicherung kann jederzeit das Versicherungslimit für einen Kunden oder auch für Kundengruppen herabsetzen. Das wird der Versicherer, schon zum eigenen Schutz, immer dann machen, wenn es Anzeichen gibt, dass sich aufgrund konjunktureller Veränderungen, branchenspezifischer Schwierigkeiten oder auch kundenspezifischer Entwicklungen eine verschlechterte Bonität einstellen wird. Durch eine „simple" Änderung des Regelwerks ergeben sich für eine Vielzahl von Unternehmen neue, herabgesetzte Versicherungssummen.

Der Verfasser hat in einem Kundenprojekt selbst erlebt, dass die Limite aller Kunden einer bestimmten Branche – ohne Vorankündigung – halbiert oder gar gänzlich gestrichen wurden. In einem solchen Fall bleiben die bisherigen Versicherungszusagen für die bestehenden Forderungen zwar erhalten, künftige Lieferungen sind aber nur noch im Rahmen der neuen Versicherungsbeträge versichert. Ein ehemaliger Kunde des Autors hatte in seinem Unternehmen die strikte Order herausgegeben, Kunden lediglich im Rahmen des Versicherungslimits zu beliefern. Massive Limitstreichungen und -herabsetzungen in den Jahren 2009 und 2010 führten unter anderem dazu, dass sich der Umsatz des Kunden nahezu halbiert hat.

5.2.3 Kritische Würdigung der WKV aus Sicht des Forderungsmanagers

Der Forderungsmanager sollte die verschiedenen Instrumente zur Absicherung von Forderungsausfällen zumindest grob nach drei Kriterien beurteilen:

1. Effektivität: Bieten die Instrumente tatsächlich wirksamen Schutz?
2. Effizienz: Lassen sich die Instrumente schnell und aufwandsarm nutzen?
3. Preis-Leistungsverhältnis: Übersteigt der Nutzen die damit verbundenen Kosten?

Bei einer solchen Würdigung ergibt sich aus Sicht des Autors für die WKV folgendes Bild.

5.2.3.1 Effektivität

Die Warenkreditversicherung bietet effektiven Schutz, aber mit Einschränkungen. Entstehen bei versicherten Kunden Forderungsausfälle, werden diese durch die Versicherer zuverlässig reguliert. Es verbleibt auch bei diesen Kunden allerdings immer ein selbst zu tragender Anteil am Schaden. Schäden bei nicht versicherten Kunden, muss der Lieferant vollständig selbst tragen.

In Summe und über alle Kunden kann schätzungsweise eine effektive Absicherung der Hälfte des gesamten (nominellen) Risikos unterstellt werden. Bei genauerer Betrachtung sind nämlich die Kunden, die eine sehr gute Bonität aufweisen und bei denen eine geringe Ausfallwahrscheinlichkeit besteht, mit tendenziell hohen OP versicherbar. Aus Sicht des Forderungsmanagers sind das allerdings die Kunden, für die die Absicherung am wenigsten notwendig ist. In einer gegensätzlichen Betrachtung wird deutlich, dass die WKV für Kunden mit schlechter Bonität und hoher Ausfallwahrscheinlichkeit nur geringe OP versichert oder gar keine Versicherung übernimmt. Bei den Kunden, bei denen eine Absicherung am nötigsten wäre, greift die Warenkreditversicherung am wenigsten. Besonders kritisch muss die Würdigung dann ausfallen, wenn sich die Konjunktur der Gesamtwirtschaft oder die einzelner Branchen signifikant verschlechtert. In diesen Fällen werden die versicherten Forderungsgrenzen – ohne Möglichkeit einer Einflussnahme durch die Versicherungsnehmer – durch die Versicherer spürbar reduziert. Dann, wenn eine gute Absicherung am wichtigsten ist, wird sie maßgeblich eingeschränkt. Bildlich gesprochen könnte man sagen: „Wenn es leicht anfängt zu regnen, wird der Regenschirm immer kleiner, bis er zuletzt vom Versicherer ganz weggenommen wird." Überspitzt könnte man subsumieren, dass die WKV (nur) die Kunden versichert, für die man keine Versicherung benötigt. Eine solche Sichtweise wäre selbstverständlich überzogen. Fällt bei dieser Betrachtung doch unter den Tisch, dass die WKV insbesondere bei den Kunden mit einer mittleren Bonität eine wertvolle Sicherheit bietet. Gerade in diesem Bereich fällt es dem Forderungsmanager schwer, stets eine sichere Kreditentscheidung zu treffen. Nicht zu vernachlässigen ist auch die regelmäßige Bonitätsprüfung und -überwachung, die der Kreditversicherer für die benannt versicherten Kunden leistet. Ein Großteil der potenziellen Schäden wird möglicherweise auch bereits dadurch „abgesichert", dass sie nicht ohne Weiteres zustande kommen können. Dies führt im Forderungsmanagement immer dazu, dass genauer hingeschaut wird und in der Regel zusätzliche Sicherungsinstrumente genutzt werden.

Insgesamt stellt die Warenkreditversicherung aus Sicht des Forderungsmanagements ein effektives Absicherungsinstrument dar, das jedoch (zwingende) systemimmanente Lücken aufweist. Es ist sehr wichtig, dass der Forderungsmanager sich dieser Lücken bewusst ist und dieses Bewusstsein auch beim (verantwortlichen) Management herstellt.

5.2.3.2 Effizienz

Der „0815-Fall", eine Kreditanfrage für einen benannt zu versichernden Kunden, ist in der Regel hocheffizient zu bearbeiten. In einer zugangsgeschützten, webbasierten Anwendung kann der Versicherungsnehmer die Versicherungsanfrage, inklusive des benötigten Kreditrahmens, einstellen und erhält in vielen Fällen sofort, ansonsten meist innerhalb von 24 Stunden eine Mitteilung zur Kreditentscheidung.

Ein wenig aufwendiger wird es nur dann, wenn für das angefragte Unternehmen keine oder keine aktuellen Daten beim Versicherer vorliegen. In diesen Fällen benötigt der Versicherer möglicherweise einige Tage bis zu seiner Entscheidung. Vermehrter Aufwand entsteht in der Praxis auch dann, wenn der Versicherungsnehmer mit der Entscheidung nicht einverstanden ist und zum Beispiel wissen möchte, was der maßgebliche Auslöser für die „zu geringe Versicherungssumme" ist. Hier haben die unterschiedlichen Versicherungsunternehmen und teilweise auch die verschiedenen Niederlassungen, die den Versicherungsnehmer betreuen, sehr unterschiedlich gute Kommunikationskompetenzen. Punktuell wird die WKV an dieser Stelle ineffizient. Das ist insgesamt aber nicht entscheidend.

Problematisch hinsichtlich der Effizienz stellt sich insbesondere das „System der Obliegenheiten" dar. Nach der Erfahrung des Autors hatten alle von ihm betreuten Versicherungsnehmer – mehr oder weniger große – Probleme, ihre Prozesse und ihre DV-Anwendungen so anzupassen, dass die Obliegenheiten regelmäßig, zuverlässig und mit geringem Arbeitsaufwand erfüllt werden konnten. An dieser Stelle würde die Effizienz wesentlich gesteigert werden können, wenn die Versicherer mit einem Gesamtdatenbestand versorgt werden würden, den sie selbst auswerten würden. Ziel müsste es dann sein, Standardauswertungen oder Standardreports der beim Kunden genutzten ERP-Systeme verwenden zu können. Es würde den Prozess der Obliegenheitsbearbeitung wesentlich entlasten, wenn der Versicherungsnehmer zum Beispiel einmal monatlich zu einem fixierten Termin die OP-Liste, die Mahnliste und die entsprechende Kundenkorrespondenz an den Versicherer übermitteln könnte und dadurch seinen Obliegenheiten nachgekommen wäre.

Teilweise entstehen in der Bearbeitung von WKV-Fragen auch allein deshalb schon Ineffizienzen, weil die Versicherer alle (kundenbezogenen) Bearbeitungsvorgänge in erster Linie mittels „Versicherungsnummer" dem jeweiligen Kunden (hiermit ist der Kunde des Lieferanten gemeint) zuordnen. Die beim Versicherungsnehmer gebräuchliche Identifikation erfolgt allerdings durch die jeweilige Debitorennummer. Diese wird vom Versicherer oft nur nachrangig oder schlimmsten Falls gar nicht genutzt.

Insgesamt ist aus Sicht des Forderungsmanagers die Effizienz im Tagesgeschäft gegeben. Problematisch sind allerdings regelmäßig die zyklischen Arbeiten.

5.2.3.3 Preis-Leistungsverhältnis

Es ist einigermaßen schwierig, das Preis-Leistungsverhältnis einer Versicherung zu beurteilen. Das Preis-Leistungsverhältnis einer Versicherung ist nicht bereits deshalb schlecht, weil sie nicht zum Tragen gekommen ist. Eine Versicherung ist stets eine Vorsorge für „den Fall der Fälle". Nur, weil innerhalb eines Betrachtungszeitraums (zufällig) keine oder nur geringe Schäden entstanden sind, bedeutet das nicht, dass das Preis-Leistungsverhältnis nicht gut sein kann.

Entscheidend für die Beurteilung ist dagegen vielmehr die Frage, ob die tatsächlich eingetretenen Schadensfälle von der Versicherung erfasst wurden und in adäquater Höhe reguliert worden sind. Leider lässt sich diese Beurteilung immer erst im Nachhinein vornehmen. Sollte dann allerdings festgestellt werden, dass zum Beispiel über mehrere Jahre Schadensfälle in signifikanter Größenordnung aufgetreten sind, diese Schäden aber zum überwiegenden Teil nicht abgedeckt waren oder reguliert worden sind, dann ist das Preis-Leistungsverhältnis der WKV in diesem Fall nicht gut.

In einem Projekt hat der Verfasser zum Beispiel festgestellt, dass sein Kunde im Verlauf von drei Jahren Schäden in der Größenordnung von rund 200.000 € jährlich hatte. Von diesen Schäden wurden jährlich lediglich 10.000 € bis 30.000 € durch die WKV ersetzt. Allerdings betrugen die Versicherungsgebühren zirka 60.000 € jährlich. Bei der näheren Analyse wurde dann festgestellt, dass der überwiegende Teil der vorhandenen Risiken überhaupt nicht durch die WKV abgedeckt wurde. Erst nach grundsätzlicher Neustrukturierung konnte die WKV mit einem adäquaten Preis-Leistungsverhältnis umgesetzt werden.

Eine weitere Möglichkeit zur Beurteilung des Preis-Leistungsverhältnisses der WKV ist der Vergleich mit alternativen Absicherungsinstrumenten. Aber im Grunde ist ein solcher Vergleich gar nicht zulässig, weil es sich immer um einen Vergleich „von Äpfeln und Birnen" handeln wird. Nur eine Warenkreditversicherung kann tatsächlich mit einer Warenkreditversicherung verglichen werden. Ob Alternativen zur WKV genutzt werden sollen, ist in erster Linie eine Frage der „Philosophie" und der Rahmenbedingungen und erst in zweiter Hinsicht eine Frage des Preises.

Der wirklich zulässige Vergleich zwischen unterschiedlichen WKV kann nur unter Zugrundelegung konkreter Vertragsbedingungen und betrieblicher Situationen erfolgen. Es ist ratsam – wenngleich auch sehr arbeitsintensiv – im Vorfeld eines Vertragsabschlusses mehrere Angebote miteinander zu vergleichen. Unter Umständen ist es ratsam, sich in dieser Frage von einem *spezialisierten* Makler unterstützen zu lassen.

Insgesamt muss diagnostiziert werden, dass eine Warenkreditversicherung sicherlich kein „billiger Jakob" ist. „Denn eine Warenkreditversicherung ist teuer. Eine Firma muss für jährliche Auslieferungen im Wert von 30 Mill € bei einem Zahlungsziel von 30 Tagen mit einer Jahresprämie von 30.000 € rechnen, sagt Cornelius Freese von der Hamburger Versicherungsmakler Funk Gruppe. Die Preise variieren jedoch stark, je nach Branche und dem Anteil des Auslandsgeschäfts. Letztlich sind die Prämien aber Verhandlungssache."[10][8]

Aus diesem Grunde ist vor Abschluss eines WKV-Vertrags sehr genau zu prüfen, ob und wenn ja, welches Angebot den angestrebten Ausfallschutz zu den günstigsten Konditionen bietet.

5.2.3.4 Gesamtwürdigung

Das Absicherungsinstrument Warenkreditversicherung ist ein etabliertes Instrument, das nur bedingt einen effektiven Ausfallschutz bietet. Während das Tagesgeschäft effizient organisiert werden kann, stellen die Obliegenheiten regelmäßig hohe Anforderungen an die zuverlässige und effiziente Bearbeitung im Unternehmen. Da die Prämien für Warenkreditversicherungen tendenziell hoch sind und zudem sehr stark variieren – je nach den jeweiligen spezifischen Bedingungen des Unternehmens –, ist ein detaillierter Preisvergleich vor Vertragsabschluss dringend geboten. Zumal die tatsächlich zu zahlenden Prämien verhandelbar sind.

Bevor die Entscheidung für einen Anbieter getroffen wird, sollten die konkreten Vertragsentwürfe mehrerer Anbieter gesichtet werden. Zuweilen verbergen sich die „Haken" in den Vertragsdetails. Eine genaue Würdigung der Verträge ist nicht ohne. Gerne erstrecken sich die Verträge auf 20 bis 30 DIN A4 -Seiten, die Allgemeinen Versicherungsbedingungen noch nicht eingeschlossen.

Es ist vor allem aber ratsam, zunächst einmal über Alternativen zur „klassischen" Warenkreditversicherung nachzudenken. Möglicherweise kann eine ganz andere Philosophie der Absicherung viel besser die Anforderungen des Unternehmens erfüllen.

[8] (Schmidt-Kasparek 2012).

Quintessenz:

1. Die Warenkreditversicherung ist eine gute Wahl zur Absicherung gegen Forderungsausfälle.
2. Eine hundertprozentige Absicherung gegen Forderungsausfälle erfolgt nicht. Im Schadensfall bleibt dem Lieferanten immer ein Selbstbehalt.
3. Kunden mit schlechter Bonität können nicht oder nicht hinreichend versichert werden.
4. Versicherungslimite können jederzeit einseitig vom Versicherer gekürzt oder gestrichen werden.
5. Die WKV eignet sich besonders für Unternehmen mit wenig eigener Kompetenz im Forderungsmanagement.

5.3 Die Alternative: die Excess-of-Loss-Versicherung

Das Bessere ist der Feind des Guten „Eine Umfrage des auf internationale B2B-Studien spezialisierten Forschungsinstituts ITC Research hat bei einer repräsentativen Auswahl von Verantwortlichen für das Kreditmanagement (Leiter der Finanzabteilung, Chefbuchhalter oder Kreditmanager) ergeben, dass die gebräuchlichen Modelle zur Deckung des Zahlungsausfallrisikos wie Kreditversicherung oder Factoring größtenteils als notwendig, ja unerlässlich angesehen werden. Diese Verantwortlichen sehen die externen Dienstleistungen, auf die sie zurückgreifen, als Hilfsmittel an, die sie bei ihrer täglichen Arbeit unterstützen und ihnen Sicherheit und Seelenfrieden verschaffen. Dennoch sind viele von ihnen der Meinung, dass diese Deckungsformen ihnen systematisch drei Arten von Einschränkungen auferlegen:

1. **Verwaltungstechnische und kaufmännische Belastungen**
   Um die verwaltungstechnischen Anforderungen der Kreditversicherungs- oder Factoring-Verträge zu erfüllen, sind die Unternehmen gezwungen, eine interne Mehrarbeit in Kauf zu nehmen. Zudem werden die vorab festgelegten Kreditlimite sehr oft als wenig kompatibel mit der kaufmännischen Unternehmensführung empfunden. Darüber hinaus muss das Unternehmen bei einem Zahlungsausfall auch eine Einmischung seines Zulieferanten oder der von ihm im Rahmen der Geschäftsbeziehung mit seinem Kunden beauftragten Anwälte hinnehmen.
2. **Hohe Kosten**
   Viele Verantwortliche werden ganz einfach durch die Kosten der Kreditversicherung oder des Factorings abgehalten, irgendeinen Schutz in Anspruch zu nehmen. Bemängelt wird häufig die Starrheit der angebotenen Prämienmodelle, die keine Preisanpassung oder Budgetalternativen ermöglichen.
3. **Standardservice**
   Die oben erwähnte Studie brachte auch einen Rückgang der Flexibilität, des von den Kreditversicherern oder Factoring-Anbietern gebotenen Services zutage. Das in den

vergangenen Jahren durch Fusionen und Umstrukturierungen im Versicherungs- und Finanzsektor geschaffene Oligopol hat Folgen: Die Verträge sind nicht mehr verhandelbar und werden heute von Maklern verkauft, die nicht mehr 'die Wahl haben, eine Auswahl anzubieten'. Oder werden von allgemeinen Versicherungsvermittlern angeboten, die weniger erfahren sind als die Spezialmakler, um maßgeschneiderte Lösungen für ein Unternehmen zu entwickeln." [11][9]

Zur Beseitigung dieser Engpässe und Begrenzungen wurde eine Alternative geschaffen, die Excess-of-Loss-Versicherung (XL-Versicherung).

5.3.1 Funktionsprinzipien der Excess-of-Loss-Versicherung

Eine Excess-of-Loss-Versicherung ist eine „neue Form der Warenkreditversicherung"; also die Absicherung des Lieferanten gegen Forderungsausfälle aufgrund von Zahlungsunfähigkeit der Kunden. Bei der klassischen Warenkreditversicherung ist es erforderlich, für jeden einzelnen Kunden eine Versicherungsanfrage beim Versicherer zu stellen (pauschal Versicherte ausgenommen). Der Versicherer trifft dann (nach entsprechender Prüfung des betroffenen Kunden) eine Versicherungsentscheidung und benennt einen Versicherungsbetrag für den jeweiligen Kunden. Danach sind Lieferungen an diesen Kunden bis zu diesem Versicherungsbetrag versichert; das heißt im Falle einer Zahlungsunfähigkeit des Kunden erstattet der Versicherer die Forderungen (abzüglich einer Franchise und des Selbstbehalts) bis zu der Höchstgrenze des Versicherungsbetrags. Über diesen Versicherungsvertrag hinausgehende Forderungen sind nicht versichert und werden folglich auch nicht entschädigt.

Die klassische Form der Warenkreditversicherung hat, wie bereits erläutert, folgende Nachteile:

1. Jeder zu versichernde Kunde muss angefragt werden (Arbeitsaufwand).
2. Der Versicherer entscheidet über die Versicherungshöhe, ungeachtet des tatsächlichen Geschäftsvolumens mit diesem Kunden (Versicherungsbeträge decken häufig den Forderungsbestand nur teilweise ab).
3. Für Kunden, bei denen das größte Ausfallrisiko besteht, werden häufig keine Versicherungsbeträge benannt (der Lieferant liefert also auf eigenes Risiko).
4. Versicherungsbeträge können jederzeit einseitig durch die Versicherung herabgesetzt oder gestrichen werden.
5. Obliegenheiten gemäß Vorgabe durch den Versicherer sind zu erfüllen.

Diese Nachteile resultieren zu einem Großteil aus der Philosophie der Warenkreditversicherung. Die WKV ist nicht nur eine Versicherung, die Schäden vergüten soll, sondern

[9] (TCRe 2013, S. 5).

auch eine, die Schäden vermeiden und abmildern soll. Außerdem soll jeder einzelne Schaden abgesichert werden, ganz egal, ob es ein für das Unternehmen gefährdender Schaden ist oder (auch aus Sicht des Unternehmens) einen Bagatellschaden darstellt.

In der Praxis führt das dazu, dass wesentliche Aufgaben des Forderungsmanagements (oft unbewusst) mit Abschluss einer WKV ausgelagert werden. Die Warenkreditversicherung übernimmt für den Versicherungsnehmer (Lieferanten):

- die Bonitätsbeurteilung,
- die Kreditentscheidung und -überwachung und definiert
- ein rudimentäres Forderungsmanagementprozedere.

Egal, wie gut oder schlecht das Forderungsmanagement des Kunden ausgeprägt ist und wie leistungsfähig es sich in der Vergangenheit erwiesen hat, die WKV „misstraut" quasi der Leistungsfähigkeit des Kunden und übernimmt die erfolgskritischen Arbeiten lieber selbst.

Die XL-Versicherung verfolgt im Vergleich zur klassischen Warenkreditversicherung eine andere Philosophie. Sie setzt grundsätzlich auf dem Forderungsmanagementsystem des Versicherungsnehmers auf. Alle Aufgaben des Forderungsmanagements verbleiben vollständig in der Verantwortung des Kunden. Das bedeutet natürlich, dass der Versicherungsnehmer vor Vertragsabschluss „nachweisen" muss, dass er über ein (einigermaßen) leistungsfähiges, eigenes Forderungsmanagement verfügt. Der besondere Ansatz der XL-Versicherung liegt darin, dass sie das Forderungsmanagement von B2B-Unternehmen gegen Risiken absichert – ohne Kreditlimite für einzelne Schuldner herauszulegen. Der Versicherungsnehmer legt die Höhe seiner Limite gemäß seinem Forderungsmanagementprozedere selbst fest. Dazu ist es erforderlich, dass der Lieferant dem Versicherer darlegt (beschreibt), wie er Bonitätsprüfungen vornimmt, Kreditentscheidungen trifft und auf Zahlungsverzug reagiert. An anderer Stelle wird auf diese Aspekte noch einmal näher eingegangen.

Auch die Philosophie beziehungsweise Strategie bei der Absicherung unterscheidet sich zwischen WKV und Excess-of-Loss-Versicherung grundsätzlich. Statt das Risiko beim einzelnen Kunden zu begrenzen (durch entsprechende Versicherungslimite), begrenzt und versichert die XL-Versicherung das Gesamtrisiko. Die Excess-of-Loss-Versicherung stützt sich auf den Grundsatz der Autonomie des Versicherungsnehmers. Der Versicherungsnehmer kann die Parameter seiner Versicherung selbst bestimmen. Die Unabhängigkeit des Finanzmanagements des Versicherungsnehmers bleibt gewahrt. Bei diesem Konzept werden die Erfordernisse für den Erfolg und den Fortbestand des Unternehmens aufeinander abgestimmt. Damit werden Risiken, die die finanzielle Stärke, ja sogar das Überleben des Unternehmens gefährden könnten, von der XL-Versicherung gedeckt. Das bedeutet im Umkehrschluss, dass Risiken, die nach eigener Definition des Versicherungsnehmers nicht existenzgefährdend sind und vom Unternehmen selbst getragen werden können (in Summe über alle potenziellen Ausfälle), als Selbstbehalt beziehungsweise Eigenanteil festgelegt und nicht reguliert werden.

Ähnlich wie die WKV betreibt aber auch die Excess-of-Loss-Versicherung einen „Selbstschutz". Während die WKV für jeden einzelnen Kunden den maximalen Entschädigungsbetrag fixiert, wird bei der XL-Versicherung über alle Debitoren eine Grenze für die Höchstentschädigung festgelegt.

Das heißt, dass ein Maximalbetrag, bis zu dem Schäden reguliert werden (sollen), mit dem Versicherungsnehmer vereinbart wird. Darüber hinausgehende Schäden werden dann, egal bei welchem Kunden sie entstanden sind, nicht mehr reguliert.

In der Konsequenz bedeutet das in der Praxis, dass auf die Einzelprüfung von Kunden verzichtet wird. Jeder Kunde ist grundsätzlich mit dem bestehenden Forderungsbestand versichert (sofern die Grenze der maximalen Entschädigung insgesamt nicht überschritten wird). Voraussetzung dafür ist, dass der Lieferant sich streng an die eigenen, selbstdefinierten und vom Versicherer vor Vertragsabschluss geprüften, Regularien im Forderungsmanagement hält.

Die XL-Versicherung beseitigt damit einige Nachteile der klassischen Warenkreditversicherung:

1. Kunden müssen nicht einzeln beim Versicherer angefragt werden (Aufwandsreduktion/Zeitgewinn).
2. Es müssen keine zusätzlichen Obliegenheiten erfüllt werden.
3. Jeder Kunde ist versichert, sofern er den eigenen Regularien entsprechend vom Lieferanten geprüft und behandelt wurde.
4. Jeder Kunde ist grundsätzlich in der Höhe versichert, in der er beliefert wird (Absicherung des kompletten Risikos beim einzelnen Kunden).
5. Der Versicherungsschutz ändert sich nicht aufgrund konjunktureller beziehungsweise branchenspezifischer Probleme.

Nun könnte der Leser vermuten, dass es sich bei der XL-Versicherung um ein Angebot handelt, das „zu schön ist, um wahr zu sein". Scheinbar ist ja jede Forderung in jeder Höhe versichert. Dem ist nicht ganz so. Erstens muss beachtet werden, dass die XL-Versicherung erst dann Schäden reguliert, wenn die Summe der Schäden den vereinbarten Eigenanteil übersteigt. Zweitens sind auch die XL-Versicherung und deren Versicherungsschutz im Einzelfall an Bedingungen geknüpft:

1. Kunden, die über einen bestimmten Betrag hinaus auf Kredit beliefert werden, müssen durch den Versicherungsnehmer einer Bonitätsprüfung unterzogen werden. Bei Bagatelllieferungen/Kleinstkunden ist das nicht erforderlich.
2. Kreditlimite müssen entsprechend des vom Lieferanten beschriebenen Verfahrens entschieden und überwacht werden.
3. Lieferungen über diese Kreditlimite hinaus sind nicht erlaubt (das heißt nicht versichert), es sei denn, diese Entscheidungsprozesse sind exakt beschrieben und werden eingehalten.
4. Die (selbst-) definierten Verfahrensweisen bei Zahlungszielüberschreitungen (sprich: die Mahnprozesse) müssen exakt eingehalten werden.

Die obigen Ausführungen verdeutlichen, dass der Lieferant bei der XL-Versicherung mehr Eigenständigkeit beziehungsweise Entscheidungskompetenz erhält. Sie verdeutlichen aber auch, dass der Existenz und der Einhaltung eigener Regularien im Forderungsmanagement ein ungleich größerer Stellenwert zukommt.

Mit dem Abschluss einer XL-Versicherung können mehrere Zielsetzungen verfolgt werden. Einerseits kann ein unternehmensweiter Schutz gegen die Schäden aus Forderungsausfällen sichergestellt werden: Nicht nur einzelne Kundenbereiche können effektiv abgesichert werden, sondern alle Kunden aller Unternehmen eines Unternehmensverbunds. Außerdem kann, vor dem Hintergrund einer Vielzahl von Kunden, eine Form der Absicherung genutzt werden, die effizient bearbeitet werden kann. Es entsteht kein gesonderter „Extraaufwand" für die Obliegenheiten der Versicherung.

Last, but not least handelt es sich bei der XL-Versicherung oft auch um eine kostengünstigere Form der Absicherung von Forderungsausfällen. Die Prämie beträgt ungefähr zwischen 3 und 4 % der Versicherungssumme. Das heißt für eine Deckungssumme von 1 Mill € wird eine Prämie von 30.000 € bis 40.000 € p. a. fällig[10]. Das entspricht einer Höchsthaftung vom 25 bis 33-fachen der Jahresnettoprämie. Wichtig sind hier nicht nur die Prämienkosten. Ebenfalls muss in Betracht gezogen werden, dass der administrative Aufwand erheblich niedriger ist (als beispielsweise bei der WKV) und die Deckung der Risiken meist höher ausfällt (Risiken, die bei der klassischen WKV oft gar nicht gezeichnet werden).

5.3.2 Die Qual der Wahl

Bei der Warenkreditversicherung einerseits und der Excess-of-Loss-Versicherung andererseits, handelt es sich um zwei grundsätzlich verschiedene Konzepte, um eine Absicherung der Kundenforderungen vorzunehmen. Zur „Erleichterung" der zu treffenden Entscheidung sind in der folgenden Tab. 5.1[11] [3] die wesentlichen Entscheidungskriterien gegenübergestellt.

Obwohl die Excess-of-Loss-Versicherung eine Reihe von Vorteilen gegenüber der Warenkreditversicherung besitzt, ist sie nach Auffassung des Autors jedoch nicht für jedes Unternehmen das geeignete Instrument zur Absicherung gegen Forderungsausfälle. Die XL-Versicherung eignet sich für Unternehmen, die:

- ein eigenes, leistungsfähiges Forderungsmanagement besitzen,
- über finanzielle Mittel verfügen, um einen „üblichen" Forderungsausfall selbst zu verkraften,

[10] Forderungsausfälle bis zu 1 Mill € sind damit abgesichert. Bei einer unterstellten Ausfallquote von 3 % der Forderungen entspräche das einem Forderungsbestand von etwa 30 Millionen Euro. Eine durchschnittliche Forderungslaufzeit von 36 Tagen unterstellt, würde das wiederum einem Umsatz von ungefähr 300 Mill € entsprechen.

[11] (Brixius 2008, S. 42).

Tab. 5.1 Entscheidungskriterien für Deckungskonzepte [3]

Klassische Kreditversicherung	**Excess-of-Loss-Deckung**
Absicherung aller Forderungen	Absicherung der Kernrisiken
Vorgaben durch Versicherer	Hohe Eigenverantwortung
Outsourcing der Bonitätsbeurteilung	Eigene Bonitätsbeurteilung
Externe Überprüfung der eigenen Kreditentscheidungen inkl. Überwachung	Unternehmenseigenes Know-how, Risiken einzuschätzen und zu monitoren
Liquiditätsbedarf ab dem ersten Schaden	Liquiditätsbedarf erst über einer bestimmten Schadensumme
Kein oder rudimentäres Forderungsmanagementsystem	Professionelles Forderungsmanagementsystem
Rudimentäres Forderungsmanagementprozedere	Professionelles Forderungsmanagementprozedere
Sicherheit hinsichtlich des gezeichneten Limits	Vertrauen in die eigene Bonitätsbeurteilung
Obliegenheiten des Versicherers	Erfüllung selbstdefinierter Obliegenheiten

- ihre Eigenständigkeit im Kreditmanagement bewahren wollen und
- keine „Full-Service-Absicherung“ anstreben.

Insbesondere Unternehmen, die nur ein eingeschränktes Know-how zur Bonitätsbeurteilung und -überwachung haben, sind dagegen mit einer Warenkreditversicherung sicherlich „besser bedient“.

Unternehmen, die für sich zur Einschätzung kommen, eine Excess-of-Loss-Versicherung sei die geeignete Form der Absicherung stehen nicht selten vor der Problematik, dass sich ihnen die Schritte zur Realisierung nicht von vornherein erschließen. Aus diesem Grunde wird im folgenden Abschnitt die Vorgehensweise kurz erläutert.

5.3.3 Vorgehensweise zur Realisierung einer Excess-of-Loss-Versicherung[12]

Zunächst wird gemeinsam mit dem Versicherer eine Analyse des, aufgrund der Kundenstruktur bestehenden Risikos durchgeführt.

> Die erforderliche Absicherung orientiert sich an diversen Kriterien: Die Wahl von Umfang und Art der einzusetzenden Absicherung erfolgt in Abhängigkeit von quantitativen Größen: die Höhe der Eigenmittel, die zur Übernahme eventueller Forderungsverluste eingesetzt wer-

[12] Die Schilderungen in diesem Abschnitt basieren auf Informationen der TCRe (Trade Credit Re) in Köln, einer Tochtergesellschaft der belgischen TRADE CREDIT Re Insurance Company sa/nv. TCRe bietet nach den Erfahrungen des Autors das konsequenteste und flexibelste Angebot einer XL-Versicherung in Deutschland und lebt einen spürbar kundenorientierten Serviceansatz. Nach Kenntnis des Autors bieten in Deutschland ebenfalls die Coface Deutschland und Euler-Hermes eigene Excess-of-Loss-Policen an.

den können. Entwicklung von Szenarien, bei denen die Anzahl von Risiken ermittelt wird, die für das Unternehmen existenzbedrohend sind. Welche Forderungen können konjunkturell bedingt ausfallen und welche Forderungen unterliegen einem strukturellen Risiko. Darüber hinaus wächst die Wahrscheinlichkeit eines Forderungsausfalls mit dem proportionalen Anstieg des Umsatzes. Somit besteht die Notwendigkeit, die finanzielle Leistungsfähigkeit des Unternehmens in gleicher Weise zu verbessern beziehungsweise die gestiegenen Risiken auf einen Dritten zu übertragen. Die Wahl der benötigten Dienstleistungen und die Art der Forderungsabsicherung wird in Abhängigkeit von Qualitätskriterien festgelegt, wie zum Beispiel der räumlichen Entfernung der Schuldner; der Einführung einer neuen Produktlinie auf einem bekannten Markt; Entwicklung eines neuen Marktes für ein bereits erfolgreiches Produkt; die Anzahl der zu verwaltenden Risiken; hohes Niveau von strukturellen Insolvenzen et cetera [11][13].

Die durchgeführte Risikoanalyse hat das Ziel, den „optimalen Punkt" zwischen dem potenziellen Verlust und der Fähigkeit Ausfälle zu vermeiden, zu finden. Dabei spielt die Risikoverteilung[14] und die Ausgewogenheit der Kundenstruktur eine zentrale Rolle. Bei der Analyse der Ausgewogenheit der Kundenstruktur (hinsichtlich des Risikos) werden die Kunden in drei Kategorien eingeteilt:

1. **Kunden mit existenzbedrohenden Risiken:**
   Es handelt sich bei diesen Kunden um die Kunden mit den höchsten Außenständen (absteigend sortiert). Entsprechend einer am Pareto-Prinzip orientierten Theorie wären das bei einer theoriekonformen Kundenstruktur 20 % der Kunden, die 80 % des Risikos ausmachen.
2. **Konjunkturell anfällige Kunden:**
   Entsprechend der zugrunde liegenden Ausfalltheorie wären das 20 % der verbleibenden 80 % der Kunden. Insgesamt also 16 % der Gesamtkundenzahl, die 16 % des Risikos repräsentieren.
3. **Kunden mit strukturellen Risiken:**
   Die restliche Anzahl der Kunden im Portfolio bildet diese Kategorie. Bezogen auf die Gesamtzahl der Kunden sind das insgesamt 64 % der Kunden, die lediglich 4 % eines möglichen Schadens ausmachen.

Konkret bedeutet das, dass eine Liste aller Kunden mit den eingeräumten Kreditlinien in absteigender Sortierung erstellt wird. Dann wird zum Beispiel überprüft, ob 20 % der Kunden (wie in der Theorie) 80 % des Risikos verkörpern. Wird im Ergebnis zum Beispiel festgestellt, dass die vorhandenen 20 „größten" Kunden in Summe 90 % aller Kreditlinien

[13] (TCRe 2013, S. 6 f.).

[14] Der Begriff Risiko wird hier nicht als Synonym für die Ausfallwahrscheinlichkeit verwendet, sondern steht für die Höhe des möglichen Schadens, der sich aus der Höhe der vergebenen Kreditlimite ergibt.

Tab. 5.2 Verlustverteilung in den letzten 5 Jahren

Jahre	Laufendes Jahr	-1	-2	-3	-4	-5
Gesamtsumme der Verluste						
Gesamtzahl der Vorfälle						
Höhe des größten Verlusts 1:						
Höhe des größten Verlusts 2:						
Höhe des größten Verlusts 3:						

ausmachen, sind die existenzbedrohenden Risiken größer als „normal". Darauf ist bei der Gestaltung der Policen später entsprechend zu achten.

In einem dann folgenden Analyseschritt werden die Forderungsausfälle der Gegenwart und der Vergangenheit untersucht. Dazu ist eine Tabelle mit der Verlustverteilung in den letzten fünf Jahren zu erstellen (Tab. 5.2). Anhand der Tabelle kann dann eine Tendenz der Forderungsausfälle ermittelt werden.

Im dritten Schritt stellt der Kunde dem Versicherer eine Beschreibung des bestehenden Kreditmanagements zur Verfügung[15]. Diese wird durch den Versicherer geprüft und als Muster für die künftig durch den Versicherungsnehmer zu erfüllenden „Obliegenheiten" verwendet.

Auf der Grundlage der beiden ermittelten Informationen: Ausgewogenheit der Kundenstruktur einerseits und Ausfalltendenz andererseits erfolgt nun die Gestaltung des Versicherungsvertrags. Dabei sind grundsätzlich drei Parameter zu definieren:

a) Die Versicherungssumme: Das ist das Risiko, das tatsächlich auf den Versicherer übertragen wird.
b) Der Selbstbehalt/das Entschädigungsvorrisiko: Das ist die Höhe des Schadens, den der Versicherte selbst trägt, bevor die Absicherung des Versicherers greift.
c) Die Versicherungsprämie: Das ist die an den Versicherer zu zahlende Vergütung aufgrund der „Risikoübernahme".

Bei TCRe kann der Versicherungskunde zwei der drei Parameter selbst bestimmen, der dritte wird dann von TCRe festgelegt. Damit hat der Kunde zum Beispiel die Möglichkeit einen, seinen individuellen Präferenzen oder Fähigkeiten entsprechenden, niedrigen oder hohen Selbstbehalt zu definieren und zugleich die Versicherungssumme festzulegen. Oder

[15] Falls im Unternehmen eine Kreditrichtlinie und ein entsprechendes Handbuch existieren, ist dies schnell und einfach zu leisten. Falls nicht, sind die gegenwärtig praktizierten Verfahrensweisen zusammenzustellen.

aber der Kunde kann die Höhe der Versicherungsprämie und die Versicherungssumme festlegen, die Höhe des Selbstbehalts ergibt sich dann aus der Festlegung von TCRe. Interessant an der TCRe-Police ist ebenfalls, dass Verkäufe in den meisten OECD-Ländern oder der Europäischen Union mit einem maximalen Zahlungsziel von 360 Tagen abgedeckt sind. So fällt auch ein außergewöhnlicher Fall nicht – wie bei der WKV – so schnell durch das Raster.

Aus der Erfahrung des Autors könnte eine Excess-of-Loss-Versicherung vergleichsweise schnell abgeschlossen und umgesetzt werden. In der Praxis gibt es allerdings zwei Aspekte, die die Umsetzungsgeschwindigkeit determinieren. Zum einen handelt es sich um den Zeitbedarf für das Zusammenstellen der benötigten Unterlagen. Hier führt insbesondere das Fehlen eines Kreditmanagement-Handbuchs zu einer gewissen Verzögerung. Zum anderen kann das Durchspielen von vielen Szenarien (Versicherungssumme, Selbstbehalt und Prämie) dann etwas zeitintensiver werden, wenn die Entscheidungsträger im Unternehmen ihre Präferenzen nicht kennen oder häufig variieren. Besonders erfreulich an einer XL-Absicherung ist, dass das Debitorenmanagement quasi zeitgleich mit der Vertragsunterzeichnung bereits vertragskonform arbeitet. Es brauchen keinerlei Prozesse angepasst oder implementiert werden. Wer allerdings befürchtet, dass diese Prozesse und Entscheidungsstrukturen, nun bereits deshalb auf Dauer „zementiert" wären, weil sie Grundlage des Versicherungsvertrags sind, der irrt. Jede (sinnvolle) Änderung ist jederzeit möglich, es ist lediglich erforderlich, den Versicherer zeitnah davon in Kenntnis zu setzen.

Nach Auffassung des Autors sollte jedes Unternehmen für sich prüfen, ob eher eine WKV oder eine XL-Versicherung in Frage kommt. Sind die Voraussetzungen für die Absicherung mittels Excess-of-Loss-Versicherung gegeben, kann der Verfasser nur dazu raten, die eingetretenen Pfade zu verlassen. Was er aber von: „Der Industrieversicherungsmakler Marsh hat jetzt gehandelt und gemeinsam mit einem Versicherer mit der 'Kreditversicherten Eigenprüfung' ein hybrides Kreditversicherungsprodukt entwickelt, das erstmals in dieser Form Kredit- und Excess-of-Loss-Versicherung in einer Police zusammenführt" [7][16] halten soll, vermag er nicht zu sagen. Noch liegen ihm keine dezidierten Informationen vor. Und eigene Erfahrungen damit existieren schon gar nicht. Also ein guter Grund, sich nicht dezidiert dazu zu äußern[17].

Quintessenz:

1. Die Excess-of-Loss-Versicherung repräsentiert im Vergleich zur WKV eine alternative Philosophie zur Forderungssicherung.
2. Die XL-Versicherung setzt auf dem Forderungsmanagement des Kunden auf und definiert keine eigenen Obliegenheiten.

---

[16] (Marsh GmbH 2012).

[17] Das Produkt von Marsh und Zurich ist wohl tendenziell eher eine „verkappte" WKV-Police: Es scheint einen recht hohen Selbstprüfungsbereich zu geben. Die Top-Risiken müssen scheinbar allerdings vom Versicherer geprüft werden. Da die Top-Risiken das Kernrisiko darstellen, besteht die Gefahr, dass diese nicht voll oder gar nicht gezeichnet beziehungsweise in der Laufzeit reduziert werden.

3. Innerhalb der Selbstprüfungsregularien ist jeder Kunde versichert.
4. Mithilfe der XL-Versicherung sollten existenzielle und konjunkturelle Risiken abgesichert werden, strukturelle Risiken sollte das Unternehmen selbst tragen können.
5. Auch aus Effizienz- und Kostengesichtspunkten heraus ist die Excess-of-Loss-Versicherung eine prüfenswerte Alternative.

5.4 Sicherungsbedarfe kreativ lösen

Ist jedes Problem lösbar? In den bisherigen Abschnitten des Kapitels sind lediglich die Bedeutung des Eigentumsvorbehalts, die Warenkreditversicherung sowie die Excess-of-Loss-Versicherung behandelt worden. Das ist fürwahr eine seltsame Auswahl. Sie kommt deshalb zustande, weil es nicht das Anliegen des Autors ist, ein Lehrbuch über die Möglichkeiten der Absicherung von Forderungen zu schreiben. Vielmehr geht es ihm darum, die aus seiner Erfahrung praktisch wichtigen Themen zu behandeln:

- Beim Eigentumsvorbehalt ist immer wieder festzustellen, dass Fehler gemacht werden und die Absicherung deshalb nicht zustande kommt.
- Die Warenkreditversicherung wird zu schnell und zu alternativlos als Absicherungsinstrument eingesetzt, obwohl es systemimmanente Sicherungslücken aufweist.
- Die XL-Versicherung ist unter bestimmten Bedingungen eine echte Alternative und leider noch zu wenig bekannt.

Neben diesen Absicherungsmöglichkeiten existiert noch eine Vielzahl von Instrumenten. Dazu gehören unter anderem:

- Bankbürgschaft/Konzernbürgschaft/Patronatserklärung
- Garantieerklärung, selbstschuldnerische Bürgschaft
- Forderungsabtretung
- Sicherungsübereignung
- Factoring
- Zahlungsbedingungen

Auf diese Möglichkeiten der Absicherung soll in diesem Buch nicht näher eingegangen werden. Nach dem Wissensstand des Verfassers ist das diesbezügliche Know-how weit verbreitet. Bei Bedarf kann und sollte sich jedes Unternehmen in diesen Fragen durch seinen Fachanwalt unterstützen lassen.

Zur Abrundung des Themenkomplexes Forderungssicherung muss, ausgenommen des folgenden Abschnitts, aus Sicht des Autors nur noch auf zwei praxisrelevante Aspekte eingegangen werden: die selbstschuldnerische Bürgschaft und den „Instrumente-Mix".

5.4.1 Die selbstschuldnerische Bürgschaft

„Bei Übernahme einer selbstschuldnerischen Bürgschaft haftet ein Bürge dem Gläubiger aus der Bürgschaft bereits zu einem Zeitpunkt, wo dieser den Hauptschuldner noch gar nicht in Anspruch genommen hat und die Beitreibung der Forderung von diesem Hauptschuldner noch möglich ist. Der Bürge kann mithin durch eine entsprechende Vereinbarung im Bürgschaftsvertrag auf die Einrede der Vorausklage verzichten und sich als Selbstschuldner verbürgen (§ 773 Abs. 1 Nr. 1 BGB)" [9][18].

Die selbstschuldnerische Bürgschaft hat eine größere Tragweite als eine „normale" Bürgschaft. Der Unterzeichner einer selbstschuldnerischen Bürgschaft kann bei Zahlungsverzug des eigentlichen Schuldners unverzüglich zur Haftung herangezogen werden. Während einerseits der Gläubiger ein hohes Maß an Zahlungsabsicherung gewinnt, steigt andererseits für den Bürgen das Risiko der Inanspruchnahme im Vergleich zur normalen Bürgschaft. Die selbstschuldnerischen Bürgschaft hat zur Folge, dass der Bürge so behandelt wird, als wäre er der Schuldner. Bei anderen Bürgschaften werden zunächst alle rechtlichen Schritte gegen den Schuldner ergriffen, bevor das Begleichen einer Schuld vom Bürgen gefordert wird.

Um mittels einer selbstschuldnerischen Bürgschaft nun wirklich die Gewähr zu haben, dass im Falle des Ausfalls des Schuldners der Bürge tatsächlich für die Forderungen einstehen kann, muss der Lieferant die Gewissheit haben, dass der Bürge über das dafür erforderliche Vermögen verfügt. Um die Höhe des Vermögens sicher zu kennen, ist eine notariell beurkundete Vermögensaufstellung erforderlich. Dass eine solche Aufstellung gefordert und vom Bürgen auch beigebracht wurde, hat der Autor in den letzten 14 Jahren aber erst einmal erlebt. Nach seiner Wahrnehmung ist es nicht gebräuchlich und zudem äußerst unpraktisch, selbstschuldnerische Bürgschaften mit notarieller Vermögensaufstellung zur Absicherung gegen Forderungsausfälle zu nutzen. Trotzdem möchte der Verfasser die verstärkte Nutzung der selbstschuldnerischen Bürgschaft wärmstens empfehlen. Warum das?

In Fällen, in denen der Kunde erkennbar Zahlungsschwierigkeiten hat und eine Insolvenz mit zunehmender Wahrscheinlichkeit droht, hat es sich der Autor zur Gewohnheit gemacht von Firmeninhabern oder Geschäftsführern, selbstschuldnerische Bürgschaften in „überschaubarer" Höhe einzufordern[19]. Ob er diese Bürgschaften erhält, besitzt zunächst einmal eine wichtige Indikatorfunktion.

---

[18] siehe Portal Forderungsmanagement e.K. 2013.

[19] Eine überschaubare Höhe ist ein Betrag, den ein gut verdienender Geschäftsführer oder ein Firmeninhaber aufbringen kann, ohne seine private Existenz ernsthaft zu gefährden. Je nach Größe des betreffenden Unternehmens sind das nach Erfahrung des Autors Beträge bis zu 20.000 €.

Für den Fall, dass Inhaber oder Geschäftsführer nicht bereit sind, eine selbstschuldnerische Bürgschaft einzugehen (auch dann nicht, wenn Verhandlungsbereitschaft hinsichtlich der Höhe und der Dauer signalisiert werden), ist das als Indiz zu werten, dass die betreffenden Personen selbst nicht daran glauben, die Insolvenz noch abwenden zu können. In diesem Fall spricht alles dagegen, den Kunden weiterhin auf Kredit zu beliefern oder den Zahlungsausgleich weiter zu stunden.

Sind die betreffenden Personen allerdings bereit, eine selbstschuldnerische Bürgschaft einzugehen, ist das zunächst einmal ein positives Zeichen. Das bedeutet allerdings weder, dass die Insolvenz zuverlässig abgewendet werden kann, noch bedeutet es, dass der Bürge den Bürgschaftsbetrag tatsächlich aufbringen kann. Es hat allerdings den positiven Effekt, dass der Bürge versuchen wird, die Schulden, für deren Begleichung er gebürgt hat, möglichst vorrangig zu begleichen, um den eigenen Schaden möglichst abzuwenden. Der Gläubiger stellt auf diese Weise sicher, dass seine Forderungen beglichen werden, bevor die Rechnungen anderer Gläubiger bezahlt werden. Er verschafft sich also einen gewissen Vorteil im Wettbewerb der Gläubiger um die knappen Mittel des Schuldners.

Da die Vereinbarung einer selbstschuldnerischen Bürgschaft für den Forderungsmanager keinen großen Arbeitsaufwand bedeutet, sollte in Anbetracht des potenziellen Nutzens das Instrument in entsprechenden Situationen durchaus vermehrt genutzt werden.

5.4.2 Instrumente-Mix

Im Rahmen seiner praktischen Tätigkeit als Forderungsmanager hat der Verfasser zum einen die Erfahrung gemacht, dass ein einziges Instrument niemals ausreichen wird, um alle auftretenden Ausfallrisiken tatsächlich absichern zu können. Immer wieder kommen Kunden in Situationen, die zum Beispiel der Absicherung des gesamten Ausfallrisikos durch die Warenkreditversicherung entgegenstehen.

Zum anderen hat er aber auch die Erfahrung gesammelt, dass in einer sehr großen Anzahl dieser Fälle trotz allem eine adäquate – manchmal gar eine vollständige – Absicherung des Ausfallrisikos möglich ist. Um dies zu erreichen, ist es allerdings nötig, kreativ zu sein und „die bestehenden Instrumente zur Ausfallsicherung virtuos zu spielen".

Weniger blumig ausgedrückt bedeutet das, dass mehrere Instrumente der Forderungssicherung gleichzeitig genutzt werden müssen, um Risiken adäquat zu begrenzen. Es ist zum Beispiel denkbar, dass neben einer Absicherung durch die WKV, eine selbstschuldnerische Bürgschaft in geringer Höhe, die Abtretung einzelner Forderungen sowie die Teilvorauszahlung einzelner Aufträge miteinander kombiniert werden.

An dieser Stelle soll daher die Aufforderung ergehen, bei schwierigen Situationen nicht gleich den Kopf in den Sand zu stecken, nur weil das „Standardinstrument" versagt. Mit der Einstellung „Jetzt erst recht!" findet das Forderungsmanagement Lösungen. Teilweise kommen die Ideen für Lösungen, falls die Problemlage entsprechend offen und intensiv mit dem Schuldner besprochen wird, sogar vom Schuldner selbst.

Quintessenz:

1. Nicht jedes Forderungsausfallrisiko kann mit einer Standardlösung abgesichert werden.
2. Komplexe Fälle erfordern kreative Lösungen.
3. Zur weitgehenden Absicherung wird zuweilen ein Mix aus unterschiedlichsten Sicherungsinstrumenten erforderlich.
4. Die selbstschuldnerische Bürgschaft ist als Sicherungsinstrument, deshalb hoch einzuschätzen, weil sie einerseits Indikator für die „Überlebensfähigkeit des Kunden" ist. Andererseits sorgt sie dafür, dass die besicherte Forderung „vorrangig" beglichen wird.
5. Nicht die hundertprozentige Eliminierung von Risiko, sondern kalkulierbare unternehmerische Risiken sind die Zielsetzung.

5.5 Sicherheiten im Export

Vorkasse war gestern Nach den Erfahrungen des Verfassers stellen Lieferungen ins Ausland die Unternehmen, insbesondere KMU, regelmäßig vor besondere Problemstellungen. Vielen Lieferanten sind die rechtlichen Rahmenbedingungen des jeweiligen Empfängerlandes nicht hinreichend bekannt. Aus diesen Wissenslücken resultieren häufig Bedenken hinsichtlich der Sicherheit der Bezahlung der Lieferungen. Da den Unternehmen nicht bekannt ist, wie sie Lieferungen ins Ausland adäquat absichern können, wird entweder auf die Lieferung verzichtet oder aber es wird versucht, mit den Kunden Vorkasse zu vereinbaren. Obwohl im internationalen Geschäft die Vorkasse noch weit verbreitet ist, legen Kunden – besonders dann, wenn sie nicht zum ersten Mal beim Lieferanten ordern – zunehmend auch Wert auf entsprechende Zahlungsziele.

Unternehmen tun sich mit diesen Erwartungen der Kunden schwer. Einerseits sind ihnen die Möglichkeiten, die Forderungen abzusichern, nicht bekannt. Andererseits wissen sie aber auch nicht, welche Möglichkeiten und Erfolgsaussichten sie haben, um Forderungen erfolgreich zu betreiben, falls die pünktliche Zahlung zunächst ausbleibt. Nicht zuletzt vermuten sie auch ein hohes Kostenrisiko, um die Begleichung der Rechnungen durchzusetzen.

Sowohl hinsichtlich der Absicherungsinstrumente, als auch bezogen auf die Inkassomöglichkeiten, ist das Spektrum der Optionen wesentlich größer, als zunächst zu vermuten wäre. Welche Möglichkeiten bestehen und wie diese durch die Lieferanten effektiv genutzt werden können, wird Inhalt der folgenden Abschnitte sein.

Heute gibt es für das Forderungsmanagement insbesondere im Export, die wachsende Notwendigkeit, sich an der Sicherung der Forderungen, also an der Vermeidung von Ausfällen, kreativ und direkt zu beteiligen. Vereinfacht lässt sich sagen, dass es verlängerte Zahlungsziele nur gegen zusätzliche Sicherheiten oder zusätzliche Schuldner geben kann. Wer nur aus Kulanz und Freundlichkeit Lieferantenkredite ohne jede Sicherheit einräumt oder die Zahlungsziele verlängert, was durchaus im Interesse des Vertriebs liegen könnte, gefährdet die Liquidität und die Existenz des eigenen Unternehmens.

Man kann die möglichen zusätzlichen Sicherheiten[20] kurz zusammenfassen, wobei auf eine Aufstellung, die auf der Website http://www.eurocollectnet.com unter „Links and Tools" veröffentlicht ist, Bezug genommen wird [13][21]. Dort finden sich zehn Beispiele für Sicherheiten und die Frage nach deren Existenz in rund 30 europäischen Ländern. Zusammengestellt wurden sie von Anwälten aus den jeweiligen europäischen Ländern. Die kurzen Erklärungen und Statements dort sind natürlich als juristische Beratung nicht zu werten, sie können aber durchaus als Navigationshilfe gesehen werden, welche Sicherheiten man in welchem Land anstreben kann. Im konkreten Einzelfall ist eine juristische Beratung dringend zu empfehlen, sie kann durch die Lektüre dieses Buches (bei Weitem) nicht ersetzt werden.

In den weiteren Ausführungen sollen folgende Sicherheiten ein wenig beleuchtet werden:

1. Notarielles Schuldanerkenntnis
2. Eigentumsvorbehalt
3. Scheck und Wechsel
4. Bürgschaft
5. Patronatserklärung
6. Bankgarantie
7. Pfandrechte
8. Grundschulden und Hypotheken
9. Rechte an Flugzeugen und Schiffen
10. Abtretung

5.5.1 Notarielles Schuldanerkenntnis

Das notarielle Schuldanerkenntnis ist wohl die effizienteste zusätzliche Sicherheit, die im Nachhinein abverlangt und auch gewährt werden kann. Sie gilt überall dort, wo das römische Recht die Grundlage des Rechtssystems bildet und wo es ein lateinisches Notariat gibt. Dies bedeutet, dass in Europa in der großen Mehrzahl der Länder das notarielle Schuldanerkenntnis bekannt ist und darüber hinaus auch vor den örtlichen Notaren abgegeben werden kann. Entscheidend ist dabei die Unterwerfung unter die sofortige Zwangsvollstreckung, für die es dann die Vollstreckungsklausel gibt. Ein notarielles Schuldaner-

[20] Hier wird bewusst von zusätzlichen Sicherheiten gesprochen, weil im Rahmen der vertraglichen Vereinbarungen, die Forderungen gegen ausländische Kunden natürlich auch in einer Warenkredit- oder einer Excess-of-Loss-Versicherung abgesichert werden können.

[21] (Voller 2013) Die Ausführungen zu den Sicherheiten im Export basieren weitgehend auf einer unveröffentlichten Zusammenstellung von Rechtsanwalt Dr. jur. Thomas Voller.

kenntnis kommt damit in der Wirkung einem rechtskräftigen Urteil gleich. Der Gläubiger kann es zustellen und anschließend daraus unmittelbar vollstrecken: durch Sachpfändung, Kontenpfändung oder sonstige Zwangsvollstreckungsmaßnahmen.

In Ländern wie Spanien oder Portugal wird dieses Mittel selten angewandt, aber es ist wirksam. Es empfiehlt sich, entweder den Notar selbst auszusuchen und entsprechend auf der Vollstreckbarerklärung, der Wahrung der Zinsen und Kosten und den Voraussetzungen der Zwangsvollstreckung zu bestehen oder aber einen örtlichen Anwalt mit dieser Aufgabe zu betrauen.

KMU haben es in der Regel nicht mit den größten Unternehmen des jeweiligen Landes zu tun, sondern ebenfalls mit KMU in Spanien oder Portugal. Es genügt also, wenn der Inhaber des Unternehmens oder aber der Geschäftsführer die entsprechende Erklärung abgibt. Er wird sie abgeben, wenn er an sein Unternehmen und das von ihm versprochene Zahlungsziel glaubt. 60 zusätzliche Tage Zahlungsziel gegen eine solche persönliche Garantie sind für beide Seiten ein guter Deal, sofern derjenige, der die Haftung anerkennt, über ein entsprechendes Vermögen verfügt. An dieser Stelle empfiehlt es sich, dass das Kreditmanagement seinen Kunden, den es sich ja bereits bei der Geschäftsanbahnung angesehen hat, noch einmal ganz genau prüft.

5.5.2 Eigentumsvorbehalt

Der Eigentumsvorbehalt ist inzwischen Standard auf der ganzen Welt. Im asiatischen Raum, in den USA oder auch in England ist er eigentlich fremd, aber durch Rechtssprechung und durch Gesetze anerkannt. Das entbindet KMU aber nicht davon, darauf zu achten, dass der Eigentumsvorbehalt auch rechtzeitig vereinbart wird. Das bedeutet, dass dem Käufer nicht erst mit der Rechnung der Eigentumsvorbehalt mitgeteilt wird, sondern dass dieser in den Allgemeinen Geschäftsbedingungen enthalten sein muss und dass diese dem zukünftigen Schuldner auch zugänglich gemacht wurden. Insofern fällt also der Eigentumsvorbehalt nicht unmittelbar unter die zusätzlich auszuhandelnden Sicherheiten, sondern es muss geprüft werden, ob dieser ordnungsgemäß vereinbart worden war. Hat man sogar einen (wirksamen!) verlängerten Eigentumsvorbehalt vereinbart, so kann man damit argumentieren, dass man die Forderung gegenüber dem Endkäufer geltend macht, was Käufer und Schuldner in eine schwierige Situation bringen könnte.

5.5.3 Scheck und Wechsel

Scheck und Wechsel sind in manchen Ländern – zum Beispiel in den Niederlanden – in Vergessenheit geraten. Sie gelten gar als anrüchig. Das bedeutet aber nicht, dass sie ihre Wirksamkeit verloren haben.

Scheck- und Wechselrecht sind international im Gleichlauf geregelt, sodass man mit einem amerikanischen Wechsel ähnlich umgehen kann wie mit einem englischen oder einem spanischen. Die Regeln sind immer die gleichen, vor allem „droht" im Hintergrund der Staatsanwalt, wenn der Scheck oder der Wechsel nicht bezahlt werden. 30 Tage Zahlungsfrist zusätzlich können also durchaus bedingt sein durch die Unterzeichnung einer Tratte oder eines entsprechenden vordatierten Schecks. Entscheidend ist nicht, dass man hier zwei Ansprüche nebeneinander hat, nämlich Kaufpreis und Scheck, sondern dass man den Staatsanwalt im Hintergrund sieht mit der Strafdrohung im Falle der Nichtzahlung auf den Scheck.

Wichtig ist weiter, dass man in der Regel ein verkürztes Urkundenverfahren hat, das einem selbst in Ländern wie Italien oder Portugal relativ schnell einen Titel bescheren kann. Die Einwendungen des Schuldners sind stets beschränkt auf die Einwendungen, die sich aus der Urkunde selbst ergeben, letztendlich die berühmte gefälschte Unterschrift. Die Probleme, die durch die Missachtung des Schecks für den Schuldner zusätzlich entstehen, werden ihn geneigt sein lassen, seine Verpflichtung aus dem Kaufvertrag so schnell wie möglich zu erfüllen.

5.5.4 Bürgschaft

Die persönliche Garantie entspricht im Grunde dem notariellen Schuldanerkenntnis mit einem entscheidenden Unterschied: Sie stellt keinen Vollstreckungstitel dar. Bestenfalls kann man aus dieser persönlichen Garantie im Urkundenverfahren klagen und damit ein verkürztes Verfahren erreichen. Wenn der Garantiegeber wohlhabend ist, wird er auch zur Wahrung seines Rufes zu seiner Zusage stehen wollen. Es ist aber wie in allen hier angesprochenen Fällen immer eine Frage des Einzelfalls und der konkreten Situation, welche zusätzliche Sicherheit hier von wem verlangt werden kann.

5.5.5 Patronatserklärung

Diese kann man beispielsweise von der Muttergesellschaft der Schuldnergesellschaft verlangen, wenn man in einem Dauerlieferungsverhältnis mit einer Gesellschaft im Ausland steht. Es gibt starke und schwache Formen, sie existieren im Prinzip überall in Europa. Mit einer solchen Erklärung der Muttergesellschaft ist man schon auf einer relativ sicheren Seite, sofern die Muttergesellschaft auch in der Lage ist, diese zu bedienen.

5.5.6 Bankgarantien

Hierzu erübrigen sich weitere Ausführungen. Es ist im Einzelfall zu regeln, ob ein Vertragsverhältnis im Sinne einer Kaution abgesichert werden soll, ob ein einzelner Vertrag durch eine Garantie abgesichert werden soll. Kurz: Verhandlungssache.

5.5.7 Pfandrecht an beweglichen Dingen

Dies gilt grundsätzlich überall in Europa, allerdings ist es in einzelnen Ländern unterschiedlich geregelt. Manche Länder kennen das besitzlose Pfandrecht, wie beispielsweise Deutschland, andere verlangen den Besitz des Pfands und wieder andere verlangen die Registrierung eines solchen Pfandrechts in einem Pfandregister. Es ist also Vorsicht geboten, wenn man von diesem Sicherungsmittel Gebrauch macht.

5.5.8 Grundschuld, Hypothek

Auch diese bieten sich nur bei einem größeren Anspruch an. Wenn das Unternehmen über ein eigenes Betriebsgrundstück verfügt, kann sich der liefernde KMU daran absichern.

5.5.9 Flugzeuge und Schiffe

Hier gilt das Gleiche. Die Sicherheit als solche ist keineswegs abwegig. Argentinien hat mit diesen Pfandrechten – in diesem Fall allerdings als gerichtliche Sicherungsrechte – in der Vergangenheit schlechte Erfahrungen gemacht. Zivilrechtliche Gläubiger haben das Segelschulschiff der argentinischen Marine in Afrika beschlagnahmt, die Präsidentin konnte anlässlich ihres Antrittsbesuches bei Papst Franciscus leider ihr Regierungsflugzeug nur bis Nordafrika benutzen, denn ansonsten wäre es in Italien von Gläubigern gepfändet worden. Sicherlich Ausnahmefälle, man sollte aber die Möglichkeit im Hinterkopf haben.

5.5.10 Abtretung

Hier ist man auf der Verhandlungsebene und beim Einzelfall gelandet. Beliefert das KMU beispielsweise ein Krankenhaus mit Operationsbesteck, Einrichtungsgegenständen oder Medikamenten, so steht hinter dem Krankenhaus normalerweise als Zahlender eine Versicherung oder aber als Eigentümer der Staat oder eine Betreibergesellschaft. Hier kann man mit dem Krankenhaus Vereinbarungen treffen, dass eine Abtretung der Forderung an den Endverpflichteten vorgenommen und diesem offengelegt wird. Er kann dann nur noch befreiend direkt an den Gläubiger zahlen. Hohe Flexibilität ist auf beiden Seiten gefordert, in der Regel ist dies aber ein wirksames Sicherungsmittel.

Wenn also Zahlungsverzögerungen bei einem Schuldner auftreten und wenn abzusehen ist, dass diese auch zukünftig wieder auftreten werden, wenn der Schuldner aus einem der Länder kommt, die heute etwas respektlos als „Club Med" oder auch als Pigs-Staaten bezeichnet werden, so muss das Kreditmanagement gemeinsam mit dem Vertrieb intelligente Lösungen finden, wie auch in Zukunft in der schwierigen wirtschaftlichen Lage eine weitere wirtschaftliche Zusammenarbeit möglich ist. Das Kreditmanagement darf nicht den Bremser geben, der in der Krise nur daran denkt, das Geld zusammenzuhalten, sondern muss durch kreative Beiträge versuchen, den Absatz zu fördern, den Markt zu erhalten und den Umsatz zu stabilisieren. Und das bei gleichzeitiger Sicherstellung einer größtmöglichen Sicherheit der Forderungen. Dazu können die Erläuterungen zu den zehn Sicherungsbeispielen als erster Input dienen. Aber noch einmal der eindringliche Hinweis: Die Liste und die kurzen Abhandlungen in diesem Abschnitt ersetzen nicht eine qualifizierte juristische Beratung.

Die Zusammenarbeit mit profunden Kennern des jeweiligen nationalen Rechtssystems in den jeweiligen Ländern kann ein wesentlich höheres Maß an Forderungssicherung realisieren, als im ersten Schritt vermutet werden kann. Zugang zu spezialisierten Anwälten aus dem jeweiligen Land kann (zumindest für 30 europäische Länder) zum Beispiel über die Rechtsanwaltskanzlei Voller (http://www.vollerlaw.com/kontakt/) oder direkt über http://eurocollectnet.com/index.php?id=list_of_members&L=2 (veröffentlichte Mitgliederliste inklusive Kontaktdaten) hergestellt werden.

Der einfache Zugang zu Fachanwälten in 30 Ländern Europas, weitgehende Kostentransparenz und die Option, die gesamte Kommunikation in deutscher Sprache und im Inland führen zu können, sollten auch den Unternehmen, insbesondere den KMU, die eine hohe Sicherheitsorientierung aufweisen, das stärkere Engagement im Ausland erleichtern.

Quintessenz:

1. Unternehmen – insbesondere KMU – müssen sich in Zukunft noch stärker im Auslandsgeschäft engagieren, um Wachstumspotenziale nutzen zu können.
2. Noch mehr als im Inland ist im Export die Forderungssicherung von existenzieller Bedeutung.
3. Insbesondere innerhalb der EU sind die Möglichkeiten zur Absicherung gegen Forderungsausfälle nicht zu unterschätzen.
4. Um diese Möglichkeiten zuverlässig nutzen zu können, benötigen Unternehmen – insbesondere KMU – qualifizierte juristische Unterstützung.
5. National ansässige Anwaltskanzleien, die in leistungsfähige internationale Anwaltsnetzwerke eingebunden sind, sind für diese Unterstützung in der Regel die erste Wahl.

5.6 Forderungsmanagement und Geldwäsche

Die meisten Unternehmer, und wahrscheinlich auch die meisten Kreditmanager, werden zunächst davon ausgehen, dass sie das Thema Geldwäsche nicht betrifft. Zunächst wird sicherlich vermutet, dass Geldwäsche lediglich ein Thema für Banken und Finanzdienstleistungsunternehmen ist.

Diese Überlegungen sind falsch und riskant.

5.6.1 Betroffene Unternehmen

Im Geldwäschebekämpfungsgesetz (GWG) von 2008, zuletzt ergänzt 2011, das die dritte EU-Geldwäscherichtlinie im deutschen Recht verankert, ist sehr genau geregelt, wer von diesem Gesetz erfasst wird. Im § 2 Abs. 1 des Gesetzes ist explizit – in 13 Kategorien, eine Liste, die sich über etwa zwei DIN A4-Seiten erstreckt – geregelt, wer betroffen (im Wortlaut des Gesetzes: Verpflichteter) ist. Neben Kreditinstituten, Finanzdienstlern, Notaren, Anwälten, Wirtschaftsprüfern und einigen weiteren, näher benannten Gruppen werden unter dem letzten Aufzählungspunkt „Personen, die gewerblich mit Gütern handeln", ebenfalls verpflichtet. Insbesondere für den Kreis der darunterfallenden Unternehmen sind die folgenden Abschnitte mit in dieses Buch aufgenommen worden. Alle Unternehmen des Finanzsektors, der Versicherungswirtschaft und der ansonsten explizit im Gesetz benannten Gruppen besitzen sehr dezidierte und spezifische Vorgaben (zum Beispiel Kreditwesengesetz) und werden daher gebeten, sich spezifisch und weitergehend zu informieren.

Die Kategorie „Personen, die gewerblich mit Gütern handeln", „verpflichtet" dem Grunde nach zunächst einmal den gesamten (gewerblich betriebenen) Handel und damit selbstverständlich auch die Industrie. Besonderes Augenmerk verdienen die Branchen und Tätigkeitsfelder, in denen seit jeher größere Bargeschäfte üblich sind. Dazu gehören zweifelsohne:

- Kunsthandel,
- Schmuckverkauf,
- Kunst- und Antiquitätengeschäfte,
- Teppichhandel,
- Kfz-Handel,
- Tierhandel.

Die Verpflichtung nach GWG erstreckt sich sowohl auf Einzelunternehmer als auch auf juristische Personen, nicht aber auf Privatverkäufe. Es ist im ersten Schritt ratsam, sich die Liste der Verpflichteten im Gesetz sehr genau anzusehen, um möglichst zweifelsfrei festzustellen, ob das eigene Unternehmen verpflichtet ist oder nicht. Unter Umständen ist es sinnvoll, dies gemeinsam mit dem Anwalt des Unternehmens zu tun.

Um zu verstehen, warum auch im gewerblichen Güterhandel tätige Unternehmen verpflichtet werden, ist es hilfreich, sich ein wenig mit dem Wesen der Geldwäsche und den Zielsetzungen des Gesetzes vertraut zu machen.

5.6.2 Das Geldwäschebekämpfungsgesetz (GwG)

Geldwäsche bezeichnet das Einbringen illegal erworbener Geldmittel in den legalen Wirtschafts- und Finanzkreislauf. Dadurch soll verborgen werden, wo die Gelder tatsächlich herkommen. Auf diesem Wege soll erreicht werden, dass die Behörden keinerlei Zugriff auf diese Finanzmittel erhalten. Es fällt zum Beispiel auch unter die Geldwäsche, wenn Erträge aus der Schattenwirtschaft (unter anderem Schwarzarbeit) in den normalen (legalen) Kreislauf überführt werden sollen.

In der Regel fällt bei illegalen Geschäften sehr viel Bargeld an, das in den Finanzkreislauf eingeschleust werden muss. Aus diesem Grunde werden deshalb auch viele „Geldwäschetransaktionen" in bar abgewickelt. Der wahrscheinlich größte Anteil der illegal erworbenen Gelder ist vermutlich der organisierten Kriminalität zuzurechnen.

Das „Geldwäschegesetz" verfolgt nun die Zielsetzung, die organisierte Kriminalität zu bekämpfen und das Einbringen der illegalen Gelder in den Wirtschaftskreislauf möglichst zu verhindern. Seit 2008 ist es auch das erklärte Ziel des Gesetzes, die Terrorismusfinanzierung zu bekämpfen und die Finanzierung schwerer Straftaten zu verhindern.

Mithilfe des GWG soll es den Strafverfolgungs- und Finanzbehörden leichter möglich werden, die illegalen Geldwäschetransaktionen aufzuspüren, indem durch eine weitergehende Verpflichtung zur Dokumentation (zum Beispiel bei Bargeschäften im Güterhandel) eine „Papierspur" (zu Tätern und Taten) gelegt wird.

Um diese Zielsetzungen erreichen zu können, werden den Unternehmen, die im § 2 Abs. 1 GWG erfasst werden, eine Reihe von Verpflichtungen auferlegt. Wie das bei solchen Verpflichtungen in der Regel ist: Wer seinen Verpflichtungen nicht nachkommt, hat mit entsprechenden Konsequenzen zu rechnen.

5.6.3 GwG-Risiken für das Unternehmen

Unternehmer oder Forderungsmanager, die eine unter Umständen bestehende Verpflichtung auf die leichte Schulter nehmen, gehen für sich und das Unternehmen ein hohes Risiko ein. (An dieser Stelle wird allen, die mit dem Gedanken spielen, trotz bestehender „Verpflichtung" die gesetzlichen Vorgaben nicht zu erfüllen, geraten, sich in dieser Frage sehr genau mit ihrem Anwalt zu beraten.)

Nach Kenntnis des Verfassers (der kein Jurist ist und der an dieser Stelle lediglich sein „Laienwissen" weitergibt) können Konsequenzen auf der Basis unterschiedlicher rechtlicher Grundlagen erwachsen.

Nicht nur die Geldwäscher selbst, sondern auch jeder, der „leichtfertig nicht erkennt, dass der Gegenstand aus einer unter Abs. 1 genannten rechtswidrigen Tat herrührt", wird nach § 261 Abs. 5 StGB mit einer Gelstrafe oder Freiheitsstrafe bis zu 2 Jahren bestraft.[22]

Darüber hinaus sind aber auch auf der Grundlage des GWG Sanktionen zu erwarten. Die Behörden können bei Verstößen gegen die Pflichten des GwG Bußgelder in einer Höhe von bis zu 100.000 € verhängen. Finden Verstöße gegen das GwG nach erfolgter Ver-

[22] Zu diesen rechtswidrigen Taten in Absatz 1 gehören: viele banden- und gewerbsmäßigen Vergehen, alle Verbrechen und Drogendelikte, aber auch Steuerhinterziehung, Produktpiraterie oder Insider-Handel.

warnung nachhaltig weiterhin statt (auch, wenn es sich um leichtfertige Verstöße handelt), kann es sogar zu einer Gewerbeuntersagung kommen.

Spätestens an dieser Stelle wird auch erkennbar, warum das GwG ein Thema für das Forderungsmanagement ist, gehört es doch zu den Zielen des Kreditmanagements, die Existenz des Unternehmens zu sichern.

5.6.4 Verpflichtungen aus dem GwG

Wenn das Unternehmen grundsätzlich zum Kreis der „Verpflichteten" gehört, hat der Gesetzgeber den betreffenden Unternehmen verschiedene Sorgfaltspflichten auferlegt. Welche der Sorgfaltspflichten für das Unternehmen im jeweils konkreten Fall maßgeblich sind und welche Maßnahmen zu ergreifen sind, hängt von einer Einstufung der Geschäftsbeziehung in eine Risikoklasse ab.

Diese Risikoeinstufung muss das Unternehmen selbst vornehmen. Die Kriterien für die Einstufung sind allerdings nicht sehr präzise spezifiziert. Grundsätzlich werden die Risikokategorien hohes, mittleres und geringes Risiko unterschieden. In Abhängigkeit von dieser Risikoeinstufung werden als „Obliegenheiten" unterschieden:

- Allgemeine Sorgfaltspflichten,
- Vereinfachte Sorgfaltspflichten und
- Verstärkte Sorgfaltspflichten.

Diese Verpflichtungen bestehen bei sogenannten Auslösetatbeständen wie:

- Bargeschäften, die eine Höhe von 15.000 € übersteigen (auch Transaktionen, die mit der Geldkarte (Chipkarte) getätigt werden, fallen unter die Bargeschäfte. „Normale" EC-Karten- und Kreditkartenzahlungen allerdings nicht),
- Begründung einer auf Dauer angelegten Geschäftsbeziehung,
- bei der Feststellung von Geldwäsche oder Terrorismusfinanzierung, unabhängig von der Höhe der Transaktion, bestehenden Zweifeln über die Identität des Geschäftspartners oder des wirtschaftlich Berechtigten.

(Im Umkehrschluss heißt das aber, dass Bargeschäfte unter 15.000 € oder bargeldlose Transaktionen, dass „Einmalgeschäfte", dass Geschäfte, bei denen kein Verdacht besteht und die Geschäftspartner/Berechtigte bekannt sind, *keine* Verpflichtungen nach sich ziehen.)

Mithilfe des risikobasierten Ansatzes soll vermieden werden, dass die Unternehmen bei sehr geringen Risiken einen hohen Verwaltungsaufwand treiben müssen. Auch bei den aus den Risikoklassen resultierenden Sorgfaltspflichten, besitzen die Unternehmen Freiräume, um aus den gesetzlich genannten Katalogen die geeigneten Maßnahmen auszuwählen. Dem durchaus als positiv zu wertenden Bestreben (Vermeidung von Bürokratie), steht bei diesem Vorgehen des Gesetzgebers allerdings auch der negative Effekt einer latent resultierenden Verfahrensunsicherheit für die Unternehmen entgegen. Auch das ist aus Sicht des Autors wiederum ein Argument, sich in dieser Angelegenheit anwaltlich beraten zu lassen.

Wird vom Unternehmer eine Situation zum Beispiel als mittleres Risiko eingestuft und liegt ein Auslösetatbestand vor, muss er die **allgemeinen Sorgfaltspflichten** erfüllen. Dazu gehören:

1. **Identifikation des Vertragspartners**
   Für die Identifikation existieren Formulare, die an vielen Stellen im Internet abgerufen werden können. Formulare werden unter anderem von den Industrie- und Handelskammern, von Verbänden und auch von Innungen vorgehalten (zum Beispiel: http://www.kfz-innung-ulm.de/Downloads/MerkblattProzent20GeldwProzentC3ProzentA4schegesetz.pdf) Die Identifikation hat üblicherweise zeitlich und sachlich vor der Aufnahme der Geschäftsbeziehung zu erfolgen, sofern dies nicht zu einer Behinderung des Geschäftsablaufs führt. Sind solche Behinderungen zu erwarten, was im betrieblichen Alltag erfahrungsgemäß recht häufig der Fall sein dürfte, ist die Fertigstellung der Identifizierung noch *während der Begründung der Geschäftsbeziehung* zulässig.
2. **Identifizierung des wirtschaftlich Berechtigten**
   Die Vertretungsverhältnisse müssen immer dann überprüft und festgestellt werden, wenn der Vertragspartner für einen anderen handelt. Da das Gesetz als „wirtschaftlich Berechtigten" immer eine natürliche Person zulässt, kann eine Kapitalgesellschaft nie in dieser Funktion auftreten. Hier sind zum Beispiel die Gesellschafter mit einem wirtschaftlich vertretbaren Aufwand festzustellen. Als wirtschaftlich vertretbar wird es sicherlich angesehen werden, eine Bonitätsauskunft von einer Auskunftei einzuholen. Hier sollten insbesondere die SCHUFA-GwG-Auskunft oder die GwG-Auskunft von Bürgel diese Anforderungen erfüllen.
3. **Feststellung des Zwecks der Geschäftsbeziehung**
   Dieser Pflicht sollte im betrieblichen Alltag eine eher geringe Bedeutung zukommen, da sich in der Regel der Zweck der Geschäftsbeziehung aus dem Geschäft selbst erschließt. Lediglich dann, wenn dies nicht offensichtlich ist, müsste der Zweck genauer abgeklärt werden.
4. **Laufende, regelmäßige Überwachung der Geschäftsbeziehung**
   Der Unternehmer muss ein entsprechendes Monitoring installieren, die Daten regelmäßig sichten und würdigen sowie in angemessenen Zeitabständen aktualisieren.

Lediglich **vereinfachte Sorgfaltspflichten** sind vom Unternehmen zu erfüllen, wenn Geschäfte mit Partnern getätigt werden, die in vier Kategorien im Gesetz definiert sind. Es handelt sich dabei um die Geschäftspartnergruppen:

- Banken/Kreditinstitute,
- Börsennotierte Unternehmen,

- Behörden im Inland sowie der EU und des übrigen Auslands, wenn entsprechende Transparenzanforderungen erfüllt werden,
- Notare und Rechtsanwälte, die Anderkonten für Mandanten führen. Hier ist bei der Feststellung des wirtschaftlich Berechtigten keine Maßnahme erforderlich, wenn vom jeweiligen Kreditinstitut die Angabe des wirtschaftlich Berechtigten besorgt werden kann.

Bei hohen Risiken für Geldwäsche- und Terrorismusfinanzierungstatbestände hat der Unternehmer, immer dann, wenn ein Auslösetatbestand vorliegt, **verstärkte Sorgfaltspflichten** zu erfüllen. Wann ein hohes Risiko vorliegt, wird vom Gesetzgeber nicht spezifiziert. Interessanterweise hat die FIU-Deutschland (Financial Intelligence Unit) auf der Webseite http://www.bka.de/nn_205932/DE/ThemenABisZ/Deliktsbereiche/Geldwaesche-FIU/Veroeffentlichungen/veroeffentlichungen__node.html?__nnn=true den Hinweis auf eine Fachstudie „Geldwäsche im Immobiliensektor in Deutschland“ sowie auf die Fachbeiträge „Anhaltspunkte für Geldwäsche und Terrorismusfinanzierung“ sowie „Anhaltspunkte und Warnhinweise bei Immobilientransaktionen“ veröffentlicht. Diese Beiträge könnten möglicherweise konkretere Hinweise beinhalten, wann mit einem höheren Risiko zu rechnen ist. Dumm ist nur, dass diese Publikationen lediglich einem geschlossenen Benutzerkreis zugänglich sind.

Bei Geschäften mit zwei Personengruppen geht der Gesetzgeber stets von einem erhöhten Risiko aus. Das sind Geschäfte mit politisch exponierten Personen (PEP) und Geschäfte mit natürlichen Personen, bei denen der Geschäftspartner nicht persönlich anwesend ist. Ist bei diesen Geschäften ein Auslösetatbestand erfüllt, sind immer **verstärkte Sorgfaltspflichten** zu erfüllen.

Im Falle der politisch exponierten Personen[23] sind das:

- Innerhalb des verpflichteten Unternehmens muss die Zustimmung zur Begründung des Geschäfts vom nächst höheren Vorgesetzten eingeholt werden.
- Mit angemessenen Mitteln muss die Herkunft der Vermögenswerte geklärt werden.
- Die Geschäftsbeziehung muss besonders (verstärkt) überwacht werden.

Verstärkte Sorgfaltspflichten gelten auch bei Geschäften mit natürlichen Personen, die zur Identitätsfeststellung nicht persönlich anwesend sind. Hier gelten folgende Sorgfaltspflichten:

[23] PEP sind nach dem Verständnis des GwG natürliche Personen, die ein wichtiges Amt ausüben und nicht im Inland ansässig sind (wohnen). Zum Glück fällt unter diese Regelung nicht jeder Provinzpolitiker, so wichtig er sich auch halten mag. Es betrifft lediglich Inhaber von hohen Ämtern (in der Regel auf Ebene des jeweiligen Staates) und deren nahe Angehörige sowie Personen, die bekanntermaßen den PEP nahestehen. Die Vorschriften gelten noch ein Jahr, nachdem die betreffende Person die Funktion nicht mehr innehat.

Der Verpflichtete hat die Identität des Vertragspartners zu überprüfen und zwar anhand:

a) eines Dokuments im Sinne des § 4 Abs. 4 Satz 1 Nr. 1,
b) einer beglaubigten Kopie eines Dokuments im Sinne des § 4 Abs. 4 Satz 1 Nr. 1,
c) des elektronischen Identitätsnachweises nach § 18 des Personalausweisgesetzes oder
d) einer qualifizierten elektronischen Signatur im Sinne des § 2 Nr. 3 des Signaturgesetzes.[5][24]

Unabhängig davon, ob es sich um ein geringes, mittleres oder hohes Risiko handelt, hat der Unternehmer die Pflicht, alle Angaben beziehungsweise erhobenen Informationen (die im Rahmen der jeweiligen Sorgfaltspflichten gesammelt wurden) zu dokumentieren. Dies kann nach Wahl des Verpflichteten in Papier oder auch elektronisch erfolgen. Diese Informationen sind für fünf Jahre aufzubewahren (sonstige Aufbewahrungspflichten werden davon nicht berührt). Auf Verlangen der Behörden ist nachzuweisen, dass man angemessene, dem Risiko entsprechende Maßnahmen ergriffen hat. Mit vorheriger Zustimmung der zuständigen Behörden können diese Dokumentationspflichten auch auf einen Dritten übertragen werden.

Während die bisher geschilderten Sorgfaltspflichten nur dann zu erfüllen sind, wenn das Unternehmen Verpflichteter ist *und* einer der Auslösetatbestände eintritt, sieht das GwG *für jeden Verpflichteten* (aus dem Nichtfinanzbereich, also auch alle Personen, die gewerblich mit Gütern handeln) zwei Maßnahmen vor, die verhindern sollen, dass das Unternehmen für Geldwäsche und Terrorismusfinanzierung missbraucht wird. Das Gesetz verlangt, dass

- Interne Sicherungssysteme und Kontrollen eingerichtet werden und
- Mitarbeiter unterrichtet (geschult) werden.

Wie diese Maßnahmen konkret ausgestaltet werden, bleibt den Verpflichteten überlassen. Es soll ihnen so ermöglicht werden, die Systeme an Größe und Risiko ihres Geschäfts anzupassen.

Das interne Sicherungssystem und die Kontrollen sind so zu gestalten, dass Auffälligkeiten erkannt werden und Geldwäsche verhindert wird. Wahrscheinlich ist es sinnvoll, interne Richtlinien auszuarbeiten, zu dokumentieren und im Unternehmen zu kommunizieren, die der Größe des Unternehmens und der Höhe des latent bestehenden Risikos entsprechen. Dies erfordert sicherlich zunächst eine entsprechende Risikoanalyse. Bestandteil einer solchen Risikoanalyse ist sicherlich die Untersuchung, in welchem Ausmaß Auslösetatbestände (zum Beispiel Häufigkeit der Bargeschäfte > 15.000 €, Anzahl der Kunden mit unvollständiger/nicht aktueller Identifizierung) auftreten. Außerdem sollte bereits im Vorfeld eine Einschätzung vorgenommen werden, ob es sich eher um geringe, mittlere oder größere Risiken handelt. In Abhängigkeit von den ermittelten Ergebnissen

[24] Vgl.: (Bundesministerium der Justiz 2008, S. 9).

sind Kompetenzregelungen zur internen Genehmigung solcher Geschäfte zu treffen sowie Verfahrensanweisungen zur Prüfung und zur Dokumentation der Vorgänge zu erstellen. Außerdem ist das interne System zur Kontrolle (zum Beispiel zyklisch durchzuführende Stichprobenkontrollen durch die interne Revision oder das Controlling) zu definieren und zu beschreiben.

Die Unterrichtung der Mitarbeiter muss alle Mitarbeiter umfassen, die in die Anbahnung und Begründung von Geschäftsbeziehungen sowie in die Durchführung von geschäftlichen Transaktionen eingebunden sind. Üblicherweise umfasst das mindestens die Mitarbeiter im Vertrieb und die Mitarbeiter in der Debitorenbuchhaltung. Je nach Unternehmensgröße auch die Geschäftsleitung. Die Schulungen sind so zu gestalten, dass die betreffenden Mitarbeiter anschließend die Methoden der Geldwäsche kennen und ihre gesetzlichen Pflichten sowie das interne Sicherungssystem kennen und anwenden können. Wie oft solche Schulungen durchzuführen sind, ist nicht explizit geregelt. Wahrscheinlich sollte, sofern keine akuten Fälle aufgetreten sind oder sich gesetzliche Änderungen ergeben, ein jährlicher Turnus genügen.

Unterstellt, der Unternehmer hat sein internes Sicherungssystem implementiert und kommt seinen Sorgfaltspflichten nach. Was ist zu tun, wenn sich daraus ein Verdacht ergibt oder wenn die Pflichten, zum Beispiel zur Identifizierung des wirtschaftlich Berechtigten, nicht erfüllt werden können.

Wenn die Sorgfaltspflichten nicht erfüllt werden können, darf die Geschäftsbeziehung nicht aufgenommen oder nicht fortgesetzt werden. Das zugrunde liegende Geschäft darf nicht getätigt werden. Eine bestehende Geschäftsbeziehung muss nach § 3 Abs. 6 GwG sogar beendet werden. Wenn beim Verpflichteten der Verdacht entsteht, es könnte sich um ein Geldwäschedelikt oder um eine Terrorismusfinanzierung handeln, muss er die zuständigen Behörden informieren. Das sind sowohl die Staatsanwaltschaft als auch das Bundeskriminalamt (FIU-Deutschland). Je nach Bundesland kann es erforderlich sein, zusätzlich das zuständige Landeskriminalamt zu informieren. Der Verpflichtete darf nicht davon ausgehen, dass es genügt, nur eine der Behörden in Kenntnis zu setzen und darauf zu vertrauen, dass die Behörden sich zeitnah austauschen. Für die Abgabe der Verdachtsmeldung ist auf der Internetseite des BKA das Formular „Verdachtsmeldung nach § 11 Geldwäschegesetz (GwG)" unter der Adresse http://www.bka.de/nn_204294/DE/ThemenABisZ/Deliktsbereiche/GeldwaescheFIU/Veroeffentlichungen/veroeffentlichungen__node.html?__nnn=true hinterlegt. Die Seite beinhaltet auch eine recht ausführliche Handlingsanweisung. An dieser Stelle sei darauf hingewiesen, dass für eine Verdachtsmeldung, sofern Tatsachen (nicht bloße Vermutungen), die auf entsprechende Delikte hindeuten, vorliegen und weder Vorsatz noch grobe Fahrlässigkeit nachgewiesen werden können, kein Haftungsrisiko besteht.

Der Geschäftspartner darf selbstverständlich nicht darüber informiert werden, dass eine Verdachtsmeldung abgegeben wurde. Das zugrunde liegende Geschäft darf erst nach Zustimmung durch die Staatsanwaltschaft oder aber nach Ablauf von zwei Tagen nach erfolgter Meldung (gemeint sind Werktage, wobei der Samstag nicht als Werktag gerechnet wird), sofern keine Reaktion der Behörden erfolgt ist. Es wird im betrieblichen Alltag schwer sein, den Kunden zwei Tage „hinzuhalten", insbesondere dann, wenn der Verdacht begründet ist.

5.6.5 Folgen des GwG für das Forderungsmanagement

Die bisherigen Ausführungen im Abschn. 5.6.2 verdeutlichen zum einen, dass aus dem Themenkomplex „Geldwäsche" Risiken für die Existenz des Unternehmens und Forderungsausfallrisiken (es ist nicht anzunehmen, dass Erlöse aus nachgewiesener Geldwäsche im Unternehmen verbleiben können) entstehen können. Zum anderen wird aber bei den bestehenden Sorgfaltspflichten deutlich, dass in den erforderlichen Arbeiten sehr viele und enge Berührungspunkte zu den Standardaufgaben des Forderungsmanagements (zum Beispiel Bonitätsprüfung und Stammdatenpflege) bestehen [12][25]. Es ist daher naheliegend, dass das Forderungsmanagement sich maßgeblich – wenn nicht sogar verantwortlich – in die Behandlung dieser Fragestellung einbringt.

Zunächst einmal sollte das Forderungsmanagement für eine zweifelsfreie Klärung der Frage, ob das Unternehmen Verpflichteter gemäß GwG ist, sorgen. Ist das Unternehmen tatsächlich Verpflichteter, was wahrscheinlich eine recht hohe Anzahl an Unternehmen „treffen" wird, sollte das Forderungsmanagement eine Risikoanalyse veranlassen. Es gilt herauszufinden, wie hoch das latente Risiko, mit Auslösetatbeständen der Geldwäsche konfrontiert zu werden, ist. Innerhalb dieser Untersuchung ist eine Einschätzung vorzunehmen, um welche Risikoklasse es sich tendenziell handelt.

Auf der Grundlage dieser Untersuchungsergebnisse ist dann das interne Sicherungssystem – in enger Abstimmung zu den Regelungen im Forderungsmanagement – zu entwerfen und zu implementieren.

Vermutlich ist es ratsam, diese Regelungen in eine bestehende oder eine noch zu erstellende Kreditrichtlinie aufzunehmen. In einer bestehenden Kreditrichtlinie sind insbesondere die Verfahrensanweisungen zur Bonitätsprüfung (zum Beispiel Einholung von GwG-Auskünften) und zur Stammdatenanlage von Neukunden (gegebenenfalls Speicherung zusätzlicher Identifikationsmerkmale) den Erfordernissen des GwG – ergänzend zu den ohnehin bestehenden Anforderungen des Forderungsmanagements – anzupassen. Sicherlich zu überprüfen sind die unter Umständen bestehenden Regelungen zu Bargeschäften. Konnte bisher unter Liquiditäts- und Ausfallgesichtspunkten stets nach dem Motto verfahren werden „Cash is king", sind vor dem Hintergrund des GwG Bargeschäfte, in denen

[25] Der Verein für Credit Management e. V. (heute BvCM) hat bereits vor geraumer Zeit geraten: „**(Identitäts-) Betrug**: Überprüfen Sie die Identität jedes neuen Kunden, um sicher zu wissen, mit wem Sie es (wirklich) zu tun haben. Das derzeitige wirtschaftliche Klima hat das Betrugsrisiko vergrößert. Negative Folgen sind nicht nur der Verlust von Zeit, Waren oder Geld. Auch dem Firmenruf droht Schaden, womöglich wird sogar der Wert der Marke in Mitleidenschaft gezogen." (Verein für Credit Management e. V. o. A., Regel 49).

Beträge jenseits von 15.000 € bewegt werden, kritisch zu prüfen und für die betroffenen Mitarbeiter explizite Prüf- und Verfahrensanweisungen zu erstellen.

Besonderes Augenmerk verdient die Entwicklung der erforderlichen internen Sicherungsmaßnahmen und die Schulung der Mitarbeiter. Diese Anforderungen gelten für jeden Verpflichteten. Abhängig von der Größe des Unternehmens, vom Geschäftszweck und von der Risikolage sind Kontrollen und Prüfungen zu implementieren (auch die Prüfung von Mitarbeitern) und Kompetenzregelungen zu treffen. Unter Umständen (Unternehmensgröße, Anzahl der Mitarbeiter, Handel mit Luxusgütern, Bargeschäfte > 15.000 €) ist es sogar sinnvoll, einen Geldwäschebeauftragten zu bestellen. Dies kann durch die zuständigen Behörden, auch im Rahmen einer Allgemeinverfügung, angeordnet werden. An dieser Stelle kann es für Unternehmen, mit mehreren, regional verteilten Gesellschaften oder Niederlassungen sehr problematisch werden. Wenn das Unternehmen kein funktionierendes internes Sicherungssystem besitzt, könnte es passieren, dass die jeweils zuständigen Behörden konkrete Anordnungen über die umzusetzenden Sicherungsmaßnahmen treffen. Da die Zuständigkeiten teilweise auf der Ebene der Bundesländer, teilweise sogar auf der Ebene der Regierungspräsidien[26] angesiedelt sind, ist es nicht auszuschließen, dass jede regionale Gesellschaft im Detail unterschiedliche Vorgaben erhält. Um eine solches „Regelungschaos" von vornherein auszuschließen, ist es zwingend erforderlich, ein eigenes leistungsfähiges System zu entwickeln, einzuführen und zu schulen.

Da sich der vom GwG betroffene Personenkreis weitgehend mit den Akteuren und Protagonisten des Forderungsmanagements deckt, spricht auch diese GwG-Anforderung sehr dafür, eine enge Verzahnung mit dem Forderungsmanagement vorzunehmen. Die Mitarbeiter sind zum Themenkomplex „Geldwäsche" zu sensibilisieren. Sie müssen lernen, worauf sie achten müssen, was bei den Auslösetatbeständen zu prüfen ist, wie sie sich im Umgang mit Kunden verhalten müssen, welche Entscheidungskompetenzen sie besitzen und vor allem, was im Zweifelsfall zu tun ist.

Das GwG lässt den Unternehmen auf der einen Seite recht große Freiräume, um das interne Sicherungssystem ohne unnötige Bürokratie, problemorientiert und passend zur Betriebsorganisation gestalten zu können. Auf der anderen Seite ist das GwG daher an einigen Ecken aber auch sehr unspezifisch und lässt – insbesondere unter juristischen Gesichtspunkten – daher einige Interpretationsspielräume mit den verbundenen Verfahrensunsicherheiten.

Unbedingt ist es für das Forderungsmanagement ratsam, zum geeigneten Zeitpunkt und an geeigneter Stelle juristischen Sachverstand einzubeziehen. Gut, wenn der betreffende Anwalt dann bereits das Forderungsmanagement des Unternehmens kennt und daher „passende" Lösungen vorschlagen kann. Das GwG ist ein Thema, das auch vom Forderungsmanagement „nicht auf die leichte Schulter genommen" werden sollte[27].

---

[26] In Baden Württemberg sind die Regierungspräsidien für „Personen, die gewerblich mit Gütern handeln" zuständig.

[27] Die Ausführungen in diesem Buch sind keine juristische Beratung und ersetzen diese vor allem nicht!.

Quintessenz:

1. Das Geldwäschebekämpfungsgesetz (GwG) betrifft alle Unternehmen, die gewerblich mit Gütern handeln. Die Missachtung kann zu existenziellen Risiken für das Unternehmen führen.
2. Unternehmen müssen sicherstellen, dass sie die jeweiligen Sorgfaltspflichten erfüllen.
3. Die Identifikation des Geschäftspartners und des wirtschaftlich Berechtigten gehört zu den Aufgabenstellungen, die sich auch dem Forderungsmanagement stellen.
4. Die Implementierung von Sicherungskonzepten und die Sensibilisierung der Mitarbeiter gehört zu den allgemeinen Aufgaben aus dem GwG.
5. Zur Entwicklung und Implementierung geeigneter Konzepte sollte das Forderungsmanagement qualifizierte juristische Unterstützung in Anspruch nehmen.

5.7 Bargeldverbot

Der Forderungsmanager eines KMU muss sich inzwischen auf eine weitere neue Situation einstellen: War er früher noch froh, wenn der Schuldner seine Rechnung irgendwann endlich bar bezahlt hat, so muss er in Zukunft mit Barzahlungen sehr vorsichtig sein.

International ist im Rahmen der Bekämpfung der Geldwäsche die Tendenz zu beobachten, dass man Bargeld im Handelsverkehr am liebsten ganz abschaffen möchte. Derartige Überlegungen finden sich in Kanada oder Schweden, sie sind in einigen europäischen Staaten aber auch längst umgesetzt, und damit ist es nur eine Frage der Zeit, bis sich die Europäische Kommission oder das Parlament damit beschäftigt und die Mitgliedsstaaten mit einer entsprechenden Richtlinie „beglückt".

In der Slowakei ist beispielsweise für Privatpersonen eine Barzahlung von über 15.000 € verboten, zwischen juristischen Personen befindet sich die Grenze bereits bei 5.000 €. Dies gilt seit dem 1.1.2013 und ein Verstoß wird mit Geldstrafen bis zu 150.000 € (!) bestraft.

In Bulgarien beträgt die Grenze für Privatpersonen und Gesellschaften seit dem 22.2.2011 gleichermaßen 15.000 Bulgarische Lew und der Strafrahmen beläuft sich auf 25 % des Zahlbetrags.

Tschechien stellt bereits seit dem 1.7.2004 Barzahlungen über 350.000 Tschechische Kronen zwischen Privatpersonen und zwischen Unternehmern unter Strafe, wobei die Obergrenze der Strafe bei natürlichen Personen bei 20.000 Kronen liegt, bei Gesellschaften bei 200.000 Tschechischen Kronen.

Frankreich bestraft seit dem 16.6.2010 Barzahlungen von über 3.000,00 € mit einer Geldstrafe von 5 % des gezahlten Betrags, wobei nicht zwischen Individuen und Gesellschaften unterschieden wird. Unter dem Präsidenten Hollande wird eine Senkung der erlaubten Bargeldgrenze von 3.000 auf 1.000 € diskutiert.

Ähnliche Beschränkungen mit teilweise drastischen Strafen gibt es in der Türkei, in Spanien, Italien und Dänemark. Die Zahl der Länder, in denen Barzahlungsverbote gesetzlich erlassen werden, steigt ständig und insofern sollte das Kreditmanagement heute bereits darauf achten, dass Barzahlungen möglichst ausgeschlossen werden. Dies ist kein vorauseilender Gehorsam, sondern eine Vorsichtsmaßnahme, die man durchaus auch im Rahmen der Verhinderung der Geldwäsche (siehe Abschn. 5.6) ergreifen sollte.

Quintessenz:

1. Aufgrund internationaler Gegebenheiten und Entwicklungen müssen sich Forderungsmanager mit dem Thema „Bargeldverbot" auseinandersetzen.
2. International sind sehr unterschiedliche Vorgaben bereits umgesetzt und Verstöße werden teils mit harten Strafen sanktioniert.
3. Das bisherige Motto: „Bargeld lacht", muss seitens des Forderungsmanagements zukünftig differenzierter behandelt werden.
4. Bargeldlastige Branchen mit Verkaufsniederlassungen im Ausland sind besonders betroffen.
5. Das Forderungsmanagement muss differenzierte Regelungen in die Kreditrichtlinien aufnehmen, die auch im Zusammenhang mit der Umsetzung der GwG-Anforderungen erstellt werden sollten.

5.8 Zusammenfassung

Lieferantenkredite stellen in jedem Einzelfall, aber auch in Summe, für die Lieferanten ein Risiko dar. Risiken, die der Lieferant – aus welchen Gründen auch immer – nicht selbst tragen kann oder tragen will, bedürfen der Absicherung. Den Lieferanten steht dazu eine Vielzahl von Möglichkeiten zur Verfügung. In Deutschland sollte jeder Lieferant, auch bei Exporten, darauf achten, dass er die verschiedenen Varianten des Eigentumsvorbehalts mit seinen Kunden wirksam vereinbart. Die häufig genutzte Form der Absicherung mittels Warenkreditversicherung besitzt aus Sicht des Lieferanten systematische Grenzen: Genau dann, wenn ein hoher Absicherungsbedarf besteht, übernimmt der Versicherer häufig nicht das Risiko. Eine echte Alternative dazu, stellt die Excess-of-Loss-Versicherung dar, die eine völlig andere „Philosophie" zugrunde legt.

Besonderer Absicherungsbedarf besteht bei Exportgeschäften. Unternehmen scheuen – oft aus Unkenntnis – das Risiko im Export. Durch qualifizierte anwaltliche Unterstützung ist es aber auch im Export möglich, Risiken erfolgreich abzusichern. Dazu bedarf es allerdings einer Kanzlei, die in ein leistungsfähiges Anwaltsnetzwerk eingebunden ist und seine Mandanten auch im Ausland kompetent vertreten kann.

Für das Forderungsmanagement entstehen neue Anforderungen zur Absicherung aus dem Geldwäschebekämpfungsgesetz und dem drohenden „Bargeldverbot" im Ausland.

Literatur

1. Atradius Kreditversicherung. 2013. Der Eigentumsvorbehalt in Deutschland. Sichern Sie Ihr Recht. Publications. http://www.atradius.de/images/stories/publications/Atradius_Eigentumsvorbehalt_Deutschland.pdf. Zugegriffen: 29. Mai 2013
2. Atradius Kreditversicherung. 2013. Atradius Zahlungsmoralbarometer. Internationale Studie zum Zahlungsverhalten von Unternehmen. Kernergebnisse Deutschland. http://www.atradius.de/debitorenmanagementpraxis/publikationen/zahlungsmoralbarometer-fruehjahr-2012.html. Zugegriffen: 01. Mai 2013.
3. Brixius, Robert. 2008. Traditionelle Kreditversicherung versus Excess-of-Loss-Deckung. Risiko Manager 10/2008– Sonderheft Credit Management. S. 40–42.
4. Bülow, Peter. 1999. *Recht der Kreditsicherheiten. Sachen und Rechte, Personen. Ein Lehrbuch*. C.F Müller: Heidelberg.
5. Bundesministeriums der Justiz in Zusammenarbeit mit der juris GmbH. 2008. Gesetz über das Aufspüren von Gewinnen aus schweren Straftaten (Geldwäschegesetz – GwG). http://www.gesetze-im-internet.de/bundesrecht/gwg_2008/gesamt.pdf. Zugegriffen: 02. Juni 2013.
6. Gabler Verlag (Hrsg.) 2013. Gabler Wirtschaftslexikon, Stichwort: Warenkreditversicherung, online im Internet: http://wirtschaftslexikon.gabler.de/Archiv/2186/warenkreditversicherung-v9.html. Zugegriffen: 29. Mai 2013.
7. Marsh GmbH. 2012. Unternehmen vielfach unzureichend vorbereitet auf nächste Krise. News & Presse. http://deutschland.marsh.com/NewsPresse/MarshPressemitteilungen/articleType/ArticleView/articleId/20585/Unternehmen-vielfach-unzureichend-vorbereitet-auf-nachste-Krise.aspx. Zugegriffen: 02. Juni 2013.
8. Portal Forderungsmanagement e. K. 2013. Eigentumsvorbehalt. Glossar. http://www.forderungsmanagement.com/glossar/eigentumsvorbehalt-ev. Zugegriffen: 29. Mai 2013.
9. Portal Forderungsmanagement e. K. 2013. Selbstschuldnerische Bürgschaft. Glossar. http://www.forderungsmanagement.com/glossar/selbstschuldnerische-buergschaft. Zugegriffen: 02. Juni 2013.
10. Schmidt-Kasparek, Uwe. 2012. Die Ärgernisse bei der Warenkreditversicherung. impulse 04/2012. Veröffentlicht unter http://www.impulse.de/finanzen-vorsorge/die-argernisse-bei-der-warenkreditversicherung. Zugegriffen: 31. Mai 2013.
11. TCRe. 2013. Zahlungsausfallrisiko Leitfaden: Versichern Sie Ihre Unabhängigkeit. http://www.tcre.com/de/informations-center/leitfalen/. Zugegriffen: 02. Juni 2013.
12. Verein für Credit Management e. V. (heute BvCM). O.A. Die CreditTipps – 50 Regeln für mehr Liquidität im Unternehmen. Goch: B.o.s.s. Druck und Medien.
13. Voller, Thomas. 2013. *Sicherheiten im Export*. Unveröffentlichtes Manuskript: Frankfurt a M.

6 Forderungsmanagement ist Liquiditätsmanagement

Außenstände richtig und erfolgreich finanzieren, mahnen und beitreiben Die Sicherstellung der Liquidität des Unternehmens ist eine der zentralen Aufgaben des Forderungsmanagements. Der Liquiditätsbedarf resultiert aus der in der Wirtschaft üblichen Vorfinanzierung der erforderlichen Herstellungs- und Lieferprozesse durch den Lieferanten. Diese Vorfinanzierung kann mit Eigen- oder mit Fremdmitteln erfolgen. In der Praxis ist ein recht hoher Anteil der Fremdfinanzierung üblich. Aber unabhängig davon, ob eine Eigen- oder Fremdfinanzierung erfolgt, muss das Forderungsmanagement mit geeigneten Maßnahmen dazu beitragen, dass möglichst wenig liquide Mittel für längere Zeit gebunden werden.

Die verschiedenen Ansatzpunkte oder Gestaltungsfelder, die dem Forderungsmanagement dafür zur Verfügung stehen, verdeutlicht die Abb. 6.1.

Der Finanzierungsvorlauf, also der Zeitraum zwischen dem Zeitpunkt, zu dem die Materialien für den Kundenauftrag eingekauft und bezahlt wurden, und dem Produktionsbeginn, soll nicht Gegenstand dieses Buches sein. Die Aufgabe zur Optimierung dieses Teilprozesses gehört überwiegend in die Funktion Einkauf und Logistik. Das Forderungsmanagement trägt hier nur teilweise zur Liquiditätssicherung bei. Nämlich immer dann, wenn von Kunden Vorauszahlungen oder Teilvorauszahlungen eingefordert werden. Dies ist im Baugewerbe und im Anlagenbau durchaus üblich, in den übrigen Branchen, ausgenommen vom Objektgeschäft, aber eher die Ausnahme.

Auch der Prozessteil des „eigenen Vorlaufs", der die Fertigungsdauer umfasst, wird nicht behandelt. Dieser Themenkomplex ist im Bereich Arbeitsplanung und Fertigungssteuerung anzusiedeln. Lediglich der Prozessteil Lieferung und Fakturierung soll in diesem Buch kurz behandelt werden.

Zentrale Handlungsfelder des Forderungsmanagements sind die in der Abbildung als „eigener Gestaltungsspielraum" und als „DSO" bezeichneten Prozessteile. Die wesentlichen Ansatzpunkte zur Liquiditätssteuerung sind hier:

R. H. Müller, *Erfolgreiches Forderungsmanagement*,
DOI 10.1007/978-3-658-02671-4_6, © Springer Fachmedien Wiesbaden 2013

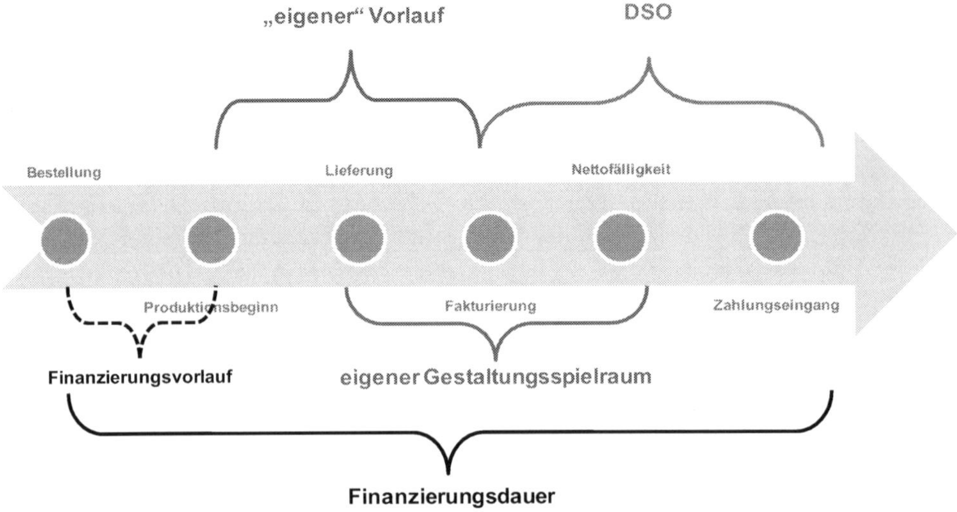

Abb. 6.1 Prozessdarstellung der Vorfinanzierung

- die Festlegung der Zahlungsbedingungen,
- die Mahnaktivitäten sowie
- die Inkassomaßnahmen.

Die Beschreibung der existierenden Handlungsoptionen des Forderungsmanagements ist Inhalt der folgenden Abschnitte.

6.1 Fakturierung

Repariere nicht, was nicht kaputt ist Das Procedere des Lieferanten zur Erstellung der Rechnungen an den Kunden wird als Fakturierung bezeichnet.

Zu den wesentlichen Inhalten einer Rechnung gehören: Empfängeradresse, Zeichen und Datum der Bestellung, eigenes Zeichen des Auftrags, Nummer und Datum der Rechnung, Bezeichnung der Leistung, Einzel-, Gesamt- und Endpreis, Mehrwertsteuer, Zahlungsbedingungen mit Skonto- und Nettofälligkeit sowie Kontodaten für den Rechnungsausgleich.

Die Rechnungsstellung sollte möglichst kurzfristig nach der Leistung erfolgen, um einen entsprechend rascheren Ausgleich des Forderungsbetrags zu erreichen. Zu bedenken ist: Jeder Tag, den ein Lieferant länger auf die Begleichung der Rechnung warten muss, schlägt sich in der Höhe der Finanzierungskosten nieder. Lässt sich der Lieferant mit dem Erstellen der Rechnung Zeit, geht das zu seinen Lasten. Erst, wenn der Kunde eine Rechnung erhalten hat, ist er zur Zahlung (entsprechend der vereinbarten Konditionen) verpflichtet.

Nur in sehr wenigen (Ausnahme-) Fällen hat der Autor in seinen Projekten tatsächlichen Handlungsbedarf in der Gestaltung des Fakturierungsprozesses festgestellt. In aller Regel werden die Rechnungen vom Lieferanten formal korrekt und zeitnah erstellt. Üblicherweise erfolgt die Erstellung der Rechnung automatisch (auf der Grundlage der Auftragsdaten), sobald zum Beispiel die Ware für den Versand freigegeben wird. Der Versand der Rechnungen erfolgt in zunehmendem Maße, je nach Branche, auf elektronischem Wege. Dort, wo noch „Papierrechnungen" erstellt werden, werden diese sehr oft zusammen (zeitgleich) mit dem Lieferschein und der Ware an den Kunden übermittelt.

Lediglich drei Aspekte haben sich in den Projekten in einzelnen Fällen als verbesserungsbedürftig herausgestellt:

1. Falsche Preise,
2. Unpräzise Fälligkeitsangaben,
3. Zeitverzögerte Schlussrechnungen.

Falsche Preise in den Rechnungen führen dazu, dass der Rechnungsempfänger die ihm vorliegende Rechnung nicht zahlt und stattdessen die Erstellung einer korrekten Rechnung reklamiert. Manchmal kommt es vor, dass Kunden mit der Reklamation der Preise warten, bis die ursprüngliche Nettofälligkeit erreicht oder die Bezahlung der Rechnung durch den Lieferanten angemahnt wurde. Der Lieferant muss dann eine korrigierte, korrekte Rechnung stellen. Erfahrungsgemäß kostet das einige Tage Zeit, sodass sich die Begleichung der Rechnung weiter verzögert. Bei Unachtsamkeit auf Lieferantenseite kann die resultierende Verzögerung sehr lang sein. In einem Projekt hat der Verfasser die Erfahrung machen müssen, dass bei den Rechnungskorrekturen (Neurechnungen) wiederum die Zahlungsbedingungen aus dem Stammsatz oder dem Auftrag übernommen wurden und so dem Kunden noch einmal ein gleich langes Nettozahlungsziel eingeräumt wurde. Den Kunden hat es gefreut.

Bei Rechnungskorrekturen oder der Neuerstellung von Rechnungen ist daher unbedingt darauf zu achten, dass die ursprüngliche Nettofälligkeit nicht verlängert wird. Sinnvoller Weise ist auf der korrigierten Rechnung wieder das gleiche Datum für die Fälligkeit einzutragen wie auf der Ursprungsrechnung.

Die Lösung des Problems falscher Preise entzieht sich häufig dem unmittelbaren Einflussbereich des Forderungsmanagements. Erfahrungsgemäß resultieren die falschen Preise oft aus ungenauen Preisabsprachen zwischen Vertrieb und Kunde beziehungsweise aus einer unzureichenden Kommunikation zwischen Außen- und Innendienst. Da diese Probleme meist bei den immer gleichen Akteuren auftreten, kann das Forderungsmanagement lediglich versuchen, diese zu identifizieren und über die Vertriebsleitung für Abhilfe zu sorgen.

Manchmal ist die Fälligkeit auf Rechnungen mit Floskeln wie zum Beispiel „Die Rechnung ist innerhalb von 30 Tagen fällig." ausgewiesen. Bei solchen Formulierung bleibt unklar, ob die Frist von 30 Tagen ab Lieferdatum, Rechnungsdatum oder ab Datum des Rechnungszugangs beim Kunden zu rechnen ist. Viel besser sind eine konkrete Datumsangabe und die Angabe des jeweils fälligen Betrags (bei Skontoregelung). Wenn dann noch alle restlichen Zweifel beseitigt werden sollen, dann sind Formulierungen sinnvoll wie „Der Rechnungsbetrag in Höhe von 378 € ist am 21. Dezember 2013, eingehend auf unserem Konto (BIC und IBAN) fällig". Die in diesem Zusammenhang auftretenden Unklarheiten, ob die Fälligkeit gewahrt ist, wenn die Bezahlung der Rechnung am Fälligkeitsdatum bei der Bank veranlasst wurde, werden mit der SEPA-Umsetzung zum 01. Februar 2014 an Bedeutung verlieren. Durch die SEPA-Umstellung werden die Banklaufzeiten im SEPA-Raum einheitlich auf einen Bankarbeitstag reduziert (siehe hierzu Kap 7).

Je nach Branche und Tätigkeitsfeld kann die in den Projekten teilweise festgestellte zeitliche Verzögerung bei der Erstellung von Schlussrechnungen schon eine etwas höhere Bedeutung besitzen. Im Objektgeschäft ist es gebräuchlich, die Abrechnung zum Beispiel in Abhängigkeit vom Baufortschritt vorzunehmen. Die Rechnungsstellung erfolgt dann in der Regel in drei oder vier Teilrechnungen. Üblicherweise werden in der Schlussrechnung, die dann gestellt wird, wenn der Kunde die Leistung abgenommen hat, alle Änderungen, die sich zwischen Auftragserteilung und Fertigstellung im Prozess der Leistungserbringung ergeben haben, abgerechnet. Während der Leistungserbringung kommt es sowohl zu Mehr- als auch zu Minderleistungen. Diese sind in der Schlussrechnung zu berücksichtigen und korrekt abzurechnen. Je nach Komplexität und Laufzeit des Objektauftrags stellt die Berücksichtigung der „Nachträge" einen nicht zu unterschätzenden Arbeitsaufwand für den Rechnungsersteller dar. Je nach „Ordnungsliebe" und Dokumentation des Verantwortlichen ist dieser „Arbeitsberg" zu einem Zeitpunkt zu leisten, zu dem die Verantwortlichen mit dem Auftrag bereits innerlich abgeschlossen haben und oft wieder mit anderen Projekten beschäftigt sind. Hier kann das Forderungsmanagement lediglich gemeinsam mit den zuständigen Stellen versuchen, möglichst effiziente Prozesse zu installieren. Es hat sich als hilfreich erwiesen, eine quasi mitlaufende Erstellung der Schlussrechnung zu installieren. Bei diesem Verfahren werden alle Nachträge/Auftragsänderungen bereits zum Zeitpunkt der Abstimmung mit dem Kunden in die Schlussrechnung eingetragen. So kann gewährleistet werden, dass zum Zeitpunkt des Projektabschlusses keine Bearbeitungsrückstände bestehen.

Im Vergleich zur Fakturierung besitzen die Zahlungskonditionen und die Prozesse im Mahnwesen und im Inkasso in der betrieblichen Praxis einen wesentlich höheren Stellenwert bei der Liquiditätssicherung durch das Forderungsmanagement.

Quintessenz:

1. Eine schnelle Fakturierung der erbrachten Leistungen ist Voraussetzung für die Existenz der Forderungen. Das ist insbesondere im Objektgeschäft bei Schlussrechnungen zu beschleunigen.
2. Fehler in der Faktura sind unbedingt zu vermeiden, weil Kunden das nutzen, um verspätet zu zahlen.
3. Prozessbeschleunigung ist meist nur noch durch elektronischen Rechnungsversand zu erreichen.

4. Mit der SEPA-Umstellung wird die Rechnung beim Lastschrifteinzug auch die Pre-Notification aufnehmen müssen.
5. Die Fakturierung ist meist nicht die größte „Baustelle" im Forderungsmanagement.

6.2 Zahlungsbedingungen definieren Risiko und Liquidität

Häufig übersehenes Gestaltungsfeld Im Abschn. 3.2.2.2.2 wurde die Thematik – zwar mit einem anderen Fokus – schon recht ausführlich behandelt. Aus diesem Grunde kann in diesem Abschnitt eine ausschließliche Konzentration auf den Aspekt der Liquiditätswirkung und den damit gegebenenfalls verbundenen Finanzierungsaufwand erfolgen.

Die Zahlungsbedingungen legen fest, für welchen Zeitraum dem Kunden der Rechnungsbetrag kreditiert wird. Je länger das Zahlungsziel gewählt wird, umso später erfolgt der entsprechende Zufluss an liquiden Mitteln. Betrachtet man den Gesamtprozess der Forderungsfinanzierung (von der Kundenbestellung bis zur Bezahlung), dann wird erkennbar, dass die (geplante) Dauer dieses Teilprozesses in höherem Maße durch den Lieferanten selbst gestaltbar ist. An der Gesamtforderungslaufzeit hat dieser Prozess den überwiegenden Anteil. Diese Einschätzung wird auch durch die Angaben im aktuellen „Atradius Zahlungsmoralbaromerter" bestätigt: „Die deutschen Befragten gaben eine durchschnittliche Forderungslaufzeit von 38 Tagen an, die weit unter dem Durchschnitt für Westeuropa (57 Tage) liegt. Die DSO ist deutlich länger als das durchschnittliche von den deutschen Befragten angegebene Zahlungsziel (24,3 Tage) und spiegelt das Volumen der zu spät gezahlten Rechnungen wider…"[2][1] Diese aktuellen Zahlen verdeutlichen, dass das gewährte Zahlungsziel etwa zwei Drittel und der Zahlungsverzug ungefähr ein Drittel der gesamten Forderungslaufzeit ausmachen. Wenn nun die Forderungslaufzeit insgesamt verkürzt werden soll, dann sind die erreichbaren Effekte durch eine Optimierung (Verkürzung) der Zahlungsziele potenziell doppelt so hoch wie die möglichen Einsparungen durch Maßnahmen zur Verkürzung des Zahlungsverzugs. Gleichwohl sind beide Gestaltungsfelder durch das Forderungsmanagement zu bearbeiten.

Welche Effekte aus den gewährten Zahlungsbedingungen resultieren, verdeutlicht die nachfolgende Beispielrechnung:

Bei einem Jahresumsatz in Höhe von 30 Mio. € und einem gewährten Nettozahlungsziel von durchschnittlich 30 Tagen resultiert daraus ein (dauerhafter) Forderungsbestand von 2,5 Mio. €. Wenn dieser Forderungsbestand bei einem Zinssatz von (nur) 5 % fremdfinanziert wird, entsteht ein Finanzierungsaufwand in Höhe von 125.000 € pro Jahr.

Bei gleichem Jahresumsatz und einem durchschnittlichen Zahlungsziel von 20 Tagen verringert sich der Forderungsbestand auf 1,67 Mio. €. Das bedeutet im ersten Schritt bereits eine Zunahme der eigenen liquiden Mittel um rund 800.000 €. Für die Finanzierung dieses (reduzierten) Forderungsbestands fallen bei gleicher Verzinsung pro Jahr rund

[1] Vgl.: (Atradius Kreditversicherung 2013, S. 7)

83.400 € Finanzierungsaufwand an. Da sind über 40.000 € weniger, als im vorherigen Beispiel. Näher betrachtet bedeutet das:

- Die Verkürzung der Zahlungsbedingungen um durchschnittlich 10 Tage erbringt 800.000 € (zusätzliche) eigene Liquidität. Im gewählten Beispiel macht also jeder Tag Verkürzung eine zusätzliche Liquidität von 80.000 € aus.
- Die Verkürzung der Zahlungsbedingungen um durchschnittlich 10 Tage reduziert den Finanzierungsaufwand um rund 40.000 €. Im gewählten Beispiel ergibt also jeder Tag Verkürzung eine Aufwandsreduktion von 4.000 €.

Die Ergebnisse verdeutlichen eindrucksvoll, dass es überaus lohnend ist, die im Unternehmen gewährten Zahlungsbedingungen zu analysieren und zu optimieren. Die Effekte werden natürlich umso größer, je größer der Umsatz ist und je höher die Fremdfinanzierungszinsen sind.

Wie die Analyse und die Optimierung der Zahlungsbedingungen angegangen werden kann, wurde bereits im Abschn. 3.2.2.2.2 erläutert.

Quintessenz:

1. Die Zahlungsbedingungen der Unternehmen sollten von Zeit zu Zeit „entrümpelt" werden. Unternehmen haben oft zu viele, zu differenzierte und nur selten nachvollziehbar begründete Zahlungsbedingungen.
1. Die Zahlungsbedingungen des Debitors sind sowohl aus Risiko- als auch aus Vertriebsgesichtspunkten festzulegen.
2. Für Abweichungen von definierten Standards müssen Kompetenzregelungen getroffen werden.
3. Die anstehende Umsetzung der EU-Zahlungsverzugsrichtlinie sollte zum Anlass genommen werden, die Nettozahlungsziele zu verkürzen.
4. Die eingeräumten Zahlungsziele bestimmen etwa 60 % der tatsächlichen Forderungslaufzeit und besitzen damit das größte Potenzial, um einen schnelleren Liquiditätszufluss zu generieren.

6.3 Pünktliche Zahlungen realisieren

Zahlungsverzug ist kein Kavaliersdelikt Gemäß den Angaben des Atradius Zahlungsmoralbarometers vom Mai dieses Jahres ist die durchschnittliche Forderungslaufzeit in Deutschland im Vergleich zum Vorjahr um vier Tage auf insgesamt 38 Tage gestiegen. Verglichen mit den durchschnittlichen Zahlungszielen von 24, 3 Tagen, bedeutet das, dass die Rechnungen im Inland mit einem durchschnittlichen Verzug von 13,7 Tagen bezahlt werden. Überspitzt formuliert bedeutet das, dass sich die Kreditnehmer des Lieferantenkredits ihre Kreditlaufzeit (eigenmächtig) um etwa 50 % verlängern. Legen wir diesem Verzug noch einmal das Beispiel aus Abschn. 6.2 zugrunde, bedeutet das für den Lieferanten: einen zusätzlichen Bedarf an liquiden Mitteln in Höhe von rund 1,1 Mio. € und einen zusätzlichen Finanzierungsaufwand in Höhe von zirka 55.000 €. Diese Zahlen belegen: „Zahlungsverzug ist kein Kavaliersdelikt."

Die betriebliche Praxis spricht leider auch hier mal wieder eine andere Sprache. Eine Vielzahl von Kunden nimmt es mit der Pünktlichkeit bei der Rechnungsbegleichung nicht so genau. Je nach Studie und je nach Zeitpunkt der Untersuchung werden in Deutschland ungefähr 30 % aller gestellten Rechnungen nicht innerhalb des Nettozahlungsziels beglichen. Das Positive an diesen Ergebnissen: Etwa 70 % der Kunden zahlen pünktlich. Das ist im internationalen Vergleich gar kein schlechter Wert.

Wie so häufig wird in der Betrachtung dieser Thematik in der Regel der negative Aspekt in den Vordergrund gerückt und intensiv diskutiert. Auf diese Diskussion folgt leider sehr häufig das Jammern und Lamentieren der Lieferanten, bei denen die schlechte Zahlungsmoral der Kunden für eine ganze Reihe eigener Probleme (berechtigt oder unberechtigt) verantwortlich gemacht wird. Der Autor hat es wahrlich nicht selten erlebt, dass Kunden, die er wegen fälliger Forderungen angerufen hat, minutenlang über die schlechte Zahlungsmoral und das ungebührliche Verhalten der Schuldner – landauf und landab – lamentiert haben. Wenn der Autor dann geäußert hat, dass genau dieses Verhalten der Grund dafür ist, dass er gerade jetzt mit dem Kunden spricht, war das Erstaunen groß. Die Gesprächspartner haben für sich meist gar nicht realisiert, dass sie selbst genau das Verhalten an den Tag legen, dass sie kritisieren. Manchmal könnte man den Eindruck gewinnen, dass keiner die schlechte Zahlungsmoral gutheißt, aber irgendwie machen „alle" mit.

Wenn der Verfasser in seinen Seminaren zum erfolgreichen Forderungsmanagement scherzhaft die Frage stellt, wer denn die Verantwortung für die schlechte Zahlungsmoral trägt, blickt er anschließend in der Regel in eine Reihe fragender Gesichter. Die Antwort, dass die Forderungsmanager beziehungsweise die Lieferanten selbst dafür verantwortlich sind, überrascht dann meist nur im ersten Schritt. Oft wird relativ schnell klar, dass ein schlechtes Zahlungsverhalten nicht „gottgegeben", sondern sehr wohl beeinflussbar ist. Voraussetzung dafür ist allerdings zum einen das Bewusstsein, etwas ändern zu können, und zum anderen der Wille, das auch zu tun. In der Psychologie werden drei grundsätzliche Möglichkeiten, mit Situationen und Bedingungen umzugehen, unterschieden: Love it, change it or leave it.

Bezogen auf den Zahlungsverzug und die schlechte Zahlungsmoral kann die Aufforderung an die Forderungsmanager und die Lieferanten daher nur lauten: „Change it!"

6.3.1 Zahlungsanreize

Zahlungsanreize sollen den Kunden dazu bewegen, die Rechnung möglichst schnell zu begleichen. In der Regel wird als Zahlungsanreiz eine Skontoregelung in die Zahlungsbedingungen, die mit dem Kunden vereinbart werden, aufgenommen. Diese Skontoregelung besagt, dass der Kunde den Rechnungsbetrag um einen Prozentsatz X reduzieren darf, sofern er die Rechnung innerhalb einer definierten und vereinbarten Frist begleicht.

Die Skontogewährung ist im Firmenkundengeschäft in den meisten Branchen üblich. Teilweise wird auch Privatkunden eine Skontofrist eingeräumt.

Aus Sicht des Verfassers haben sich in Deutschland Skontoregelungen, die 2 oder 3 % Abzug vom Rechnungsbetrag bei einer Bezahlung innerhalb einer Frist zwischen 10 Tagen und 21 Tagen erlauben, etabliert. Sehr häufig wird ein quasi „Standardzahlungsziel" von 30 Tagen netto ergänzt.

Bezogen auf die sehr häufig anzutreffende Empfehlung an Lieferanten, Zahlungsanreize in Form von Skontoregelungen zu bieten, stellen sich aus Sicht des Autors zwei zentrale Fragen:

1. Ist es für Kunden sinnvoll (wirtschaftlich rentabel) Skontoregelungen zu nutzen? Führen Skontoregelungen tatsächlich dazu, dass Debitoren schneller zahlen?
2. Sind Skontoregelungen für den Lieferanten unter Ertrags- und Liquiditätsgesichtspunkten sinnvoll? Wird durch Skontoregelungen die Forderungslaufzeit tatsächlich verkürzt?

Ob Skontoregelungen für Kunden lohnend sind, lässt sich anhand eines Beispiels schnell berechnen:

Es wird unterstellt, dass der skontofähige Rechnungsbetrag 1.000 € (ohne MWST) beträgt. Die Zahlungsbedingungen lauten: 2 % bei Zahlung innerhalb von 10 Tagen, 30 Tage netto. Falls der Kunde exakt nach 10 Tagen zahlt, muss der Kunde lediglich 980 € zahlen. Er hat also 20 € gespart. Angenommen, der Kunde muss den Betrag in Höhe von 980 € für die Dauer bis zur Nettofälligkeit, also für 20 Tage vorfinanzieren, dann lohnt sich für ihn diese Vorfinanzierung, solange der Finanzierungsaufwand die Ersparnis nicht übersteigt. Ein Finanzierungsaufwand von 20 €, bezogen auf den Finanzierungsbetrag in Höhe von 980 €, entspricht einem jährlichen Zinsaufwand von 2,04 %. Da die benötigte Finanzierungsdauer aber nur 20 Tage beträgt, rechnet sich die Finanzierung für den Kunden, solange die zu zahlenden Zinsen 36 % per annum nicht übersteigen. Fürwahr, ein gutes Geschäft für den Kunden. Je höher der erlaubte Skontoabzug prozentual ist und je geringer der zeitliche Unterschied zwischen Skonto- und Nettofälligkeit ist, umso lohnender wird es für den Kunden, Skontoregelungen in Anspruch zu nehmen.

Auch aus einer anderen Betrachtungsperspektive wird deutlich, dass die Inanspruchnahme von Skontoregelungen für den Kunden lohnend ist. Wenn unterstellt wird, dass der Kunde alle seine Rechnungen mit 2 % Skonto zahlen könnte und würde (was er de facto aber nicht kann), würde das bedeuten, dass sich sein Aufwand um insgesamt 2 % bezogen auf den Ausgangswert verringern würde. Bei gleichbleibenden Erträgen würde das in voller Höhe zur Steigerung des Jahresüberschuss führen. Diese Betrachtung soll lediglich verdeutlichen, dass die „Parole: Skontonutzung rechnet sich immer" gar nicht so falsch ist.

Wenn nun aber die Ausnutzung von Skontoregelungen für den Kunden unter wirtschaftlichen Gesichtspunkten sinnvoll ist, warum machen dann nicht alle Kunden davon Gebrauch?

Eine mögliche Erklärung könnte sein, dass ihnen dies nicht bekannt ist. Wahrscheinlich kann getrost davon ausgegangen werden, dass diese Erklärung lediglich in einer geringen

Zahl der Fälle zutreffend sein kann. Wesentlich wahrscheinlicher ist daher die Annahme, dass diese Kunden weder selbst die liquiden Mittel zur Skontoausnutzug aufbringen können, noch erhalten sie fremde Mittel, um diese (Skonto-) Erträge zu realisieren. Falls das unterstellt werden kann, dann werden Zahlungsanreize in Form von Skontoregelungen nur die Kunden zum schnelleren Rechnungsausgleich motivieren, die die entsprechende Liquidität bereits besitzen oder beschaffen können.

Aus Sicht des Verfassers sollte sich an dieser Stelle nachdrücklich die Frage aufdrängen, ob genau diese Kunden die Zielgruppe für die Skontoregelungen sind (beziehungsweise sein sollten). Spielen ausschließlich Liquiditätsüberlegungen beim Lieferanten eine Rolle, ist es egal, welche Kunden die Skontoregelung in Anspruch nehmen. Soll der Zahlungsanreiz allerdings auch die Funktion erfüllen, dass die Kunden, die ein erhöhtes Ausfallrisiko darstellen, schneller zahlen, dann ist davon auszugehen, dass dieser gewünschte Effekt teilweise nicht erzielt wird.

Ob Skontoregelungen für den Lieferanten unter Ertrags- und Liquiditätsgesichtspunkten sinnvoll sind, ist ebenfalls schnell beantwortet. Das Angebot, Rechnungen skontieren zu können, verursacht beim Lieferanten einen Skontoaufwand. Wenn das obige Beispiel weiterhin zugrunde gelegt wird, dann beträgt der Skontoaufwand beim Lieferanten ebenfalls 20 €. Dieser Betrag repräsentiert den Finanzierungsaufwand, um 980 € für die Dauer von 20 Tagen alternativ zu einer Fremdfinanzierung zur Verfügung zu stellen. Das entspricht einem Zinssatz von rund 36 % pro Jahr. Für den Fall, dass der Lieferant sich liquide Mittel zu einem günstigeren Zinssatz beschaffen kann, ist also die Skontoregelung unter Ertragsgesichtspunkten nicht lohnend. Wenn dieser Mittelzufluss allerdings wiederum genutzt werden kann, um im gleichen Umfang Skontoregelungen der eigenen Lieferanten in Anspruch nehmen zu können, dann wird der eigene Skontoaufwand durch die Skontoerträge quasi „gegenfinanziert".

Unter Liquiditätsgesichtspunkten führen Skontoregelungen zweifelsohne dazu, dass ein Teil der Forderungen schneller gezahlt wird und daher liquide Mittel früher zur Verfügung stehen. Nach Erfahrung des Autors handelt es sich dabei um etwa 20 bis 25 % der Forderungen, die unter Ausnutzung von Skontoregelungen beglichen werden.

Es stellt sich allerdings die Frage, ob dieser Liquiditätseffekt nicht auch auf anderen Wegen, zu günstigeren Konditionen erzielt werden kann. Nach Erfahrung des Autors sind die gebräuchlichen Möglichkeiten, Liquidität zu schaffen, bei vielen Lieferanten ausgereizt. Viele Unternehmen, insbesondere KMU, haben die Kreditlinien bei ihrer Bank ausgeschöpft. Da ihnen Alternativen zur Forderungsfinanzierung oft nicht bekannt sind, sehen sie nur noch die Option der Skontogewährung. Zu beachten ist an dieser Stelle allerdings auch, dass die Gewährung von Skontierungsmöglichkeiten in vielen Branchen üblich ist. Es ist schwierig oder gar unmöglich, abzuschätzen, wie der Verzicht auf Skontoregelungen, die Erfolge am Markt beeinflussen und gegebenenfalls Umsatzausfälle verursachen würden.

Aus Sicht des Verfassers ist das System der Skontierung insgesamt nicht zwingend überzeugend. Allerdings handelt es sich mit hoher Sicherheit um ein Faktum, dass aufgrund jahre- oder jahrzehntelanger Praxis wahrscheinlich akzeptiert werden muss. Gegen Skontoregelungen sprechen im Grunde auch lediglich die skizzierten Aufwandsgesichtspunkte. Da bei betriebswirtschaftlich solide geführten Unternehmen aber davon auszugehen ist, dass die Skontonutzung der Kunden in die Preise einkalkuliert ist, entsteht so gesehen ja auch kein „Schaden".

Im betrieblichen Alltag bereiten Skontoregelungen – im Handling – allerdings einige (ärgerliche) Probleme. Einerseits bezahlen Kunden in falscher Höhe und andererseits halten sie die Skontofristen nicht genau ein. Nach einer Studie des Instituts für Unternehmensdiagnose in Bochum berichten Lieferanten in über 25 % der Fälle, dass ungerechtfertigter Skontoabzug häufig oder sehr häufig vorkommt. Etwa die Hälfte der Lieferanten erlebt ihn selten und nur rund 18 % berichten, dass er bei ihnen nie vorkomme. Etwa 20 % der befragten Unternehmen geben an, den ungerechtfertigten Abzug häufig oder sehr häufig zu dulden.[19][2]

Das Problem, dass der Skontoabzug falsch berechnet wird, ist weniger häufig anzutreffen. Es lässt sich auch leicht lösen. Statt dem Kunden die Berechnung des fälligen Rechnungsbetrags bei Skontoausnutzung zu überlassen, sollte der Lieferant die Berechnung vornehmen. Auf der Rechnung sollte dann zum Beispiel stehen: „Bei Skontonutzung (2 %/10 Tage) zahlen Sie bitte bis spätestens 27. November 2013 € 138,25 eingehend auf unser Konto (IBAN und BIC)."

Das Phänomen, dass Skontoregelungen auch einige Tage nach Ablauf der Skontofrist noch in Anspruch genommen werden, ist schon etwas schwieriger zu lösen. Hier ist zunächst einmal eine differenzierte Betrachtung erforderlich: Handelt es sich um einen Kunden, der üblicherweise fristgemäß mit Skontonutzung zahlt? Ist es ein Skontozahler, der regelmäßig die Frist überzieht? Zahlt der Kunde „normalerweise" nicht unter Skontoausnutzung?

Warum diese Differenzierung? Der Lieferant muss ein Gefühl dafür entwickeln, ob der Kunde sich bewusst (zu Lasten des Lieferanten) einen weiteren Vorteil verschafft oder ob er ausnahmsweise und versehentlich die Zahlung zu spät geleistet hat. Vielleicht hat der Kunde aber auch noch „keine Übung" mit Skontozahlungen. Je nach Ergebnis sollte die Reaktion des Forderungsmanagements unterschiedlich sein.

Nun zu den möglichen Reaktionen. Es ist in den meisten Unternehmen die gelebte Praxis, dass der Lieferant die Fristüberschreitungen „stillschweigend" toleriert und nichts unternimmt. Das liegt darin begründet, dass die strittigen Beträge oft sehr gering sind (eben nur 2 oder 3 % des Rechnungsbetrags). Der Lieferant argumentiert in der Regel, dass er mehr Aufwand erzeugt, als er Ertrag realisieren kann (Kosten-Nutzen-Relation). Außerdem, und das ist aus Sicht des Autors der eigentliche Beweggrund, möchte man wegen Bagatellbeträgen den Kunden nicht verärgern.

Auf den ersten Blick ist diese Argumentation überzeugend. Auf den zweiten Blick offenbaren sich mittel- und langfristig unangenehme Effekte. Falls der Lieferant Fristüberschreitungen toleriert und beim Kunden nicht reklamiert, übermittelt er dem Kunden unbewusst die Nachricht: „Die vereinbarten Zahlungsfristen sind gar nicht so ernst gemeint.

[2] Siehe: (Weiß, Bolik und; Graßhoff 2006, S. 51)

Egal wann, Hauptsache es wird gezahlt. Weiter so!“ Das ist sicherlich nicht die Botschaft, die der Lieferant dem Kunden übermitteln möchte.

Wenn der Lieferant also möchte, dass alle Kunden die vereinbarten Zahlungsfristen ernst nehmen (siehe: Zahlungsmoral), muss er darauf reagieren, wenn Fristen nicht eingehalten werden. Wer sonst sollte die pünktliche Begleichung der Rechnung durchsetzen?

Wenn auf die Überschreitung der Skontofrist reagiert wird, dann bitte differenziert:

1. Üblicherweise pünktliche Skontozahler sollten lediglich auf die Fristüberschreitung hingewiesen und um künftig genauere Beachtung gebeten werden. Der Skontoabzug sollte akzeptiert werden.
2. Regelmäßig verspätete Skontozahler sind auf die Fristverstreichung hinzuweisen und der Skontobetrag ist nachzufordern. Unter Umständen ist der Skontobetrag dann auch konsequent, unabhängig von der Höhe des Betrags, zu mahnen.
3. „Ungeübte“ Skontozahler sind auf die Fristüberschreitung hinzuweisen. Ihnen wird mitgeteilt, dass die Überschreitung einmalig toleriert wird und künftig aber eine exakte Fristeinhaltung erwartet wird.

Auch, wenn es als lästig empfunden wird, diesen Bagatellbeträgen „nachzulaufen“, ist es unerlässlich den Aufwand zu betreiben. Nur dann, wenn der Lieferant die getroffenen vertraglichen Vereinbarungen konsequent einfordert, kann er den Kunden verdeutlichen, dass die vollständige und pünktliche Begleichung der Rechnungen für ihn genauso wichtig ist, wie für den Kunden die vollständige und fristgerechte Lieferung der bestellten Waren.

6.3.2 Europäische Richtlinie zur Bekämpfung von Zahlungsverzug im Geschäftsverkehr

Diese EU-Richtlinie verfolgt das Ziel, den Zahlungsverzug im Geschäftsverkehr einzuschränken und gleichzeitig den Lieferanten (Kreditgebern) bessere Instrumente zur Forderungsdurchsetzung zur Verfügung zu stellen. Das Gesetz hätte bis zum 16. März 2013 auch in Deutschland in nationales Recht umgesetzt sein sollen, doch Deutschland ist im Verzug. Andere Länder sind da schneller gewesen (zum Beispiel Österreich und Litauen). Auch die deutsche Baubranche hat die Richtlinie bereits in eine Neufassung der VOB (Vergabe- und Vertragsordnung für Bauleistungen) eingebaut.

Das Gesetz sieht vor, Zahlungsziele, die vertraglich vereinbart werden dürfen, auf maximale Werte zu begrenzen: für öffentliche Auftraggeber auf maximal 30 Tage und für Unternehmen auf maximal 60 Tage. Bei Fristüberschreitung können vom Gläubiger künftig pauschal 40 € Gebühren verlangt werden. Der Satz für Verzugszinsen soll in Europa auf einheitlich 8 % über dem Basiszinssatz festgelegt werden (allerdings bestehen hier wohl nationale Gestaltungsspielräume).

Die in der Richtlinie enthaltene explizite Formulierung, dass auch Inkassokosten zu den zu ersetzenden Betreibungskosten zu rechnen sind, plant der Gesetzgeber in Deutschland nicht zu übernehmen – sehr zum (berechtigten) Ärger der Inkassoinstitute.

Österreich hat bei der Übernahme der EU-Richtlinie in das österreichische Unternehmensgesetzbuch (UGB) unter anderem an zwei besonders interessanten Punkten Gestaltungsspielräume genutzt:

1. Der gesetzliche Zinssatz wird auf 9,2 Prozentpunkte über dem Basiszinssatz festgelegt.
2. Auch, wenn der Schuldner die Verzögerungen nicht zu vertreten hat, muss er Verzugszinsen zahlen. Allerdings lediglich 4 %.

Nachdem sich die Bundesregierung etwas zu lange Zeit mit der Umsetzung der Richtlinie lässt, scheint es, dass – typisch für Deutschland – in allen Ecken wieder Befürchtungen „ins Kraut schießen". Es wird befürchtet, dass die Kunden das maximal zulässige Zahlungsziel von 60 Tagen, als Standard interpretieren und einfordern würden. Dass hätte dann fatale Folgen für die Forderungslaufzeiten und den daraus resultierenden Bedarf zur Forderungsfinanzierung bei den Lieferanten. Es wird ebenfalls davon ausgegangen, dass öffentliche Auftraggeber sich nicht an das maximale Zahlungsziel von 30 Tagen halten werden, weil ihnen schlichtweg die Mittel dafür fehlen.[17][3]

Der Autor sieht das im Gegensatz allerdings völlig entspannt. Zunächst einmal wird (voraussichtlich auch in Deutschland) bald eine gesetzliche Grundlage dafür bestehen, das Zahlungsziel in allen Verträgen auf maximal 60 Tage zu reduzieren. Forderungsmanager können auf dieser Grundlage dann alle im Unternehmen existierenden Zahlungsbedingungen mit einem längeren Nettoziel komplett streichen und müssen als Ersatz höchstens 60 Tage eintragen. Alle Zahlungsziele, die bislang unter 60 Tagen lagen, sollten zunächst nicht aktiv angegangen werden. Hier lohnt es sich, darauf zu warten, dass die Kunden aktiv werden. Und hier stellt sich der Verfasser ernsthaft die Frage, warum Kunden, die bislang bei völliger Vertragsfreiheit mit kürzeren Zahlungszielen einverstanden waren, plötzlich nur wegen der Gesetzesänderung längere Ziele durchsetzen wollen oder können. Sollten Kunden mit einem solchen Ansinnen an den Lieferanten herantreten, wäre es doch auch einmal überlegenswert, diesen Kunden anzubieten, das Ziel für einen Aufschlag von 3 % auf 60 Tage zu verlängern. Wahrscheinlich werden die wenigsten Kunden auf das Angebot eingehen. Wenn doch, werden sie bemüht sein, trotzdem innerhalb des vorherigen Nettoziels zu zahlen.

6.3.3 Das Mahnverfahren

Gemäß der weiter vorn genannten Studie des InDiag, erfolgt der Ausgleich der Forderungen insgesamt zu etwa 14 % erst nach Zielüberschreitung und zu weiteren 12 % erst

[3] Vgl.: (Prof. Schumann GmbH 2013)

nach erfolgter Mahnung.[19][4] Das Atradius Zahlungsmoralbarometer vom Frühjahr 2013 kommt zu dem Ergebnis, dass rund 25 % der inländischen Forderungen überfällig sind. [2][5] KMU schneiden insgesamt etwas schlechter ab. Obwohl beide Studien in einem Zeitabstand von sieben Jahren, unabhängig voneinander durchgeführt wurden, kommen sie zu sehr vergleichbaren Ergebnissen: Rund ein Viertel aller Forderungen werden nicht pünktlich beglichen.

Für die Lieferanten und Dienstleister ist es natürlich unter Liquiditätsgesichtspunkten ungemein wichtig, den Anteil der überfälligen Forderungen so gering als möglich zu halten. Weiterhin müssen die Unternehmen möglichst dafür sorgen, dass diese Forderungen schnellstmöglich nach der Fälligkeit beglichen werden.

Um dies zu bewerkstelligen, implementieren nahezu alle Unternehmen ein mehr oder weniger systematisches Mahnverfahren.[18][6] Obwohl es wahrscheinlich zu keinem anderen Themenkomplex im Forderungsmanagement so viele Veröffentlichungen gibt, finden sich in der betrieblichen Praxis eine ganze Reihe von Problemstellungen.

6.3.3.1 Das Mahnverfahren in der betrieblichen Praxis

Das betriebliche Mahnwesen und die damit verbundenen Arbeiten werden nach Wahrnehmung des Autors äußerst ungern übernommen und bergen intern wie extern nicht gerade wenig Konfliktpotenzial. Wahrscheinlich ist das auch auf einige zentrale Fehler in der Gestaltung des Mahnverfahrens zurückzuführen.

6.3.3.1.1 Die Zuständigkeit für das Mahnwesen

Mit einer Ausnahme hat der Autor das Mahnwesen bislang lediglich als organisatorische Untergliederung im Finanzbereich, meist lediglich als Aufgabengebiet der Debitorenbuchhaltung, kennengelernt.

Das bedeutet in vielen Fällen, dass Debitorenbuchhalter die Aufgabe zu mahnen, zusätzlich zu ihren ohnehin mehr als ausfüllenden Tagesarbeiten, als zyklisch zu erledigende Arbeit „auf's Auge gedrückt bekommen". Diese Vorgehensweise wird in der Regel damit begründet, dass die Debitorenbuchhalter die OP-Situation der Kunden kennen und sowieso regelmäßig mit den Kunden kommunizieren. Dieses „Organisationsprinzip" weist mehrere Nachteile auf:

- Bei den Akteuren wird nicht darauf geachtet, dass benötigte Qualifikationen vorhanden sind. Es entsteht zuweilen der Eindruck, dass die Meinung vorherrscht, jeder könne (qualifiziert) mahnen und es erfordere keine besonderen Qualifikationen, um erfolgreich zu mahnen. In der Konsequenz bedeutet das dann häufig, dass keine (ausreichenden) Qualifikationen vorhanden sind.

---

[4] (Weiß, Bolik und; Graßhoff 2006, S. 50)

[5] Vgl.: (Atradius Kreditversicherung 2013, S. 5)

[6] Entsprechend der Studie von (Weiß und Bollik 2005) verschicken 85 % der befragten Unternehmen schriftliche Zahlungserinnerungen und 45 % schriftliche Mahnungen.

- Im Vergleich zu den täglichen Arbeiten des Debitorenbuchhalters nimmt das Mahnen einen nachgeordneten Stellenwert ein – allein bereits dadurch, dass das Mahnen in den meisten Unternehmen als zyklisch zu erledigende Aufgabenstellung definiert wird. Da die Einhaltung dieser Zyklen sich häufig an den dann jeweils verfügbaren Ressourcen orientiert, wird das Mahnen regelmäßig – zugunsten der dringenden Tagesarbeiten – nach hinten geschoben. Für die Debitorenbuchhalter und ihre Vorgesetzten spielt das Mahnen nur die „zweite Geige".
- Die Mahnsachbearbeiter besitzen aufgrund ihrer Position in der Unternehmenshierarchie weder im Innen- noch im Außenverhältnis tatsächliche Entscheidungskompetenz und Durchsetzungsmacht. In der Regel kann (besser: darf) der Sachbearbeiter nicht entscheiden, ob, in welcher Form und mit welcher Konsequenz ein spezifischer Kunde gemahnt werden soll. Bevor „es ernst wird", sind meist die Vorgesetzten und oft der Vertrieb um Erlaubnis zu fragen. Der Mahnsachbearbeiter ist in vielen Unternehmen ein recht „zahnloser Tiger".

In Summe führen die oben geschilderten Zustände dazu, dass sehr ungern, sehr unregelmäßig und in langen, aufreibenden Prozessen gemahnt wird.

6.3.3.1.2 Die Gestaltung des Mahnprozesses

In der Regel ist in der betrieblichen Praxis ein Mahnverfahren mit drei außergerichtlichen Mahnstufen anzutreffen. Diese Mahnstufen bestehen aus schriftlichen Mitteilungen, die als Zahlungserinnerung, Mahnung und letzte Mahnung oder aber, erste, zweite und letzte Mahnung bezeichnet werden. Für diese Schreiben sind normalerweise Standardschreiben im ERP-System hinterlegt.

In diesen Schreiben wird den Schuldnern üblicherweise eine 10- bis 14-tägige Frist zur Begleichung der offenen und fälligen Rechnungen eingeräumt.

In Abständen von zwei bis vier Wochen werden in den Unternehmen dann sogenannte Mahnläufe durchgeführt und Mahnvorschlagslisten erstellt. Die Mahnvorschlagslisten enthalten alle Kunden mit allen fälligen Rechnungen[7] und der Angabe der jeweiligen Mahnstufe (ein Kennzeichen, das drüber informiert, ob der OP zum ersten, zweiten oder dritten Mal gemahnt wird). Die Mahnvorschlagsliste wird dann vom Sachbearbeiter an die Vorgesetzten und/oder an den Vertrieb weitergegeben, damit die Freigabe der Kunden und OP zur Mahnung erfolgt. Der Rücklauf der bearbeiteten Mahnvorschlagslisten erfolgt im besten Fall nach 24 Stunden, im schlechtesten am Sankt-Nimmerleins-Tag. Die Sachbearbeiter versehen dann die Kunden und die OP, die nicht gemahnt werden dürfen, mit

[7] Rechnungen, die in einem definierten Karenzzeitraum fällig geworden sind, werden oft noch nicht aufgenommen. Mit der Einrichtung von ein bis drei Karenztagen soll vermieden werden, dass OP gemahnt werden, bei denen sich das Geld noch im Zahlungstransfer befindet. Dies hat natürlich auch den Effekt, dass alle im Karenzzeitraum fällig gewordenen Rechnungen, die sich nicht im Zahlungstransfer befinden, ebenfalls nicht gemahnt werden.

einer Mahnsperre. Anschließend erfolgt der Druck der Mahnschreiben, die dann kuvertiert und in den Postversand gegeben werden.[8]

Die oben skizzierte Prozessgestaltung hat negative Auswirkungen. Sie führt dazu, dass:

- die Kunden genau wissen, dass sie erst nach der dritten beziehungsweise letzten Mahnung zahlen müssen,
- Forderungen im Durchschnitt bereits seit einer Woche fällig sind, bevor sie gemahnt werden,
- der Ausgleich der fälligen Forderungen oft erst nach vier bis sechs Wochen erfolgt,
- die Bearbeitung zeitaufwendig und langatmig ist und
- keine vollständige Mahnung der fälligen Rechnungen erfolgt.

6.3.3.1.3 Die Einstellung zum Mahnen

Beim Verfasser hat sich der Eindruck verfestigt, dass in den meisten Unternehmen der Vorgang des Mahnens rein technokratisch gesehen wird. Es geht scheinbar nur darum, die Begleichung der fälligen Rechnungen zu erreichen. Letztlich wird eine Problemlage gesehen und möglichst gut verwaltet. Wenn das nicht mit den Standardinstrumenten funktioniert, werden juristische Schritte eingeleitet.

Durch diese Einstellung werden nach Ansicht des Autors bestehende Chancen übersehen und nicht genutzt:

- Die Chance, mehr über den Kunden zu erfahren, wird nicht genutzt. Es besteht häufig kein Interesse daran herauszufinden, ob der Kunde nicht zahlen kann, ob er nicht zahlen will oder ob es bei ihm lediglich organisatorische Mängel gibt.
- Die Möglichkeit, intensiv mit dem Kunden zu kommunizieren, die bestehende Beziehung zu intensivieren und ihn nach dem Verkaufsabschluss noch zu betreuen, wird nicht ergriffen. Der Gläubiger könnte zum Beispiel die „VW-Regel" anwenden (aus Vorwürfen Wünsche machen). Statt dem Kunden vorzuwerfen, dass er nicht gezahlt hat, könnte der Lieferant oder Dienstleister kommunizieren, wie er sich die Gestaltung der Geschäftsbeziehung vorstellt, welche Philosophie er verfolgt und welchen Stellenwert die pünktliche Bezahlung der Rechnungen für ihn hat. Es könnte verabredet werden, wie ihn Zukunft verfahren werden soll.
- Bei Kunden, die Zahlungsschwierigkeiten haben oder bei denen organisatorische Probleme bestehen, könnte der Lieferant gemeinsam mit dem Kunden nach praktikablen Lösungen suchen. Auf diese Weise könnte dem Kunden glaubhaft vermittelt werden, dass der Lieferant/Dienstleister an einer dauerhaften und ernsthaften Partnerschaft interessiert ist und nicht nur „am schnellen Geld".

[8] Mit Zunahme der Online-Geschäfte erfolgt der Versand von Mahnungen in steigendem Maße elektronisch.

Mit einer anderen Einstellung könnte aus einem, für beide Seiten, ärgerlichen – manchmal vom Kunden auch als beschämend empfundenen – Vorgang, ein Einstieg in die Verfestigung, Verbesserung und Verstetigung der Kunden-Lieferanten-Beziehung werden.

6.3.3.1.4 Die Schwerpunkte im Mahnwesen

Zumeist hat der Verfasser in seinen Projekten nicht feststellen können, dass seitens des Lieferanten eine Schwerpunktsetzung oder Fokussierung vorgenommen wurde. In der Regel haben die Kunden die Schwerpunkte gesetzt und durch Zahlungsvermeidungstaktiken die Arbeitszeit und das Augenmerk des Gläubigers gelenkt.

Bei zahlungsunwilligen Kunden kommt es beispielsweise regelmäßig vor, dass bei einem der gemahnten OP, ein (vermeintliches) Problem ins Feld geführt wird. Sei es, dass behauptet wird, mit dem Vertrieb sei etwas anderes abgesprochen gewesen (Preis oder Fälligkeit). Sei es, dass ein Mangel ins Feld geführt wird, der bislang aber noch nicht auf den üblichen Wegen reklamiert wurde. Oder sei es, dass dem Lieferanten eine Lieferverzögerung vorgeworfen wird. Diese Taktik hat lediglich den Zweck, den Lieferanten vom eigentlichen Vorhaben abzulenken, seine Aufmerksamkeit in andere Richtungen zu lenken und ihn mit Nebensächlichkeiten zu beschäftigen.

Diese Taktik geht leider bei vielen Lieferanten auf. Für kleine Kunden, die schlecht zahlen, wird dann viel Zeit aufgewendet, um Probleme zu lösen, die in Tat und Wahrheit keine sind. Für die wichtigen Kunden und die großen Probleme bleibt dann oft nicht die erforderliche Zeit.

Um die Ressourcen, auch im Mahnwesen, möglichst effektiv und effizient zu nutzen, müsste das Unternehmen differenzierte Mahnverfahren gestalten und von sich aus die Schwerpunkte setzen (und sich nicht vom Kunden treiben lassen).

6.3.3.2 Die Vision vom erfolgreichen Mahnwesen

Nachdem nun im Abschn. 6.3.3.1 die in der Praxis bestehenden Probleme geschildert wurden, steht natürlich die Frage im Raum, wie das Mahnwesen zu gestalten ist, sodass die Probleme behoben werden und erfolgreich gemahnt wird.

Die Beschreibung eines optimierten Mahnwesens muss Antworten auf folgende Fragen geben:

1. Wann soll gemahnt werden (Mahnzeitpunkt)?
2. Wie viele Mahnungen sollen erfolgen (Mahnhäufigkeit)?
3. Wie soll gemahnt werden (Mahnart)?
4. Wer soll mahnen?

Bevor in den folgenden Abschnitten die Beantwortung der oben gestellten Fragen erfolgt, werden zunächst einige kurze Grundlagen behandelt.

6.3.3.2.1 Grundlagen des erfolgreichen Mahnens

In Deutschland ist es nicht mehr in jedem Fall zwingend erforderlich zu mahnen. Häufig wird angenommen, dass es gesetzlich vorgeschrieben sei, dreimal (außergerichtlich) zu mahnen. Das ist falsch! Falls eine Mahnung gesetzlich erforderlich ist, um den Kunden in Verzug zu setzen, dann genügt eine einzige Mahnung. In einigen Fällen, nämlich dann, wenn die Fälligkeit der Bezahlung bei Vertragsabschluss, unmittelbar oder mittelbar nach dem Kalender bestimmt ist (siehe hierzu § 286 Abs. 2 und 3 BGB), tritt Verzug auch ohne Mahnung ein. In der weiteren Betrachtung wird unterstellt, dass die Fälligkeit eindeutig durch Angabe des Fälligkeitsdatums auf der Rechnung und Angabe des Zahlungsziels bei der Auftragsbestätigung bestimmt ist. Das ist entsprechend der Beobachtungen des Verfassers mittlerweile auch gängige Praxis in einer überwiegenden Zahl der Unternehmen.

Die Frage, ob sich der Kunde (Schuldner) im Verzug befindet, ist deshalb von Bedeutung, weil in diesen Fällen ein Verzugsschaden (das beinhaltet zum Beispiel die Verzugszinsen, Rechtsanwaltskosten, Kosten für einen Inkassodienstleister) geltend gemacht werden kann, der vom Kunden zu tragen ist.

In vielen Unternehmen ist es geübte Praxis, Tradition oder kaufmännische Gepflogenheit, säumige Zahler dreimal zu mahnen. Zwingend ist das wahrlich aber nicht.[9]

Die Form der Mahnung ist gesetzlich nicht vorgeschrieben. Der Lieferant ist in dieser Frage also völlig frei in der Gestaltung. Die Mahnung kann wahlweise schriftlich, mündlich, fernmündlich, per Bote, per SMS oder via E-Mail erfolgen. Wird die Mahnung allerdings benötigt, um den Kunden in Verzug zu setzen, muss der Gläubiger bei Auseinandersetzungen nachweisen können, dass dem Schuldner die Mahnung auch tatsächlich zugegangen ist. In diesen Fällen reduziert sich die sinnvoll zu wählende Form auf: Gespräch unter Zeugen, schriftlich per Bote überbracht oder Versand mittels Einschreiben.

Neben den oben nur rudimentär skizzierten gesetzlichen Grundlagen ist auch eine Verständigung über die Ziele des betrieblichen Mahnwesens erforderlich. Es ist unbestritten das Ziel, die fällig gewordenen Forderungen möglichst schnell und vollständig zu realisieren. Darüber hinaus hat das kaufmännische Mahnwesen nach Auffassung des Autors aber auch die Funktion, die Geschäftsbeziehung zwischen Lieferant und Kunde zu gestalten. Auch mithilfe der Kommunikation im Mahnwesen kann und muss der Lieferant seine Haltung zur pünktlichen und vollständigen Begleichung der Rechnungen deutlich machen. Wenn, landauf und landab, eine schlechte Zahlungsmoral der Kunden kritisiert wird, dann ist es Aufgabe des Forderungsmanagers, die Kunden, die sich im Mahnverfahren befinden, auf den Stellenwert der pünktlichen Zahlung aus Sicht des Lieferanten hinzuweisen. Neben der Bezahlung der aktuell fälligen Rechnung soll damit auch sichergestellt werden, dass der Kunde künftig pünktlich zahlt. Der Lieferant hat – gerade im Mahnverfahren – die Möglichkeit, das Zahlungsverhalten der Kunden für die Zukunft nachhaltig zu prägen. Denn eins ist bei dem gegenwärtig vorzufindenden Zahlungsverhalten der Kunden zu beachten: Auch in der Vergangenheit haben gesetzliche Grundlagen existiert, um gegenüber den Kunden die pünktliche Begleichung der Rechnungen durchzusetzen. Dass trotzdem von einem Teil der Kunden nicht pünktlich gezahlt wird, liegt auch daran, dass viele Lieferanten und Dienstleister dieses Verhalten in der Vergangenheit toleriert haben. Überspitzt

[9] Die höchste Zahl der bisher vom Autor erlebten Mahnungen waren neun außergerichtliche Mahnstufen.

könnte man formulieren, dass die Lieferanten das Zahlungsverhalten der Kunden durch ihr eigenes Verhalten hervorgerufen haben.

Wenn also das Mahnwesen auch die Zielsetzung besitzt, das Zahlungsverhalten der Kunden insgesamt positiv zu beeinflussen, dann hat diese Zielsetzung nachvollziehbarer Weise auch Einfluss auf die Gestaltung eines optimierten Mahnwesens.

6.3.3.2.2 Mahnzeitpunkt

Die Frage, wann der geeignete Zeitpunkt zum Mahnen ist, lässt sich vor dem Hintergrund der Zielsetzung, insgesamt das Zahlungsverhalten der Kunden zu verbessern, recht leicht beantworten. Wenn der Lieferant oder Dienstleister seinen Kunden verdeutlichen möchte, dass die Pünktlichkeit der Rechnungsbegleichung für ihn einen hohen Stellenwert besitzt, dann ist er sicherlich nicht glaubwürdig, wenn eine fällige Rechnung erst zehn Tage, nachdem sie fällig geworden ist, angemahnt wird. Je größer die zeitliche Distanz zwischen Fälligkeit und Mahnung ist, umso klarer und deutlicher wird für den Kunden die „unbewusste" Botschaft übermittelt, dass das mit der Pünktlichkeit nicht so eng gesehen wird. Wenn der Lieferant den Stellenwert der pünktlichen Bezahlung sehr hoch ansetzt, dann muss er den Zahlungseingang absolut zeitnah überwachen und sofort nach Eintritt der Fälligkeit mahnen. Das bedeutet konkret, dass spätestens an dem auf die Fälligkeit folgenden Tag gemahnt werden sollte. Das hat natürlich zur Folge, dass die bisher häufig praktizierten zyklischen Mahnläufe abgeschafft werden müssen. Stattdessen ist künftig täglich zu mahnen. Das stellt für leistungsfähige ERP-Systeme oder spezialisierte Software kein Problem dar.

Mit dem täglichen Mahnen ist ein weiterer Vorteil verbunden: Da die Rechnungen, wenn sie angemahnt werden, wesentlich jünger sind als bei zyklischen Mahnläufen, wird sich (auch bei unverändertem Verhalten der Kunden) die Forderungslaufzeit verkürzen.

6.3.3.2.3 Mahnhäufigkeit

Wie bereits erwähnt, ist es in sehr vielen Fällen gesetzlich nicht erforderlich, Kunden zu mahnen. Es gehört aber zur kaufmännischen Gepflogenheit, Außenstände anzumahnen. Die in vielen Unternehmen praktizierte Verfahrensweise, fällige Rechnungen bis zu dreimal anzumahnen, ist – nach Auffassung und Erfahrung des Autors – aber ebenfalls nicht erforderlich. Es hat sich als effektiv und praktikabel herausgestellt, Kunden einmal (und nur einmal) außergerichtlich zu mahnen.

Diese Mahnung hat aus Sicht des Forderungsmanagement auch die Funktion, herauszufinden, warum der Kunde nicht pünktlich gezahlt hat. Bezogen auf die weitere Vorgehensweise muss in Erfahrung gebracht werden, ob der Kunde nicht zahlen kann, ob er nicht zahlen will oder ob die Unpünktlichkeit auf Mängel in der Organisation beim Kunden zurückzuführen ist. Je nach Situation des Kunden werden unterschiedliche Handlungen des Forderungsmanagements resultieren:

1. **Der Kunde ist schlecht organisiert:** In der Regel wird der Kunde unmittelbar nach Erhalt der Mahnung die Zahlung veranlassen. So gesehen sind dann keine weiteren

Aktivitäten des Forderungsmanagements erforderlich. Sollte der Kunde jedoch häufiger oder gar regelmäßig angemahnt werden müssen, bietet es sich an, gemeinsam mit dem Kunden nach Lösungen zu suchen. In der Praxis hat es sich schon als hilfreich herausgestellt, die Rechnung an einen anderen Empfänger im Unternehmen zu adressieren. In anderen Fällen war es erforderlich, das Zahlungsziel zu verlängern, weil die internen Prozesse des Kunden die Begleichung der Rechnung (zum Beispiel innerhalb von zehn Tagen) objektiv nicht möglich gemacht haben.

2. **Der Kunde kann gegenwärtig nicht zahlen:** Durch Form und Inhalt der Mahnung muss der Lieferant signalisieren, dass temporäre Zahlungsschwierigkeiten keinen „Beinbruch" darstellen. Er muss den Kunden klarmachen, dass er bereit ist, solche Problemlagen gemeinsam mit dem Kunden zu bewältigen. Voraussetzung dafür ist allerdings, dass der Kunde sein Problem offen mit dem Lieferanten bespricht. Aus diesem Grunde muss die Mahnung den Appell beinhalten, sich bei Zahlungsschwierigkeiten aktiv beim Lieferanten zu melden. Selbstverständlich sollte das innerhalb der gesetzten Nachfrist geschehen. Mit Kunden, die Zahlungsschwierigkeiten signalisieren, muss das Forderungsmanagement nach adäquaten Lösungen suchen und gegebenenfalls individuelle Zahlungsvereinbarungen treffen. Die Information, dass der Kunde gegenwärtig Schwierigkeiten hat, versetzt das Forderungsmanagement dann auch in die Lage, die Absicherung der Forderungen anzupassen.
3. **Der Kunde möchte nicht zahlen:** Ein Teil der Kunden versucht, die Begleichung der offenen Posten eigenmächtig zeitlich zu verlängern. Es handelt sich dabei um Kunden, die durch die Verlängerung des Zahlungsziels systematisch Zinsvorteile generieren wollen. Diese Kunden denken teilweise nicht im Geringsten daran, dass vereinbarte Zahlungsziel vertragskonform einzuhalten. Kunden, die sich konsequent nicht an die getroffenen Vereinbarungen halten, sind nicht nur sehr ärgerlich, sondern insgesamt kein verlässlicher Partner. Diesen Kunden (die ihr Verhalten natürlich nicht offen kommunizieren) muss in der Mahnung signalisiert werden, dass nach Ablauf der Mahnfrist ernsthafte Konsequenzen resultieren, sollte bis dahin die Rechnung nicht beglichen sein. Erfahrungsgemäß sind es genau diese Kunden, die sich beim Lieferanten beschweren, wenn nur einmal außergerichtlich gemahnt wird. Oft nehmen die Kunden die Ankündigung ernsthafter Konsequenzen „auf die leichte Schulter". Möglicherweise liegt das daran, dass sie in der Vergangenheit öfter die Erfahrung gemacht haben, dass die Lieferanten ihre Ankündigungen nicht in die Tat umgesetzt haben. Wenn der Lieferant also auch diese Kundengruppe zu einem pünktlichen Bezahlen der Rechnungen bewegen will, muss er angekündigte Konsequenzen tatsächlich auch umsetzen. Viele Unternehmen scheuen sich davor, diesen Schritt zu gehen. Meist wird befürchtet, dass dies zu nachhaltigen Beeinträchtigungen der Kundenbeziehung führen wird. In der Praxis haben sich diese Befürchtungen in der überwiegenden Zahl der Fälle nicht bewahrheitet.

Eine einmalige Mahnung ist höflich und sinnvoll. Jede weitere, außergerichtliche Mahnung ist jedoch überflüssig und verlängert lediglich die Außenstandsdauer der Forderungen. Selbstverständlich kann ein Unternehmen, das bislang mehrere außergerichtliche Mahnstufen etabliert hatte, die Zahl der Mahnungen nicht ohne Weiteres (das heißt ohne explizite Kommunikation und Vorbereitung) auf eine Mahnung reduzieren. Es hat sich als sinnvoll herausgestellt, die Zahl der Mahnungen schrittweise zu reduzieren. Bei entsprechender Information der Kunden und Offenlegung der entsprechenden Planung hat sich das Vorgehen ohne nennenswerte Probleme in der Kundenbeziehung umsetzen lassen.

6.3.3.2.4 Mahnart

In welcher Art und Weise Unternehmen ihre Kunden mahnen sollten, muss ein wenig differenzierter betrachtet werden. In den meisten Unternehmen findet das Mahnverfahren nahezu ausschließlich schriftlich statt. Dort sind für die verschiedenen Mahnstufen einheitliche Standardschreiben erstellt, die dann jeweils an alle Kunden einer Mahnstufe verschickt werden. Häufig sind diese Schreiben sehr formal und in einem überwiegend juristischen Stil formuliert. Der Empfänger muss sich schon sehr genau den Absender anschauen, um zu identifizieren, von welchem Lieferanten die Mahnung stammt. In nicht wenigen Fällen sind die Mahnungen noch nicht einmal auf dem Briefpapier des Lieferanten gedruckt.

Um das Mahnverfahren erfolgreich gestalten zu können, sollte auch die Art und Weise der Mahnung verändert werden. Zunächst ist die Anforderung zu definieren, dass das Mahnverfahren differenziert zu gestalten ist. Da nur noch eine Mahnung erfolgt, entfällt die bisherige Differenzierung nach Mahnstufen. Stattdessen sollte eine Differenzierung nach dem Stellenwert des betreffenden Kunden erfolgen. Außerdem sollte in den Mahnungen berücksichtigt werden, welcher Kundenkategorie (vergleiche hierzu Abschn. 6.3.3.2.3) der Kunde zugeordnet werden muss. In Abhängigkeit von der Kundenkategorie sollte ein Teil der Kunden telefonisch gemahnt werden. Die telefonische Mahnung ist in wichtigen Fällen der schriftlichen Mahnung vorzuziehen, weil deren Wirksamkeit wesentlich höher einzuschätzen ist. „Die telefonische Zahlungsaufforderung wird von den Unternehmen beinahe genauso wirksam beurteilt wie die härteren Maßnahmen eines Lieferstopps, einer Kreditlimitkürzung oder gerichtlicher Schritte.“ [18][10] Die Verfasser der Studie raten daher dazu, die telefonische Mahnung in das betriebliche Mahnwesen aufzunehmen.[18][11] Die Wirksamkeit telefonischer Mahnungen kann seitens des Autors nachhaltig bestätigt werden. Im Gegensatz zur schriftlichen Mahnung kann im Telefonat wirklich (das heißt mit beidseitigem Informationsaustausch) mit dem Kunden kommuniziert werden. Während eine schriftliche Mahnung leicht ignoriert und zur Seite geschoben werden kann, ist der Kunde im Telefonat gefordert, sich mit dem Lieferanten auseinanderzusetzen. Da Mahntelefonate wesentlich mehr Zeit beanspruchen als eine automatisch erstellte schriftliche Mahnung, ist der Einsatz und die Nutzung der telefonischen Mahnung auf wichtige und/oder schwierige (risikobehaftete) Kunden zu begrenzen.

[10] (Weiß und Bolik 2005, S. 28)

[11] Vgl.: (Weiß und Bolik 2005, S. 30)

Eine weitere Differenzierung der Art und Weise der Mahnung sollte in Abhängigkeit von den Zahlungserfahrungen, die mit dem Kunden bisher gesammelt wurden, vorgenommen werden. Kunden, die häufig oder regelmäßig unpünktlich zahlen, sollten mit mehr Nachdruck angeschrieben oder angesprochen werden. Es muss verdeutlicht werden, dass der Lieferant das schlechte Zahlungsverhalten sehr wohl wahrnimmt. Diesen Kunden könnte auch der Hinweis gegeben werden, dass die Einmeldung des Zahlungsverzugs an eine Auskunftei oder an die Kreditversicherung droht.

Kunden, die einmalig oder erstmalig gemahnt werden müssen, sollten (sofern es sich nicht um wichtige oder langjährige Kunden handelt) in einem recht neutral formulierten Schreiben gemahnt werden.

Unabhängig davon, ob Kunden telefonisch oder schriftlich gemahnt werden, sollte die Mahnung die „Handschrift" des Lieferanten tragen. Art und Weise der Mahnung sollten authentisch sein und in dem Stil erfolgen, indem der Lieferant üblicherweise mit dem betreffenden Kunden kommuniziert. Um den Stellenwert der Mahnung zu verdeutlichen, sollte die Mahnung auf offiziellem Briefpapier des Lieferanten gedruckt sein. Falls die Zahl der täglich zu erstellenden Mahnungen nicht zu hoch ist, sollten die Mahnungen handschriftlich unterzeichnet werden. Verschiedene Unternehmen haben gute Erfahrungen damit gemacht, schriftliche Mahnungen auf farblich anderem Papier oder in farblich gekennzeichneten Kuverts zu verschicken. Dadurch soll die Aufmerksamkeit auf die Mahnung gelenkt werden.

In welcher Art und Weise gemahnt werden soll, könnte sehr ausführlich behandelt werden. Da sich dieses Buch nicht ausschließlich diesem Thema widmet, würde das allerdings den Rahmen des Buches sprengen. Unter http://www.forderungsmanagement.com/mahnen-und-inkasso finden die Leser viele weitere Informationen zum erfolgreichen Mahnen.

Ohne den Rahmen dieses Buches zu sehr zu strapazieren, sollen allerdings noch einige Anmerkungen zum telefonischen Mahnen gemacht werden. Als wirksames Mittel, um die Debitorenlaufzeiten zu verkürzen, das heißt konkret die Zahlungsbereitschaft der Kunden zu verbessern, hat sich der Telefonkontakt erwiesen. Der Erfolg hängt allerdings ganz entscheidend von der Beachtung bewährter Erfolgsregeln ab.

Qualifizierter Anrufer Der Anrufer muss über taktisches und psychologisches Know-how verfügen. Hierzu gehört zum Beispiel:

- Kenntnis der üblichen Einwände von Schuldnern,
- Beherrschung der jeweils individuell angemessenen Argumentation,
- Zielorientiertes Vorgehen,
- Möglichst angenehme Stimme und Ausdrucksweise.

Die meisten Kompetenzen können durch Training und Learning by Doing erworben werden.

Optimale Vorbereitung Nicht der spontan erfolgende, sondern der gut vorbereitete Anruf bringt erfahrungsgemäß den Erfolg. Folgende Punkte sollten vor einem Telefonat geprüft werden:

- Was wurde bereits unternommen?
- Klärung, ob die Ursache eventuell beim Lieferanten selbst liegt (zum Beispiel Reklamation, unbekannte Zusagen von Vertriebsseite, Lieferrückstände),
- Ermittlung des zuständigen Gesprächspartners,
- Erstellung eines Gesprächsleitfadens in Stichworten,
- Klare Zielsetzung (zum Beispiel Festhalten an der Maximalforderung oder Bereitschaft zu vorher durchdachten Teilleistungen beziehungsweise Zahlungsplänen).

Empfehlenswert ist, für die Gespräche eine festgelegte Zeit zu reservieren. Dies rationalisiert die Vorbereitungen und verbessert die Konzentration.

Einsatz von Hilfsmitteln Die folgenden Hilfsmittel können erheblich zum Erfolg des Gespräches beitragen:

- **Aussagefähige Kundenkartei:**
  Diese sollte vor allem Daten über das bisherige Zahlungsverhalten des Kunden, Erfahrungen aus vorangegangenen schriftlichen und telefonischen Mahnungen, Zahlungskonditionen und eventuell auch persönliche Daten des Gesprächspartners enthalten.
- **Einwandkartei:**
  Wichtiger Baustein für den Gesprächserfolg ist eine sorgfältig zusammengestellte und laufend ergänzte Datei. Diese sollte alle bisher gehörten Ausreden und Einwände sowie die erfahrungsgemäß angemessensten und wirksamsten Entgegnungen enthalten. Jeder Einwand und jede Ausrede sollte gesammelt und daraufhin eine schriftliche Antwort formuliert werden, sodass im Laufe der Zeit ein wertvolles und praxisnahes Argumentationsarchiv verfügbar ist, auf das dann jederzeit zugegriffen werden kann.

Weitere Empfehlungen Absprachen sind grundsätzlich schriftlich festzuhalten. Das Ergebnis sollte dem Gesprächspartner per E-Mail oder Fax übermittelt werden, denn so hat es einen höheren Erinnerungswert. Wie bei Verkaufsgesprächen hängt der Erfolg sehr von der Stimmungslage des Anrufers ab. Gespräche sollten daher am besten unterbleiben, wenn man dafür nicht in der richtigen Verfassung ist. Das Vorgehen unterscheidet sich erfahrungsgemäß je nach Zielgruppe. Hierauf muss sich der Anrufer einstellen. Je nach Branche und Größenordnung eines Unternehmens sind Argumente und Gesprächsverlauf individuell anzupassen. Der Erfolg hängt weitgehend auch vom Aufbau einer persönlichen Beziehung zum Gesprächspartner ab. Wenn dies positiv gelingt, möchte der Kunde den Lieferanten nicht länger „hängen" lassen.

Fazit und Praxistipp Durch die oben erläuterten Maßnahmen kann der Mahnerfolg entscheidend verbessert werden. Erfahrungsgemäß liegt bei jedem Unternehmen ein Verbesserungspotenzial vor. Es sollte eine unternehmenseinheitliche Festlegung erfolgen, wie zukünftig bei Mahntelefonaten vorzugehen ist. Besonderen Einfluss auf den Erfolg hat die Qualifikation und Erfahrung der Mitarbeiter, die die Mahntelefonate führen. Bereits mit kurzen Qualifizierungsmaßnahmen lassen sich schon wesentliche Verbesserungen erzielen. Auch sind „Trockenübungen" mit den zuständigen Mitarbeitern zu empfehlen. Einige Seminarveranstalter[12] [15] und Industrie- und Handelskammern bieten Spezialseminare an, die sich durch höheren Mahnerfolg bezahlt machen dürften. Wesentlich ausführlichere Informationen finden die Leser unter anderem in einer umfangreichen Präsentation unter http://www.forderungsmanagement.com/downloads. Die Präsentation steht zum Herunterladen zur Verfügung. Wertvolle Tipps für das Telefoninkasso gibt das IWW Institut in mehreren Beiträgen, die auf der Internetseite von Forderungsmanagement professionell veröffentlicht sind.[14]

Abschließend soll noch der Vollständigkeit halber erwähnt werden, dass der Umgang mit Kunden stets höflich erfolgen soll:

„Der Chef ruft den Lehrling zu sich: ‚Schreib mal eine Mahnung an Schmid & Co. Aber höflich, bitte.' Nach einer Weile legt ihm der Lehrling den Brief vor. ‚Sehr gut', lobt der Chef, ‚nur Idiot schreibt man mit t, Ganove mit v und verblödet ohne h.'"[13]

Auch wenn das lustig ist, in der Realität kommt der Forderungsmanager mit Höflichkeit, Respekt, Bestimmtheit und Sachlichkeit viel eher zum Erfolg.

6.3.3.2.5 Wer soll mahnen?

Wie bereits geschildert, ist das Mahnen in der betrieblichen Praxis gegenwärtig meist tief in den Niederungen der Hierarchie des Finanzbereiches angesiedelt. Dem Stellenwert entsprechend, den das Mahnen für die Liquiditätssituation des Unternehmens besitzt, sollte das Mahnwesen „hierarchisch" aufgewertet werden. Insbesondere das telefonische Mahnen erfordert ein entsprechendes Know-how und angemessene Kompetenzen (sowohl in Gesprächen mit Kunden, die nicht zahlen können, als auch in Telefonaten mit solchen Kunden, die nicht zahlen wollen). Es hat sich als erfolgreich herausgestellt, eine Stelle „Zentrales Forderungsmanagement" einzurichten, die in die wichtigen, schwierigen oder problematischen Mahnfälle involviert ist. Bereits der Absender „Zentrales Forderungsmanagement" sorgt schriftlich und fernmündlich für wesentlich mehr Aufmerksamkeit beim Kunden als der Absender „Debitorenbuchhaltung".

Es ist auch riskant (wenn nicht sogar falsch) die Zuständigkeit für das Mahnen ausschließlich dem Finanzbereich zu übertragen. Nicht nur, dass diese Mahnungen zuweilen nicht Erfolg versprechend sind, anders als in folgendem, scherzhaften Beispiel kann daraus manchmal auch Schaden entstehen:

> Treffen sich der Debitorenbuchhalter des Lieferanten und der Geschäftsführer des Abnehmers zufällig auf einem Kongress. Sagt der Debitorenbuchhalter: ‚Verzeihen Sie, Ihr Haus schuldet uns noch 2 Mio. €!' ‚Schon verziehen!', kommt prompt die Antwort.[7]

[12] Siehe dazu (Portal Forderungsmanagement e. K. 2013)

Je komplexer und schwieriger, aber auch je intensiver die Beziehung zum Kunden ist, umso wichtiger ist es, dass derjenige, der mahnt, möglichst gut über alle Facetten der Kundenbeziehung informiert ist. Zuweilen sind die Beziehungen zum Kunden sehr fragil. Der Vertrieb hat viel Energie aufgewendet, um den Kunden (endlich) beliefern zu dürfen. Eine fehlerhafte Mahnung (zum Beispiel aufgrund von Informationsdefiziten, da nicht immer alles dokumentiert und zugänglich ist) kann diese Geschäftsbeziehung sehr schnell gefährden.

Außerdem gilt es zu bedenken, dass nicht selten der Mahnvorgang der einzige direkte Kontakt zwischen Lieferant und Kunde nach dem erfolgreichen Verkaufsabschluss und der Abwicklung des Auftrags ist. Wenn dieser Kontakt richtig gestaltet wird, dann kann er auch zum After-Sales-Marketing genutzt werden.

Ein weiteres Argument spricht ebenfalls dafür, dass das Mahnen nicht ausschließlich dem Finanzbereich überlassen wird. Der Lieferant sollte stets bemüht sein, den Kunden möglichst in einheitlicher und homogener Weise zu kontaktieren. Außerdem sollte er dem Kunden nicht den Eindruck vermitteln, dass er beim Lieferanten „von Pontius zu Pilatus geschickt" und von einer Zuständigkeit zur nächsten weitergereicht wird. „One face to the customer!", lautet das Motto, das es zu beachten gilt.

Alle bisher aufgeführten Argumente sprechen dafür, dass Forderungsmanagement und Vertrieb gemeinsam die Aufgabe zu mahnen übernehmen. Im Gegensatz zur gängigen Praxis stellt das die konkrete Aufforderung dar, dass der Vertrieb aktiv mahnen soll. Auch wenn im ersten Affekt viele Vertriebler zum Widerspruch neigen dürften, wird bei näherem Hinsehen deutlich, dass der Vertrieb bereits jetzt in den Mahnprozess involviert sein muss. Allerdings findet diese Einbeziehung gegenwärtig auf ineffiziente und uneffektive Weise mittels Freigabe auf der Mahnvorschlagsliste statt. Im Grunde bedeutet es doch bereits jetzt, dass Kunden oder OP, die nicht zur Mahnung freigegeben werden, durch den Vertrieb bearbeitet werden müssen.

Künftig sollte also eine klare Regelung getroffen werden, welche Kunden durch wen gemahnt werden. Tendenziell sind die schwierigen, komplexen, häufigen, wichtigen und/oder neuen Kunden durch den Vertrieb zu mahnen. Im Gegenzug sind die einfachen, seltenen, weniger bedeutenden und/oder alten Kunden durch den Finanzbereich zu mahnen. Voraussetzung für diese Arbeitsverlagerung in den Vertrieb ist ein ständiger Zugang zu den erforderlichen OP- beziehungsweise Kontodaten für die Mitarbeiter aus dem Vertrieb. Technisch besteht in der heutigen Zeit bereits die Möglichkeit, zum Beispiel via Smartphone jederzeit auf entsprechende Daten zuzugreifen. Es muss nur im Unternehmen eingerichtet werden. Je einfacher der Informationszugang für den Vertriebsmitarbeiter ist, umso einfacher kann er die Thematik „OP-Ausgleich" in jedem, ohnehin stattfindenden Kundenkontakt ansprechen.

Aber trotz arbeitsteiliger Bearbeitung der Mahnungen bleibt das Forderungsmanagement/der Finanzbereich für den Prozess insgesamt verantwortlich. Es bleibt also, neben den selbst durchführenden Mahnungen, seine Aufgabe zu überwachen, dass insgesamt zeitnah, konsequent und erfolgreich gemahnt wird.

Falls der eine oder andere Leser den Eindruck gewonnen haben sollte, dass bei dieser Frage „die Gäule mit dem Autor durchgegangen sind“, dann ist zu bedenken, dass die aktive Einbeziehung des Vertriebs in den Mahnprozess, real bereits existiert und mehr und mehr Unternehmen sich in diese Richtung bewegen.

6.3.3.2.6 Zusammenfassung

Ein visionäres Mahnverfahren ist so gestaltet, dass

1. unmittelbar nach Fälligkeit,
2. einmal außergerichtlich,
3. in differenzierter Art und Weise und
4. von Vertrieb und Finanzbereich gemeinsam

gemahnt wird.

Dem Mahnen wird der „Event-Charakter“ genommen, mahnen wird zum Tagesgeschäft. Neben der Verkürzung der Forderungslaufzeiten wird auch angestrebt, die Zahlungsmoral und das Zahlungsverhalten der Kunden nachhaltig zu verbessern. Die Chance, bei den Kundenkontakten im Mahnverfahren weiter homogen an der Gestaltung und der Festigung der Kundenbeziehung zu arbeiten, wird durch die geordnete, aktive Einbeziehung des Vertriebs genutzt.

Eine derartige Gestaltung des Mahnverfahrens soll gewährleisten, dass ein möglichst hoher Teil der Rechnungen möglichst pünktlich beziehungsweise möglichst schnell nach erreichter Fälligkeit vollständig bezahlt wird. Es ist das Bestreben, Inkassomaßnahmen möglichst überflüssig zu machen. Lieferanten und Dienstleister können ihr Mahnwesen – ohne Bedenken – insgesamt straff und konsequent gestalten, denn mehr als zwei Drittel der Schuldner sieht das nicht als schädigend für eine gute Geschäftsbeziehung an.[18][13]

6.3.4 Forderungsinkasso

„Unter dem Begriff Inkasso versteht man nach rechtlicher Definition die ‚Einziehung fremder oder zu Einziehungszwecken abgetretener Forderungen, die geschäftsmäßig betrieben wird‘. Es kann sich hierbei um Rechnungen, Wechsel, Schecks oder andere fällige Forderungen handeln.“[16]

In der kaufmännischen Praxis wird ein etwas weiter gefasstes Begriffsverständnis zugrunde gelegt. Inkassomaßnahmen sind nach kaufmännischer Lesart alle Maßnahmen, die der Aufforderung zur Begleichung der fälligen Rechnungen Nachdruck verleihen. Dazu zählen zum Beispiel:

- Lieferstopp,
- Kürzen des Kreditlimits,

[13] Vgl.: (Weiß und Bolik 2005, S. 3)

- Verwertung von Sicherheiten,
- Androhung gerichtlicher Schritte,
- Beauftragung eines Rechtsanwalts,
- Beauftragung eines Inkassoinstituts,
- Mahnbescheid,
- Klageerhebung,
- Titulierung und
- Vollstreckung.

Während es sich bei der Verhängung eines Lieferstopps und beim Kürzen des Kreditlimits (gegebenenfalls auf „null") um Instrumente handelt, die ausschließlich der Lieferant oder Dienstleister selbst anwenden kann (und sollte), können alle anderen Instrumente auch vom externen Dienstleistern eingesetzt und die entsprechenden Leistungen für den Auftraggeber erbracht werden.

In Abschn. 3.3.5 hat der Verfasser bereits nachdrücklich dafür plädiert, nach Ausschöpfung aller kaufmännischen Möglichkeiten, Juristen mit dem weiteren Inkasso zu betrauen. Das bedeutet konkret, dass nach dem Kürzen oder Streichen des Kreditlimits und nach Verhängung des Lieferstopps, der Übergang von der kaufmännischen in die juristische Bearbeitung erfolgen sollte.

Bevor jedoch ein interner oder externer Dienstleister (bei KMU wird es wohl meist ein externer Dienstleister sein müssen) beauftragt wird, sollte in einem letzten Schritt die Inkassofähigkeit der Forderung noch einmal geprüft werden. Diese Prüfung erfolgt aus zwei Perspektiven:

1. Ist die Forderung berechtigt, korrekt und einredefrei (beziehungsweise sind die vorgebrachten Einreden haltlos)?
2. Ist zu erwarten, dass der Schuldner die Rechnung begleichen kann?

Wenn beide Fragestellungen vorbehaltlos mit „Ja" beantwortet werden können, sollte die Einleitung juristischer Schritte erfolgen. Sofern das Forderungsmanagement annähernd so betrieben wird, wie in diesem Buch beschriebenen, sollte die Prüfung der Inkassofähigkeit keine Überraschungen ergeben.

Zur Auffrischung sei noch einmal darauf hingewiesen, dass die Verlagerung der juristischen Aktivitäten auch deshalb vom Verfasser empfohlen wird, weil das juristische Betreiben der Außenstände (in der Regel) nicht zu den Kernkompetenzen der kaufmännischen Mitarbeiter im Forderungsmanagement gehört. Spezialisten können das besser!

Ein Argument, dass dafür spricht, diese Dienstleistungen bei externen Anbietern einzukaufen, ist die Möglichkeit, sich diese Kosten vom Schuldner erstatten zu lassen. Werden die Leistungen stattdessen mit eigenen Mitarbeitern erbracht, erfolgt keine Kostenerstattung für die tatsächlich aufgewendete Arbeitszeit.

Für das Outsourcing von Inkassodienstleistungen gibt es zwei grundsätzliche Zielrichtungen:

1. Beauftragung einer Rechtsanwaltskanzlei oder
2. Auftragserteilung an ein Inkasso-Unternehmen.

Bereits in den Abschn. 3.3.5.1 und 3.3.5.2 wurden dazu Entscheidungskriterien vorgestellt und Empfehlungen ausgesprochen.

Entgegen der Präferenz des Autors scheint die Mehrzahl der Unternehmen (etwa die Hälfte der Unternehmen) ein Inkassoinstitut mit der Betreibung der Forderungen zu beauftragen. Lediglich etwas mehr als ein Drittel der Unternehmen schalten im Gegensatz dazu einen Rechtsanwalt ein.[19][14] Scheinbar hat die Bedeutung der Inkassoinstitute zugenommen, da annähernd vergleichbare Erhebungen in den Jahren 1995 und 2000 lediglich 40 % Nutzung ergeben haben.[19][15] Aus Sicht des Verfassers resultiert diese Entwicklung möglicherweise aus dem wesentlich aktiveren Marketing der Inkassounternehmen und aus Cross-Selling-Effekten der großen Auskunfteien und Kreditversicherer. Insbesondere die Kreditversicherungen nutzen diese „Cross-Selling-Effekte". In der Regel verpflichten sie ihre Versicherungsnehmer, die Kunden, die nach einer festgelegten Frist ihre Rechnungen noch nicht beglichen haben, zu melden. Um den Anspruch auf etwaige Entschädigung aufrechtzuerhalten, sind die Versicherungsnehmer gezwungen, den Versicherer beziehungsweise das Tochterunternehmen mit dem Forderungsinkasso zu beauftragen. Möglicherweise gehen die gestiegenen Werte aber auch darauf zurück, dass die Zahl der Privatschuldner zugenommen hat. Und kleine Forderungen, einmalige Kunden, einfache Geschäfte sowie die Vielzahl von Forderungen sprechen eher dafür, ein Inkassobüro zu beauftragen.

Wie dem auch sei. Selbst nach Abwägung dieser neuen Aspekte bleiben die Empfehlungen unverändert:

Je kleiner, zahlreicher und uniformer die Inkassofälle sind, desto eher sind sie für eine Auslagerung an Inkassobüros geeignet.

Je seltener, individueller und wirtschaftlich bedeutender Inkassofälle sind, umso eher eignet sich eine Rechtsanwaltskanzlei für die Übernahme der Dienstleistung.

Quintessenz:

1. Zahlungsanreize wie Skonto beschleunigen die Zahlung, kosten den Lieferanten aber viel Geld.
2. Das kaufmännische Mahnwesen muss dringend beschleunigt und wesentlich konsequenter durchgeführt werden. Dreimal mahnen zu müssen, ist ein Irrglaube.

[14] Siehe: (Weiß, Bolik und Graßhoff 2006, S. 54)

[15] (Weiß, Bolik und Graßhoff 2006, S. 54)

3. Konsequentes und differenziertes Mahnen verbessert mittelfristig die Zahlungsmoral der Kunden.
4. Durch ein konsequentes Mahnwesen gehen weder Kunden noch Umsätze verloren. Das Mahnen ist eine gemeinsame Aufgabe für Forderungsmanagement und Vertrieb.
5. Das Forderungsinkasso eignet sich gut für die Verlagerung auf externe Dienstleister wie Inkassobüros oder Anwaltskanzleien.

6.4 Mahnen und Inkasso im Ausland

Do it yourself? Die Fragen: „Komme ich an mein Geld?“ und „Wie komme ich an mein Geld?“, falls der Kunde nicht zahlt, stellen sich insbesondere bei Warenlieferungen ins Ausland vielen Unternehmen (ganz besonders den KMU, die in der Regel quantitativ und qualitativ nicht über die Ressourcen verfügen, um diese Fragen für eine Vielzahl von Exportländern qualifiziert zu beantworten).

In der jüngeren Vergangenheit wurden auf der Ebene der Europäischen Union einige Initiativen umgesetzt, die den Lieferanten die grenzüberschreitende Beitreibung ihrer Forderungen erleichtern sollen. In den folgenden Abschnitten werden die entsprechenden Verordnungen kurz vorgestellt.

6.4.1 Verordnung Nr. 805/2004 vom 21.04.2004 zur Einführung eines Europäischen Vollstreckungstitels für unbestrittene Forderungen

Hierbei handelt es sich um ein stark vereinfachtes Verfahren, um das Urteil eines EU-Mitgliedstaates in einem anderen Mitgliedsland für vollstreckbar zu erklären. Dies gilt nur für unbestrittene Forderungen. Versäumnisurteile, die also beispielsweise in Deutschland ergehen, können dann aufgrund eines einfachen Beschlusses des deutschen Gerichts zum Europäischen Vollstreckungstitel erklärt werden mit der Konsequenz, dass sie so auch unmittelbar und ohne weitere Prüfung beispielsweise in Belgien, Italien oder Griechenland umgesetzt werden können.

Der Vorteil für KMU besteht darin, dass sehr häufig in den Allgemeinen Geschäftsbedingungen das Heimatgericht und die Anwendung des heimatlichen Rechts vereinbart werden. Der Weg, den viele Inkassounternehmen heute üblicherweise einschlagen, nämlich die Verfolgung des Anspruches im Land des Schuldners, ist damit falsch und gefährdet sogar den Anspruch des Gläubigers. Hat der deutsche Hersteller einen Abnehmer in Italien und hat er in seinen Allgemeinen Geschäftsbedingungen die Anwendbarkeit deutschen Rechts und den Gerichtsstand am deutschen Heimatort wirksam vereinbart, so führt eine Klage in Italien dazu, dass sie zunächst einmal in der dort üblichen Form bearbeitet wird, nämlich sie bleibt einige Jahre liegen. Anschließend mag es zur mündlichen Verhandlung kommen und der Schuldner beruft sich dann auf die vereinbarten Allgemeinen Geschäftsbedingungen mit der Konsequenz, dass die Klage nach Jahren in Italien als unzulässig abgewiesen wird, denn der deutsche Gerichtsstand ist ja vereinbart. Da das deutsche Recht eine Verjährung von 3 Jahren als Regelverjährung vorsieht, dürfte der Anspruch in Deutschland verjährt sein und braucht bei einem deutschen Gericht wohl nicht mehr eingeklagt zu werden. Die Einrede der Verjährung wird auch ein Schuldner im Ausland ohne großen Aufwand erheben können.

Mittels der Verordnung zur Einführung eines Europäischen Vollstreckungstitels für unbestrittene Forderungen kann sich der deutsche Hersteller aber einen Titel in Deutschland bei einem deutschen Gericht relativ einfach besorgen. Der Schuldner in Portugal oder Polen müsste einen deutschen Anwalt am Landgericht des Klägers beauftragen. Dieser ist üblicherweise vom Schuldner zu bezahlen und er muss sich mit der Sache auseinandersetzen. Da in der Mehrzahl der Fälle nicht justiziable Liquiditätsprobleme beim Schuldner bestehen, wird er dem Anspruch nichts entgegensetzen können. Insofern wird es also im Zweifel zum Versäumnisurteil kommen und das Versäumnisurteil wird aufgrund der Entscheidung des deutschen Gerichts für sofort vollstreckbar in ganz Europa erklärt. Mit einem einfachen Antrag und dem Zusatz des Gerichts, der formularmäßig erteilt wird, hat man dann einen Titel, mit dem man innerhalb weniger Wochen die Zwangsvollstreckung in einem Land wie Italien beginnen kann, wo man normalerweise einen Titel überhaupt erst nach Jahren bekommt.

Das Verfahren dieses europäischen Rechtstitels ist stark vereinfacht und formularmäßig zu bearbeiten. Die Übersetzung der entsprechenden Titel in alle Sprachen der Gemeinschaft ist über das Internet direkt abrufbar, die Formulare können sogar interaktiv vom Antragsteller selbst ausgefüllt werden. Nachdem dieses Verfahren des Europäischen Vollstreckungstitels für unbestrittene Forderungen inzwischen an den Gerichten der Mitgliedsstaaten bestens bekannt ist, bereitet die praktische Anwendung auch keine Probleme mehr.

6.4.2 Verordnung Nr. 1215/2012 vom 12.12.2012 über die gerichtliche Zuständigkeit und die Anerkennung und Vollstreckungen von Entscheidungen in Zivil- und Handelssachen (Neufassung)

Mit dieser Verordnung entwickelt die EU das soeben dargestellte Verfahren für unbestrittene Forderungen weiter und die Vollstreckbarerklärung ist dann auch für streitige Forderungen im Rahmen der EU möglich. Diese Verfahren gelten derzeit noch nicht, die Verordnung entfaltet ab dem 10. Januar 2015 ihre Wirkungen. Insofern sei bereits jetzt angekündigt, dass der Europäische Vollstreckungstitel in Zukunft nicht nur für unbestrittene Forderungen gelten wird, sondern auch für streitige Verfahren.

6.4.3 Verordnung Nr. 861/2007 zur Einführung eines Europäischen Verfahrens für geringfügige Forderungen

Diese Verordnung versteht sich als eine Art Vorläufer für den soeben angesprochenen Europäischen Vollstreckungstitel im streitigen Verfahren. Die Höhe der Forderungen ist begrenzt auf 2.000 € und das Verfahren wird im Wesentlichen schriftlich geführt. Es ist relativ umfangreich, die Formulare sind in allen Amtssprachen abrufbar, selbst die Fragen des Gerichts sind formularmäßig vorbereitet bis hin zur Entscheidung.

Praktisch bedeutsam ist dieses Verfahren allerdings nicht, da sich nur wenige Gläubiger die Mühe machen, innerhalb der EU grenzüberschreitend Forderungen von unter 2.000 € gerichtlich zu verfolgen. Diese Haltung sollte allerdings vor dem Hintergrund der vergleichbar einfachen Möglichkeiten, die die Verordnung bietet, noch einmal überdacht werden.

6.4.4 Verordnung Nr.1896/2006 vom 12.12.2006 zur Einführung eines Europäischen Mahnverfahrens

Dies ist zum gegenwärtigen Zeitpunkt für das Kreditmanagement und KMU das wohl wichtigste europäische Instrument zur Forderungsbeitreibung. An anderer Stelle wurde bereits angesprochen, dass der deutsche Hersteller gut beraten ist, im Rahmen der Allgemeinen Geschäftsbedingungen die Zuständigkeit deutscher Gerichte und die Anwendbarkeit deutschen Rechts zu vereinbaren. Er wird dies in der Regel auch tun, denn zum Gericht am Sitz des Schuldners zu gehen, ist ein Fehler, der im extremen Fall den gesamten Anspruch kosten kann. Darüber hinaus kostet er unabsehbare Zeit und unübersehbare Kosten. Es ist daher besonders im grenzüberschreitenden Handel wichtig, die Geltung der eigenen Allgemeinen Geschäftsbedingungen wirksam zu vereinbaren.

Ist der Sachverhalt innerhalb der EU grenzüberschreitend, drängt sich die Verfolgung des Anspruchs beim eigenen Gerichtsstand geradezu auf, so dieser vorab vereinbart wurde. Ist der Mahnbescheid erst einmal erwirkt, stellt die Umsetzung und Vollstreckung in der Regel in den anderen europäischen Mitgliedsstaaten kein Problem mehr dar.

In der Regel haben die Mitgliedsstaaten bei der Umsetzung ein einheitliches Gericht für das Europäische Mahnverfahren festgelegt, das auch entsprechend ausgebildet ist und mit diesen Titeln umgehen kann. Leider gibt es auch europäische Staaten, die dieses Verfahren und seine Umsetzung auf alle Gerichte übertragen haben. Das hat die Konsequenz, dass dort eigentlich niemand so recht weiß, was er machen soll. Dies gilt beispielsweise in England. Dennoch wird man mit einer gewissen Hartnäckigkeit den einseitigen Mahnbescheid im Schuldnerland durchsetzen können, denn die hier angesprochene Verordnung ist in jedem Mitgliedsland zwingendes Recht – mit der üblichen Ausnahme Dänemark, das sich solchen Europäischen Verfahren aus welchen Gründen auch immer stets verschließt. Das gilt im Übrigen für alle vier hier angesprochenen Europäischen Titel.

Für international tätige KMU ist es also zwingend erforderlich, sich mit diesen europäischen Titeln zu beschäftigen. Nachdem diese häufig auch Anwälten nicht bekannt sind und von Inkassobüros praktisch nicht angewendet werden, muss man sich mit entsprechendem Nachdruck selbst darum kümmern oder aber Partner identifizieren, die diese Titel kennen und regelmäßig anwenden.

6.4.5 Vollstreckung von Gerichtsentscheidungen im sonstigen Ausland

Die in den Abschn. 6.4.1 bis 6.4.4 angesprochenen Titel betreffen lediglich die Mitglieder der Europäischen Union (mit Ausnahme Dänemarks). Darüber hinaus gibt es in jedem einzelnen Land Verfahren, wonach Urteile anderer Länder für vollstreckbar erklärt werden oder nicht. In der Regel handelt es sich dabei um einen kompletten Prozess mit Beweisaufnahme und mündlicher Verhandlung, wobei allerdings nicht der Fall selbst noch einmal neu verhandelt wird, sondern im Ergebnis das Zustandekommen des Urteils. Wurde also der Beklagte angehört? Wurde er rechtzeitig geladen? Gab es bereits ein entgegenstehendes Urteil? Wird gegen die öffentliche Ordnung verstoßen? Nach diesen Kriterien ist es auch denkbar, ein deutsches Urteil in einem europäischen Land vollstrecken zu lassen, das nicht der EU angehört. Umgekehrt lässt sich eventuell ein Urteil beispielsweise aus der Ukraine in Deutschland vollstrecken. Das Verfahren ist aber mit erheblichen Unwägbarkeiten und Kosten verbunden.

6.4.6 Unterstützung bei der grenzüberschreitenden Forderungsbeitreibung

Die zu Beginn des Abschnitts 6.4 aufgeworfene Frage: „Do it yourself?“ ist bislang noch nicht explizit beantwortet worden. Die kurz vorgestellten Verordnungen haben das Ziel, den Unternehmen die Betreibung grenzüberschreitender Forderungen zu erleichtern. Dieses Ziel wird nach Auffassung des Autors – zumindest in Ansätzen – auch tatsächlich erreicht.

Allerdings spricht das nach Auffassung des Verfassers immer noch nicht dafür, dass sich (kaufmännische) Mitarbeiter als „Hobby- oder Laien-Juristen“ betätigen sollten. Die grundsätzliche, in diesem Buch schon mehrfach ausgesprochene Empfehlung, sich auf die Kernkompetenzen zu konzentrieren und juristische Fragestellungen den Experten zu überlassen, bleibt gerade auch im grenzüberschreitenden Geschäft bestehen.

Die obigen Ausführungen deuten aber darauf hin, dass auch die Experten (Anwälte und Inkassoinstitute) nicht immer alles wissen. Es ist daher für Forderungsmanager schon wichtig, die entsprechenden Hintergrundkenntnisse zu besitzen. Es ist allerdings nicht erforderlich (und auch nicht sinnvoll) einen solch detaillierten Kenntnisstand zu besitzen, dass die entsprechenden Verfahren auch sicher angewendet werden müssen.

Wenn die Auffassung des Verfassers in dieser Thematik geteilt wird, dann kommt natürlich der Auswahl der geeigneten Dienstleister eine entsprechend hohe Bedeutung zu. Der Lieferant hat natürlich wieder grundsätzlich die Wahl mit Anwälten oder Inkassoinstituten zusammenzuarbeiten.

Aufgrund eigener Erfahrungen scheint auch im grenzüberschreitenden Geschäft der Fokus der Inkassoinstitute stärker auf dem Volumengeschäft zu liegen. Als der Autor vor gut einem halben Jahr Unterstützung in einem konkreten Einzelfall gesucht hat, war die Resonanz seitens der Inkassoinstitute sehr zurückhaltend. Keiner der angesprochenen

Institute hat dabei beispielsweise auf die (in diesem konkreten Fall) einschlägige Small-Claim-Verordnung hingewiesen.

Je seltener, individueller und komplexer die Fragestellungen zur Beitreibung grenzüberschreitender Forderungen sind, umso eher sind Anwaltskanzleien die geeigneten Ansprechpartner. Es versteht sich von selbst, dass kein einzelner Anwalt in der Lage sein wird, alle einschlägigen Rechtsgebiete in einer Vielzahl nationaler Rechtsnormen, allein zu beherrschen. Aus diesem Grunde sind entsprechend spezialisierte Anwaltsnetzwerke in dieser Fragestellung wahrscheinlich wesentlich leistungsfähiger als „Einzelkämpfer".

Anwaltsnetzwerke gibt es auch bereits eine ganze Reihe. Um einmal einige Namen zu nennen: Advogate, Advonetz, Advoselect, Apraxa, DIRO oder Eurojuris und so weiter. Im Rahmen einer kurzen Internetrecherche stellte sich allerdings heraus, dass diese Netzwerke teilweise eine rein nationale Ausrichtung aufweisen. In vielen Fällen ist auch eine fachliche Fokussierung nicht zu erkennen oder aber sie weisen, wie zum Beispiel DIRO mit dem Schwerpunkt Insolvenzrecht, eine Ausrichtung auf, die sich mit dem Bedarf der Mandanten (hier liegt der Bedarf auf Unterstützungsleistungen beim internationalen Mahnen und Inkasso) nicht deckt. Aus diesem Grunde kann der Autor an dieser Stelle, aufgrund seiner (sicherlich begrenzten) eigenen Erfahrungen, das Netzwerk EuroCollectNet mit dem inländischen Repräsentanten Dr. jur. Thomas Voller (in Frankfurt am Main) empfehlen.

EuroCollectNet hat als kleinsten gemeinsamen Nenner das Thema B2B-Schuldbeitreibung, also die anwaltliche Verfolgung von Außenständen. Gegründet wurde das Netzwerk im Sommer 2008 und es zeichnet sich dadurch aus, dass die Mitglieder sich regelmäßig zweimal im Jahr treffen, um gemeinsam die weitere Geschäftsführung festzulegen und um sich fachlich auszutauschen. Weil die Partner zum Teil schon über 20 Jahre zusammenarbeiten, ist das Ergebnis ein ziemlich eng gestricktes Netzwerk, das seinen Verhaltenskodex, der auf der Webseite www.EuroCollectNet.com nachgelesen werden kann, im Rahmen einer permanenten Qualitätskontrolle einhält.

Das Netzwerk hat sich insbesondere auf die Anwendung der europäischen Erleichterungen der Rechtsverfolgung – siehe zum Beispiel Europäischer Mahnbescheid – spezialisiert und beschleunigt so die Rechtsverfolgung innerhalb der EU. Wichtig ist dabei, dass die Mitglieder aufgrund ihrer anwaltlichen Berufsausrichtung nicht einfach die Gerichte des Schuldners anrufen, sondern beispielsweise über die Allgemeinen Geschäftsbedingungen des Vertrags der Partei oder über alternative juristische Konstruktionen, wie das abstrakte notarielle Schuldanerkenntnis, andere Lösungen anstreben. Dies ist ein Vorteil gegenüber den großen Inkassounternehmen, die ihr Vorgehen standardisiert haben und regelmäßig an den Gerichtsstand des Schuldners geben, selbst wenn die Gerichte dort bekanntermaßen untätig oder wenig kooperativ sind.

EuroCollectNet versucht natürlich ebenso wie jedes Inkassounternehmen, das keinen anwaltlichen Hintergrund hat, die Forderungen außergerichtlich beizutreiben. Dabei ist durchaus vorstellbar, dass ein anwaltliches Mahnschreiben noch eine etwas andere Durchschlagskraft hat als das Mahnschreiben eines Inkassobüros, da der Zivilprozess so doch sehr schnell heranrückt. Profischuldner lassen gerne das Gewitter von Mahnungen durch Inkassobüros über sich hinweggehen, warten dann auf den Mahnbescheid, gegen den sie

Widerspruch einlegen, um dann Monate später zu einer mündlichen Verhandlung und letztlich zu einer Verurteilung zu kommen.

Zumindest bei größeren Forderungen sollten KMU überlegen, ob sie sich nicht den Umweg über Inkassounternehmen sparen und direkt einen Anwalt einschalten sollten, insbesondere wenn es sich um grenzüberschreitende Sachverhalte handelt.

Quintessenz:

1. Auch das Mahnen und Beitreiben von Forderungen gegen ausländische Debitoren ist erfolgreich möglich.
2. Die Maßnahmen der EU zur einfacheren und schnelleren Realisation von Forderungen im grenzüberschreitenden Geschäft sind grundsätzlich geeignet. Sie sind aber Unternehmen wie Dienstleistern (teils sogar Gerichten) nicht bekannt und werden kaum genutzt.
3. Um im Ausland erfolgreich mahnen zu können, muss das dortige Rechtssystem bekannt sein, Handelsusancen und die Landessprache sollten beherrscht werden.
4. Der Lieferant benötigt qualifizierte juristische Unterstützung – sowohl am Firmensitz, als auch am Sitz des Kunden.
5. International vernetzte Anwaltskanzleien mit einer Fokussierung auf die Forderungsbeitreibung sind geeignete Dienstleister.

6.5 Factoring

Lange verkannt und stark im Kommen Wahrscheinlich hat jeder Leser den Begriff „Factoring" schon einmal gehört. Unter Umständen haben die meisten auch eine grobe Vorstellung, um was es dabei geht. Mit ziemlich hoher Sicherheit können aber die wenigsten die Funktionsweise sowie die Vor- und Nachteile einer eigenen Nutzung tatsächlich im Detail beurteilen.

Das könnte auch darin begründet liegen, dass Factoring in Teilen der Wirtschaft und der Gesellschaft mit einem hartnäckigen Vorurteil zu kämpfen hat. Über Jahre hinweg wurde den Unternehmen, die Factoring genutzt haben, eine mehr oder weniger große wirtschaftliche Schief- beziehungsweise Notlage nachgesagt. „Wenn der Factoring macht, muss es dem aber schlecht gehen! Da müssen wir aber vorsichtig in der weiteren Geschäftsbeziehung sein." So oder ähnlich haben viele Kunden und Lieferanten bei Bekanntwerden der Factoring-Nutzung eines Unternehmens oft reagiert.

Diese Sicht des Factorings ist falsch! Im Grunde kann man diese Sichtweise schon nicht mehr als Irrtum einordnen. Viel eher muss man das schon als groben Unsinn klassifizieren. Aber, wie das häufig mit solchen Fehleinschätzungen ist: Je größer der Irrtum, umso länger hält sich das (Vor-) Urteil. Die folgenden Abschnitte sollen auch dazu beitragen, dass sich die Sichtweise des Factorings ändert und Unternehmer (insbesondere KMU) anschließend eine rationale Einschätzung vornehmen können.

6.5.1 Factoring: Was ist das?

„Beim Factoring verkauft ein Unternehmen seine Forderungen aus Warenlieferungen und Dienstleistungen gegen seine Kunden fortlaufend an ein Factoring-Institut. Auf diese Weise erhält das Unternehmen sofort Liquidität unmittelbar aus seinen Außenständen. Der Factor prüft vor Vertragsabschluss und fortlaufend die Bonität der Abnehmer und übernimmt im Rahmen eines vereinbarten Limits das volle Ausfallrisiko. Diese Form der Finanzierung wächst dabei quasi automatisch mit eventuell steigenden Umsätzen des Unternehmens mit, weshalb Factoring auch in Branchenkreisen als „umsatzkongruente Finanzierungsform" gilt." [8]

In obiger Form erklärt der Deutsche Factoring Verband e. V. was Factoring ist. In diesem 1974 gegründeten Verband sind die 27 umsatzstärksten Factoring-Gesellschaften Deutschlands zusammengeschlossen. Darüber hinaus sind in dem zweiten großen Verband, dem Bundesverband Factoring für den Mittelstand, weitere 25 Anbieter organisiert.

Factoring hat sich mittlerweile als sinnvoller, zusätzlicher Finanzierungsbaustein für Unternehmen etabliert. Es ist eine Form der Forderungsfinanzierung, ohne erforderliche Stellung banküblicher Sicherheiten. Nüchtern betrachtet ist Factoring also nichts anderes als eine (spezialisierte) Form der kurzfristigen Unternehmensfinanzierung.

Zunehmend scheint die Wirtschaft die Nutzungsmöglichkeit des Factorings auch zu erkennen. Der Deutsche Factoring Verband e. V. (DFV) weist für das Jahr 2012 rund 17.000 Nutzer aus. Das ist mit einem Umsatz von zirka 157 Mrd. € (davon ungefähr 37 Mrd. € mit ausländischen Debitoren) verbunden. Das bedeutet, dass die Forderungen von über 4 Millionen Debitoren an die Factoringunternehmen verkauft wurden. Zirka 6 % des Bruttoinlandsprodukts wurden im Jahr 2012 „gefactort".[9]

Jeder Lieferant und Dienstleister, der sich mit dem Gedanken trägt, Factoring zu praktizieren, muss sich um seinen Ruf in dieser Hinsicht also keine Gedanken mehr machen. Große Teile der Wirtschaft kennen Factoring mittlerweile und wissen, dass Factoring auch eine gute Bonität des Forderungsverkäufers voraussetzt. Immer mehr Kunden wissen, dass Factoring eine clevere Form der ergänzenden Unternehmensfinanzierung ist.

6.5.2 Funktionsweise des Factorings

Basis der Zusammenarbeit zwischen Factor und Anschlusskunde ist ein Vertrag, der meist eine Dauer zwischen ein bis drei Jahren umfasst. Das Factoring-Institut verpflichtet sich hierbei, Forderungen des Kunden im Rahmen von festgelegten Limiten zu kaufen und zu bevorschussen. Damit Forderungen angekauft werden können, muss seitens des Verkäufers die Leistung vollständig erbracht worden sein (nachweisbar zum Beispiel durch unterzeichnete Lieferscheine) und einredefrei sein (das heißt unter anderem keine Mängel aufweisen). Außerdem dürfen keine Rechte Dritter an den Forderungen bestehen. Der Factor benötigt deshalb von allen Banken eine formelle Negativerklärung (Bestätigung) beziehungsweise eine Forderungsfreigabe. Dies ist in der Umsetzung des Factorings ein nicht zu unterschätzender Aspekt.

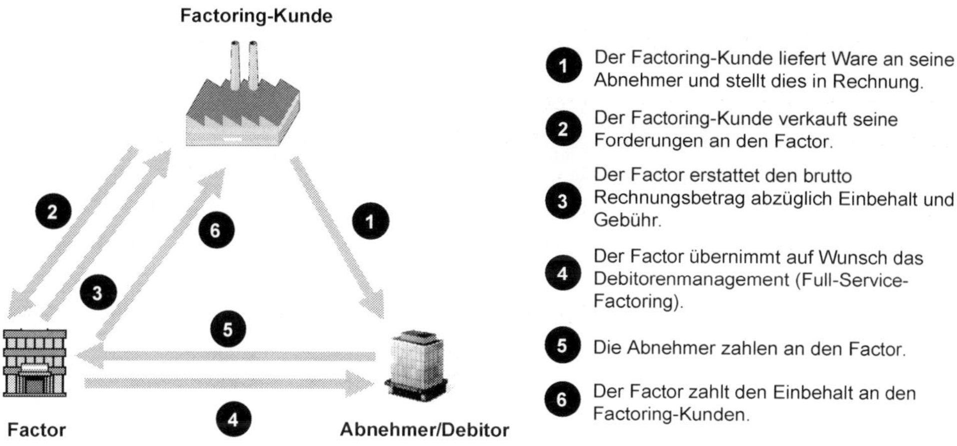

Abb. 6.2 Prinzipielle Funktionsweise des Factorings

Der Factor ist künftig buchführungspflichtig, denn die aufgekauften Forderungen gehen in sein Vermögen ein. Der seine Forderungen verkaufende Kunde ist damit von der Bilanzierungspflicht für die verkauften Forderungen entbunden. Durch den normalerweise vereinbarten Sicherheitseinbehalt bucht der Anschlusskunde in seiner Buchhaltung eine Forderung gegen den Factor. Das Bonitäts- und Insolvenzrisiko sowie vor allem auch das Mahn- und Inkassowesen gehen ebenfalls auf den Factor über.

Die prinzipielle Funktionsweise des Factorings ist der Abb. 6.2 zu entnehmen.

Einem Unternehmen bietet sich mit Factoring ein Finanzierungs- und Dienstleistungskonzept mit folgenden unterschiedlichen Funktionen an:

- Finanzierung,
- Risikoabsicherung,
- Debitorenverwaltung.

6.5.2.1 Finanzierungsfunktion

Kurzfristige Forderungen aus Warenlieferungen und Dienstleistungen werden durch Factoring unmittelbar nach ihrer Entstehung in sofort disponible Geldwerte (Guthaben) umgewandelt. In der Bilanz findet somit ein Aktivtausch statt. Durch die Kapitalfreisetzung erhält der Factoring-Kunde bei seinen Dispositionen mehr Flexibilität, weil ein genau berechenbarer umsatzkongruenter Mittelzufluss erfolgt.

In der Praxis ergibt sich bei der Zusammenarbeit folgender Vorgang:

1. Der Factoring-Kunde gibt – im Normalfall täglich – seine Ausgangsrechnungen an den Factor. Der Datenaustausch erfolgt in aller Regel elektronisch.
2. Meist noch am gleichen Tag, in jedem Fall kurzfristig, erhält der Forderungsverkäufer den im Vertrag vereinbarten Vorschuss für die entstandenen (und verkauften) Forde-

rungen. Begrenzt ist die Ankaufhöhe je Debitor durch die vom Factor auf der Grundlage von eingehenden Bonitätsprüfungen der einzelnen Abnehmer bereitgestellten Kreditlimite. Üblich sind Bevorschussungsquoten in Höhe von 80 bis 90 % der Rechnungsbeträge im Rahmen dieser Kreditlimite.
3. Der verbleibende Rest wird zunächst vom Factor einbehalten (Sicherheitseinbehalt beziehungsweise Sperrsatz). Er dient zur Abdeckung eventuell von den Kunden des Vertragspartners vorgenommener Zahlungskürzungen zum Beispiel für Skonti, Mängelrügen, Boni oder Retouren.
4. Der zurückbehaltene Betrag wird mit Ausgleich des Rechnungsbetrags durch den Abnehmer endgültig durch den Factor abgerechnet und an den Verkäufer der Forderung ausbezahlt.

Dem in der Praxis bestehenden Problem, dass ein Unternehmen Unwägbarkeiten bei seiner Liquiditätsplanung aufgrund des unterschiedlichen Eingangs der Außenstände einkalkulieren muss, wird durch Factoring wirksam gegengesteuert. Die durch Factoring ermöglichte umsatzkongruente Liquidität gleicht Änderungen der Zahlungsgepflogenheiten bei Abnehmern oder auch konjunkturbedingte Zahlungsschwankungen aus.

Ein weiterer Aspekt ist ebenfalls von Bedeutung: Die durch den Factoring-Vertrag zufließenden Mittel, ermöglichen es dem Factoring-Kunden, Verbindlichkeiten gegenüber seinen Lieferanten abzubauen. Dies gilt insbesondere, wenn dies aufgrund der bisherigen Liquiditätslage nicht oder nur in begrenztem Maße möglich war. Da sich der Abbau dieser Verbindlichkeiten auf der Passivseite der Bilanz niederschlägt, entsteht als Folge eine Verkürzung der Bilanzsumme. Das führt zu einer Verbesserung der Eigenkapitalquote (Relation zwischen Eigenkapital zur Bilanzsumme). Mithin wird eine bessere Bilanzkennzahl ausgewiesen.

Falls die durch Factoring verbesserte Liquidität genutzt werden kann, um (mehr) Eingangsrechnungen mit Nutzung von Skontierungsmöglichkeiten zu begleichen, entstehen Skontoerträge, die das Ergebnis verbessern.

Wenn darüber hinaus die durch Factoring erreichte bessere Liquidität zu einem Abbau der Dauerschuldverbindlichkeiten führt, kann sich auch eine Verminderung der Gewerbesteuer ergeben. Da die Zinsen für Verbindlichkeiten, die Dauerschuldcharakter angenommen haben, anteilig zur Berechnung der Gewerbesteuer herangezogen werden, entfällt diese Berechnungsgrundlage bei zusätzlichem Abbau solcher Verbindlichkeiten durch die nunmehr durch Factoring ermöglichte verbesserte Liquidität. Die an den Factor zu zahlenden Zinsen fließen in eine solche Berechnung nicht ein. Eine Berechnung dieses gegebenenfalls zu realisierenden Vorteils ist allerdings unternehmensspezifisch erforderlich. Wegen der individuellen Verhältnisse bei jedem Unternehmen und unterschiedlichen örtlichen Hebesätzen kann diesbezüglich keine pauschale Aussage getroffen werden.

Einen besonderen Liquiditätseffekt entsteht für die Verkäufer zu Beginn der Vertragsbeziehung. Da die Factoring-Institute sehr häufig auch einen bestehenden Forderungsbestand ankaufen (im Rahmen der eingeräumten Kreditlimite je Debitor), entsteht ein einmaliger, sehr hoher Liquiditätseffekt. Im weiteren Verlauf der Vertragsbeziehung wird dagegen „lediglich" der Zufluss der liquiden Mittel verstetigt.

Beim Fälligkeits-Factoring zahlt der Factor erst dann an den Verkäufer der Forderung, wenn das mit dem Kunden vereinbarte Nettozahlungsziel oder ein ermittelter mittlerer Verfall (durchschnittliche Zahlungsdauer) erreicht ist. Die Finanzierungsfunktion ist in dieser Form also auf die „Finanzierung des Zahlungsverzugs" begrenzt.

6.5.2.2 Risikoabsicherungsfunktion

Die Höhe des Ankaufs von Forderungen ist abhängig von der Bonität der Abnehmer des Factoring-Kunden. Sie erfolgt im Rahmen der vom Factor vergebenen einzelnen Kauflimite/Versicherungslimite. Basis für deren Bemessung sind hierbei zunächst die Kreditwünsche, die sich aufgrund des Geschäftsvolumens des Anschlusskunden mit dem Abnehmer und der Debitorenhöhe ergeben. Der Factor entscheidet dann mithilfe seiner Unterlagen im Archiv und aktueller Recherchen, ob die gewünschte Höhe dem Bonitätsprofil und den Ausfallrisiken angemessen ist. Bei Entscheidungsproblemen nimmt der Factor auch Kontakt mit den Abnehmern auf, um entscheidungsrelevante Informationen auszutauschen. Eine wichtige Beurteilungsquelle sind auch die Zahlungserfahrungen, die beim Factor, bei der operativen Abwicklung des Geschäfts, ständig anfallen. Er ist ganz aktuell im Bild, wie sich ein bestimmter Abnehmer bei der Bezahlung der einzelnen Lieferantenrechnungen verhält. So wird auch zeitnah festgestellt, wenn sich die Zahlungsfrist verschlechtert oder die Art der Zahlung negativ verändert wird (zum Beispiel Umstellung von Scheck- auf Wechselzahlung).

Die Ausfalldeckung beträgt im Rahmen der jeweils festgelegten Kreditlimite 100 %. Anders als zum Beispiel bei der Warenkreditversicherung besteht kein Selbstbehalt für den Anschlusskunden. Auch besteht keine Höchsthaftungsgrenze, die eine Begrenzung des gesamten Ausfallrisikos vorsehen würden. Wenn über das Kreditlimit (des Factors) hinaus Forderungsbeträge entstehen, trägt der Lieferant allerdings das Ausfallrisiko, das über den vereinbarten Betrag hinausgeht. Eine Bevorschussung erfolgt für diesen Teil der Forderungen ebenfalls nicht.

Der Factor trägt während der Laufzeit der Zusammenarbeit das Risiko, dass der Abnehmer zahlungsunfähig wird oder nicht innerhalb der vertraglich zwischen Factor und Verkäufer vereinbarten „Maximalfrist" zahlt. Er kann daher auch als Ergebnis seiner Kreditprüfungen die Kreditlimite verändern oder sogar streichen. Die Limitänderungen werden natürlich nur für zukünftige Lieferungen relevant. Lieferungen vor dem Änderungsdatum sind vereinbarungsgemäß weiter gedeckt. Diese Verfahrensweise ist vollkommen analog zur Vorgehensweise der Warenkreditversicherung.

Im Rahmen eines Factoring-Verfahrens gilt der Delkredere-Fall auch bereits dann als eingetreten, wenn eine vertraglich festgelegte Frist – meist bis 120 oder 150 Tage nach Nettofälligkeit – erreicht ist. (Das entspricht der „Protrected-Default-Absicherung" in der Warenkreditversicherung.) Wenn der Abnehmer bis zu diesem Zeitpunkt noch keinen Ausgleich der Rechnung an ihn vorgenommen hat, wird der Factor den vollen Forderungsbetrag abrechnen und auch die Zinsberechnung, die für die offenstehenden Forderungen vorgenommen wird, einstellen. Hierbei spielt es keine Rolle, ob der Abnehmer insolvent geworden ist oder aus sonstigen Gründen nicht gezahlt hat. Wichtig ist allerdings, dass eine Forderung aus Lieferungen oder Leistungen rechtlich einwandfrei ist.

Beim unechten Factoring ist die Delkredere-Funktion grundsätzlich nicht enthalten. Aber auch in anderen Fällen, in denen der Verkäufer der Forderung bereits eine Warenkreditversicherung abgeschlossen hat, bieten die Factoring-Gesellschaften vertragliche Lösungen, bei denen die Absicherung gegen Forderungsausfall weiter mittels bestehender WKV erfolgen kann. Für den Factor ist es durchaus auch möglich, auf eine bestehende WKV aufzusetzen. Dies kann in bestimmten Konstellationen durchaus sinnvoll sein. Beispielsweise dann, wenn der Kunde das Fabrikationsrisiko abgesichert haben möchte oder sich nur ein Teil der Forderungen im Factoring befindet. In diesen Fällen sind die Entschädigungsansprüche allerdings an den Factor abzutreten.

6.5.2.3 Verwaltungs- und Dienstleistungsfunktion

Mit dem Kauf der Forderung geht die Buchführungspflicht auf den Factor über. Eine Forderung wird von diesem angekauft, wie sie im Kaufvertrag mit dem Anschlusskunden und Abnehmer begründet ist. Dies schließt auch das zwischen diesen vereinbarte Zahlungsziel ein. Der Factoring-Kunde muss in seiner Finanzbuchhaltung lediglich noch das Konto „Forderungen an Factor“ führen, auf dem die Kaufpreiseinbehalte erscheinen, sowie ein Hauptbuchkonto „Forderungen an Kunden“, auf dem die Summe der nicht verkauften Forderungen erscheint. Es ist allerdings dringend zu empfehlen, die Debitorenkonten für die nicht verkauften Forderungen weiterzuführen.

Wenn beim Factor die eingereichte Forderung in die Debitorenbuchhaltung des speziellen Bereichs für den Anschlusskunden eingebucht wurde, wird das auf der Rechnung vermerkte Zahlungsziel abgewartet. Im Rahmen eines zwischen dem Factor und seinem Vertragspartner abgestimmten Maßnahme- und Fristenkatalogs wird danach – nach Ablauf des Zahlungsziels und Nichtzahlung – ein außergerichtliches Mahnverfahren praktiziert. Bleibt auch dieses Prozedere erfolglos, werden Anwälte eingeschaltet oder auch notfalls gerichtliche Maßnahmen ergriffen. Hierbei wird zuweilen nicht zwischen angekauften Forderungen und solchen, die nicht vom Factor erworben wurden (zum Beispiel außerhalb der eingeräumten Kreditlimite) unterschieden, um den Serviceaspekt gegenüber dem Kunden beizubehalten. Andere Factoring-Anbieter (zum Beispiel Close Brothers Factoring) übernehmen auf ihre Kosten für die sogenannten Inkassoforderungen (nicht angekaufte und bevorschusste Forderungen) das Mahnwesen. Ab dem gerichtlichen Mahnverfahren muss dann der Kunde die Kosten tragen. Dies erfolgt dann aber in Rücksprache mit dem Kunden.

Eine Trennung erfolgt jedoch in jedem Fall bei der Delkredere-Abrechnung, das heißt im Falle der Zahlungsunfähigkeit erfolgt nur eine Abrechnung im Hinblick auf die vertraglich eingezogenen Forderungen.

Zum Leistungskatalog der Factoring-Gesellschaften gehören, neben detaillierten Abrechnungen über die täglich eingegangenen Zahlungen der Abnehmer, auch spezielle Informationen im Zusammenhang mit den Debitoren. Hierzu zählen zum Beispiel OP-Listen, Limitübersichten, Altersgliederungen der Forderungen und vieles mehr.

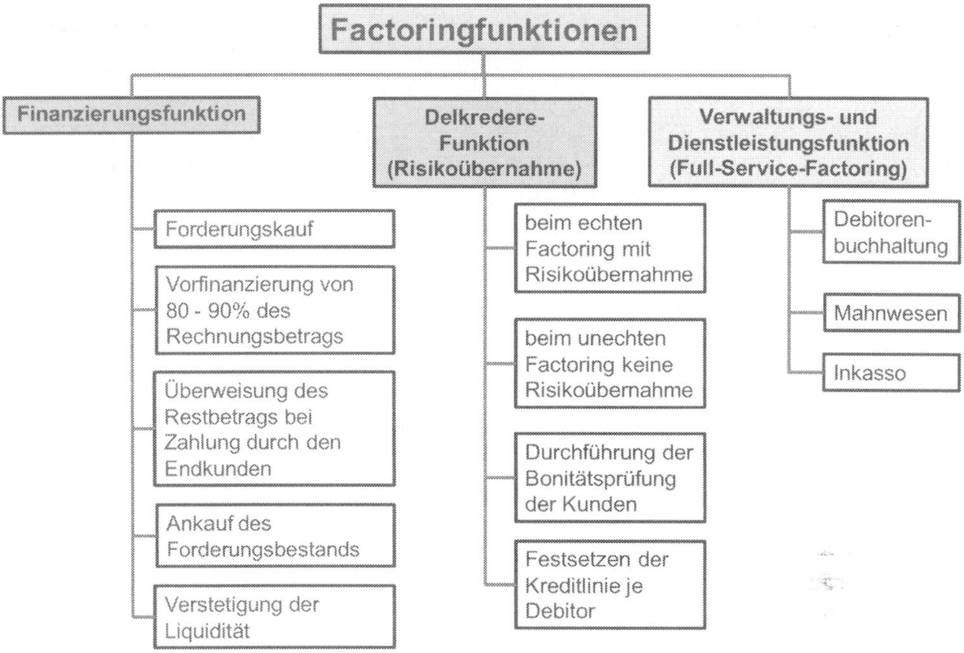

Abb. 6.3 Funktionen des Factorings

Durch die Verwaltung der Debitoren durch den Factor erfolgt eine weitgehende administrative Verbesserung durch Entlastung von Routine. Statt eines Fixkostenblocks in Form von Personalkosten erfolgt eine Umstrukturierung zu variablen Kosten. Allerdings bedeutet dies keine vollständige Entlastung, denn nach wie vor muss das Unternehmen Regie in seinem Debitorenbereich führen und auch die qualitativen Leistungen des Factors von Zeit zu Zeit einer Prüfung unterziehen.

Nach Angaben des DFV wurden 2012 lediglich rund 17 % der Geschäfte in Form des hier beschriebenen „Full-Service-Factoring" abgewickelt. Das Dienstleistungs- und Verwaltungsangebot der Factoring-Institute scheint am Markt also insgesamt noch nicht überzeugend zu sein.

Gemäß der dort näher erläuterten Gründe (siehe Abschn. 3.3.2) spricht sich der Autor ebenfalls nachdrücklich gegen eine weitgehende Verlagerung des Debitorenmanagements auf externe Dienstleister aus.

Die Funktionen des Factorings sind der folgenden Abb. 6.3 noch einmal überblicksartig zu entnehmen.

6.5.2.4 Arten des Factorings

Den unterschiedlichen Bedürfnissen und Bedingungen der Unternehmen kommt der Factoring-Markt mit einer breiten Angebotspalette und vielfältigen Vertragsformen entgegen:

6.5.2.4.1 Full-Service-Factoring

In dieser weitgehend üblichen (aber gar nicht so weit verbreiteten) Vertragsform, die auch als Standard-Factoring oder Main-Line-Factoring bezeichnet wird, ist sowohl die Finanzierung und Debitorenbearbeitung als auch die Risikoabsicherung eingeschlossen. Alle drei Funktionen des Factorings sind enthalten.

6.5.2.4.2 Bulk-Factoring/Inhouse-Factoring

Wenn ein Unternehmen über eine leistungsfähige Datentechnik verfügt, Kosten sparen und nur die Finanzierungs- und Delkredere-Funktion des Factors nutzen möchte, ist diese Vertragsform interessant. Eine Rolle spielt auch, welchen Stellenwert das Outsourcing im Unternehmen hat, d. h. in welchem Ausmaß man Betriebsfunktionen auslagern möchte. Bei diesem Verfahren, das auch als Inhouse-Factoring oder Eigenservice-Factoring bezeichnet wird, erfolgt – nach dem rechtlich wirksamen Verkauf der Forderungen an den Factor – eine treuhänderische Rückübertragung der Debitorenbuchhaltung und des kaufmännischen Mahnwesens vom Factor auf den Factoring-Kunden. Bei dieser Vereinbarung ist Letzterer verpflichtet, in regelmäßigen Abständen dem Factor relevante Auswertungen zu übermitteln. Hierdurch soll überprüft werden können, ob die beim Factor üblichen Richtlinien für effektives und effizientes Vorgehen praktiziert werden.

Bei Feststellung erheblicher Zahlungsverzögerungen wird der Factor gegebenenfalls aktiv, um den Zahlungseingang zu beschleunigen, eventuell auch durch Einleitung des Inkassoverfahrens.

6.5.2.4.3 Offenes oder stilles Factoring (Offene oder stille Abtretung)

Bei der überwiegenden Anzahl von Verträgen wird das Factoring-Verfahren mit offenen Abtretungsanzeigen vereinbart. Hierbei trägt die Ausgangsrechnung des Anschlusskunden den Hinweis, dass die Forderung an den Factor verkauft und abgetreten ist und die Zahlung ausschließlich an diesen zu erfolgen hat. In der Regel werden die Kunden im Vorfeld auch explizit schriftlich oder persönlich darüber informiert, dass die Forderungen ab einem definierten Zeitpunkt verkauft werden. Sie werden ausdrücklich darauf hingewiesen, dass sie nur noch an den Factor mit schuldbefreiender Wirkung zahlen dürfen. Um späteren Ärger zu vermeiden, lässt sich der Lieferant am besten per Unterschrift bestätigen, dass die Information erfolgt ist. Diese Ankündigungen haben besonderen Stellenwert bei den Kunden, die den Verkauf von Forderungen gegen sich in ihren Einkaufsbedingungen ausgeschlossen haben.

Daneben gibt es auch unter bestimmten Gegebenheiten die Möglichkeit der stillen Abtretung. Hierbei erfolgt kein Hinweis auf den Factor bei der Fakturierung. Dieses Verfahren beinhaltet für den Factor ein erhöhtes Risiko, da er den direkten Kontakt mit dem Abnehmer wie bei der offenen Alternative nicht hat und Vorsorge treffen muss, um den Zahlungsstrom zu kontrollieren oder den Zahlungsfluss über eigene oder in seinem Einflussbereich stehende Konten zu garantieren. Erforderlich ist ein erhöhter administrativer Aufwand, der sich auch in entsprechenden Kosten niederschlägt. Das stille Factoring war möglicherweise Ausfluss der Befürchtungen der Lieferanten, die Kunden könnten das Factoring „falsch interpretieren".

6.5.2.4.4 Factoring mit oder ohne Übernahme des Ausfallrisikos (echtes oder unechtes Factoring-Verfahren)

Nahezu alle Verträge beinhalten die Übernahme des Ausfallrisikos (im Rahmen der Kreditlimite) durch den Factor. In diesem Fall spricht man von echtem Factoring. Nicht zuletzt ist dies ein wichtiger Grund für den Abschluss eines Vertrags. Möglich ist aber auch eine Vereinbarung, die keine Risikoübernahme vorsieht. Dies ist für ein Unternehmen dann sinnvoll, wenn die anderen Funktionen (Finanzierung, Debitorenverwaltung) im Mittelpunkt des Interesses stehen oder wenn Ausfallrisiken zum Beispiel mittels einer Excess-of-Loss-Versicherung abgedeckt sind.

6.5.2.4.5 Export-Factoring

Ein Unternehmen kann Factoring auch auf Forderungen gegenüber Abnehmern im Ausland generell oder einzelne Länder allein konzentrieren. Es bestehen hierbei im Prinzip die gleichen Leistungsstandards wie beim Inlands-Factoring. Positiv zu Buche schlägt, dass der Factor aufgrund seiner internationalen Beziehungen und Erfahrungen die landesspezifischen Gepflogenheiten kennt. Gerade dies kann bei Bedarf über den Inkassoerfolg entscheiden.

Factoring-Institute betreiben im Exportbereich zwei verschiedene Formen bei der Bewältigung des Geschäfts. Einige ziehen die Forderungen direkt im jeweiligen Importland ein (sogenanntes One-Factor-System) und haben sich hierzu Zahlungswege und Inkassoverbindungen aufgebaut. Andere sind Mitglied einer internationalen Kette oder eines Konzerns mit Präsenz in den jeweiligen Ländern und betreiben hiermit eine indirekte Abwicklung (Two-Factor-System). Bei diesem Verfahren geben Mahnwesen und Inkasso auf die im jeweiligen Land sitzende Gesellschaft über. Dies ist dann auch für die Beurteilung der Bonität der Abnehmer vor Ort zuständig.

Beide organisatorische Abläufe beim Factor bewirken, dass sich der Aufwand bei der Zusammenarbeit zwischen Kunde und Factor wie beim Inlands-Factoring gestaltet.

6.5.2.4.6 Fälligkeits-Factoring

Bei allen Factoring-Formen ist grundsätzlich für ein Unternehmen die Inanspruchnahme der Finanzierungsleistung wahlweise möglich. Man kann mithin diese auch nicht nutzen. Die Fälle, in denen die Finanzierung nicht oder in eingeschränkter Form in Anspruch genommen wird, wird als Fälligkeits-Factoring bezeichnet.

Vertraglich werden meist Vereinbarungen getroffen, bei denen Zahlungen vom Factor an den Anschlusskunden:

- nach Zahlungseingang vom Abnehmer (lediglich Absicherung des Ausfallrisikos),
- bei Fälligkeit der Forderung oder
- zu einem ermittelten mittleren Verfall (durchschnittliche Zahlungsdauer) geleistet werden.

Diese Form des Factorings wird vor allem von Unternehmen wahrgenommen, die vorwiegend eine Entlastung bei der Debitorenbearbeitung oder eine Abdeckung des Ausfallrisikos wünschen. Allerdings ist hinsichtlich der Abdeckung des Ausfallrisikos die Frage aufzuwerfen, ob dort nicht eine reine Versicherungslösung sinnvoller sein könnte.

6.5.2.4.7 Ausschnitts-Factoring beziehungsweise selektives Factoring

Lediglich die Forderungen einer klar umrissenen beziehungsweise abgegrenzten Gruppe von Debitoren wird angekauft; nicht die Forderungen aller Debitoren.

6.5.2.4.8 Einzel-Factoring

Die Forderungen ausgesuchter, einzelner Debitoren werden angekauft. Im Rahmen der eingeräumten Limite werden aber alle Forderungen fortlaufend eingekauft.

6.5.2.4.9 Reverse Factoring

Einkaufs-Factoring für Lieferantenrechnungen. Der Factor schließt mit dem Debitor einen Vertrag, in dessen Folge dann jedem Lieferanten die Möglichkeit eröffnet wird, die vom Debitor anerkannten Forderungen des Lieferanten zu verkaufen.

6.5.2.4.10 B2C-Factoring

Ankauf von Forderungen gegen Privatkunden (Konsumenten).

6.5.2.4.11 VOB-Factoring

Ankauf von Forderungen, die auf Grundlage der VOB abgerechnet werden. Das Factoring von Forderungen im Baugewerbe ist eher selten. Problematisch gestalten sich hier besonders das Erfordernis, dass die Leistungen nachweislich vollständig erbracht wurden und die Notwendigkeit, dass die Forderungen einredefrei sind.

6.5.3 Vor- und Nachteile des Factorings

Da Factoring als Instrument zur Unternehmensfinanzierung, genauer gesagt der Forderungsfinanzierung, fungiert, besteht der entscheidende Vorteil in einem positiven Einfluss auf die Liquidität des Unternehmens. Der positive Einfluss manifestiert sich in zweierlei Hinsicht: Einerseits wird die Liquidität erhöht. Andererseits wird der Zufluss an liquiden Mitteln verstetigt und damit zuverlässig planbar.

6.5.3.1 Erhöhung der Liquidität

Die Erhöhung der Liquidität kommt dadurch zustande, dass Factoring-Gesellschaften bei Abschluss einer Vereinbarung die bestehenden Forderungen ankaufen. Beim Ankauf der Forderungen im Bestand gibt es allerdings Grenzen.

Es werden lediglich Forderungen im Rahmen der Bonität des Debitors und der auf dieser Grundlage vom Factor festgelegten Kreditlimite angekauft. Je besser die Bonität der Kunden ist, umso höher wird also die Ankaufquote ausfallen.

Voraussetzung für den Kauf der Forderungen ist außerdem, dass die Leistung vollständig erbracht ist. Dies muss nachweisbar sein. Als Nachweis dienen zum Beispiel die vom Kunden gegengezeichneten Lieferscheine. In der Praxis bestehen hier zuweilen Probleme. Nicht selten kommen die Lieferscheine nicht oder sehr verspätet von der Spedition zum Lieferanten zurück. Dann wird oft festgestellt, dass sie nicht unterschrieben, unleserlich unterschrieben oder von nicht berechtigten Personen unterschrieben sind. Darüber hinaus „schwirren" die Lieferscheine oft irgendwo im Haus des Lieferanten herum. Ein vollständiger Nachweis der vollständigen Leistungserbringung ist nicht immer möglich. Der Factor zeigt hier allerdings eine gewisse Toleranz.

Weitere Voraussetzung für den Ankauf der Forderungen ist ihre Einredefreiheit. Bestehen zum Beispiel Reklamationen, erfolgt in der Regel kein Ankauf. Auch die zu einer Forderung bestehenden Gutschriften werden in Abzug gebracht.

Letzte Voraussetzung für den Ankauf einer Forderung aus dem Bestand ist ihr Alter. Forderungen dürfen ein vertraglich vereinbartes Alter noch nicht überschritten haben, damit der Ankauf erfolgt.

Nach Berücksichtigung aller Voraussetzungen wird der nominell vorhandene Forderungsbestand grundsätzlich durch den Factor angekauft. Lediglich bei nicht ausreichendem Limit kann zunächst ein Teilankauf stattfinden und der nicht angekaufte Teil kann nachrutschen, sobald wieder Limit frei ist. Das Ankaufsvolumen ist umso höher:

- je besser die Bonität der Kunden ist,
- je weniger Reklamationen vorliegen,
- je weniger Gutschriften erstellt wurden und
- je jünger die Forderungen sind.

Für die Summe der angekauften Forderungen stellt der Factor dem Verkäufer sofort Liquidität zur Verfügung. Um exakt diesen Betrag erhöht sich einmalig (und temporär) die Liquidität des Lieferanten. Sollten diese Mittel zum Beispiel genutzt werden, um Kredite abzulösen, führt das zwar zunächst zum Verbrauch der flüssigen Mittel. Da damit aber normalerweise die Kreditlinien wieder frei werden, kann sich der Lieferant bei Bedarf dann wieder mit „frischem Geld" versorgen.

6.5.3.2 Verstetigung der Liquidität

Ein weiterer Vorteil des Factorings ist die umsatzkongruente Finanzierung. Unmittelbar, normalerweise innerhalb von 24 Stunden, nach Fakturierung erfolgt bereits der Zahlungseingang beim Lieferanten. Im Liquiditätsmanagement kann sicher geplant werden, dass der heute getätigte Umsatz in Relation zur Ankaufsquote und zum vereinbarten Sicherheitseinbehalt am folgenden Tag als Liquidität zufließt.

Der Sicherheitseinbehalt (abzüglich Skonti, Gutschriften et cetera), der „nur" 10 bis 20 % des Umsatzes ausmacht, geht nach Zahlung durch den Abnehmer ein. Der Mittelzufluss kann entsprechend der durchschnittlichen Forderungslaufzeit geplant werden.

Eine Verstetigung der Liquidität entsteht auch dadurch, dass „plötzliche Liquiditätslöcher" aufgrund von Forderungsausfällen nicht mehr auftreten werden. Spätestens nach Ablauf der vertraglich vereinbarten Frist (oft 120 bis 150 Tage) wird die Forderung vollständig reguliert. Fällt die Forderung tatsächlich aus, trägt der Factor den Schaden zu 100 %, allerdings lediglich im Rahmen der „Einkaufslimite". Sollte der Lieferant den Debitor darüber hinaus beliefert haben, trägt er für Forderungen, die vom Factor nicht angekauft wurden, das Risiko natürlich selbst.

6.5.3.3 Absicherung gegen Forderungsausfälle

Beim echten Factoring (das ist die Regel) übernimmt der Factor das Risiko vollständig, sofern die Debitoren lediglich innerhalb der Grenzen des von ihm festgelegten Kreditrahmens beliefert werden.

Leser, die das Kapitel zur Warenkreditversicherung gelesen haben, werden hier einige Analogien wiedererkennen. Anders als bei der Warenkreditversicherung, kennt das Factoring keinen Selbstbehalt. (Das ist beim echten Factoring derzeit auch ausgeschlossen. Andernfalls handelte es sich um unechtes Factoring und damit um ein Kreditgeschäft.) Demnach sollte die Absicherung des Ausfallrisikos beim Factoring also noch besser sein, das heißt die Entschädigung sollte höher sein als bei der Warenkreditversicherung. Selbst Unternehmen, die vor Abschluss des Factoring-Vertrags eine Warenkreditversicherung hatten, reduzieren wohl ihr Ausfallrisiko, wenn sie insgesamt ins Factoring überwechseln (das heißt WKV zum nächsten Termin kündigen und echtes Factoring vereinbaren).

Ob die Entschädigung beim Factoring tatsächlich höher als bei der WKV ist, ist schwer zu sagen. Der Factor hat nämlich die Hoheit über die Limite und kann selbstredend bestimmen, wie hoch er bereit ist, ein Limit auf einen Debitor einzuräumen. Das lässt sich aber insofern nicht mit dem Selbstbehalt der WKV vergleichen, da der Lieferant beim Selbstbehalt auf einem Teil des Schadens „sitzen bleibt" – bei einem (gegebenenfalls) reduzierten Limit hingegen nur dann, wenn er über Limit fakturiert hat. Zuverlässig einschätzen und beurteilen lässt sich das nicht.

Den Vorteil der Risikoabsicherung richtig ausnutzen, werden die Unternehmen, die bislang keine Forderungssicherung in Form einer WKV oder XL-Versicherung betrieben haben.

6.5.3.4 Kostengünstigere Dienstleistungen

Unternehmen, die sich für ein Full-Service-Factoring entscheiden, verlagern mit dieser Entscheidung auch Aufgaben des Debitorenmanagements auf den Factor. Wenn weniger Arbeiten in der eigenen Debitorenbuchhaltung erledigt werden müssen, kann grundsätzlich auch das Personal angepasst werden. Spürbar wird dieser vermeintliche Vorteil aber nur dann, wenn tatsächlich auch Mitarbeiter entlassen werden oder deren Arbeitszeit herabgesetzt wird.

Full-Service-Factoring ist insbesondere eine Unterstützung und teilweise Entlastung für Unternehmen, die bisher kein oder zumindest kein ordentliches Debitorenmanagement hatten. Aber eine derartige Einsparung, wie manche Anbieter es gerne verkaufen, ist

Full-Service-Factoring nicht. Entscheidend aus Sicht des Autors ist, dass auch bei Verlagerung der Arbeiten auf den Factor, ein rudimentäres Debitorenmanagement benötigt wird – schon allein, um die Zusammenarbeit mit dem Factor zu steuern und um die Factoring-Vorgänge zu prüfen. Außerdem werden die Kunden für alle Fragen rund um die Lieferung und Fakturierung, die nicht rein formaler Natur sind, Ansprechpartner benötigen, die das liefernde Unternehmen und seine Produkte gut kennen. Die Übernahme dieser Kommunikation ist durch den Factor nicht zu bewerkstelligen.

An anderer Stelle wird dieser Vorteil des Factorings damit begründet, dass sich der Lieferant dann besser auf seine Kernkompetenzen konzentrieren kann. Auch diese Begründung wird vom Verfasser eher kritisch gesehen: Was, wenn nicht die Kommunikation mit dem Kunden – auch wenn sie durch die Debitorenbuchhaltung meist erst nach dem Verkauf stattfindet –, gehört denn zur Kernkompetenz?

Ohne viele weitere Worte zu verlieren: Dieser vermeintliche Vorteil wird seitens des Verfassers anders gesehen.

6.5.3.5 Nachteile des Factorings

In einigen – eher wenigen – Veröffentlichungen zum Factoring werden auch Nachteile des Factorings angesprochen. In der Regel sind das:

- die Gefahr einer Abhängigkeit vom Factor,
- der Verlust des direkten Kundenkontakts und
- zu hohe Kosten.

Auf die Betrachtung und Bewertung der Factoring-Kosten wird im Abschn. 6.5.4 näher eingegangen werden.

Der Nachteil, teilweise den unmittelbaren Kundenkontakt zu verlieren, wird beim Factoring nur dann eintreten, wenn sich die Lieferanten für das Full-Service-Factoring entscheiden. (Die Anbieter argumentieren allerdings, dass er nach wie vor „Herr über seine Geschäfte ist". Sofern er aktiv die täglichen Auswertungen des Factors nutzt, kann er jederzeit das Thema Debitorenmanagement beeinflussen.) Nach Angaben des Deutschen Factoring Verbands waren das im Jahr 2012 nur etwa 16 % der Unternehmen. Dagegen haben sich ungefähr 80 % für das Inhouse-Factoring entschieden. Beim Inhouse-Factoring wird die unmittelbare und direkte Beziehung des Forderungsmanagements zum Kunden nicht „gekappt". Im Grunde genommen ändert sich hier für die Debitoren lediglich die Bankverbindung, die für den Ausgleich der Forderungen zu nutzen ist.

Die ins Feld geführte vermeintliche Gefahr, einer möglicherweise zu großen Abhängigkeit vom Factor, ist differenziert zu betrachten.

Einerseits entstehen selbstverständlich immer auch Abhängigkeiten, wenn Unternehmen Verträge schließen. Insbesondere auch bei solchen, die der Unternehmensfinanzierung dienen. Bei einem Bankkredit entsteht auch eine gewisse Abhängigkeit von der Bank. Diese Form der Abhängigkeit kann aus Sicht des Autors daher getrost vernachlässigt werden.

Andererseits entsteht aber auch eine Abhängigkeit, die auf die Fremdverlagerung von Aufgabenstellungen zurückzuführen ist. Je mehr Aufgaben fremdvergeben werden und je weniger unternehmenseigenes Know-how – das umfasst vor allem auch praktische Erfahrung – vorgehalten wird, umso höher wird diese Abhängigkeit.

Der Nachteil, der Verlagerung von Verwaltungsaufgaben aus dem Debitorenmanagement, der beim Full-Service-Factoring auftritt, wurde schon an mehreren Stellen erläutert. Aus Sicht des Autors sollte diese Abhängigkeit tunlichst vermieden werden. Besitzt das Unternehmen in dieser Frage keine eigenen Kompetenzen (zum Beispiel aufgrund von Mitarbeiterfluktuation) stellt sich die Frage natürlich in einem anderen Licht.

Bedeutend ist nach Auffassung des Verfassers aber auch eine Abhängigkeit, die entstehen kann, falls das Unternehmen ausschließlich dem Factor die Bonitätsbeurteilung seiner Kunden überlässt. Auf die daraus resultierenden Abhängigkeiten wurde bereits im Rahmen der Behandlung der Warenkreditversicherung eingegangen. Nicht nur für den Fall der Beendigung der Zusammenarbeit mit dem Factor, sondern auch während der Zusammenarbeit benötigt der Lieferant eigenes Know-how. Regelmäßig werden Kunden auch über die Ankauflimite hinaus beliefert, da sich teilweise die positiven Erfahrungen einer langjährigen Geschäftsbeziehung, die intensive vertauensvolle Kommunikation und das praktizierte Zahlungsverhalten des Kunden nicht im offiziellen Bonitätsindex niederschlagen. Um solche Geschäfte (jenseits des Forderungseinkaufs durch den Factor) auch weiterhin auf eigenes Risiko tätigen zu können, muss der Lieferant weiterhin in der Lage sein, die Bonität seiner Kunden zuverlässig einzuschätzen.

Diese Argumentation spricht wahrlich nicht gegen die Verlagerung der Delkredere-Funktion auf den Factor. Sie spricht lediglich dafür, trotz Factoring eigenes Know-how vorzuhalten und einzusetzen.

Insgesamt sind nach Auffassung des Autors die Nachteile, im Vergleich zu den Vorteilen, eher gering zu werten. Insbesondere dann, wenn ein Inhouse-Factoring realisiert wird, sind die theoretisch bestehenden Nachteile praktisch entweder gar nicht existent oder aber leicht in den Griff zu bekommen.

6.5.4 Kosten- Nutzen-Betrachtung zum Factoring

Ein Instrument, das es den Unternehmen ermöglicht die Probleme:

- hohe Außenstände,
- mangelnde Liquidität,
- eine dünne Eigenkapitaldecke und
- die restriktive Kreditvergabe durch die Banken

zu lösen, muss doch auch einen Haken haben, oder?

Wenn die bisher behandelten Nachteile beherrscht werden können, dann können wahrscheinlich nur noch die Kosten den bisher positiven Gesamteindruck zunichtemachen.

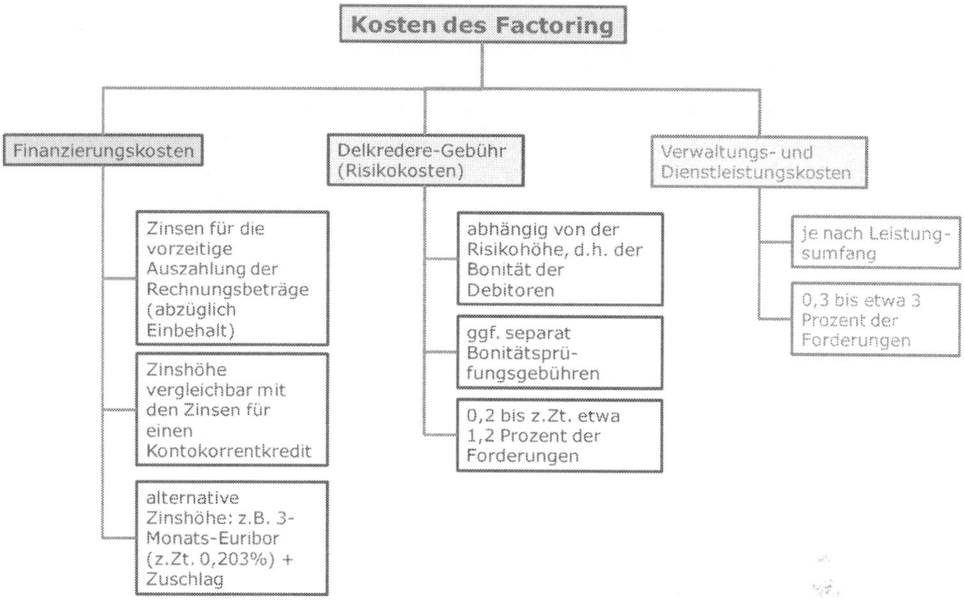

Abb. 6.4 Kosten des Factorings

6.5.4.1 Factoring-Kosten

Beim Factoring fallen Kosten an unterschiedlichen Stellen an. Die Abb. 6.4 gibt einen Überblick über die Berechnungsgrundlagen und die Höhe.

Die in der Abbildung angegebenen Kostenrahmen dienen lediglich der Orientierung. Die tatsächlichen Kosten ergeben sich aus dem jeweiligen individuell erstellten Vertragskonzept. Nach dem Kauf einer Forderung werden für die Bevorschussung (Zeitpunkt zwischen dem Ankauf und der Zahlung des Abnehmers an den Factor) Zinsen berechnet. Die Höhe entspricht meist den aktuell üblichen Sätzen für Kontokorrentkredite bei Banken; gegenwärtig liegen sie allerdings regelmäßig darunter. Close Brothers Factoring [5][16] führt alternativ dazu in einer Firmenpräsentation die Berechnung der Zinshöhe auf der Grundlage des 3-Monats-Euribors an. Zu dessen Höhe (am 07.06.2013: 0,203 %) wird dann ein Risikoaufschlag, der variieren kann, (in der vorliegenden Präsentation in Höhe von 3,5 %, nach Angaben des Unternehmens banküblich) addiert.

Die Factoring-Gebühr wird für die Übernahme des Ausfallrisikos und die Verwaltung der Debitoren erhoben. Sie richtet sich im Wesentlichen nach den individuellen Vertragsdetails. Maßgeblich sind zum Beispiel Umsatz des Unternehmens, durchschnittlicher Forderungsumschlag und Anzahl sowie Höhe der Debitoren. Auch die organisatorischen Möglichkeiten, wie zum Beispiel der Stand der IT-Technologie, spielen eine Rolle. Von

[16] Die Close Brothers Factoring GmbH ist eine Tochtergesellschaft der Close Brothers Group plc, der größten unabhängigen Handelsbank Großbritanniens. Sie konzentriert sich auf das Factoring für mittelständische Unternehmen. Der Hauptsitz mit insgesamt zirka 30 Mitarbeitern befindet sich in Mainz (vgl.: Close Brothers Factoring GmbH 2013).

Kunde: Werkzeug-Großhandel mit 18.000.000 € Umsatz p.a.

Die Ausgangssituation

Eckdaten des Unternehmens	
Umsatz p.a.	18.000.000 €
durchschnittlicher Forderungsbestand	1.900.000 €
durchschnittliche Forderungsausfälle p.a.	15.000 €
aktive Kunden	1.300 €
Anzahl Rechnungen p.a.	16.000 €
Materialaufwand p.a. (63%)	11.340.000 €
durchschnittliche Lieferantenverbindlichkeiten	1.100.000 €
unausgeschöpftes Skontopotenzial p.a.	ca. 110.000 €
unausgeschöpftes Potenzial bei Einkaufskonditionen p.a.	ca. 40.000 €
Zinsaufwand bei Hausbank (Kontokorrent) p.a.	ca. 70.000 €

Abb. 6.5 Factoring-Beispiel

Gewicht ist auch das Risikogefüge, das sich aus der Bonität des Anschlusskunden und vor allem der Abnehmer und der Struktur des Debitoren-Portfolios ergibt. Unterschiede bei den Kosten ergeben sich auch durch die Länderstreuung.

Die Factoring-Gebühr bewegt sich – je nach Vertragsausprägung, Risiko und Aufwand für den Factor – zwischen 0,1 und 2,0 % vom Umsatz.

Davon abzugrenzen sind Verträge mit einer sogenannten All-in-Gebühr. Hierbei wird nur eine Gebühr, in der die Zinsen und die Limitprüfungsgebühren et cetera bereits inkludiert sind, berechnet (beispielsweise das EasyFactoring der Close Brothers Factoring GmbH).

Werden die oben genannten Kostengrößen im Einzelfall zusammengerechnet, addieren sie sich auf einen nicht unerheblichen Betrag. In Summe kommen da schnell einmal 1 bis 2 % des Umsatzes zusammen.

Damit die Factoring-Kosten konkret beziffert werden können, ist es erforderlich ein Beispiel mit spezifischen Angaben zum Unternehmen und zu den Debitoren zugrunde zu legen. In der Abb. 6.5 ist ein solches Beispiel, dass der Broschüre „ClassicFactoring Das effiziente Finanzierungsinstrument“ der Close Brothers Factoring GmbH entnommen wurde, dargestellt [3]:

Die Aufstellung der resultierenden Factoring-Kosten im Vergleich zum Einsparungspotenzial ist der Abb. 6.6 zu entnehmen.

In obigem Beispiel werden folgende Kosten berechnet:

- Factoring-Gebühren: 0,45 % vom Umsatz (18 Mio. €),
- Zinsen: 5,5 % per annum (auf 1,539 Mio. € durchschnittliche Bevorschussung) und
- Gebühren in Höhe von 11.500 € per annum.

Einsparpotenziale

Höher als Kosten für Factoring

Factoringkosten		
Factoringgebühr: 0,45%, berechnet auf die fakturierten Forderungen (18 Mio. € p.a.)		81.000 €
Zinsaufwand: 5,50% p.a. berechnet auf die tatsächliche Bevorschussung (1.539.000 € im Mittel)		85.000 €
Limitprüfgebühren, Kontoführungsgebühren etc..: p.a. ca.		11.500 €
Gesamtaufwand p.a. (0,98% vom Umsatz)	**ca.**	**177.5000 €**

Einsparpotenziale	
Wegfall der Forderungsausfälle	15.000 €
Skonto und Einsparpotenziale auf der Lieferantenseite	150.000 €
reduzierter Zinsaufwand bei der Hausbank	25.000 €
gesamtes Einsparpotenzial p.a.	**190.000 €**

Ergebnis: die Einsparpotenziale liegen im Beispiel über den Kosten des Factoring

Abb. 6.6 Kosten-Nutzen-Vergleich beim Factoring

Daraus ergeben sich Gesamtkosten in Höhe von 177.500 € im Jahr. Relativ zum Umsatz entspricht das 0,98 %. Das scheint auf den ersten Blick sensationell günstig zu sein. Werden die Jahreskosten allerdings in Relation zum Forderungsbestand von 1,9 Mio. € gesetzt – denn dieser Betrag ist ja dauerhaft vorzufinanzieren – ergibt sich eine Relation von 9,34 %.

Auf den zweiten Blick sehen die Konditionen nun nicht mehr so günstig aus, allerdings liegen sie erfahrungsgemäß noch unter den Konditionen, die im Kontokorrentbereich durch Kreditinstitute berechnet werden. Dabei ist allerdings zu beachten, dass die Factoring-Kosten auch die Absicherung gegen Forderungsausfälle beinhaltet. Also im Grunde genommen, die kompletten Kosten einer WKV inkludiert sind. Es ist nun schwierig, diese „WKV-Kosten“ herauszurechnen. Der Einfachheit halber wird hier unterstellt, dass WKV-Kosten in gleicher Höhe wie der Wegfall der Forderungsausfälle entstehen würden (15.000 €)[17]. Werden diese Kosten abgezogen, ergibt sich eine Relation von 8,42 % bezogen auf den zu finanzierenden Forderungsbestand.

[17] Der Leser könnte natürlich auch argumentieren, dass einfach die Factoring-Gebühr abgezogen werden könnte. Aus Sicht des Autors ist das allerdings nicht sinnvoll, da nicht zwingend davon ausgegangen werden kann, dass die Finanzierungskonditionen bei einem „unechten“ Factoring identisch wären (falls Close Brothers Factoring eine solche Vereinbarung überhaupt eingehen würde). Es ist davon auszugehen, dass die einzelnen Kostenkomponenten innerhalb einer Mischkalkulation zu würdigen sind.

Sollte ein Unternehmen bei der Entscheidung, ob Factoring durchgeführt werden soll, ausschließlich die Kosten für die zu treffende Entscheidung zugrunde legen, müsste es quasi zum Ergebnis kommen, dass Factoring dann sinnvoll ist, wenn alternative Finanzierungen teurer sind. Besteht allerdings die Möglichkeit die Forderungen, zu einem nennenswert günstigeren Zinssatz zu finanzieren, dann ist Factoring (wohlgemerkt: eine einseitige kostenorientierte Betrachtung unterstellt) nicht sinnvoll. Zugegeben: Diese einseitig kostenorientierte Betrachtung ist ökonomisch nicht sinnvoll. Der Autor hat allerdings häufiger die Erfahrung gemacht, dass – gerade auch im Mittelstand – oft lediglich auf die Kosten geschaut wird, weil die Kosten dem Unternehmer in der Regel ja „sicher" sind; der Nutzen hingegen weniger.

6.5.4.2 Factoring-Nutzen

Bei der Factoring-Entscheidung wäre es völlig falsch, nur auf die Kosten zu schauen. Factoring ist gerade auch deshalb sinnvoll, weil es mit einem hohen Nutzenpotenzial verbunden ist. Close Brothers Factoring führt und kalkuliert im Beispiel als Nutzen:

- Wegfall der Forderungsausfälle (15.000 €),
- Skonto und Einsparpotenzial auf der Lieferantenseite (150.000 €) und
- reduzierter Zinsaufwand bei der Hausbank (25.000 €).

Insgesamt führt diese Betrachtung und Kalkulation zu einem Nutzen in Höhe von 190.000 € und damit zu einem Nutzenüberschuss von 12.500 € pro Jahr.

Dem kritischen Betrachter stellt sich an dieser Stelle die Frage, ob der Factor – durch eine zu hohe Bewertung des Nutzens – sein Angebot „schön gerechnet" hat (schließlich will er seine Leistung ja verkaufen). Aus diesem Grunde werden die Wertansätze in den folgenden Ausführungen einer kleinen Verifizierung unterzogen.

Wegfall der Forderungsausfälle Close Brothers Factoring kalkuliert einen Nutzen von 15.000 € pro Jahr. Bezogen auf den Forderungsbestand von 1,9 Mio. € entspricht das einer Ausfallquote von 0,79 %. Ein sehr geringer Wert. Wenn noch einmal die Angaben im Atradius Zahlungsmoralbarometer vom Frühjahr 2013 in Erinnerung gerufen werden, dann wird dort berichtet, dass 3,7 % der inländischen B2B-Forderungen ausfallen. Die Nutzenangaben von Close Brothers Factoring sind vor diesem Hintergrund sehr zurückhaltend kalkuliert. Außerdem bleibt zu bedenken, dass sich dieser Nutzenwert für das Unternehmen – für den Fall, dass in einem Jahr ein oder zwei größere Insolvenzen zu verkraften sind – schlagartig erhöhen kann.

Skonto- und Einsparpotenzial auf der Lieferantenseite Hier werden jährlich 110.000 € nicht ausgeschöpftes Skontopotenzial in Ansatz gebracht. In Relation zu rund 11 Mio. € entspricht das etwa 1 % des Materialaufwands. Es kann davon ausgegangen werden, dass bei diesem Materialaufwand das Gesamtpotenzial bei zirka 220.000 € (2 %) liegt. Es wird also unterstellt, dass der Kunde nur etwa die Hälfte des Potenzials erschließen kann. Bei einer durchschnittlichen Höhe der Lieferantenverbindlichkeiten von 1,1 Mio. € ist der Wert des ausgeschöpften Skontos aus Sicht des Autors recht hoch angesetzt. Ergibt sich aus den Werten des Materialaufwands und dem durchschnittlichen Stand der Verbindlichkeiten doch, dass dieser Kunde die Lieferantenverbindlichkeiten im Schnitt nach ungefähr 36 Tagen ausgleicht. Vor diesem Hintergrund scheint der Wertansatz für das genutzte Skontopotenzial eher zu hoch und der kalkulierte Nutzen für weitere Skontoerträge durch Factoring eher zu niedrig angesetzt. Auch hier hat Close Brothers Factoring eher niedrig kalkuliert.

Außerdem werden in dieser Position 40.000 € Potenzial für bessere Einkaufskonditionen veranschlagt. In Relation zum Materialaufwand (11 Mio. €) sind das etwa 0,4 %. Das ist kein hoher Wert. Es ist allerdings schlichtweg nicht zu überprüfen, ob der Einkauf tatsächlich in der Lage sein wird, dieses Potenzial zu heben. Aus eigener Erfahrung schätzt der Autor es allerdings als realistisch ein, bei dem einen oder anderen Lieferanten einen zusätzlichen Prozentpunkt Skonto (bei verkürzter Skontofälligkeit) oder den einen oder anderen Prozentpunkt Preisreduktion bei Vereinbarung kürzerer Nettofälligkeit durchzusetzen.

Auch wenn ein Teil des hier kalkulierten Nutzens nur ansatzweise verifiziert werden kann, scheint auch hier eine eher zurückhaltende Kalkulation des Nutzens vorgenommen worden zu sein.

Reduzierter Zinsaufwand bei der Hausbank Close Brother Factoring unterstellt in dem Beispiel, dass der Zufluss an liquiden Mitteln (etwa 1,5 Mio. €) in Höhe von rund 440.000 € genutzt wird, um kurzfristige Verbindlichkeiten bei der Bank abzubauen. Hier wird eine Zinsersparnis von 25.000 € jährlich angeführt. Diese Zinsersparnis würde dann eintreten, wenn der Kunde etwa 5,7 % Zinsen für diese Kredite zahlen muss. Aus Sicht des Autors ist das keine zu hoch angesetzte Verzinsung. Möglicherweise wäre der eine oder andere Leser sogar froh, für Kredite in diesem kurzfristigen Bereich keine höheren Zinsen zahlen zu müssen.

Die oben durchgeführte Verifizierung der Nutzenangaben im Beispiel kommt insgesamt zum Ergebnis, dass der Nutzen in keinem Fall erkennbar unrealistisch hoch angesetzt wurde. Im Gegenteil, es spricht durchaus für das Beispiel, dass ein wesentlicher Vorteil des Factorings, nämlich die Verbesserung der Bilanzstruktur, nicht monetär bewertet und eingerechnet wurde.

6.5.4.3 Verbesserte Bilanzstruktur

Durch Factoring verändert sich die Bilanzstruktur beim Verkäufer der Forderung. Da er seine Forderung verkauft hat, sind sie auch nicht mehr auf der Aktivseite auszuweisen. An Stelle der Forderungen (zumindest in Höhe des durch den Factor angekauften Teils) fließen ihm liquide Mittel zu. Werden diese Mittel genutzt, um Verbindlichkeiten bei Lieferanten und/oder Kreditinstituten abzulösen, resultiert daraus eine Bilanzverkürzung (keine Angst, das ist nichts Negatives).

Hervorgerufen durch die Bilanzverkürzung (die Bilanzsumme wird kleiner) ändert sich zwingend auch die Eigenkapitalquote. Die Eigenkapitalquote beziffert das Eigenkapital

Bilanz Ohne Factoring

Aktiva in TSD. Euro		Passiva in TSD. Euro	
Anlagevermögen	400	Eigenkapital	500
Forderungen	2.600	Bank-Verb.	1.800
Vorräte	1.800	Verb. aus L&L	2.500
Bilanzsumme	4.800	Bilanzsumme	4.800

Eigenkapitalquote: 10,4%

Bilanz mit Factoring

Aktiva in TSD. Euro		Passiva in TSD. Euro	
Anlagevermögen	400	Eigenkapital	500
Forderungen	260	Bank-Verb.	1.800
Vorräte	1.800	Verb. aus L&L	160
Bilanzsumme	2.460	Bilanzsumme	2.460

Eigenkapitalquote: 20,3%

Abb. 6.7 Bilanzoptimierung durch Factoring

des Unternehmens in Relation zur Bilanzsumme. Die oben beschriebenen Veränderungen sind in der Abb. 6.7 exemplarisch dargestellt.

Die Eigenkapitalquote ist eine Kennzahl, die häufig für die Beurteilung der Bonität eines Unternehmens (zum Beispiel durch Auskunfteien) herangezogen wird.

Auf Rating-Informationen von Wirtschaftsauskunfteien, Rating-Agenturen oder Kreditversicherern greifen Lieferanten wiederum für die Beurteilung von Geschäftspartnern zurück. Banken bewerten ihre Kunden regelmäßig im Rahmen der Basel-III-Richtlinie. Die Eigenkapitalquote ist dabei auch hier ein wichtiger Einflussfaktor.

Wenn, wie in dem Beispiel dargestellt, durch Factoring die Eigenkapitalquote von rund 10 % auf etwa 20 % steigt, hat das wahrscheinlich zur Folge, dass:

- sich der Bonitätsindex bei der Auskunftei verbessert,
- Kreditversicherer den Lieferanten ein höheres Versicherungslimit einräumen,
- Lieferanten zu einem höheren eigenen Risiko bereit sind und
- Banken Kredite zu günstigeren Konditionen bereitstellen.

Zweifelsohne sind das alles „handfeste" Vorteile für das Unternehmen, das sich zum Factoring entschieden hat. Es ist allerdings kaum möglich, diese Vorteile in einer, den Einzelfall übergreifenden Weise nachvollziehbar und nachprüfbar zu bewerten. Gut und seriös ist es also, wenn davon Abstand genommen wird.

6.5.5 Factoring für alle?

Die Kosten-Nutzen-Betrachtung hat verdeutlicht, dass Factoring – selbst dann, wenn keine extremen Konstellationen zugrunde gelegt werden – für Unternehmen in der Regel insgesamt sinnvoll ist. Sie hat aber auch verdeutlicht, dass es zwingend erforderlich ist, entsprechende Angebote vor dem Hintergrund der spezifischen Unternehmenssituation zu prüfen und gegebenenfalls zu vergleichen. Nur dann kann der voraussichtliche Nutzenüberschuss konkret bemessen werden.

Nach dieser grundsätzlich positiven Bewertung des Factorings, als ergänzende Form der Unternehmensfinanzierung, stellt sich die Frage, ob jedes Unternehmen Zugang zu diesem Angebotsspektrum hat und wann Factoring genutzt werden sollte.

6.5.5.1 Factroring-Angebote

Noch vor zehn Jahren etwa war Factoring ein Angebot, dass sich in erster Linie an Großkunden gerichtet hat. Mittlerweile können Factoring-Angebote bereits ab einem Umsatz von etwa 100.000 € jährlich genutzt werden.

Einige Anbieter haben für Kleinkunden sogar spezifische Angebote kreiert, die sich unter anderem dadurch auszeichnen, dass lediglich eine „All-inclusive-Gebühr" in Rechnung gestellt wird. Außerdem sind Antrags- und Genehmigungsverfahren meist einfach, schnell und effizient gestaltet worden.

Solche Angebote finden sich beispielsweise bei ABC Finance (fastfactoring)[1], bei Close Brothers Factoring (EasyFactoring)[6] oder der Finanzierungsgruppe Mittelstand – als Vermittler – (SmartFactoring)[11].

Neben der Eignung des Factorings für fast alle Unternehmensgrößen (Unternehmen mit weniger als 100.000 € Jahresumsatz dürften Schwierigkeiten haben, ein adäquates Angebot zu finden) scheint es auch kaum noch Grenzen beziehungsweise Begrenzungen für einzelne Branchen zu geben.

Die ERNST Factoring GmbH schreibt zum Beispiel auf ihrer Internetseite:

„Unser Liquiditätskurs ist besonders geeignet für mittelständische Unternehmen:

- Grundsätzlich alle Branchen
- Sie haben eine gewerbliche Kundenstruktur
- Die Leistungen von Ihrem Unternehmen sind vor Rechnungsstellung zu 100 % erbracht
- Ihre Forderungen sind abtretbar
- Sie haben einen hohen Wareneinsatz beziehungsweise Zukauf von Leistungen
- Die von Ihnen gewährten Zahlungsziele belaufen sich auf max. 60 Tage
- Sie haben mit Ihrem Unternehmen grundsätzlich Wachstumspotential" [10]

Oft werden auch branchenspezifische Lösungen vermarktet. Die Finanzierungsgruppe Mittelstand weist zum Beispiel folgendes Angebotsspektrum aus:

- „Arbeitnehmerüberlassung (AÜ)/Personaldienstleistung
- Anlagenbau
- Automobilindustrie u. Zulieferer Automobilbranche
- Druckereien – Druckgewerbe
- Elektrotechnik, Mess- u. Regeltechnik
- Handelsunternehmen u. Großhändler
- Handwerk, Handwerksbetriebe, inkl. Leistungen nach VOB
- IT-Branche, ITK-Dienstleister u. IT-Projektgeschäfte
- Junge Unternehmen

- Maschinenbau
- Metallbau
- Transportgewerbe, Logistik u. Speditionen
- Factoring für Privatkunden
- Zeitarbeit, Personalvermittlung
- Factoring für Teil- und Abschlagszahlungen (zum Beispiel bei Projekten oder VOB)
- Factoring für Werkverträge
- Bilanzfactoring zur Optimierung der Bilanzstruktur
- Projektfactoring | temporäre & Projekt bezogene Forderungsfinanzierung
- Strukturiertes Factoring | Kombination verschiedener Dienstleistungen
- Reverse Factoring – Ankauf von Lieferantenrechnungen gegen Ihr Unternehmen
- Einzelfactoring für in- und ausländische Einzelforderungen, ohne Andienungspflicht
- Selektives Factoring, ohne Mindestumsatz
- VOB Factoring für das Handwerk & Baunebengewerbe
- Factoring mit 100 % Sofortauszahlung, ohne Abzug oder Einbehalt
- Stilles Factoring für kleine Unternehmen
- Stilles Inhouse-Factoring“ [12]

Die oben stehende Auflistung verdeutlicht, wie vielfältig das Angebot im Bereich Factoring mittlerweile geworden ist. Auch dort, wo es noch vor einigen Jahren partout keine Chance gab, Factoring zu realisieren (zum Beispiel VOB-Leistungen, Projektgeschäft mit Teil- und Abschlagszahlungen oder Factoring von Forderungen gegen Privatpersonen), existieren heute entsprechende Angebote.

Allerdings darf nicht angenommen werden, dass jeder alles anbietet. In der Firmenpräsentation der Close Brothers Factoring GmbH wird deren Angebot wie folgt eingeschränkt:

- „Verarbeitende Unternehmen
  - Keine Projektgeschäfte
  - Keine Abschlags- oder Teilzahlungen
- (Groß-)Handel
  - Nur bei Waren, die nicht mit Rückgaberechten versehen sind oder bei denen es besondere Haftungs- und Gewährleistungspotentiale gibt.
- Dienstleistung
  - Transport
  - Zeitarbeit
  - Leistungserbringung immer eindeutig nachweisbar (abgezeichnete Stundenzettel)
  - Keine Werkverträge
- Umsätze
  - Min. 100.000 € per annum
  - Max. ca. 150 Mio. p.a.“ [4][18]

[18] (Close Brothers Factoring GmbH 2013, S. 22)

Insgesamt kann wahrscheinlich davon ausgegangen werden, dass für die überwiegende Mehrheit der Unternehmen adäquate Angebote am Markt existieren. Das Angebotsproblem wird eher darin bestehen, die passenden Angebote zu finden und aus diesen das richtige Angebot auszuwählen. Dabei kann im ersten Schritt eine Veröffentlichung des Deutschen Factoring Verbands mit dem Titel „Wer factort was 2013?" weiterhelfen.

6.5.5.2 Factoring-Anlässe

Wenn man den Veröffentlichungen der Factoring-Anbieter glauben mag, gibt es kaum eine Unternehmenssituation oder ein Unternehmensspezifikum, in denen die Factoring-Nutzung nicht sinnvoll wäre. Es finden sich zuweilen lange Listen, die aus einer Mischung aus Vorteilen, Wünschen und Anlässen zusammengestellt sind. Close Brother Factoring führt den Factoringbedarf in der Unternehmenspräsentation etwas strukturierter (und auch zurückhaltender) auf. Er besteht danach:

- „in einer Wachstumsphase
  - Eigenmittel sind ausgeschöpft
  - Die Kreditlinien reichen zumindest temporär nicht aus
  - Die Sicherheiten sind ausgeschöpft
- im Turnaround
  - Schlechte Bonität führt zu Linienkürzungen oder Rückführungen
  - Alternative Finanzmittel (Bank) sind nicht (mehr) gegeben
- beim Unternehmensverkauf
  - Der Kaufpreis kann (teilweise) über Factoring finanziert werden" [4][19]

Die Auflistung deutet bereits darauf hin, dass sich Factoring eher für die Finanzierung in einer Wachstumsphase bei einer insgesamt gesunden Unternehmenslage eignet als in einer „Notsituation".

Aus vorhandener praktischer Erfahrung lassen sich aber auch einige Bedingungen nennen, unter denen Factoring nicht sehr sinnvoll ist:

- die Lieferungen sind schlecht dokumentiert,
- die Abnahme der Leistung kann nicht nachgewiesen werden,
- eine hohe Reklamations- und/oder Gutschriftsquote,
- viele Kunden mit schlechter Bonität (nicht versicherbar),
- sehr viele Einmal- und Kleinstkunden sowie
- (in seltenen Fällen) veraltete IT-Systeme.

Die oben stehenden Bedingungen führen einerseits dazu, dass die Kosten des Factorings vergleichsweise hoch ausfallen und die Ankaufsquote sehr gering wird. Außerdem entstehen Probleme im Ablauf und im Handling des täglichen Forderungsverkaufs.

[19] (Close Brothers Factoring GmbH 2013, S. 21)

Insbesondere Probleme mit nicht leistungsfähigen IT-Systemen (auf Seite des Verkäufers) gehören zunehmend der Vergangenheit an. Nichtsdestotrotz sollten Fragen der Umsetzung auch im Vorfeld ins Kalkül gezogen werden.

6.5.6 Umsetzung des Factorings im Unternehmen

In der Regel ist die Umsetzung eines abgeschlossenen Factoring-Vertrags ohne größere Probleme, sowohl in organisatorischer als auch in technischer Hinsicht, möglich.

Allerdings ist im Vorfeld – in der Regel geschieht dies im Verlauf der Vertragsgespräche – das eine oder andere, kleinere Problem zu lösen. Oft sind Bedenken und Fragen, die auf Seiten des Verkäufers der Forderungen bestehen, recht einfach zu zerstreuen beziehungsweise zu beantworten.

6.5.6.1 Rechtliche Fragestellungen bei der Umsetzung des Factorings

Die meisten Factoring-Verträge werden mit einer Laufzeit von ein bis drei Jahren abgeschlossen. Nach § 433, Absatz 2 BGB schuldet der Factor seinem Kunden einen Kaufpreis für die gekaufte Forderung und wird durch die Abtretung nach § 398 BGB Inhaber der Forderung. Er ist nunmehr als solcher buchführungspflichtig und muss die Forderung verwalten und eintreiben. Bei Zahlungsunfähigkeit des Abnehmers – beim sogenannten „echten Factoring" – steht er für den Ausgleich der Forderung gerade. Der Kunde haftet für den rechtlichen Bestand und die Übertragbarkeit der Forderung.

Forderungen, die nicht vom Factor gekauft wurden und durch Vorausabtretung an einen Vorlieferanten abgetreten sind, werden in aller Regel über eine sogenannte dingliche Teilverzichtsklausel aus der Abtretung an den Factor freigegeben.

6.5.6.1.1 Kollision mit verlängertem Eigentumsvorbehalt

In allen Branchen hat sich die Vereinbarung eines verlängerten Eigentumsvorbehalts in den Allgemeinen Geschäftsbedingungen (AGB) durchgesetzt. Hierbei tritt der Abnehmer seine Ansprüche gegenüber seinen Abnehmern ab, solange er seine finanziellen Verpflichtungen gegenüber seinem Lieferanten noch nicht voll erfüllt hat. Diese für einen Lieferanten günstige Regelung ist allerdings in fast allen anderen Ländern nicht möglich. Der einfache Eigentumsvorbehalt dagegen ist in einigen Ländern leichter wirksam zu vereinbaren. Notwendig sind hierbei allerdings meist genau einzuhaltende Bedingungen.

Auch Banken sichern sich bei ihren Kreditnehmern für ihre Kredite durch eine Zession von Forderungen ab. Derartige Abtretungen wurden durch höchstrichterliche Urteile mehrfach als sittenwidrig und dadurch nichtig erklärt. Globalzessionen, die mit Bankkunden vereinbart werden, enthalten daher zwangsläufig eine Verzichtsklausel für solche Forderungen, die über den verlängerten Eigentumsvorbehalt bereits an den Vorlieferanten abgetreten sind.

In früheren Jahren hatten auch die Factoring-Gesellschaften in dieser Hinsicht Probleme beim sogenannten unechten Factoring. Im Zuge der Kollision des Factoring-Geschäfts mit den Interessen der Vorlieferanten wurde vom Bundesgerichtshof (BGH) bereits 1977 Klarheit geschaffen. Es wurde entschieden, dass die globale Abtretung aller künftigen Forderungen des Anschlusskunden gegen seine Abnehmer an den Factor unter der aufschiebenden Bedingung, dass diese die jeweilige Forderung ankauft, beim sogenannten echten Factoring nicht sittenwidrig ist.

Zugunsten von Factoring wurde dann mit einer Entscheidung des Bundesgerichtshofes 1978 die Rechtsprechung erweitert. Hier ist folgendes von Bedeutung: Die dem Vorbehaltskäufer in den Allgemeinen Geschäftsbedingungen erteilte Ermächtigung, den Kaufpreis für die unter verlängertem Eigentumsvorbehalt gelieferte und weiterveräußerte Ware einzuziehen, berechtigt ihn auch, die Forderungen aus dem Weiterverkauf – nochmals – im Rahmen echter Factoring-Geschäfte an einen Factor zu verkaufen und abzutreten.

Bei dieser Entscheidung hat eine wesentliche Rolle gespielt, dass der Anschlusskunde des Factors als Vorbehaltskäufer wirtschaftlich durch den Verkauf der Forderung so gestellt wird, als wenn sein Abnehmer gezahlt hätte. Da ein Lieferant oder Dienstleister beim sogenannten echten Factoring das Ausfallrisiko auf den Factor übertragen hat, stehen ihm die erhaltenen Beträge endgültig zur Verfügung.

Die oben aufgeführten Urteile sind wesentliche rechtliche Grundlagen des Factoring-Geschäfts. Nicht zuletzt machen sie auch deutlich, warum das sogenannte „unechte Factoring" keinen hohen Stellenwert in Deutschland hat.

6.5.6.1.2 Abtretungsverbot

Die folgende Regelung des § 399, Absatz 2 BGB kann der Abtretung einer Forderung in Erfüllung des Kaufvertrags beim Factoring entgegenstehen:

„Unabtretbar sind schließlich diejenigen Forderungen, bei denen die Abtretung durch Vereinbarung zwischen Gläubiger und Schuldner ausgeschlossen wurde."

Vor allem Großabnehmer wie Industrieunternehmen oder Kaufhäuser vereinbaren in ihren Einkaufsbedingungen einen derartigen Abtretungsausschluss mit den Lieferanten. Hierbei handelt es sich meist um Geschäftspartner mit starker Marktstellung, die bei Vereinbarungen vorteilhafte Konditionen für sich durchsetzen können. Vielfach werden als Begründung für das Abtretungsverbot organisatorische Probleme bei Änderungen der Zahladresse und die dadurch drohende Doppelinanspruchnahme bei Falschzahlung sowie Aufgabe der Konzernverrechnungsmöglichkeiten angeführt (beim Stand der heutigen ERP-Systeme ist die erste Argumentation kaum noch nachvollziehbar).

In früheren Jahren konnten Forderungen, die einem Abtretungsverbot unterlagen, zur Finanzierung über Factoring nicht herangezogen werden. Ein Ausweg bot die Möglichkeit, dass zwischen Lieferant, Abnehmer und Factor vereinbart wurde, dass der Abnehmer das Abtretungsverbot aufhebt.

Eine Änderung des Sachverhalts ergibt sich seit 1994 durch die Erweiterung des Handelsgesetzbuches um den § 354a. Dieser lautet:

„Ist die Abtretung einer Geldforderung durch Vereinbarung mit dem Schuldner gemäß § 399 des Bürgerlichen Gesetzbuchs ausgeschlossen und ist das Rechtsgeschäft, das diese Forderung begründet hat, für beide Teile ein Handelsgeschäft, oder ist der Schuldner eine juristische Person des öffentlichen Rechts oder ein öffentlich-rechtliches Sondervermögen, so ist die Abtretung gleichwohl wirksam. Der Schuldner kann jedoch mit befreiender Wirkung an den bisherigen Gläubiger leisten. Abweichende Vereinbarungen sind unwirksam."

Dieser Paragraf trägt den Interessen aller Parteien im Factoring-Geschäft Rechnung. Vor allem ergeben sich hiermit auch Vorteile für mittelständische Unternehmen, die Factoring als eine attraktive Möglichkeit der Finanzierung – nicht zuletzt vor dem Hintergrund von „Basel II und III" – sehen. Auch das Interesse der Abnehmer ist gewahrt, da das potenzielle Problem gelöst ist, dass sie wegen einer „Falschzahlung" an den Lieferanten von einem Factoring-Institut zur Doppelzahlung herangezogen werden. Abtretungsverbote in den Einkaufsbedingungen behindern die Nutzung des Factorings also nicht mehr.

6.5.6.1.3 Bestimmungen des Kreditwesengesetzes (KWG)

Factoring gehört nach § 1 KWG nicht zu den Bankgeschäften. Institute, die Factoring betreiben, benötigen daher keinen Bankenstatus, obwohl viele Anbieter darüber verfügen. Factoring- und Leasing-Gesellschaften befinden sich allerdings auch unter der Aufsicht der Bafin, wenngleich die Regularien nicht ganz so streng wie bei Banken sind.

Insgesamt kann also festgehalten werden, dass unter rechtlichen Gesichtspunkten der Umsetzung des Factorings nichts im Wege steht. Für die Verkäufer stellt die Umsetzung in der Regel eine einmalige oder zumindest sehr seltene Aufgabenstellung dar. Sofern seitens des Verkäufers Probleme gesehen werden, sollten diese mit dem Factor offen besprochen werden. Der Factor hat Lösungen und Antworten parat; schließlich handelt es sich bei ihm um täglich wiederkehrende Aufgabenstellungen.

6.5.6.2 Umsetzungsschritte

Die Umsetzung kann grob zwischen Antragstellung und Vertragsabschluss einerseits und Ingangsetzung andererseits unterschieden werden.

Damit der Factor dem Unternehmen ein konkretes Angebot unterbreiten kann, benötigt der Factor einige Informationen über den Verkäufer, seine wirtschaftliche Situation, seine Prozesse und etwaige vertragliche Besonderheiten. Eine Zusammenstellung der benötigten Informationen ist der folgenden Abb. 6.8 zu entnehmen.

Erfahrungsgemäß benötigt der Verkäufer der Forderungen mehr Zeit für die Zusammenstellung der Unterlagen als der Factor für deren Analyse und die Unterbreitung eines Angebots. Sobald in den Verhandlungen die Vertragsdetails geklärt sind, kann die konkrete Ingangsetzung des Forderungsverkaufs häufig innerhalb eines Zeitfensters von zwei bis vier Wochen erfolgen.

Der schematische Ablauf zur Umsetzung des Factorings ist in der Abb. 6.9 skizziert.

Insgesamt ist die Umsetzung von Factoring „kein Hexenwerk". Wichtig ist allerdings – und da schließt sich der Kreis dieser Ausarbeitungen zum Factoring – die rechtzeitige und adäquate Information der Debitoren. Wenn diese gut erfolgt, wird es sicherlich im Kreis der Kunden keine Fehlinterpretationen zur Forderungsfinanzierung mittels Factoring geben.

Quintessenz:

1. Factoring ist nicht „der letzte Strohhalm, an den sich sinkende Unternehmen klammern können". Factoring ist ein ergänzendes Instrument zur umsatzkongruenten Unternehmensfinanzierung.

Close Brothers
Factoring

Checkliste für benötigte Unterlagen

Schön, dass Sie sich für Close Brothers Factoring entschieden haben!

Damit wir möglichst schnell die Zusammenarbeit beginnen können, Sie also das erste Mal Geld von uns bekommen, benötigen wir von Ihnen einige wenige Standardunterlagen.

Damit Sie es einfacher haben, finden Sie nachfolgend die Aufstellung zum abhaken:

	Jahresabschluss der letzten beiden Geschäftsjahre
	Aktuelle BWA
	Aktuelle Summen- und Saldenliste (Sachkonten, Debitoren- & Kreditorenkonten)
	Aktuelle OP-Liste Debitoren inkl. Fälligkeiten
	Aktuelle OP-Liste Kreditoren inkl. Fälligkeiten
	Beispiel eines konkreten Geschäftvorfalls, also eine Rechnungskopie mit der dazugehörigen Dokumentation (z.B. Auftrag, Auftragsbestätigung, Lieferschein, etc.)
	Aktueller Handelsregisterauszug / Gewerbeanmeldung
	Gesellschaftervertrag (Satzung bei einer AG)
	Allgemeine Geschäftsbedingungen (AGB)
	Rahmenverträge mit Abnehmern / Bonusvereinbarungen / Zentralregulierungsvereinbarungen (wenn gegeben)
	Bankenspiegel (Kreditinstitut, Kreditlinie, aktueller Saldo, Sicherheiten)
	AGB´s der Top 5 Lieferanten
	Bei bestehender Warenkreditversicherung: Vertrag, AVB und eine aktuelle Limitliste
	Bei bestehendem Factoringvertrag: Vollständiger Vertrag (inkl. aller Nachträge) sowie eine aktuelle Tageskontoübersicht und OP-Liste
	Bestätigung(en) der Bank(en), dass die Forderungen frei von Rechten Dritter sind; diese müssen vor einer ersten Auszahlung vorliegen. Da die Banken hierfür erfahrungsgemäß einige Tage benötigen, können Sie diese gerne nachreichen.
	Bei Personalüberlassung: Erlaubnis zur gewerbsmäßigen AN-Überlassung, Aktuelle Unbedenklichkeitsbescheinigungen der Krankenkassen, Berufsgenossenschaft und des Finanzamtes
	Bei Transportunternehmen: Lizenz für den bundesweiten sowie den grenzüberschreitenden (falls vorhanden) gewerblichen Güterverkehr

Abb. 6.8 Benötigte Unterlagen für ein Factoring-Angebot

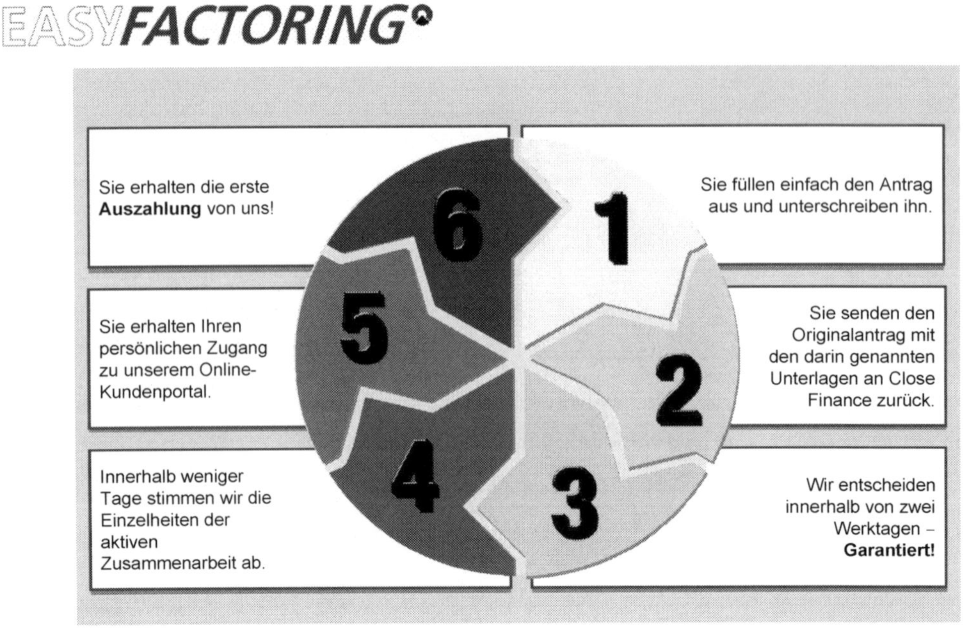

Abb. 6.9 Schritte zur Umsetzung von Factoring

2. Das Angebot an unterschiedlichsten Varianten ist vielfältig, das passende Angebot zu finden, schwierig.
3. Full-Service-Factoring ist nur für Unternehmen ratsam, die selbst wenig Kompetenz im Debitorenmanagement besitzen.
4. Factoring steigert und verstetigt die Liquidität und sichert das Delkredere-Risiko ab.
5. Passende Factoring-Angebote können „sich selbst finanzieren". Abhängig von den jeweiligen unternehmensindividuellen Bedingungen sind die Kosten niedriger als die resultierenden Ersparnisse.

6.6 Zusammenfassung

Das Unternehmen mit der benötigten Liquidität zu versorgen, ist eine der zentralen Aufgaben des Forderungsmanagements. Das beginnt bereits bei der Fakturierung und der Festlegung der Zahlungsziele. Je schneller und korrekter fakturiert wird und je kürzer die Nettozahlungsziele festgelegt werden, umso eher besteht der Anspruch auf Zufluss der liquiden Mittel.

Schlechter Zahlungsmoral muss der Lieferant mit einem konsequenten kaufmännischen Mahnwesen begegnen. Es ist ein weit verbreiteter Irrglaube, dass dreimal gemahnt werden muss. Nur, wenn der Lieferant gegenüber den Kunden unmittelbar nach Fälligkeit die Rechnungsbegleichung einfordert, kann er den hohen Stellenwert pünktlicher Zahlung nachdrücklich verdeutlichen.

Bei Kunden, die trotz Mahnung nicht zahlen, sind die Forderungen mit juristischen Mitteln und juristischer Unterstützung beizutreiben. Sowohl im Inland als auch – mit besonderem Stellenwert – im Ausland ist die Zusammenarbeit mit einer geeigneten Anwaltskanzlei zu empfehlen.

Die Erhöhung und die Verstetigung der Liquidität kann durch die Nutzung von Factoring erreicht werden. Factoring ist ein ergänzendes Instrument der umsatzkongruenten Finanzierung, das sich mehr und mehr am Markt durchsetzt. Das Angebot ist mittlerweile vielfältig. Bei Auswahl des passenden Angebots und des geeigneten Anbieters übersteigt der Nutzen die Kosten des Factorings. Jedes Unternehmen sollte individuell prüfen, ob Factoring zur Verbesserung seiner Finanzierungssituation beitragen kann.

Literatur

1. abcfinance GmbH. 2013. fastfactoring. Geschäftsfelder. Factoring. http://www.abcfinance.de/fastfactoring.html. Zugegriffen: 09. Juni 2013.
2. Atradius Kreditversicherung. 2013. „Atradius Zahlungsmoralbarometer Ergebnisse Frühjahr 2013" Kernergebnisse Deutschland. Publikationen. http://www.atradius.de/images/stories/AtradiusPaymentPracticesBarometer/Atradius_Zahlungsmoralbarometer_WesteuropaDE_2013.pdf. Zugegriffen: 03. Juni 2013.
3. Close Brothers Factoring GmbH. 2012. ClassicFactoring Das effiziente Finanzierungsinstrument. Mainz.
4. Close Brothers Factoring GmbH. 2013. Einfach mehr Unternehmen: Liquidität – Sicherheit – Service. Mainz: Firmenpräsentation.
5. Close Brothers Factoring GmbH. 2013. Effizient. Zuverlässig. Maßgeschneidert. Factoring für produzierendes Gewerbe und Handel. Über uns. http://www.closefinance.de/content/close-brothers-factoring. Zugegriffen: 09. Juni 2013.
6. Close Brothers Factoring GmbH. 2013. EasyFactoring. Unkompliziert, wirtschaftlich, fair. Leistungsangebot. http://www.closefinance.de/content/easy-factoring. Zugegriffen: 09. Juni 2013.
7. Controller Verein e. V. 2012. Controller's Witz: So ein Zufall! Controller's e-News vom 17. August 2012.
8. Deutscher Factoring Verband e. V. 2013. Factoring – Was ist das eigentlich? Factoring. http://www.factoring.de/factoring/factoring-was-ist-das-eigentlich. Zugegriffen: 07. Juni 2013.
9. Deutscher Factoring Verband e. V. 2013. Factoring 2012: Hohes Umsatzniveau stabilisiert. Factoring – aktuell. http://www.factoring.de/factoring-aktuell/pm-bz2010. Zugegriffen 07. Juni 2013.
10. ERNST Factoring GmbH. 2013. Eignung/Zielgruppe. http://www.ernst-factoring.de/factoring/eignungzielgruppe.html. Zugegriffen: 09. Juni 2013.
11. FGM Finanzierungsgruppe Mittelstand. 2013. SMART-FACTORING. Factoring-Varianten. http://www.factoring-pool-mittelstand.de/factoring-varianten/smart-factoring/. Zugegriffen: 09. Juni 2013.
12. FGM Finanzierungsgruppe Mittelstand. 2013. Factoring-Varianten. Welche Factoring-Variante steht welcher Umsatzgröße oder Branche zur Verfügung? Sie erhalten eine Übersicht aller Factoring-Varianten für jede Unternehmensgröße. http://fgm-factoring.de/fgm-factoring-varianten-umsatz.html. Zugegriffen: 09. Juni 2013.

13. Feist, Horst. 2013. Leserwitz aus der Gruppe Rhein – Zeitung bei Wer-kennt-wen. Rhein-Zeitung 2012.
14. IWW Institut. 2007. Die sieben goldenen Regeln für das Telefongespräch mit dem Schuldner. Forderungsmanagement professionell. http://www.iww.de/fmp/checklisten/die-7-goldenen-regeln-fuer-das-telefongespraech-mit-dem-schuldner-d1761. http://www.iww.de/fmp/downloadrubrik/checklisten. Zugegriffen: 05. Juni 2013.
15. Portal Forderungsmanagement e. K. 2013. Schulungsangebote und -termine. Beratung und Schulung. http://www.forderungsmanagement.com/schulungsangebote-und-termine. Zugegriffen: 05. Juni 2013.
16. Portal Forderungsmanagement e. K. 2013. Inkasso. Glossar. http://www.forderungsmanagement.com/glossar/inkasso. Zugegriffen: 05. Juni 2013.
17. Prof. Schumann GmbH. 2013. Erhöhung der durchschnittlichen Zahlungsziele durch neues Gesetz befürchtet. http://www.credit-manager.de/aktuell/news/558-erhoehung-der-durchschnittlichen-zahlungsziele-durch-neues-gesetz-befuerchtet. Zugegriffen: 06. Mai 2013.
18. Weiß, Bernd, und Julia Bolik. 2005. „Erfolgsfaktoren der Forderungsrealisation in der Unternehmenspraxis", Institut für Unternehmensdiagnose – InDiag, Bochum.
19. Weiß, Bernd, Jutta Bolik, und Kerstin Graßhoff. 2006. Kreditmanagement in der Praxis. Arbeitsbericht Nr. 2 des Instituts für Unternehmensdiagnose – InDiag. Bochum.

7 SEPA, eine aktuelle Herausforderung für das Forderungsmanagement

Wenn nicht jetzt, wann dann Der bargeldlose Zahlungstransfer in Europa ist gekennzeichnet durch hohe Kosten (Gebühren der teilnehmenden Banken) und lange Zahlungslaufzeiten. Dies soll sich nun mithilfe von SEPA (Single Euro Payment Area) grundlegend ändern. Nach der Vereinheitlichung der verschiedenen europäischen Währungen in eine (für die teilnehmenden Staaten) verbindliche Währung, den Euro, ist es eine „logische" Schlussfolgerung, dass auch der bargeldlose Zahlungsverkehr vereinheitlicht werden soll.

Dafür ist es nicht nur wichtig, einheitliche Rechtsgrundlagen zu schaffen, sondern auch einheitliche Verfahren und einheitliche Formate, die für alle teilnehmenden Länder gelten. Da es immerhin 32 teilnehmende Staaten (alle 17 Euro-Staaten, 10 EU-Mitglieder ohne Euro-Bargeld ab 01.07.2013 sowie Norwegen, Island, Liechtenstein, Monaco und Schweiz) gibt, war dies ein hoher Vorbereitungs- und Arbeitsaufwand für das zu diesem Zwecke im Jahr 2002 gegründete European Payments Council (EPC).

Nun soll es künftig also möglich sein, mittels SEPA innereuropäisch genauso einfach einen Zahlungstransfer zu veranlassen, wie es national stets zu praktizieren war. Dabei hat die SEPA-Umsetzung bereits (für den einen oder anderen unbemerkt) begonnen.

Der Start der SEPA-Überweisung erfolgte bereits am 28. Januar 2008, dem folgte im November 2009 die SEPA-Lastschrift (CORE und B2B); Anfang 2010 wurden bereits die Zahlungen vieler Unternehmen und der öffentlichen Hand auf SEPA umgestellt und im November des selben Jahres begann die verpflichtende Erreichbarkeit der SEPA- Basislastschriften (Core). Seit Januar 2011 sind ebenfalls nur noch SEPA-fähige Karten im Umlauf (Chip-Technik). Bislang haben aber alle nationalen Verfahren noch (parallel) „funktioniert".

Am 01. Februar 2014 erfolgt die Ablösung der bisherigen Überweisungen und Lastschriften. Ab diesem Zeitpunkt gilt und funktioniert im geschäftlichen Geldtransfer nur noch SEPA. Im Abschn. 7.1 werden die Veränderungen, die die SEPA-Umsetzung im Zahlungsverkehr bringen wird, erläutert. Danach behandelt Abschn. 7.2 die Vorbereitung auf die SEPA-Umstellung. Anschließend wird im Abschn. 7.3 dargelegt, welche Auswirkungen

R. H. Müller, *Erfolgreiches Forderungsmanagement*,
DOI 10.1007/978-3-658-02671-4_7, © Springer Fachmedien Wiesbaden 2013

aus SEPA für das Forderungsmanagement zu erwarten sind – einerseits in der Phase der Umstellung, andererseits im dann folgenden operativen Geschäft.

7.1 Neuerungen durch SEPA (Single Euro Payment Area)

7.1.1 Die SEPA-Überweisung (SEPA Credit Transfer)

Die SEPA-Überweisung ähnelt optisch unserem jetzigen Modell. Lediglich Kontonummer und Bankleitzahl werden durch BIC[1] und IBAN[2] ersetzt. Dabei ist zu beachten, dass ab dem 01. Februar 2014 im nationalen Bereich das Verfahren „IBAN only" gelten wird; das heißt die Überweisungen innerhalb Deutschlands kommen ohne Angabe des BIC aus.

IBAN (für International Bank Account Number) ist eine standardisierte internationale Kontonummer um künftig alle nationalen wie auch grenzüberschreitenden Zahlungen nach einheitlichem Verfahren durchführen zu können. Die IBAN besteht aus maximal 24 Stellen, wobei die ersten 4 Stellen verbindlich für alle teilnehmenden Staaten definiert sind.

In Deutschland besteht die IBAN aus 22 Stellen. Als erstes steht das Länderkennzeichen (DE für Deutschland), dann folgt eine 2-stellige Prüfziffer, anschließend die 8-stellige Bankleitzahl sowie die Kontonummer (je nach Kreditinstitut bis zu 10 Stellen).

Der BIC (steht für Bank Indentifier Code) stellt die internationale Bankleitzahl dar. Der BIC besteht aus maximal 11 Stellen und wird häufig auch als SWIFT-Code bezeichnet. Die Angaben zu BIC und IBAN befinden sich, wie bisher Bankleitzahl und Kontonummer, auf dem Kontoauszug.

Insoweit sind die Änderungen nicht gravierend. Änderungen finden sich eher in den Laufzeiten und Konditionen.

Allerdings gilt dann eine verbindliche Laufzeit für Überweisungen von einem Bankarbeitstag, sowohl national als auch grenzüberschreitend. Wird die Überweisung als Beleg bei der Bank eingereicht, darf lediglich noch ein Bankarbeitstag für die Bearbeitung und ein Tag für den Geldtransfer auf das Konto des Empfängers hinzugerechnet werden. Daraus ergibt sich eine maximale Laufzeit der SEPA Überweisung – egal ob national oder im SEPA-Raum – von maximal 2 Bankarbeitstagen.

Ein Widerruf ist – auch aufgrund dieser kurzen Laufzeit – aber nicht mehr möglich.

Unverändert bleibt die AWV[3]-Meldepflicht bei Beträgen von mehr als 12.500,00 €.

Diese Schnelligkeit der SEPA-Überweisung ist natürlich, neben den deutlich geringeren Gebühren im Vergleich zu den bisherigen, sogenannten Auslandsüberweisungen, die nun wegfallen, ein wesentlicher Vorteil. Diese Vorteile werden Unternehmer wie Verbraucher gleichermaßen zu schätzen wissen.

---

[1] Bank Identifier Code.

[2] International Bank Account Number.

[3] Außenwirtschaftsverordnung.

7.1.2 Die SEPA-Lastschrift (SEPA Direct Debit)

Die SEPA-Lastschrift bringt – im Vergleich zu den Veränderungen bei den SEPA-Überweisungen – deutlich mehr Neuerungen, die im Folgenden ausführlich dargelegt werden.

SEPA unterscheidet grundsätzlich zwei Arten von Lastschriften. Zum einen die SEPA-Basislastschrift (SEPA Core Direct Debit) und die SEPA-Firmenlastschrift (SEPA B2B Direct Debit). Darüber hinaus gibt es noch die Euro-Eil-Lastschrift (SEPA Cor1). Diese ist eine Variante innerhalb Deutschlands. Sie wird ab 04. November 2013 einsatzbereit sein.

Eine grundsätzliche Änderung, die künftig für alle Lastschriftarten gelten wird, besteht in der Nutzbarkeit der unterschiedlichen Medien. Für die SEPA-Lastschriften gibt es keine Formulare (Belege), das heißt die SEPA-Lastschriften können nur beleglos ausgeführt werden. Auch Speichermedien (USB-Stick oder CD) werden nicht mehr akzeptiert werden. Voraussetzung für die Nutzung von Lastschriftverfahren ist künftig ein elektronischer Datenaustausch zwischen dem Lastschrifteinreicher (Bankkunde) und seiner Bank. Viele KMU praktizieren bisher erfahrungsgemäß ein beleg- oder datenträgergestütztes Verfahren. Das wird ab dem 01. Februar 2014 nicht mehr funktionieren. Von daher ist es nötig, rechtzeitig mit dem Kreditinstitut Kontakt aufzunehmen, um Störungen des künftigen Zahlungsablaufs zu vermeiden.

7.1.2.1 SEPA-Basislastschrift (CORE)

Die SEPA-Basislastschrift (CORE) wird vornehmlich zwischen Verbrauchern und Unternehmen ausgeführt.

Bei dieser Lastschriftart müssen erstmalige Lastschriften fünf Tage vor Fälligkeit der Zahlstelle (Bank des Schuldners) vorliegen, die folgenden (alle Lastschriften, die nach der ersten Lastschrift ausgeführt werden sollen) nur noch zwei Tage vorher. Einmalige Lastschriften müssen ebenfalls 5 Tage vor Fälligkeit der Zahlstelle (Kreditinstitut des Schuldners) vorliegen.

Der Lastschrift kann seitens des Schuldners innerhalb von 8 Wochen nach Einlösen widersprochen werden, nicht autorisierten Lastschriften (das heißt ohne gültiges Mandat) kann sogar noch nach 13 Monaten widersprochen werden. Bisher betrug die Widerspruchsfrist lediglich 6 Wochen.

7.1.2.2 Euro-Eil-Lastschrift (SEPA COR1)

Die COR1-Variante unterscheidet sich prinzipiell von der CORE-Lastschrift nur in den vorgegebenen Vorlagefristen (ein Bankarbeitstag vor Fälligkeit), darüber hinaus sind aber separate Vereinbarungen im Inkassovertrag mit dem Kreditinstitut erforderlich.

7.1.2.3 Pre-Notification

Bei beiden oben genannten Lastschriftvarianten ist der Zahlungspflichtige spätestens 14 Tage vor Fälligkeit über den genauen Betrag und den exakten Termin des Einzugs zu informieren. Dies geschieht durch die sogenannte Pre-Notification.

Bei der Pre-Notification existiert keine besondere Formvorgabe. Lediglich müssen spätestens 14 Tage vor Fälligkeit, falls nichts anderes vereinbart wurde,

- der fällige Betrag,
- der Termin,
- die Gläubiger-ID und
- die Mandatsreferenz

mitgeteilt werden. Dies kann auch bereits in Form eines entsprechenden Hinweises auf der Rechnung erfolgen.

7.1.2.4 Das SEPA-Lastschriftmandat

Das SEPA-Lastschriftmandat beruht auf dem Regelwerk für das SEPA-Basis-Lastschriftverfahren (SEPA Core Direct Debit Scheme Rulebook) des European Payments Council. [6]

Dieses Mandat kann in der Form frei gestaltet werden, lediglich der Text (Inhalt) ist festgelegt. [5][4]

Text für das SEPA-Lastschriftmandat (Standardfall einer wiederkehrenden Lastschrift):

> Ich ermächtige (Wir ermächtigen) (Name des Gläubigers/Zahlungsempfänger), Zahlungen von meinem (unserem) Konto mittels Lastschrift einzuziehen. Zugleich weise ich mein (weisen wir unser) Kreditinstitut an, die von (Name des Gläubigers/Zahlungsempfänger) auf mein (unser) Konto gezogenen Lastschriften einzulösen.
> Hinweis: Ich kann (Wir können) innerhalb von acht Wochen, beginnend mit dem Belastungsdatum, die Erstattung des belasteten Betrags verlangen.

Der Text des Mandats für die Einmallastschrift unterscheidet sich von der Standardlastschrift:

> Ich ermächtige (Wir ermächtigen)(Name des Gläubigers/Zahlungsempfänger), einmalig eine Zahlung von meinem (unserem) Konto mittels Lastschrift einzuziehen. Zugleich weise ich mein (weisen wir unser) Kreditinstitut an, die von (Name des Gläubigers/Zahlungsempfänger) auf mein (unser) Konto gezogene Lastschrift einzulösen.
> Hinweis: Ich kann (Wir können) innerhalb von acht Wochen, beginnend mit dem Belastungsdatum, die Erstattung des belasteten Betrags verlangen.

Weicht der Schuldner vom Kontoinhaber ab, gilt für das Mandat folgender Text:

> Ich ermächtige (Wir ermächtigen)(Name des Gläubigers/Zahlungsempfänger), Zahlungen von meinem (unserem) Konto mittels Lastschrift einzuziehen. Zugleich weise ich mein (weisen wir unser) Kreditinstitut an, die von (Name des Gläubigers/Zahlungsempfänger) auf mein (unser) Konto gezogenen Lastschriften einzulösen.
> Hinweis: Ich kann (Wir können) innerhalb von acht Wochen, beginnend mit dem Belastungsdatum, die Erstattung des belasteten Betrags verlangen.

Dieses SEPA-Lastschriftmandat gilt für die Vereinbarung (oder des Vertrages/des Abonnements) mit Vorname und Name (Weitere Beispiele für Mandate finden sich im Internet.)

[4] Die Mandatstexte sind der Webseite „Die Deutsche Kreditwirtschaft“ entnommen.

Da das Lastschriftmandat europaweit verwendet wird, müssen die Mandatstexte in den jeweiligen Sprachen (Landessprache des Zahlungspflichtigen) vorliegen. Auf der Webseite des EPC können die jeweiligen Übersetzungen leicht abgerufen werden [7].

Das SEPA-Mandat stellt eine größere Veränderung gegenüber der bisherigen Lastschrifteinzugsermächtigung dar. Um die Umstellung zu erleichtern, wurden differenzierte Mandatsvarianten geschaffen.

Das sogenannte Kombimandat sieht zunächst eine Zahlung per Einzugsermächtigung auf der Grundlage des Lastschriftabkommens und in Zukunft eine Zahlung per SEPA-Lastschriftmandat gemäß des „SEPA Core Direct Debit Scheme Rulebook" vor. Um die Einzugsermächtigungslastschrift ausführen zu können, werden Kontonummer und Bankleitzahl der IBAN entnommen. Es sei denn, der Zahler hat diese Angaben zusätzlich auf dem Kombimandat angegeben.

Der Wechsel von der Einzugsermächtigungslastschrift zu SEPA muss dem Zahler rechtzeitig bekannt gegeben werden. Allerdings kann die früher schon erteilte Einzugsermächtigung als SEPA-Mandat auch umgedeutet werden, was natürlich zu einer Arbeitserleichterung führt.

Anstelle einer Mandatseinholung haben die Gläubiger dadurch die Möglichkeit, die Zahlungspflichtigen schriftlich über die Umstellung auf SEPA zu informieren. Dabei muss die Gläubiger-ID, die Mandatsreferenz und der Umstellungstermin genannt werden. Die Umdeutung (Umstellung) erfolgt, wenn der Zahlungspflichtige nicht widerspricht, eine ausdrückliche Zustimmung des Zahlungspflichtigen ist also nicht erforderlich.

Beispiel für eine Umdeutung:
Gläubiger-ID, Mandatsreferenz
Umstellung der Lastschrifteinzüge vom Einzugsermächtigungsverfahren auf das SEPA-Basis-Lastschriftverfahren
Sehr geehrte Dame, sehr geehrter Herr,
wir nutzen bei der mit Ihnen bestehenden Geschäftsbeziehung für Zahlungen die Lastschrift (Einzugsermächtigungsverfahren). Als Beitrag zur Schaffung des einheitlichen Eurozahlungsverkehrsraums (Single Euro Payment Area, SEPA) stellen wir ab DATUM auf das europaweit einheitliche SEPA-Basis-Lastschriftverfahren um. Die von Ihnen bereits erteilte Einzugsermächtigung wird dabei als SEPA-Lastschriftmandat weitergenutzt. Dieses Lastschriftmandat wird durch
die o. g. Mandatsreferenz und die Gläubiger-Identifikationsnummer
gekennzeichnet, die von uns bei allen Lastschrifteinzügen angegeben werden. Da diese Umstellung durch uns erfolgt, brauchen Sie nichts zu unternehmen.
Lastschriften werden weiterhin von Ihrem folgenden Konto eingezogen:
Sollten diese Angaben nicht mehr aktuell sein, bitten wir Sie um Nachricht. Ihre IBAN und den BIC finden Sie zum Beispiel auch auf Ihrem Kontoauszug. Sollten Sie noch Fragen zu dieser Mitteilung haben, kontaktieren Sie uns gerne.
Mit freundlichen Grüßen

Lastschriftmandate benötigen zwingend die Angaben:

- Name, Adresse und Gläubiger-ID.

Die Gläubiger-ID wird einmalig für das Unternehmen, das die Lastschrift einziehen möchte, von der Deutschen Bundesbank vergeben[5]. Die Gläubiger-ID kann/muss dann für alle Lastschriftmandate verwendet werden. Diese Nummer wird benötigt, um den Gläubiger/Zahlungsempfänger eindeutig zu identifizieren. Die Gläubiger-ID in Verbindung mit der vom Gläubiger vergebenen Mandatsreferenznummer begleitet die Lastschrift vom Gläubiger zum Schuldner, somit ist immer eine eindeutige Identifizierbarkeit gewährleistet. Der Schuldner oder auch optional dessen Bank können die Lastschrift so genauestens prüfen. Sie wird, wie gesagt, einmalig vergeben und kann auch nach einer Unterbrechung (Nichtnutzung) wieder verwendet werden. Sie bleibt bestehen. Für Deutschland ist die Deutsche Bundesbank für die Vergabe dieser Nummer zuständig. Die geschieht ausschließlich online unter www.glaeubiger-id.bundesbank.de beziehungsweise https://extranet.bundesbank.de/scp/und ist in kurzer Zeit erledigt. Die Gläubiger-ID für Deutschland ist genau 18 Stellen lang und wie folgt aufgebaut:

- Stellen 1-2: ISO Ländercode (DE für Deutschland),
- Stellen 3-4: Prüfziffer,
- Stellen 5-7: Geschäftsbereichskennung (Creditor Business Code, Blanks, Sonderzeichen, Umlaute sind nicht gestattet, standardmäßig werden diese Stellen mit „ZZZ" belegt) sowie
- Stellen 8-18: nationales Identifikationsmerkmal für den Lastschriftgläubiger.

Bei der Beantragung der Gläubiger-ID wird nach Personengruppen und der zur Auswahl stehenden Rechtsform unterschieden. Natürliche Personen, Einzelunternehmen und Freiberufler finden sich bei Einzelperson/Freiberufler oder Einzelkaufmann (e. K.) wieder. Personenvereinigungen hingegen können wie folgt gelistet werden: GbR, Verein (nicht eingetragen), OHG, KG, GmbH & Co. KG, EMV, sonstige Personenvereinigung (unter anderem für Wohnungseigentümergemeinschaften). Zu den juristischen Personen des privaten Rechts gehören: e. V., GmbH (einschließlich UG), AG, KG a. A., Europäische AG (SE) Europäische GmbH, eG, Europäische Genossenschaft, VvaG, Sonstige (Stiftungen und so weiter). Juristische Personen des öffentlichen Rechts sind unter anderem Anstalten, Körperschaften, Stiftungen des öffentlichen Rechts, Sonstige (öffentlich-rechtlich).

Darüber hinaus werden noch weitere Daten benötigt:

Name/Firma und Anschrift, Registernummer, in Abhängigkeit von der Rechtsform (zur Legitimation), bei natürlichen Personen Ausweisnummer mit Anschrift der ausstellenden Behörde. Des Weiteren werden die Angaben des Ansprechpartners im Unternehmen benötigt. Nachdem all diese Daten angegeben wurden und die Sicherheitsabfrage erfolgreich war, werden die Daten verschlüsselt an die Bundesbank übermittelt und dort bearbeitet. Später wird eine E-Mail an die Ansprechperson versendet, mit der Bitte die Antragsdaten freizuschalten. Dies sollte innerhalb von 10 Kalendertagen erfolgen, da andernfalls die Daten gelöscht werden und der Antrag erneut gestellt

[5] Vgl. (Deutsche Bundesbank 2013).

werden muss. Jetzt erst kann, nach erfolgreicher Freigabe, die Gläubiger-ID per E-Mail von der Bundesbank an den Ansprechpartner versendet werden. Da die Gläubiger-ID dem Kreditinstitut vorzulegen ist, muss die Mitteilung (E-Mail) unbedingt aufbewahrt (archiviert) werden.

- Mandatsreferenz:
  Die Mandatsreferenz ist eine vom Gläubiger individuell vergebene Rechnungsnummer oder Kundennummer (ähnlich dem jetzigen Verwendungszweck, bis zu 35 alphanummerische Stellen). Sie kann bereits im Mandat enthalten sein oder dem Zahlungspflichtigen nachträglich bekannt gegeben werden. Zusammen mit der Gläubiger-ID wird durch die Mandatsreferenz das Mandat eindeutig identifiziert.
- Angabe, ob es sich um ein einmaliges oder ein wiederkehrendes Mandat handelt.
- Name, Adresse, Kontoverbindung und Unterschrift des Kontoinhabers (Kontobevollmächtigten),
- Datum und Unterschrift sowie
- BIC

Der BIC der Zahlstelle muss ebenfalls enthalten sein, allerdings innerhalb Deutschlands nur noch bis zum 01. Februar 2014 und bei grenzüberschreitenden Zahlungen bis zum 01. Februar 2016. Bei Zahlungen außerhalb des europäischen Wirtschaftsraums wird der BIC über diese Zeiträume hinweg benötigt (zum Beispiel bei Zahlungen in die Schweiz oder Monaco).

7.1.2.5 SEPA-B2B-Lastschrift

Die SEPA-B2B-Lastschrift, wie der Name schon sagt, ist die Lastschriftvariante für Unternehmen.

Einmalige, erstmalige und Folgelastschriften müssen spätestens einen Tag vor Fälligkeit der Zahlstelle vorliegen.

Aufgrund der Besonderheiten der Legitimation, kann dieser Lastschrift – im Vergleich zur SEPA-Basislastschrift – nicht widersprochen werden. Aber auch hier gibt es noch Besonderheiten. Rückgaben können durch die Bank erfolgen. Sie müssen durch die Bank aber innerhalb von zwei Target-Tagen erfolgen (Target-Tage sind 365 Tage im Jahr mit folgenden Ausnahmen: Samstage, Sonntage, Neujahr, Karfreitag, Ostermontag, 1. Mai, 25. und 26. Dezember).

Die Legitimation beinhaltet zwei Angaben: zum einen das SEPA-Lastschriftmandat und zum anderen die Gläubiger-Identifikationsnummer (Gläubiger ID).

Damit eine SEPA-B2B-Lastschrift ausgeführt werden kann, muss der Zahlungspflichtige seiner Bank eine Kopie des erteilten Mandats vorlegen und zwar vor dem ersten Einzug, da die Bank zur Prüfung des Mandats verpflichtet ist.

Der Text des SEPA-Firmen-Lastschriftmandats lautet wie folgt:

Standardfall einer wiederkehrenden Lastschrift

> Ich ermächtige (Wir ermächtigen) (Name des Zahlungsempfängers), Zahlungen von meinem (unserem) Konto mittels Lastschrift einzuziehen. Zugleich weise ich mein (weisen wir unser) Kreditinstitut an, die von (Name des Zahlungsempfängers) auf mein (unser Konto) gezogenen Lastschriften einzulösen.
> Hinweis: Dieses Lastschriftmandat dient nur dem Einzug von Lastschriften, die auf Konten von Unternehmen gezogen sind: Ich bin (Wir sind) nicht berechtigt, nach der erfolgten Einlösung eine Erstattung des belasteten Betrags zu verlangen. Ich bin (Wir sind) berechtigt, mein (unser) Kreditinstitut bis zum Fälligkeitstag anzuweisen, Lastschriften nicht einzulösen.

Die Änderungen für die Einmallastschrift sind entsprechend:

> Ich ermächtige (Wir ermächtigen) (Name des Zahlungsempfängers), einmalig eine Zahlung von meinem (unserem) Konto mittels Lastschrift einzuziehen. Zugleich weise ich mein (weisen wir unser) Kreditinstitut an, die von (Name des Zahlungsempfängers) auf mein (unser Konto) gezogene Lastschrift einzulösen.
> Hinweis: Dieses Lastschriftmandat dient nur dem Einzug von Lastschriften, die auf Konten von Unternehmen gezogen sind: Ich bin (Wir sind) nicht berechtigt, nach der erfolgten Einlösung eine Erstattung des belasteten Betrags zu verlangen. Ich bin (Wir sind) berechtigt, mein (unser) Kreditinstitut bis zum Fälligkeitstag anzuweisen, die Lastschrift nicht einzulösen.

Weicht der Kontoinhaber vom Schuldner ab, gelten folgende Änderungen

> Ich ermächtige (Wir ermächtigen) (Name des Zahlungsempfängers), Zahlungen von meinem (unserem) Konto mittels Lastschrift einzuziehen. Zugleich weise ich mein (weisen wir unser) Kreditinstitut an, die von (Name des Zahlungsempfängers) auf mein (unser Konto) gezogenen Lastschriften einzulösen.
> Hinweis: Dieses Lastschriftmandat dient nur dem Einzug von Lastschriften, die auf Konten von Unternehmen gezogen sind: Ich bin (Wir sind) nicht berechtigt, nach der erfolgten Einlösung eine Erstattung des belasteten Betrags zu verlangen. Ich bin (Wir sind) berechtigt, mein (unser) Kreditinstitut bis zum Fälligkeitstag anzuweisen, Lastschriften nicht einzulösen.

Dieses SEPA-Firmenlastschrift-Mandat gilt für die Vereinbarung (oder des Vertrages/des Abonnements) mit Vorname und Name. Unter der Internet-Adresse des EPC (European Payment Council) befinden sich die nötigen Übersetzungen für die grenzüberschreitenden Mandate. [7]

Für die Mandate gilt eine Aufbewahrungspflicht von 14 Monaten nach dem letzten Einzug, da SEPA-B2B-Lastschriften bis zu 13 Monate nach Fälligkeit widersprochen werden kann, falls kein ordnungsgemäßes Mandat vorgelegen haben sollte.

Der Zahlungspflichtige hat ein Recht auf Mandatsanforderung über seine Bank, für den Fall, dass er sich nicht sicher ist, ob er dem Zahlungsempfänger tatsächlich ein Mandat erteilt hat.

Ein Mandat verfällt automatisch 36 Monate nach dem letzten Einzug.

Eine Umdeutung (wie bei COR1 und CORE) des Abbuchungsauftrags ist bei der B2B-Variante der SEPA-Lastschrift nicht möglich.

7.1.2.6 Zusammenfassung SEPA-Lastschrift

Beim SEPA-Lastschrift-Verfahren werden zwei grundsätzliche Typen unterschieden: Zum einen die COR1- und COR-Lastschrift für den Zahlungsverkehr zwischen Unternehmen und Verbrauchern und zum anderen die B2B-Lastschrift, die ausschließlich zwischen Unternehmen Anwendung findet.

Alle Lastschriftarten gemeinsam benötigen zwingend die Angabe der Gläubiger-ID, des Mandats und der Mandatsreferenz.

Die COR1- und CORE-Lastschriften können bis 8 Wochen nach Vorlage beim Kreditinstitut zurück gebucht werden. Bei nicht autorisierten Abbuchungen darf dies sogar noch nach 13 Monaten geschehen.

Der Zahlungspflichtige ist mittels Pre-Notification mindestens 14 Tage vor Fälligkeit über die Abbuchung zu informieren.

Es sind die vorgegebenen Vorlagefristen bei der Bank einzuhalten.

Die COR1-Lastschrift hat verkürzte Vorlagefristen und ist nur innerhalb Deutschlands einsetzbar. Allerdings sind separate Vereinbarungen im Inkassovertrag erforderlich.

Hier der Ablauf der oben genannten Lastschrift-Art:

Der Gläubiger holt beim Zahlungspflichtigen das benötigte Mandat ein. Nachdem der Zahlungsempfänger das genehmigte Mandat erhalten hat, informiert dieser den Zahlungspflichtigen über seine Zahllast (Pre-notification). Der Zahlungsempfänger gibt die nötigen transaktions- und mandatsbezogenen Daten an sein Kreditinstitut weiter. Über die Clearing- beziehungsweise Verrechnungsstelle werden alle Daten an das Kreditinstitut des Zahlungspflichtigen weiterergeben. Die Bank des Zahlungspflichtigen kann nun den entsprechenden Betrag abbuchen.

Die B2B-Lastschriften haben einen etwas anderen Ablauf. Die Einholung des Mandats und die Information mittels Pre-Notifcation sind erst einmal identisch. Auch die Weitergabe der transaktions- und mandatsbezogenen Daten an das Kreditinstitut des Zahlungsempfängers sind erforderlich. Allerdings informiert der Zahlungspflichtige sein Kreditinstitut auch über das Mandat.

Die Clearing- beziehungsweise Verrechnungsstelle gibt die Daten dann ebenfalls an das Kreditinstitut des Zahlungspflichtigen. Jetzt kommt die zweite Besonderheit im Vergleich zu den beiden Basislastschriften. Das Kreditinstitut kann nun eine Prüfung vornehmen, da vom Zahlungspflichtigen die Daten ebenso vorliegen wie vom Zahlungsempfänger. Erst nach erfolgreicher Prüfung findet die Abbuchung statt.

Die B2B-Lastschriften sind nicht widerrufbar. Rückgaben durch die Bank müssen innerhalb von zwei Target-Tagen erfolgen.

Hier die Einreichungsfristen für die SEPA-Lastschriften im Überblick:

- SEPA Basislastschrift CORE
  - Erst- beziehungsweise Einmallastschrift:
    Früheste Einreichung 14 Kalendertage vor Fälligkeit, späteste Vorlage bei der Zahlstelle (Bank des Schuldners) 5 Target-Tage vor Fälligkeit, folglich: Einreichung beim Kreditinstitut des Zahlungsempfängers spätestens 6 Target-Tage vor Fälligkeit

  - Folge- und letztmalige Lastschrift:
    Früheste Einreichung 14 Kalendertage vor Fälligkeit, späteste Vorlage 2 Target-Tage vor Fälligkeit. Einreichung beim Kreditinstitut des Zahlungsempfängers spätestens 3 Target-Tage vor Fälligkeit.
- Euro-Eil-Lastschrift COR1
  - Erst- und Einmallastschrift sowie Folge- und letztmalige Lastschrift: Früheste Einreichung 14 Kalendertage vor Fälligkeit. Späteste Vorlage bei der Zahlstelle (Bank des Schuldners) 1 Target-Tag vor Fälligkeit. Einreichung beim Kreditinstitut des Zahlungsempfängers spätestens 2 Target-Tage vor Fälligkeit.
- SEPA-Firmenlastschrift B2B
  - Erst- und Einmallastschrift sowie Folge und letztmalige Lastschrift: Früheste Einreichung 14 Kalendertage vor Fälligkeit. Späteste Vorlage bei der Bank des Schuldners (Zahlstelle) 1 Target-Tag vor Fälligkeit. Einreichung beim Kreditinstitut des Zahlungsempfängers spätestens 2 Target-Tage vor Fälligkeit.

Quintessenz

1. Jedes Unternehmen ist von der SEPA-Umstellung betroffen.
2. Die Veränderungen bei der SEPA-Überweisung sind leicht umzusetzen.
3. Die SEPA-Lastschriften führen zu erheblichen Veränderungen. Das sind rechtliche, organisatorische und technische Änderungen.
4. KMU werden sich mit der Umstellung, insbesondere bei einem hohen Anteil an Lastschriften, möglicherweise schwertun.
5. Vorteilhaft für die Unternehmen sind insbesondere die Vereinheitlichung der Gebühren und der Transferzeiten im SEPA-Raum.

7.2 Vorbereitung auf die SEPA-Umstellung

Die organisatorische Umstellung auf die neuen Zahlverfahren, obwohl teilweise die Unterschiede zu den bisherigen Verfahren nicht so gravierend erscheinen, wird in den einzelnen Unternehmen viel Arbeits- und Zeitaufwand erfordern. Es wäre ein Fehler zu denken, das könne die Buchhaltung „nebenbei" im Tagesgeschäft erledigen. Es erscheint – auch in kleineren Unternehmen – sinnvoll, ein „SEPA-Projekt" zu installieren und einen Projektverantwortlichen zu benennen. Dieser sollte die gesamte Umstellung koordinieren und für die erfolgreiche Umsetzung die Verantwortung tragen. Bei der Planung der Vorbereitungs- und Umstellungsarbeiten sind folgende Arbeitspakte zu berücksichtigen:

7.2.1 Prüfung und Herstellung der SEPA-Fähigkeit der DV-Systeme

Künftig müssen die entsprechenden DV-Systeme des Unternehmens in der Lage sein, neue und veränderte Datenfelder zu verarbeiten. Dazu gehören:

- BIC,
- IBAN,
- Gläubiger-ID und
- Mandatsreferenz.

Neben den Feldlängen hat sich auch der Zeichensatz, der Verwendung finden darf, geändert. „Künftig ist ausschließlich der Zeichensatz nach EPC2009 zulässig.“[2][6] Diese „Einschränkung“ des verwendbaren Zeichensatzes betrifft neben den Zahlungsdaten auch den Verwendungszweck. In Deutschland wird es wahrscheinlich die meisten Schwierigkeiten bereiten, die Umlaute sowie das „kaufmännische Und“ so zu ersetzen, dass es für alle Beteiligten akzeptabel bleibt. Möglicherweise wird das sogar bedeuten, dass der Kundenname in zwei unterschiedlichen Schreibweisen in den Systemen vorgehalten werden muss: zum Beispiel Müller für die Korrespondenz des Unternehmens mit dem Debitor und Mueller für Zahlungstransaktionen, GmbH & Co. KG einerseits sowie GmbH + Co. KG andererseits. Es ist ratsam, möglichst frühzeitig zu prüfen, bei welchen Kunden entsprechende Änderungen erforderlich sind. Unter Umständen kann eine Umstellung mithilfe selbst erstellter Konvertierungsprogramme erfolgen.

Für die erforderliche Umstellung von Bankleitzahl auf BIC sowie von der Kontonummer auf IBAN bieten die Banken ihren Kunden Unterstützung. Einerseits können Einzeldaten durch Eingabe in einen Konverter auf der Homepage der Bank umgeschlüsselt werden. Andererseits sollte die Hausbank um Unterstützung bei der Umschlüsselung großer Datenbestände gebeten werden. Falls es seitens der Hausbank keinen entsprechenden Support gibt, kann gegebenenfalls auch das Portal www.iban-service-portal.de genutzt werden. Die Leistungen dieses Portals sind allerdings kostenpflichtig.

Grundsätzlich ist es natürlich für jedes betroffene Unternehmen auch überlegenswert, die erforderlichen SEPA-Umstellungen zu nutzen, um mit den Kunden unmittelbar in Kontakt zu treten und insgesamt eine Validierung der gespeicherten Kundendaten vorzunehmen. Möglicherweise kann dann auf diesem Wege auch die eine oder andere „Karteileiche“ eliminiert und so mancher Fehler in den Datenbeständen bereinigt werden. Wird dieses Vorgehen gewählt, ist allerdings zu beachten, dass dadurch der Umstellungsprozess verlängert und der Umstellungsaufwand erhöht werden wird. Es sollten also zwingend die dafür erforderlichen Zeit- und Mitarbeiterressourcen vorhanden sein.

Die Speicherung und Nutzung der neuen und geänderten Felder muss unter anderem in der Finanzbuchhaltungs-Software, in der Software für die Lohn- und Gehaltsabrechnung, unter Umständen bei Programmen in der Materialwirtschaft, bei der automatischen Bankbuchung oder bei einer speziellen Forderungsmanagement-Software möglich sein. Handelt es sich bei den genutzten Programmen um sogenannte Standard-Software, müssen im Vorfeld der SEPA-Umstellung entsprechende Updates eingespielt und getestet werden. Handelt es sich um Individual-Software, muss im Vorfeld eine entsprechende Programmierung erfolgen. Auch hier ist ein anschließender Test unerlässlich.

---

[6] (Brückner 2013. S. 53).

Hinsichtlich der Zeitplanung für die SEPA-Umstellung müssen Unternehmen, die keine eigene DV-Abteilung vorhalten (und diese Aufgaben fremdvergeben haben), damit rechnen, dass mit zunehmender zeitlicher Nähe des Umstellungstermins, die Ressourcen des Dienstleisters ausgebucht sein werden. Eine rechtzeitige Abstimmung der benötigten Unterstützungsleistungen ist hier zwingend erforderlich.

7.2.2 Fachlich inhaltliche Vorbereitung der SEPA-Umstellung

Die Umstellung auf SEPA erfordert:

1. die Beantragung/Zuweisung einer Gläubiger-ID,
2. die Erfassung von BIC und IBAN,
3. die Beschaffung gültiger Lastschriftmandate,
4. die Festlegung der Dokumentations- und Archivierungsvorgaben für Lastschriftmandate,
5. die Abstimmung und Festlegung des Verfahrens der Pre-Notification,
6. die Regelung des künftigen Prozesses zur Einreichung der Lastschriften,
7. die Definition des Feldinhalts für die Mandatsreferenz,
8. die Festlegung für die Inhalte des Verwendungszwecks,
9. die Abstimmung der internen Konventionen für die Umstellung auf den EPC2009-Zeichensatz sowie
10. die grundsätzliche Diskussion der Auswirkungen auf Liquidität und Risiko.

Um die Notwendigkeit der fristgerechten Bearbeitung der oben aufgezählten Arbeiten zu verdeutlichen, sei an dieser Stelle noch einmal nachdrücklich darauf hingewiesen, dass mit dem Datum der verbindlichen SEPA-Umstellung, die bekannten Formen der Inlandszahlungen für den Geschäftsverkehr nicht mehr zur Verfügung stehen werden. [2][7] Unternehmen, die dann nicht SEPA-fähig sind, schneiden sich komplett vom Zahlungsverkehr ab – sowohl für alle Zahlungseingänge, als auch für alle Zahlungsausgänge. Auch das sei an dieser Stelle noch einmal explizit formuliert: SEPA betrifft nicht nur „Auslandszahlungen" (und damit Unternehmen mit mehr oder weniger hohem Exportanteil), sondern den gesamten Zahlungsverkehr. Eine Übergangsfrist besteht lediglich für private Haushalte bis zum 01. Februar 2016.

Die oben aufgeführten Arbeiten sprechen dafür, wie bereits empfohlen, ein Projekt unter Leitung des Finanzbereichs einzurichten. Die Projektleitung sollte möglichst die Stelle übernehmen, die im operativen Geschäft die Bankgeschäfte verantwortet. Üblicherweise ist das in KMU die Leitung der Finanzbuchhaltung. In den folgenden Passagen werden noch einige vereinzelte Hinweise zur Bearbeitung der verschiedenen genannten Aufgaben gegeben:

[7] (Brückner 2013, S. 49).

1. Da eine verantwortliche Person im Unternehmen Ansprechpartner für die Beantragung der Gläubiger ID sein sollte, könnte der Projektverantwortliche diese Aufgabe übernehmen.
2. Die technischen Aspekte der Umstellung auf BIC und IBAN wurden bereits in Abschn. 7.2.1 angesprochen. Da nicht nur das eigene Unternehmen von allen „Zahlungspartnern" IBAN und BIC benötigt, sondern auch die eigenen IBAN und BIC von anderen Unternehmen benötigt werden, sollte sichergestellt sein, dass diese Angaben auf Rechnungsvordrucken beziehungsweise Briefbögen vorhanden sind. Die Personalabteilung benötigt von den Mitarbeitern die BIC- und IBAN-Nummern, genauso von den Krankenkassen. Die Buchhaltung benötigt im Prinzip von allen (in- und ausländischen) Kunden genauso wie von allen Lieferanten IBAN und BIC. An dieser Stelle können Einkauf und Vertrieb Unterstützung geben, da hier die Kontakte im täglichen Arbeitsablauf stattfinden.
3. Bei bereits vorhandenen Einzugsermächtigungen sollte ein Verantwortlicher sich um deren Umdeutung kümmern und die entsprechenden Mandate archivieren. Da Abbuchungsaufträge nicht umgedeutet werden können, müssen entsprechende Mandate eingeholt werden. Wie bereits erwähnt, gibt es hierfür Beispielschreiben auf www.bundesbank.de.
4. Unter SEPA können künftig Lastschriften bis zu 13 Monate „zurückgegeben" werden, falls die Mandate nicht in Ordnung sind. Damit im Bedarfsfall die Ordnungsmäßigkeit des Mandats nachgewiesen werden kann, ist es erforderlich, die Mandate (im Original) auffindbar zu dokumentieren und zu archivieren. In diese Festlegung sind ebenfalls das Verfahren zur Vorlegung des Mandats bei der Inkassostelle (eigene Bank) und – auf Anforderung – bei der Zahlstelle beziehungsweise beim Debitor zu regeln. Außerdem wird ein Verfahren zur Überwachung der Gültigkeitsfristen (36 Monate nach der letzten Lastschrift) benötigt.
5. Jeder Lastschrifteinzug erfordert künftig die vorherige Information des Zahlungspflichtigen mittels Pre-Notification. Diese muss dem Zahlungspflichtigen spätestens 14 Tage vor dem Einzugstermin vorliegen. In vielen Fällen wird es genügen, den konkreten Termin des Einzugs bereits auf der Rechnung abzudrucken. Das wird allerdings nicht mehr funktionieren, wenn der Kunde den Lastschrifteinzug innerhalb einer zum Beispiel zehntägigen Skontofrist wünscht. Hier ist gegebenenfalls zu prüfen, ob die Pre-Notification bereits mit einer Auftragsbestätigung erfolgen kann. Auch regelmäßige, wiederholte Zahlungsverpflichtungen erfordern eine gesonderte Regelung.
6. Bisher ist es möglich, Lastschriften mit unterschiedlicher Fälligkeit bei der Inkassostelle einzureichen. Üblicherweise hatten die Unternehmen daher zum Beispiel einen Lastschriftlauf pro Woche durchgeführt. Künftig dürfen nur noch Lastschriften mit identischer Fälligkeit in einer Datei zur Bank übermittelt werden [3][8]. Nicht trivial dürfte dabei auch die Wahrung der Einreichungsfristen in Abhängigkeit von der Fälligkeit sein, da die Fristen in Target-Tagen definiert sind. Wahrscheinlich werden die Unternehmen daher nicht umhinkommen, diesen Prozess künftig täglich durchzuführen.

[8] vgl.: (Brückner 2013, S. 71).

7. Die Mandatsreferenz, ein Feld mit 35 alphanumerischen Stellen, wird künftig die Lastschrift über den gesamten Prozess, also auch im Falle einer Rücklastschrift, begleiten. Hier sind Inhalte, Aufbau und vor allem die Sicherstellung der Verwendung des zulässigen Zeichensatzes zu regeln und zu organisieren.
8. Der Verwendungszweck wird bisher für unterschiedlichste Zwecke genutzt. Unter SEPA wird dieses Feld von bisher 378 Zeichen auf 140 Zeichen verkürzt und es darf nur noch der EPC2009-Zeichensatz verwendet werden. Viele Unternehmen, die eine Software zur automatisierten Bankbuchung nutzen, benutzen das Feld Verwendungszweck, um eine eindeutige Zuordnung zum Debitor und zur bestehenden Forderung vorzunehmen. Es ist zu prüfen, inwieweit dieses Feld im Unternehmen genutzt wird, welche Inhalte üblicherweise (mit welchem Zeichensatz) verschlüsselt werden und wie das künftig SEPA-konform erfolgen kann.
9. Die Umstellungen im zulässigen Zeichensatz können dazu führen, dass aus dem bestehenden Datenbestand (in der Regel Stammdaten) nicht zulässige Zeichen übernommen werden. Dies wiederum kann zur Folge haben, dass Lastschriften nicht ausgeführt werden. Da in Deutschland viele Kundennamen Umlaute enthalten, ist zu regeln, wie diese unter SEPA „umgesetzt" werden. Hier bietet sich durchaus die englische Schreibweise als Lösungsoption an, an die sich viele Kunden ja bereits aufgrund der früheren Konventionen, zum Beispiel bei E-Mail-Adressen, gewöhnt haben. Möglicherweise haben die Kunden allerdings kein Verständnis dafür, dass ihr Name dann aber in jedweder Korrespondenz „falsch" geschrieben wird. Es ist daher zu prüfen, ob die verschiedenen, im Unternehmen eingesetzten Programme die Option (das heißt nutzbare Felder) bieten, den Kundennamen beziehungsweise dessen Anschrift SEPA-konform zusätzlich im Stammsatz zu speichern.
10. SEPA wird die Zahlungen beschleunigen. Seitens der Kundenzahlungen ist das sicherlich für jedes Unternehmen sehr positiv zu werten. Allerdings werden sich auch die Fristen für die Zahlungsausgänge verkürzen. Beides hat sicherlich spürbare Auswirkungen auf die kurzfristige Liquiditätsplanung. Mit SEPA verändern sich allerdings auch die Fristen für eine mögliche Rückgabe der Lastschrift (SEPA-Basislastschriften) von 6 auf 8 Wochen. Das hat zweifelsohne negative Auswirkungen auf das Ausfallrisiko. Andererseits ist künftig eine Rückgabe der B2B-Lastschrift durch die Zahlstelle nur noch innerhalb von 2 Target-Tagen möglich. Das wiederum hat durchaus positive Auswirkungen auf das Ausfallrisiko. Riskanter werden künftig auch die SEPA-Überweisungen. Bisher war die Bank des Zahlungsempfängers verpflichtet, die Übereinstimmung des Adressaten aufgrund von Name und Kontonummer zu prüfen. Diese Verpflichtung entfällt künftig. Bei eigenen Überweisungen ist also noch mehr Sorgfalt als bisher erforderlich. SEPA führt künftig zu mehr Prozesskomplexität und zu geringer Flexibilität in den Lastschriftverfahren. Eine effiziente und effektive Umsetzung dieser Veränderungen bedarf einer gewissenhaften internen Umsetzung.

Es ist wichtig bei dieser Umstellung mit der Hausbank eng zusammenzuarbeiten. Hier werden einige Hilfestellungen angeboten. Aufgrund der dort bereits vorhandenen Erfahrung können unter Umständen Irrwege vermieden werden.

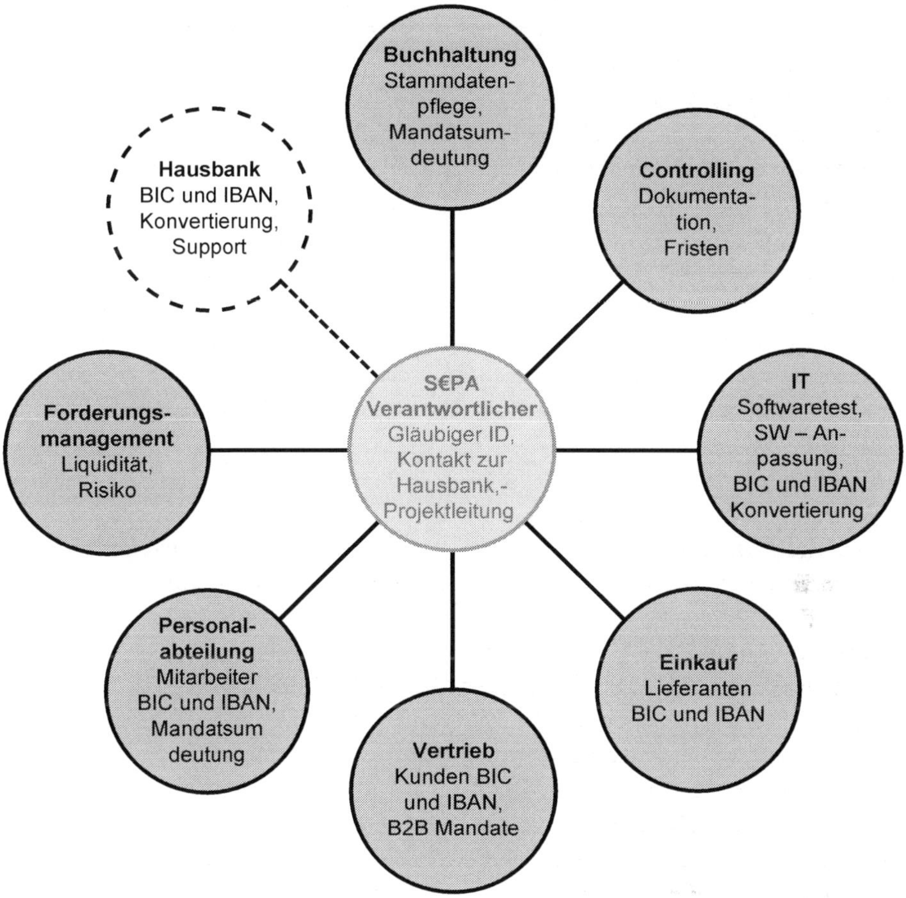

Abb. 7.1 Projektstruktur zur SEPA-Umstellung

Da die offizielle Umstellung für den 01. Februar 2014 vorgesehen ist, sollte der eigene Umstellungstermin möglichst früher terminiert sein, um gegebenenfalls genügend Zeit für die eventuelle Fehlerbehebung zu haben. „Wir empfehlen eine ‚Pilotierung', also einen Testlauf unter echten Marktbedingungen, jedoch mit einer überschaubaren Zahl von Adressen, etwa aus einem bestimmten Postleitzahlengebiet. Dann zeigt sich schnell, wie SEPA-fit das Unternehmen, seine Rechnungssysteme und die IT sind – und wo gegebenenfalls noch Nachbesserungsbedarf besteht." [1][9]

Gegenwärtig offenbart ein Blick in die einschlägigen Veröffentlichungen zwei sehr unterschiedliche Stati. Einerseits wird fast „panikartig" das drohende Unheil „beschworen", das all denen droht, die ein entsprechendes Projekt noch „am Start" haben. Andererseits scheint es aber bei vielen Unternehmen noch eine unaufgeregte Entspanntheit zu geben, die sich in Nicht-Handeln manifestiert.

[9] (Brauckmann 2013, S. 10).

Wie so häufig liegt die „Wahrheit" wahrscheinlich irgendwo in der Mitte. Noch besteht wohl kein Grund zur Panik. Allerdings sollte die SEPA-Umstellung auch nicht auf die leichte Schulter genommen werden. Es ist an der Zeit die SEPA-Umstellung in einem strukturierten Projekt, in das, die in Abb. 7.1 dargestellten Stellen mit den entsprechenden Aufgaben einbezogen werden, planvoll anzugehen.

Quintessenz

1. Die Vorbereitungen zur Umstellung sollten jetzt beginnen.
2. Es ist unbedingt ratsam, eine Projektstruktur mit einem SEPA-Verantwortlichen zu installieren.
3. Es steht ein breites Unterstützungsangebot für die Umsetzung zur Verfügung: Deutsche Bundesbank, Deutsche Kreditwirtschaft, Hausbanken und Software-Hersteller.
4. Neben der Sicherstellung der technischen Unterstützung wird die Organisation der künftigen Lastschriftprozesse den größten Zeitbedarf haben.
5. Vor der Umstellung sollte unbedingt der eine oder andere Test durchgeführt werden.

7.3 Auswirkungen von SEPA im Forderungsmanagement

Mancher Leser mag sich bisher gefragt haben, inwieweit die SEPA-Umstellung tatsächlich Auswirkungen im Forderungsmanagement haben wird. Es ist doch in erster Linie die Buchhaltung betroffen. Und im Grunde genommen sind die Veränderungen doch nicht so gravierend.

Die SEPA-Umstellung wird – wie jede andere Verfahrensumstellung auch – in der Umstellungsphase zu Fehlern und Irritationen führen, die Auswirkungen auf die Handlungen im Forderungsmanagement haben können. Außerdem erfordern die neuen Transaktionswege das Überdenken der einen oder anderen grundsätzlichen Position im Forderungsmanagement.

7.3.1 Forderungsmanagement vor und während der SEPA-Umstellung

Auch das Forderungsmanagement muss sich auf die SEPA-Umstellung vorbereiten. Zu dieser Vorbereitung gehört es, in allen Dokumenten, Schreiben und Vereinbarungen (die durch das Forderungsmanagement erstellt und verwaltet werden, zum Beispiel Mahnschreiben), in denen gegenwärtig eine Bankleitzahl und eine Kontonummer (meist die, auf die entsprechende Zahlungen zu leisten sind) angegeben sind, diese Informationen gegen den entsprechenden BIC und die korrespondierende IBAN auszutauschen.

Bei länger laufenden Vereinbarungen, wie zum Beispiel Ratenzahlungsvereinbarungen über den 01. Februar 2014 hinaus, sind die jeweiligen Vertragspartner darüber zu informieren, dass spätestens ab diesem Zeitpunkt – sinnvoller Weise jedoch ab sofort – der BIC und die IBAN des Zahlungsempfängers bei Überweisungen verwendet werden müssen. Werden solche Kundenzahlungen mittels Lastschrifteinzug getätigt, muss das Forderungsmanagement im Vorfeld die Umdeutung des Lastschriftmandats (bei privaten Schuldnern) oder die Einholung eines SEPA-Lastschriftmandats (zwingend bei Firmenkunden) vornehmen[10]. Sind die Termine und die jeweils fälligen Beträge bereits eindeutig definiert, sollten die Abbuchungstermine und Beträge den Schuldnern bereits mitgeteilt werden (Pre-Notification). Diese Pre-Notification ist in jedem Fall – genauso wie das Lastschriftmandat – zu dokumentieren, damit seitens des Schuldners später keine Verfahrensfehler ins Feld geführt werden können. Da das Forderungsmanagement „seine Bestandskunden" in der Regel gut kennt, ist es im Einzelfall überlegenswert, sich den Erhalt der Pre-Notification schriftlich bestätigen zu lassen.

Erfahrungsgemäß kommt es immer, wenn Verfahren umgestellt werden, zu dem einen oder anderen Fehler. Für das Forderungsmanagement kann das bedeuten, dass Zahlungen des Kunden nicht korrekt ausgeführt oder zugeordnet werden können. Vor diesem Hintergrund sollte in der Umstellungsphase – mit einer gewissen Skepsis bezogen auf die Korrektheit und die Stabilität der eigenen Prozesse – eine vorübergehende und zusätzliche Prüfroutine „installiert" werden. Das bedeutet zum Beispiel, dass Kunden, die fällige OP aufweisen, noch einmal dahingehend überprüft werden, ob unter Umständen Zahlungen geleistet wurden, die auf einem Klärungskonto gelandet sind. Es erweckt keinen guten Eindruck und belastet immer die Kundenbeziehung, wenn der Kunde ungerechtfertigt gemahnt wird. Es ist sicherlich kein Fehler, wenn in der ohnehin stattfindenden Kundenkommunikation im unmittelbaren zeitlichen Vorfeld, das Thema SEPA-Umstellung behandelt wird. Auf diese Weise kann sich das Forderungsmanagement einen Eindruck verschaffen, ob die Kunden gut vorbereitet sind und bei welchen Kunden möglicherweise Probleme zu erwarten sein werden. Außerdem können die Kunden über die eigenen Aktivitäten informiert werden. Nicht zuletzt kann auch bereits Verständnis beim Kunden geweckt werden, sollte es aufgrund von Umstellungsfehlern zu Fehlinterpretationen hinsichtlich des Zahlungsverhaltens kommen.

Das Forderungsmanagement kennt erfahrungsgemäß seine „Pappenheimer" ganz gut. Unter den Kunden, die sich im Forderungsmanagement befinden, gibt es immer auch eine gewisse Anzahl von Kunden, die entweder aufgrund chronischer Liquiditätsengpässe (teils mangels ausreichender Liquiditätsplanung) oder wegen systematischer Versuche, zum spätmöglichsten Zeitpunkt zu zahlen, jeden Anlass, jede „Unregelmäßigkeit" und jede als plausibel erscheinende Ausrede nutzen, um ihre Zahlung zu verzögern. Diesen Kunden muss das Forderungsmanagement im Vorfeld deutlich signalisieren, dass die SEPA-Umstellung nicht als Begründung für eine verspätete Begleichung der offenen Rechnungen akzeptiert werden wird. Diesen Kunden muss schon vor der Umstellung klar werden, dass

[10] Unter Umständen ist es auch empfehlenswert, die Konvertierung der Bankleitzahl und der Kontonummer in BIC und IBAN separat zu den ansonsten definierten Umstellungsprozessen vorzunehmen.

Ausreden wie: „Wir haben gezahlt, das Geld ist scheinbar aber von der Bank fehlgeleitet worden. Sobald wir geklärt haben, wo das Geld gelandet ist, werden wir die Korrektur veranlassen." nicht akzeptiert werden.

Last, but not least muss das Forderungsmanagement durch seine Mitarbeit im SEPA-Umstellungsprojekt sicherstellen, dass alle unternehmensinternen Festlegungen die Anforderungen des Forderungsmanagements berücksichtigen. Selbstverständlich schließt das auch ein, dass sichergestellt wird, dass die im Forderungsmanagement unter Umständen genutzte „Spezial-Software" die SEPA-Umstellung problemlos abbilden kann.

7.3.2 Grundsätzliche Fragestellungen durch die SEPA-Umstellung

Die SEPA Umstellung wirft im Forderungsmanagement der Unternehmen drei grundsätzliche Fragestellungen auf, die in den folgenden Abschnitten kurz thematisiert werden.

7.3.2.1 Struktur der Bankverbindungen

Die Unternehmen können zukünftig ihren gesamten Zahlungsverkehr (in Euro, nicht in anderen Währungen) im gesamten SEPA-Raum über ein einziges Konto mit einem beliebigen Zahlungsdienstleister abwickeln. Das schafft im Unternehmen die Möglichkeit, die Anzahl der Bankverbindungen zu reduzieren und zu straffen, die Zahlungseingangskontrolle zu vereinfachen und damit das Liquiditätsmanagement zu erleichtern. Durch eine einheitliche Kostenstruktur werden, eine entsprechende Zahl länderübergreifender Transaktionen vorausgesetzt, die Trankaktionen insgesamt auch günstiger werden. Die mögliche Reduktion der Anzahl der Bankverbindungen verringert die Komplexität der damit verbundenen Prozesse und erhöht die Effizienz und die Transparenz (zum Beispiel wenn das Forderungsmanagement nicht mehr auf x Konten suchen muss, ob ein Geldeingang des Kunden vorliegt).

Es kann also grundsätzlich die Frage aufgeworfen und unter verbesserten Rahmenbedingungen entschieden werden, wie die künftige Struktur der Bankverbindungen gestaltet werden soll.

7.3.2.2 Liquiditätsplanung und Liquiditätsdisposition

Ein weiterer wesentlicher Vorteil der SEPA-Umstellung liegt darin, dass künftig jede Zahlung im SEPA-Raum hinsichtlich der Banklaufzeit exakt terminiert werden kann. Diese Laufzeit ist auf einem sehr niedrigen Niveau vereinheitlicht worden. Es kann als angenehmer Nebeneffekt erwartet werden, dass sich die Forderungslaufzeit im Durchschnitt mindestens um 1 bis 2 Tage verkürzen wird (vorausgesetzt, dass das Zahlungsverhalten der Kunden sich nicht signifikant ändert). Auch beim derzeit niedrigen Zinsniveau dürfte das bei entsprechend hohen Forderungsbeständen eine spürbare Reduktion des Finanzierungsaufwands bedeuten. Aus Sicht des Forderungsmanagements ist diese Standardisierung der „Banklaufzeiten" die Chance, die Prozesse im Forderungsmanagement (Mahnen und Inkasso) weiter zu straffen und für alle Kundenbeziehungen im SEPA-Raum zu vereinheitlichen.

Wie hoch die Optimierungspotenziale im Einzelnen tatsächlich sind, hängt davon ab, wie straff die Prozesse bereits jetzt organisiert sind. Erfahrungsgemäß arbeiten aber nach wie vor noch viele Unternehmen mit sogenannten Karenztagen. Solche Karenztage führen zum Beispiel dazu, dass nur dann fällige OP im Mahnlauf berücksichtigt werden, wenn deren Fälligkeit mindestens zwei Tage vor dem Datum des Mahnlaufs gelegen hat. Ähnlich wird dann gegebenenfalls beim zweiten Mahnlauf agiert. Et cetera.

Aus Sicht des Forderungsmanagements hat die Vereinheitlichung der „Banklaufzeiten" im SEPA-Raum naturgemäß den entscheidenden Vorteil, dass Zahlungseingänge von ausländischen Kunden im SEPA-Raum zuverlässiger und einfacher in die Liquiditätsplanung aufgenommen werden können. Hatte diese Planung bislang zwei Unbekannte, das Zahlungsverhalten und die Transaktionsdauer, so bleibt davon lediglich noch das Zahlungsverhalten des Kunden als Variable.

Im Forderungsmanagement stellt sich also grundsätzlich die Frage, ob diese Umstellungseffekte genutzt werden sollen und eine darüber hinausgehende Prozessbeschleunigung angestrebt und die Liquiditätsplanung optimiert werden soll.

7.3.2.3 Für und Wider zum Lastschrifteinzug

Bei den Lastschrifteinzugsverfahren ändert sich, wie in Abschn 7.1.2 erläutert, so einiges. Egal, welches der drei künftigen Verfahren betrachtet wird, einige Effekte sind dabei einheitlich:

- Die Verfahren werden schneller.
- Sie werden komplexer.
- Ihre Flexibilität nimmt ab.

Im Gegensatz dazu sind die Effekte auf die Sicherheit beziehungsweise auf das Ausfallrisiko aber sehr unterschiedlich.

In der Geschäftsbeziehung mit Privatkunden kommen künftig die SEPA-Lastschriften CORE oder COR1 zur Anwendung. Beiden ist gemeinsam, dass eine Rückgabe (Rücklastschrift) vom Schuldner bis zu 8, statt bisher 6, Wochen nach Belastung erfolgen kann. Die Zeit der Unsicherheit, ob die Rechnung auch unwiderruflich beglichen ist, hat sich im Vergleich also um etwa 30 % verlängert. Potenzielle „Betrüger" können also quasi 8 Wochen lang einkaufen (und den Eindruck erwecken, ordnungsgemäß zu zahlen), bevor der erste Rückläufer dem Lieferanten signalisiert, dass da „was faul ist". Das Risiko des Forderungsausfalls hat sich also tendenziell erhöht. Dies gilt insbesondere dann, wenn berücksichtigt wird, dass eine Rückgabe der Lastschrift bis zu 13 Monaten möglich ist, wenn das Mandat nicht ordnungsgemäß ist. Wahrscheinlich kann die Wirtschaft schon langsam die Uhr stellen und darauf warten, wann sich die ersten organisierten Banden auf Mandatsbetrug spezialisiert haben. Aus Sicht des Verfassers stellt sich nämlich die Frage, ob der Lieferant objektiv in der Lage ist, das ihm vorgelegte Mandat auf Korrektheit zu prüfen. (Handelt es sich bei der Unterschrift tatsächlich um die Unterschrift des Bestellers? Ist die Anschrift tatsächlich eine offizielle Adresse des Schuldners? Oder sind die Bankdaten lediglich gestohlen?)

Wie wird es sich künftig mit der Pre-Notification verhalten? Wie lange kann eine Rückgabe bei vermeintlich unterlassener Pre-Notification erfolgen? Wie muss/kann der Lieferant nachweisen, dass der Kunde die Pre-Notification tatsächlich erhalten hat?

Diese Risiken lassen die Frage berechtigt erscheinen, ob Unternehmen zukünftig das Lastschriftverfahren bei Privatkunden noch zulassen sollen. Bei der Beantwortung dieser Frage ist zu berücksichtigen, dass annähernd jede zweite Zahlung in Deutschland im Jahr 2011 im Einzugsermächtigungsverfahren durchgeführt wurde. Außerdem stellt sich die Frage, ob sich die Situation bei Dauerschuldverhältnissen (zum Beispiel Mietzahlungen, Versicherungsbeiträge, Telekommunikationsgebühren) vergleichbar oder grundsätzlich anders darstellt. Muss in dieser Frage – trotz SEPA – weiterhin danach unterschieden werden, ob sich der Sitz des Schuldners im In- oder im Ausland befindet?

Leider hat der Autor auf diese Fragen noch keine Antworten parat. Hier wird die Erfahrung zeigen, wie sich die Lieferanten in dieser Frage sinnvoller Weise positionieren sollten. Allerdings sollten die verschiedenen Aspekte im Vorfeld der Umstellung thematisiert und die Entwicklungen sehr genau beobachtet werden. Eine gewisse Vorsicht und Skepsis kann sicherlich nicht schaden.

Bei Firmenkunden wird zukünftig ausschließlich die SEPA-B2B-Lastschrift zur Anwendung kommen. Sie ist weitgehend mit dem bisherigen Abbuchungsverfahren vergleichbar. Der Vorteil für den Lieferanten besteht darin, dass der Schuldner keine Möglichkeit mehr besitzen wird, die Zahlung rückgängig zu machen. Lediglich die Zahlstelle kann innerhalb von 2 Target-Tagen die Ausführung ablehnen. Für den Fall, dass die B2B-Lastschrift ausgeführt wurde, ist die Zahlung also sicher. Insofern hat sich das Risikopotenzial bei der Firmenlastschrift also deutlich reduziert. Was bleibt, ist die Unsicherheit mit der Ordnungsmäßigkeit des Mandats. Allerdings sind hierbei die Hürden auch wesentlich höher als bei der Basislastschrift, da die Zahlstelle (die Bank des Zahlungspflichtigen) verpflichtet ist, das Mandat zu prüfen. So gesehen weiß der Lieferant im Grunde genommen nach der ersten Lieferung und nach dem ersten Einzug, ob das Mandat in Ordnung ist.

Vor diesem Hintergrund muss sich das Unternehmen, unter Einbeziehung des Forderungsmanagements, in der Tat die Frage stellen, ob die SEPA-Umstellung nicht zusätzliche Marktchancen, insbesondere bei Firmenkunden im SEPA-Raum, eröffnet. Wahrscheinlich sind die Hürden, die aus vermuteten Zahlungsausfallrisiken entstehen, künftig geringer. Insbesondere bei bestehenden Exportkunden sollte es leichter werden, das Geschäft auszuweiten, und dem Lieferanten vergleichsweise sichere Möglichkeiten bieten, die Kunden auf Ziel zu beliefern.

Deutlich kritischer ist aus Sicht des Autors die Praktikabilität des neuen B2B, Lastschriftverfahrens zu hinterfragen. Im betrieblichen Alltag kommt es sehr häufig vor, dass Rechnungen nicht in der ursprünglich gestellten Höhe beglichen werden. Sei es, dass Preise fehlerhaft in die Rechnung übernommen wurden, dass vereinbarte Rabatte nicht korrekt eingeflossen sind oder vereinbarte Zahlungsbedingungen (Skontoregelungen) nicht absprachegemäß hinterlegt wurden. Häufig kommt es auch zu Reklamationen, weil Waren fehlerhaft oder falsch geliefert wurden beziehungsweise die vereinbarten Mengen nicht korrekt geliefert wurden. Bislang werden diese Fehler häufig zeitnah nach der Rechnungsstellung zwischen Vertrieb und Kunde geklärt und in einer nicht geringen Zahl der Fälle durch Gutschriften oder vereinbarte Abzüge kompensiert. Der anschließende Lastschrifteinzug findet dann in einer abweichenden Höhe zum ursprünglichen Rechnungsbetrag statt.

Aufgrund der auch im B2B-Verfahren erforderlichen Pre-Notification, in der neben dem konkreten Datum der Kontobelastung auch die exakte Höhe der Belastung anzugeben ist, werden diese praktikablen und flexiblen Verfahrensweisen nicht mehr ohne Weiteres möglich sein. Es bleibt abzuwarten, ob B2B-Lastschriften künftig in abweichender Höhe zur Pre-Notification ausgeführt werden können und insbesondere ob solche abweichenden Pre-Notification das Recht einräumen, Lastschriften wegen formaler Mängel noch bis zu 13 Monate zurückzugeben.

Ein weiterer, möglicherweise nicht zu unterschätzender Aspekt stellt die Veränderung des Risikos für den Käufer dar. In der Vergangenheit hatte der Firmenkunde die Möglichkeit, Lastschriften bis zu 6 Wochen nach Belastung noch zurückgehen zu lassen. Damit hatte er die Gewähr, dass er bei Fehlern oder Mängeln ein genügend großes Druckmittel gegenüber dem Lieferanten besessen hat, um eine zeitnahe Nachbesserung oder Gutschrift durchzusetzen.

Durch das neue B2B-Verfahren verliert er seinen Anspruch auf Mängelbeseitigung zwar nicht, er verfügt aber nicht mehr über ein entsprechendes Druckmittel. Wenn der Lieferant nun nicht angemessen auf seine Mängelrüge reagiert, kann er die Beseitigung zwar gerichtlich geltend machen, doch bis er sein Geld zurückerhält, wird es im Zweifelsfall wesentlich länger dauern. Möglicherweise führt das dazu, dass sich die Bereitschaft der Firmenkunden, sich auf die B2B-Lastschrift einzulassen, in Grenzen halten wird.

Grundsätzlich sollte die SEPA-Umstellung genutzt werden, um im Unternehmen und im Forderungsmanagement die eigene Position zum Lastschriftverfahren, in den nun neuen, unterschiedlichen Facetten, zu hinterfragen. Hier ist es erforderlich, eine sehr bewusste Entscheidung zu treffen, die Vor- und Nachteile sorgfältig abzuwägen und eventuelle Änderungen, auch aufgrund des nicht unerheblichen Umstellungsaufwands, im Rahmen der Umstellung „in einem Aufwasch" vorzunehmen.

Quintessenz

1. Das Forderungsmanagement wird durch SEPA tangiert. Sollte die Umstellung misslingen, dann mit Sicherheit in ganz erheblichem Umfang.
2. Liquiditätsplanung und -steuerung werden durch SEPA erleichtert.
3. Neue und erhöhte Anforderungen resultieren aber aus der Notwendigkeit zur Einholung, zur Dokumentation und zur Überwachung von Lastschriftmandaten.
4. Die SEPA-Umstellung sollte zum Anlass genommen werden, die eigene Positionierung zum Lastschriftverfahren zu überdenken.

5. Das Forderungsmanagement sollte unbedingt im Umsetzungsprojekt mitwirken, gegebenenfalls in verantwortlicher Rolle.

7.4 Zusammenfassung

Die anstehende SEPA-Umstellung hat sich lange angekündigt. Gleichwohl sind die Unternehmen erst teilweise darauf vorbereitet. Auch das Forderungsmanagement hat in vielen Fällen bis jetzt „die Füße still gehalten".

Es besteht kein Grund zur Panik. Das Forderungsmanagement sollte allerdings jetzt die Initiative ergreifen. Während sich bei den Überweisungen relativ wenig ändert, sind die Umstellungen in den künftigen Lastschriftvarianten schon gravierend. Für Unternehmen mit einem sehr hohen Lastschriftaufkommen muss bis zum 01. Februar 2014 alles vorbereitet und getestet sein, ansonsten besteht für den Zufluss liquider Mittel zunächst ein gravierendes Problem. In Unternehmen, in denen das Lastschriftaufkommen eher gering ist, sollte das Forderungsmanagement die Gelegenheit ergreifen und hinsichtlich des Lastschriftverfahrens die Grundsatzfrage stellen.

Insgesamt ist SEPA für das Forderungsmanagement noch einmal ein (willkommener) Anlass, den einen oder anderen Prozess und diese oder jene Entscheidung zu überprüfen und unter Umständen zu revidieren.

Literatur

1. Brauckmann, Dr. Christian. 2013. Höchste Eisenbahn. Initiativbanking 2/2013. S. 8–10.
2. Brückner, Udo. 2013. SEPA-Einführung: Die Zeit drängt! Forderungsmanagement professionell 3/2013. S. 49–54.
3. Brückner, Udo. 2013. SEPA-Einführung: Das müssen Sie zu Überweisung und Lastschrift wissen. Forderungsmanagement professionell 4/2013. S. 68–72.
4. Deutsche Bundesbank. 2013. Gläubiger-Identifikationsnummer. http://www.bundesbank.de/Navigation/DE/Kerngeschaeftsfelder/Unbarer_Zahlungsverkehr/SEPA/Glaeubiger_Identifikationsnummer/glaeubiger_identifikationsnummer.html. Zugegriffen: 12. Juni 2013.
5. Die Deutsche Kreditwirtschaft. 2013. Beispiel-Formulare für das SEPA-Firmenlastschrift-Mandat. Zahlungsverkehr. http://www.die-deutsche-kreditwirtschaft.de/uploads/media/120720_DK_Beispiele_Muster_SEPA-Firmenlastschrift-Mandat-SDD_Firmen-B2B_09072012.pdf. Zugegriffen: 12. Juni 2013.
6. EPC European Payment Council. 2013. SCT/SDD Rulebook Release Management and Scheme Development. http://www.europeanpaymentscouncil.eu. Zugegriffen: 12. Juni 2013.
7. EPC European Payment Council. 2013. SEPA B2B DD Mandate Translations. http://www.europeanpaymentscouncil.eu/content.cfm?page = sepa_b2b_dd_mandate_translations. Zugegriffen: 12. Juni 2013.Fragen an den Autor

7099131R00154

Printed in Germany
by Amazon Distribution
GmbH, Leipzig